全国硕士研究生招生考试计算机学科专业基础考试历年真题解析一本通

◎ 张光河　编著

清華大學出版社
北京

内容简介

本书按时间先后顺序给出了从2009年到2022年全国硕士研究生招生考试计算机科学与技术学科联考中计算机学科专业基础综合试题(俗称408真题),并对每一道试题进行了极为详尽的解析,包括题目对应的考试大纲中的具体内容、考生应该熟练掌握的知识点和常考内容等,还在附录中给出了最新的考试大纲。

本书既可以作为广大考生报考计算机专业全国硕士研究生招生考试首选的备考复习资料,又可以作为学有余力的学生在深入学习计算机专业课程(数据结构、计算机组成原理、操作系统和计算机网络)时的课外资料,还可以作为相关专业领域教师或工程技术人员的参考资料。

图书在版编目(CIP)数据

全国硕士研究生招生考试计算机学科专业基础考试历年真题解析一本通 / 张光河编著. -- 北京:清华大学出版社,2025. 2. -- ISBN 978-7-302-68380-3

Ⅰ. TP3

中国国家版本馆CIP数据核字第2025E7E645号

责任编辑:贾 斌
封面设计:刘 键
责任校对:韩天竹
责任印制:丛怀宇

出版发行:清华大学出版社
网　　址:https://www.tup.com.cn,https://www.wqxuetang.com
地　　址:北京清华大学学研大厦A座　　**邮　　编**:100084
社 总 机:010-83470000　　**邮　　购**:010-62786544
投稿与读者服务:010-62776969,c-service@tup.tsinghua.edu.cn
质量反馈:010-62772015,zhiliang@tup.tsinghua.edu.cn
课件下载:https://www.tup.com.cn,010-83470236
印 装 者:三河市天利华印刷装订有限公司
经　　销:全国新华书店
开　　本:185mm×260mm　　**印　　张**:21.25　　**字　　数**:491千字
版　　次:2025年4月第1版　　**印　　次**:2025年4月第1次印刷
印　　数:1~2000
定　　价:79.00元

产品编号:098926-01

PREFACE

前言

近年来，我国科学技术持续高速发展，信息技术与人们的日常生活结合得越来越紧密，毫不夸张地说，现代都市生活中的每一天，甚至每一分、每一秒都离不开信息技术的助力。因此，对计算机领域高端人才的需求一直异常旺盛且呈加大的趋势，核心科技正等待着莘莘学子去突破和掌握。

自从2009年计算机专业硕士研究生入学考试实行统一命题（俗称408，包括数据结构、计算机组成原理、操作系统和计算机网络4门课程）以来，广大考生在备考时都感觉很难找到一套合适的复习资料。由清华大学出版社计算机与信息分社资深编辑贾斌策划，并由作者本人主编的这一系列408考研辅导资料，结合了作者在计算机领域工作和学习了20余年的感悟，尤其是作者在应试方面的经验和体会。本套资料重点突出、层次分明，尤其符合本人一直大力倡导并躬体力行的“从历年真题出发备考”的应试理念，相信这套资料会为广大考生带来启发和思考，并能给予考生相应的指导。

计算机作为典型的工科学科，试图通过死记硬背的方法来达到掌握相关内容的目的显然是不科学的，跨专业考试的学生对于这一点一定要有清晰的认识。使用本书时，对于基础较为扎实的考生而言，可以在答题纸上从前往后按时间顺序做本书中的每一道题（因为要做好几遍，所以不建议直接写在书上），最开始做题时不要过于追求速度，而是要一道一道静下心来弄懂，不疾不徐地把本书所有试题至少做3遍（历时3～4个月，因人而异）。理想的情况是随意拿出一道历年真题，考生不但能立刻说出该题考查了哪些课程中的哪些知识点，还能清楚无误地说出哪些年份的哪些题目也考查了与此相关的内容，甚至还可以说出这些内容还可以怎么考查；而对于基础薄弱的考生而言，要从这套书的基础知识篇开始，循序渐进，逐门课程逐个知识点吃透。

本书不但包含了从2009年开始到2022年的所有真题，而且为每一道试题提供了详细的解析。本书语言精练易懂，便于自学，既可作为考研学子备考408时的首选资料，又可作为高等院校计算机及相关专业的辅导用书，或是工程技术人员的参考书。作者在编写本套资料的过程中，参阅了大量的相关教材和专著，也在网上找了很多资料，在此向各位原著作者致敬和致谢！

本书出版得到了清华大学出版社计算机与信息分社的魏江江分社长和贾斌编辑的鼎力支持和全力帮助，在此深表感谢！感谢使用本书的所有读者，希望能为你们备考助力。你们选择使用本书，以及你们的宝贵建议都是我前进的动力。我深深地相信，本书的出版一定会受到广大考生的欢迎，也能使考生在漫漫考研路上不再孤独，有我与你们一路同行！最后感谢在本书的编写过程中给予过支持和帮助的研究生肖辉和蒋德民等同学！

特别指出的是：真题中没有图表的序号，本书为了阅读方便，加上了序号。

限于作者水平，书中难免存在不妥或错误，恳请读者批评指正！

作　者
2024年12月

CONTENTS 目录

第 1 章　2009 年全国硕士研究生招生考试计算机学科专业基础试题 …… 1

第 2 章　2009 年全国硕士研究生招生考试计算机学科专业基础试题参考答案及解析 …… 9

第 3 章　2010 年全国硕士研究生招生考试计算机学科专业基础试题 …… 25

第 4 章　2010 年全国硕士研究生招生考试计算机学科专业基础试题参考答案及解析 …… 34

第 5 章　2011 年全国硕士研究生招生考试计算机学科专业基础试题 …… 47

第 6 章　2011 年全国硕士研究生招生考试计算机学科专业基础试题参考答案及解析 …… 56

第 7 章　2012 年全国硕士研究生招生考试计算机学科专业基础试题 …… 68

第 8 章　2012 年全国硕士研究生招生考试计算机学科专业基础试题参考答案及解析 …… 78

第 9 章　2013 年全国硕士研究生招生考试计算机学科专业基础试题 …… 91

第 10 章　2013 年全国硕士研究生招生考试计算机学科专业基础试题参考答案及解析 …… 100

第 11 章　2014 年全国硕士研究生招生考试计算机学科专业基础试题 …… 112

第 12 章　2014 年全国硕士研究生招生考试计算机学科专业基础试题参考答案及解析 …… 120

第 13 章　2015 年全国硕士研究生招生考试计算机学科专业基础试题 …… 136

第 14 章　2015 年全国硕士研究生招生考试计算机学科专业基础试题参考答案及解析 …… 146

第 15 章　2016 年全国硕士研究生招生考试计算机学科专业基础试题 …… 158

第 16 章　2016 年全国硕士研究生招生考试计算机学科专业基础试题参考答案及解析 …… 168

第 17 章　2017 年全国硕士研究生招生考试计算机学科专业基础试题 …… 183

第 18 章　2017 年全国硕士研究生招生考试计算机学科专业基础试题参考答案及解析 …… 193

第 19 章　2018 年全国硕士研究生招生考试计算机学科专业基础试题 …… 206

第 20 章　2018 年全国硕士研究生招生考试计算机学科专业基础试题参考答案及解析 …… 215

第 21 章　2019 年全国硕士研究生招生考试计算机学科专业基础试题 …… 228

第 22 章　2019 年全国硕士研究生招生考试计算机学科专业基础试题参考答案及解析 …… 237

第 23 章　2020 年全国硕士研究生招生考试计算机学科专业基础试题 …… 260

第 24 章　2020 年全国硕士研究生招生考试计算机学科专业基础试题参考答案及解析 …… 269

第 25 章　2021 年全国硕士研究生招生考试计算机学科专业基础试题 …… 282

第 26 章　2021 年全国硕士研究生招生考试计算机学科专业基础试题参考答案及解析 …… 292

第 27 章　2022 年全国硕士研究生招生考试计算机学科专业基础试题 …… 309

第 28 章　2022 年全国硕士研究生招生考试计算机学科专业基础试题参考答案及解析 …… 319

2009年全国硕士研究生招生考试计算机学科专业基础试题

一、单项选择题：1～40小题，每小题2分，共80分。下列每题给出的四个选项中，只有一个选项是最符合题目要求的。

1. 为解决计算机主机与打印机之间速度不匹配问题，通常设置一个打印数据缓冲区，主机将要输出的数据依次写入该缓冲区，而打印机则依次从该缓冲区中取出数据。该缓冲区的逻辑结构应该是(　　)。

A. 栈　　B. 队列　　C. 树　　D. 图

2. 设栈 S 和队列 Q 的初始状态均为空，元素 a,b,c,d,e,f,g 依次进入栈 S。若每个元素出栈后立即进入队列 Q，且7个元素出队的顺序是 b,d,c,f,e,a,g，则栈 S 的容量至少是(　　)。

A. 1　　B. 2　　C. 3　　D. 4

3. 给定二叉树如图1-1所示。

设N代表二叉树的根，L代表根节点的左子树，R代表根节点的右子树。若遍历后的节点序列是3,1,7,5,6,2,4，则其遍历方式是(　　)。

A. LRN　　B. NRL

C. RLN　　D. RNL

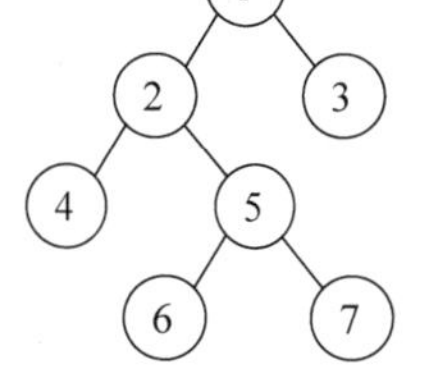

图　1-1

4. 下列二叉排序树中，满足平衡二叉树定义的是(　　)，见图1-2。

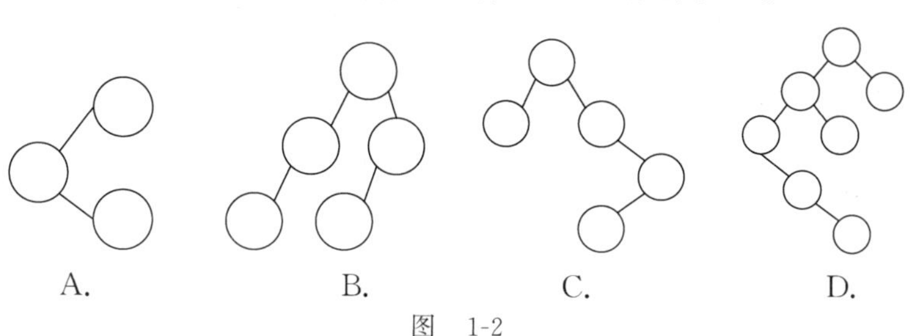

图　1-2

5. 已知一棵完全二叉树的第6层(设根为第1层)有8个叶节点,则该完全二叉树的节点个数最多是(　　)。

A. 39　　B. 52　　C. 111　　D. 119

6. 将森林转换为对应的二叉树,若在二叉树中,节点 u 是节点 v 的父节点的父节点,则在原来的森林中,u 和 v 可能具有的关系是(　　)。

Ⅰ. 父子关系　　Ⅱ. 兄弟关系

Ⅲ. u 的父节点与 v 的父节点是兄弟关系

A. 只有Ⅱ　　B. Ⅰ和Ⅱ　　C. Ⅰ和Ⅲ　　D. Ⅰ、Ⅱ和Ⅲ

7. 下列关于无向连通图特性的叙述中,正确的是(　　)。

Ⅰ. 所有顶点的度之和为偶数

Ⅱ. 边数大于顶点个数减1

Ⅲ. 至少有一个顶点的度为1

A. 只有Ⅰ　　B. 只有Ⅱ　　C. Ⅰ和Ⅱ　　D. Ⅰ和Ⅲ

8. 下列叙述中,不符合 m 阶B树定义要求的是(　　)。

A. 根节点最多有 m 棵子树

B. 所有叶节点都在同一层上

C. 各节点内关键字均升序或降序排列

D. 叶节点之间通过指针链接

9. 已知关键字序列5,8,12,19,28,20,15,22是小根堆(最小堆),插入关键字3,调整后得到的小根堆是(　　)。

A. 3,5,12,8,28,20,15,22,19　　B. 3,5,12,19,20,15,22,8,28

C. 3,8,12,5,20,15,22,28,19　　D. 3,12,5,8,28,20,15,22,19

10. 若数据元素序列11,12,13,7,8,9,23,4,5是采用下列排序方法之一得到的第二趟排序后的结果,则该排序算法只能是(　　)。

A. 冒泡排序　　B. 插入排序　　C. 选择排序　　D. 二路归并排序

11. 冯·诺依曼计算机中指令和数据均以二进制形式存放在存储器中,CPU区分它们的依据是(　　)。

A. 指令操作码的译码结果　　B. 指令和数据的寻址方式

C. 指令周期的不同阶段　　D. 指令和数据所在的存储单元

12. 一个C语言程序在一台32位机器上运行。程序中定义了三个变量 x、y 和 z,其中 x 和 z 为int型,y 为short型。当 $x=127$,$y=-9$ 时,执行赋值语句 $z=x+y$ 后,x、y 和 z 的值分别是(　　)。

A. x=0000007FH,y=FFF9H,z=00000076H

B. x=0000007FH,y=FFF9H,z=FFFF0076H

C. x=0000007FH,y=FFF7H,z=FFFF0076H

D. x=0000007FH,y=FFF7H,z=00000076H

13. 浮点数加、减运算过程一般包括对阶、尾数运算、规格化、舍入和判溢出等步骤。设浮点数的阶码和尾数均采用补码表示，且位数分别为 5 位和 7 位(均含 2 位符号位)。若有两个数 $X=2^7\times29/32$，$Y=2^5\times5/8$，则用浮点加法计算 $X+Y$ 的最终结果是(　　)。

A. 00111 1100010　　B. 00111 0100010

C. 01000 0010001　　D. 发生溢出

14. 某计算机的 Cache 共有 16 块，采用 2 路组相联映射方式(即每组 2 块)。每个主存块大小为 32B，按字节编址。主存 129 号单元所在主存块应装入到的 Cache 组号是(　　)。

A. 0　　B. 1　　C. 4　　D. 6

15. 某计算机主存容量为 64KB，其中 ROM 区为 4KB，其余为 RAM 区，按字节编址。现要用 2K×8 位的 ROM 芯片和 4K×4 位的 RAM 芯片来设计该存储器，则需要上述规格的 ROM 芯片数和 RAM 芯片数分别是(　　)。

A. 1、15　　B. 2、15　　C. 1、30　　D. 2、30

16. 某机器字长 16 位，主存按字节编址，转移指令采用相对寻址，由 2 字节组成，第一字节为操作码字段，第二字节为相对位移量字段。假定取指令时，每取一字节 PC 自动加 1。若某转移指令所在主存地址为 2000H，相对位移量字段的内容为 06H，则该转移指令成功转移后的目标地址是(　　)。

A. 2006H　　B. 2007H　　C. 2008H　　D. 2009H

17. 下列关于 RISC 的叙述中，错误的是(　　)。

A. RISC 普遍采用微程序控制器

B. RISC 大多数指令在一个时钟周期内完成

C. RISC 的内部通用寄存器数量相对 CISC 多

D. RISC 的指令数、寻址方式和指令格式种类相对 CISC 少

18. 某计算机的指令流水线由四个功能段组成，指令流经各功能段的时间(忽略各功能段之间的缓存时间)分别为 90ns、80ns、70ns、和 60ns，则该计算机的 CPU 时钟周期至少是(　　)。

A. 90ns　　B. 80ns　　C. 70ns　　D. 60ns

19. 相对于微程序控制器，硬布线控制器的特点是(　　)。

A. 指令执行速度慢，指令功能的修改和扩展容易

B. 指令执行速度慢，指令功能的修改和扩展难

C. 指令执行速度快，指令功能的修改和扩展容易

D. 指令执行速度快，指令功能的修改和扩展难

20. 假设某系统总线在一个总线周期中并行传输 4B 信息，一个总线周期占用 2 个时钟周期，总线时钟频率为 10MHz，则总线带宽是(　　)。

A. 10MB/s　　B. 20MB/s　　C. 40MB/s　　D. 80MB/s

21. 假设某计算机的存储系统由 Cache 和主存组成，某程序执行过程中访存 1 000 次，其中访问 Cache 缺失(未命中)50 次，则 Cache 的命中率是(　　)。

A. 5%　　B. 9.5%　　C. 50%　　D. 95%

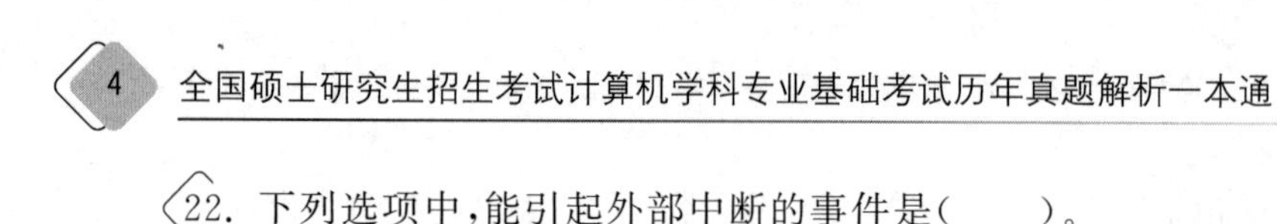

22. 下列选项中，能引起外部中断的事件是(　　)。
A. 键盘输入　　B. 除数为 0　　C. 浮点运算下溢　　D. 访存缺页

23. 单处理机系统中，可并行的是(　　)。
Ⅰ. 进程与进程　　Ⅱ. 处理机与设备　　Ⅲ. 处理机与通道　　Ⅳ. 设备与设备
A. Ⅰ、Ⅱ和Ⅲ　　B. Ⅰ、Ⅱ 和Ⅳ　　C. Ⅰ、Ⅲ和Ⅳ　　D. Ⅱ、Ⅲ和Ⅳ

24. 下列进程调度算法中，综合考虑进程等待时间和执行时间的是(　　)。
A. 时间片轮转调度算法　　B. 短进程优先调度算法
C. 先来先服务调度算法　　D. 高响应比优先调度算法

25. 某计算机系统中有 8 台打印机，由 K 个进程竞争使用，每个进程最多需要 3 台打印机。该系统可能会发生死锁的 K 的最小值是(　　)。
A. 2　　B. 3　　C. 4　　D. 5

26. 分区分配内存管理方式的主要保护措施是(　　)。
A. 界地址保护　　B. 程序代码保护　　C. 数据保护　　D. 栈保护

27. 一个分段存储管理系统中，地址长度为 32 位，其中段号占 8 位，则最大段长是(　　)。
A. 2^8B　　B. 2^{16}B　　C. 2^{24}B　　D. 2^{32}B

28. 下列文件物理结构中，适合随机访问且易于文件扩展的是(　　)。
A. 连续结构　　B. 索引结构
C. 链式结构且磁盘块定长　　D. 链式结构且磁盘块变长

29. 假设磁头当前位于第 105 道，正在向磁道序号增加的方向移动。现有一个磁道访问请求序列为 35,45,12,68,110,180,170,195，采用 SCAN 调度(电梯调度)算法得到的磁道访问序列是(　　)。
A. 110,170,180,195,68,45,35,12　　B. 110,68,45,35,12,170,180,195
C. 110,170,180,195,12,35,45,68　　D. 12,35,45,68,110,170,180,195

30. 文件系统中，文件访问控制信息存储的合理位置是(　　)。
A. 文件控制块　　B. 文件分配表　　C. 用户口令表　　D. 系统注册表

31. 设文件 F1 的当前引用计数值为 1，先建立 F1 的符号链接(软链接)文件 F2，再建立 F1 的硬链接文件 F3，然后删除 F1。此时，F2 和 F3 的引用计数值分别是(　　)。
A. 0、1　　B. 1、1　　C. 1、2　　D. 2、1

32. 程序员利用系统调用打开 I/O 设备时，通常使用的设备标识是(　　)。
A. 逻辑设备名　　B. 物理设备名　　C. 主设备号　　D. 从设备号

33. 在 OSI 参考模型中，自下而上第一个提供端到端服务的层次是(　　)。
A. 数据链路层　　B. 传输层　　C. 会话层　　D. 应用层

34. 在无噪声情况下，若某通信链路的带宽为 3kHz，采用 4 个相位，每个相位具有 4 种振幅的 QAM 调制技术，则该通信链路的最大数据传输速率是(　　)。
A. 12kbit/s　　B. 24kbit/s　　C. 48kbit/s　　D. 96kbit/s

35. 数据链路层采用后退 N 帧(GBN)协议，发送方已经发送了编号为 0～7 的帧。当计时器超时，若发送方只收到 0、2、3 号帧的确认，则发送方需要重发的帧数是(　　)。

A. 2　　B. 3　　C. 4　　D. 5

36. 以太网交换机进行转发决策时使用的 PDU 地址是(　　)。

A. 目的物理地址　　B. 目的 IP 地址　　C. 源物理地址　　D. 源 IP 地址

37. 在一个采用 CSMA/CD 协议的网络中，传输介质是一根完整的电缆，传输速率为 1Gbit/s，电缆中的信号传播速度是 200 000km/s。若最小数据帧长度减少 800bit，则最远的两个站点之间的距离至少需要(　　)。

A. 增加 160m　　B. 增加 80m　　C. 减少 160m　　D. 减少 80m

38. 主机甲与主机乙之间已建立一个 TCP 连接，主机甲向主机乙发送了两个连续的 TCP 段，分别包含 300 字节(Byte,B)和 500 字节的有效载荷，第一个段的序列号为 200，主机乙正确接收到两个段后，发送给主机甲的确认序列号是(　　)。

A. 500　　B. 700　　C. 800　　D. 1 000

39. 一个 TCP 连接总是以 1KB 的最大段长发送 TCP 段，发送方有足够多的数据要发送。当拥塞窗口为 16KB 时发生了超时，如果接下来的 4 个 RTT(往返时间)时间内的 TCP 段的传输都是成功的，那么当第 4 个 RTT 时间内发送的所有 TCP 段都得到肯定应答时，拥塞窗口大小是(　　)。

A. 7KB　　B. 8KB　　C. 9KB　　D. 16KB

40. FTP 客户和服务器间传递 FTP 命令时，使用的连接是(　　)。

A. 建立在 TCP 之上的控制连接　　B. 建立在 TCP 之上的数据连接

C. 建立在 UDP 之上的控制连接　　D. 建立在 UDP 之上的数据连接

二、综合应用题：第 41～47 小题，共 70 分。

41. (10 分) 带权图(权值非负，表示边连接的两顶点间的距离)的最短路径问题是找出从初始顶点到目标顶点之间的一条最短路径。假设从初始顶点到目标顶点之间存在路径，现有一种解决该问题的方法：

① 设最短路径初始时仅包含初始顶点，令当前顶点 u 为初始顶点；

② 选择离 u 最近且尚未在最短路径中的一个顶点 v，加入到最短路径中，修改当前顶点 $u=v$；

③ 重复步骤②，直到 u 是目标顶点时为止。

请问上述方法能否求得最短路径？若该方法可行，请证明之；否则，请举例说明。

42. (5 分) 已知一个带有表头节点的单链表，节点结构为

data	link

假设该链表只给出了头指针 list。在不改变链表的前提下，请设计一个尽可能高效的算法，查找链表中倒数第 k 个位置上的节点(k 为正整数)。若查找成功，算法输出该节点的 data 域的值，并返回 1；否则，只返回 0。要求：

（1）描述算法的基本设计思想；

（2）描述算法的详细实现步骤；

（3）根据设计思想和实现步骤，采用程序设计语言描述算法（使用 C、C++或 Java 语言实现），关键之处请给出简要注释。

43. （8 分）某计算机的 CPU 主频为 500MHz，CPI 为 5（即执行每条指令平均需 5 个时钟周期）。假定某外设的数据传输率为 0.5MB/s，采用中断方式与主机进行数据传送，以 32 位为传输单位，对应的中断服务程序包含 18 条指令，中断服务的其他开销相当于 2 条指令的执行时间。请回答下列问题，要求给出计算过程。

（1）在中断方式下，CPU 用于该外设 I/O 的时间占整个 CPU 时间的百分比是多少？

（2）当该外设的数据传输率达到 5MB/s 时，改用 DMA 方式传送数据。假定每次 DMA 传送块大小为 5 000B，且 DMA 预处理和后处理的总开销为 500 个时钟周期，则 CPU 用于该外设 I/O 的时间占整个 CPU 时间的百分比是多少？（假设 DMA 与 CPU 之间没有访存冲突）

44. 某计算机字长 16 位，采用 16 位定长指令字结构，部分数据通路结构如图 1-3 所示，图中所有控制信号为 1 时表示有效、为 0 时表示无效。例如控制信号 MDRinE 为 1 表示允许数据从 DB 打入 MDR，MDRin 为 1 表示允许数据从内总线打入 MDR。假设

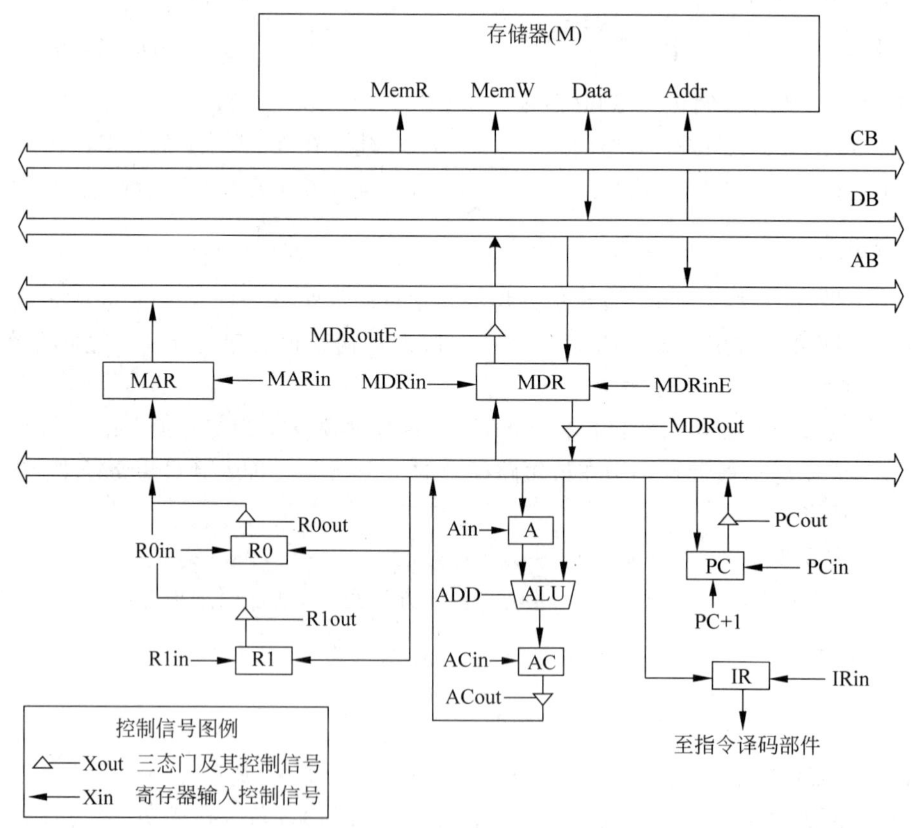

图 1-3

MAR 的输出一直处于使能状态。加法指令“ADD(R1),R0”的功能为(R0)+((R1))→(R1),即将 R0 中的数据与 R1 的内容所指主存单元的数据相加,并将结果送入 R1 的内容所指主存单元中保存。

表 1-1 给出了上述指令取指和译码阶段每个节拍(时钟周期)的功能和有效控制信号,请按表中描述方式用表格列出指令执行阶段每个节拍的功能和有效控制信号。

表　1-1

时　钟	功　能	有效控制信号
C1	MAR←(PC)	PCout,MARin
C2	MDR←M(MDR) PC←(PC)+1	MemR, MDRinE,PC+1
C3	IR←(MDR)	MDRout,IRin
C4	指令译码	无

45. (7 分) 三个进程 P1、P2、P3 互斥使用一个包含 $N(N>0)$个单元的缓冲区。P1 每次用 produce()生成一个正整数并用 put()送入缓冲区某一空单元中；P2 每次用 getodd()从该缓冲区中取出一个奇数并用 countodd()统计奇数个数；P3 每次用 geteven()从该缓冲区中取出一个偶数并用 counteven()统计偶数个数。请用信号量机制实现这三个进程的同步与互斥活动,并说明所定义信号量的含义(要求用伪代码描述)。

46. (8 分) 请求分页管理系统中,假设某进程的页表内容如表 1-2 所示。

表　1-2

页号	页框(Page Frame)号	有效位(存在位)
0	101H	1
1		0
2	254H	1

页面大小为 4KB,一次内存的访问时间是 100ns,一次快表(TLB)的访问时间是 10ns,处理一次缺页的平均时间 10^8ns(已含更新 TLB 和页表的时间),进程的驻留集大小固定为 2,采用最近最少使用置换算法(LRU)和局部淘汰策略。假设①TLB 初始为空；②地址转换时先访问 TLB,若 TLB 未命中,再访问页表(忽略访问页表之后的 TLB 更新时间)；③有效位为 0 表示页面不在内存中,产生缺页中断,缺页中断处理后,返回到产生缺页中断的指令处重新执行。设有虚地址访问序列 2362H、1565H、25A5H,请问：

(1) 依次访问上述三个虚地址,各需多少时间？给出计算过程。

(2) 基于上述访问序列,虚地址 1565H 的物理地址是多少？请说明理由。

47. (9 分) 某网络拓扑如图 1-4 所示,路由器 R1 通过接口 E1、E2 分别连接局域网 1、局域网 2,通过接口 L0 连接路由器 R2,并通过路由器 R2 连接域名服务器与互联网。R1 的 L0 接口的 IP 地址是 202.118.2.1,R2 的 L0 接口的 IP 地址是 202.118.2.2,L1 接口的 IP 地址是 130.11.120.1,E0 接口的 IP 地址是 202.118.3.1,域名服务器的 IP 地址是 202.118.3.2。

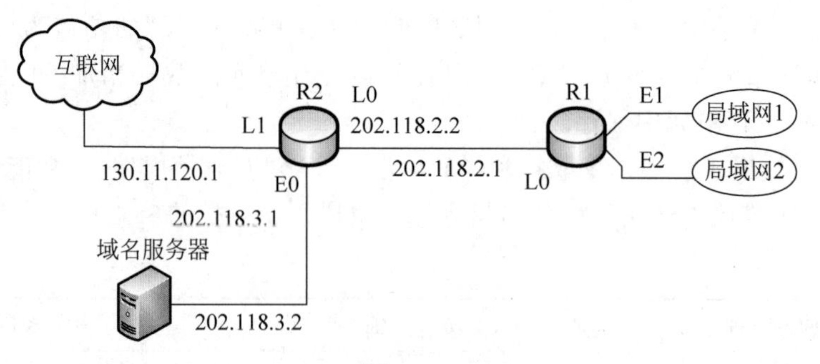

图 1-4

R1 和 R2 的路由表结构为：

目的网络 IP 地址	子网掩码	下一跳 IP 地址	接口

(1) 将 IP 地址空间 202.118.1.0/24 划分为 2 个子网，分别分配给局域网 1、局域网 2，每个局域网需分配的 IP 地址数不少于 120 个。请给出子网划分结果，说明理由或给出必要的计算过程。

(2) 请给出 R1 的路由表，使其明确包括到局域网 1 的路由、局域网 2 的路由、域名服务器的主机路由和互联网的路由。

(3) 请采用路由聚合技术，给出 R2 到局域网 1 和局域网 2 的路由。

第2章

2009年全国硕士研究生招生考试
计算机学科专业基础试题参考答案及解析

一、单项选择题参考答案速查

题号	1	2	3	4	5	6	7	8	9	10
答案	B	C	D	B	C	B	A	D	A	B
题号	11	12	13	14	15	16	17	18	19	20
答案	C	D	D	C	D	C	A	A	D	B
题号	21	22	23	24	25	26	27	28	29	30
答案	D	A	D	D	C	A	C	B	A	A
题号	31	32	33	34	35	36	37	38	39	40
答案	B	A	B	B	C	A	D	D	C	A

二、单项选择题考点、解析及答案

1. **【考点】**数据结构；栈、队列和数组；数与二叉树；图。

【解析】本题考查的是栈和队列的特点及应用，要求考生了解栈的特点是后进先出，队列的特点是先进先出。

C和D直接排除，缓冲区的特点需要先进先出，若用栈，则先进入缓冲区的数据则要排队到最后才能打印，不符题意，所以只有队列符合题意。

【答案】故此题答案为B。

2. **【考点】**数据结构；栈、队列和数组；栈和队列的基本概念；栈、队列和数组的应用。

【解析】本题考查了栈内深度问题，考生还需要了解队列的特点是先进先出，即栈 S 的出栈顺序就是队 Q 的出队顺序。

请注意栈的特点是先进后出。表2-1给出的是出入栈的详细过程。

表 2-1

序号	说明	栈内	栈外	序号	说明	栈内	栈外
1	a入栈	a		5	d入栈	acd	b
2	b入栈	ab		6	d出栈	ac	bd
3	b出栈	a	b	7	c出栈	a	bdc
4	c入栈	ac	b	8	e入栈	ae	bdc

续表

序号	说明	栈内	栈外	序号	说明	栈内	栈外
9	f 入栈	aef	bdc	12	a 出栈		bdcfea
10	f 出栈	ae	bdcf	13	g 入栈	g	bdcfea
11	e 出栈	a	bdcfe	14	g 出栈		bdcfeag

栈内的最大深度为 3，故栈 S 的容量至少是 3。

【答案】故此题答案为 C。

3. **【考点】**数据结构；树与二叉树；二叉树的遍历。

【解析】本题考查了二叉树的特殊遍历问题，考生需要知道二叉树是一种递归定义的结构，包含了三个部分：根节点(N)、左子树(L)、右子树(R)。根据这三个部分的访问次序对二叉树的遍历进行分类便有 6 种遍历方案：NLR、LNR、LRN、NRL、RNL 和 LNR。

分析遍历后的节点序列，可以看出根节点是在中间被访问的，而且右子树节点在左子树之前，则遍历的方法是 RNL。本题考查的遍历方法并不是二叉树遍历的三种基本遍历方法，对于考生而言，重要的是要掌握遍历的思想。

【答案】故此题答案为 D。

4. **【考点】**数据结构；查找；树形查找；平衡二叉树。

【解析】本题考查了平衡二叉树的定义及性质：任意节点的子树的高度差都小于或等于 1。

根据平衡二叉树的定义有，任意节点的左右子树高度差的绝对值不超过 1。而其余三个答案均可以找到不符合定义的节点。

【答案】故此题答案为 B。

5. **【考点】**数据结构；树与二叉树；二叉树的定义及其主要特性。

【解析】本题考查了完全二叉树的定义和特点，要理解完全二叉树首先要知道什么是满二叉树：一棵深度为 k 且有 2^k-1 个节点的二叉树称为满二叉树。然后是完全二叉树的定义：一棵深度为 k 的有 n 个节点的二叉树，对树中的节点按从上至下、从左到右的顺序进行编号，如果编号为 $i(1 \leqslant i \leqslant n)$ 的节点与满二叉树中编号为 i 的节点在二叉树中的位置相同，则这棵二叉树称为完全二叉树。

完全二叉树比起满二叉树只是在最下面一层的右边缺少了部分叶节点，而最后一层之上是个满二叉树，并且只有最后两层上有叶节点。第 6 层有叶节点则完全二叉树的高度可能为 6 或 7，显然树高为 7 时节点更多。若第 6 层上有 8 个叶节点，则前 6 层为满二叉树，而第 7 层缺失了 $8\times2=16$ 个叶节点，故完全二叉树的节点个数最多为 $2^7-1-16=111$ 个节点。

【答案】故此题答案为 C。

6. **【考点】**数据结构；树与二叉树；树、森林；森林与二叉树的转换。

【解析】本题考查了森林和二叉树的转换。考生应知晓，森林与二叉树的转换规则为“左孩子右兄弟”。在最后生成的二叉树中，父子关系在对应森林关系中可能是兄弟关系或原本就是父子关系。

情形Ⅰ：若节点 v 是节点 u 的第二个孩子节点，在转换时，节点 v 就变成节点 u 第一个孩了的右孩了，符合要求。

情形Ⅱ：节点 u 和 v 是兄弟节点的关系，但二者之中还有一个兄弟节点 k，则转换后，节点 v 就变为节点 k 的右孩子，而节点 k 则是节点 u 的右孩子，符合要求。

情形Ⅲ：节点 v 的父节点要么是原先的父节点或兄弟节点。若节点 u 的父节点与 v 的父节点是兄弟关系，则转换之后，不可能出现节点 u 是节点 v 的父节点的父节点。

【答案】故此题答案为 B。

7. **【考点】**数据结构；图；图的基本概念。

【解析】本题考查了无向连通图的特性。

每条边都连接了两个节点，则在计算顶点的度之时，这条边都被计算了两次，故所有顶点的度之和为边数的 2 倍，显然必为偶数。而Ⅱ和Ⅲ则不一定正确，如：对顶点数 $N \geqslant 1$ 无向完全图不存在一个顶点的度为 1，并且边数与顶点数的差要大于 1。

【答案】故此题答案为 A。

8. **【考点】**数据结构；查找；B 树及其基本操作、B+树的基本概念。

【解析】本题考查了 m 阶 B－树的特点。B－树和 B+树的区别可总结如表 2-2。

表　2-2

关键词	B－树	B+树	备　　注
最大分支，最小分支	每个节点最多有 m 个分支（子树），最少 $\lceil m/2 \rceil$（中间节点）个分支或者 2 个分支（是根节点非叶节点）	同左	m 阶对应的就是最大分支
n 个关键字与分支的关系	分支等于 $n+1$	分支等于 n	无
关键字个数（B+树关键字个数要多）	大于或等于 $\lceil m/2 \rceil -1$ 小于或等于 $m-1$	大于或等于 $\lceil m/2 \rceil$ 小于或等于 m	B+树关键字个数要多，+体现在的地方。
叶节点相同点	每个节点中的元素互不相等且按照从小到大排列；所有的叶节点都位于同一层	同左	无
叶节点不相同	不包含信息	叶节点包含信息，指针指向记录	无
叶节点之间的关系	无	B+树上有一个指针指向关键字最小的叶节点，所有叶节点之间链接成一个线性链表	无
非叶节点	一个关键字对应一个记录的存储地址	只起到索引的作用	无
存储结构	相同	同左	无

A、B和C都是B－树的特点，而选项D则是B＋树的特点。注意区别B－树和B＋树各自的特点。

【答案】故此题答案为D。

9.【考点】数据结构；排序；堆排序。

【解析】威洛姆斯(J. Willioms)1964年提出了堆排序。按照堆的定义，可分为大根堆(堆顶元素为最大值)和小根堆(堆顶元素为最小值)。若将堆中元素看成是一棵完全二叉树，则所有非终端节点的值不大于其左右孩子节点值(小根堆)，或不小于其左右孩子节点值(大根堆)。

本题考查了小根堆的调整操作，由于小根堆在逻辑上可以用完全二叉树来表示，根据关键序列得到的小根堆的二叉树形式如图2-1。

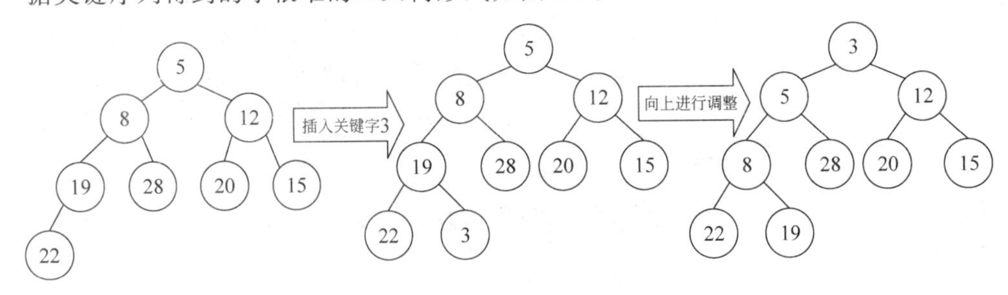

图 2-1

插入关键字3时，先将其放在小根堆的末端，再将该关键字向上进行调整，得到的结果如图右边所示。所以，调整后的小根堆序列为3,5,12,8,28,20,15,22,19。

【答案】故此题答案为A。

10.【考点】数据结构；排序；冒泡排序；简单选择排序；二路归并排序；直接插入排序；折半插入排序。

【解析】本题考查了各种常用排序算法的特点，这类题目是热门考题，考生不仅应该知道各算法的理论知识，还应该知道如何运用。

解答本题之前要对不同排序算法的特点极为清楚。对于起泡排序和选择排序而言，每一趟过后都能确定一个元素的最终位置，而由题目中所说，前两个元素和后两个元素均不是最小或最大的两个元素并按序排列。答案D中的二路归并排序，第一趟排序结束都可以得到若干个有序子序列，而此时的序列中并没有两两元素有序排列。插入排序在每趟排序结束后能保证前面的若干元素是有序的，而此时第二趟排序后，序列的前三个元素是有序的，符合其特点。

【答案】故此题答案为B。

11.【考点】计算机组成原理；计算机系统概述；计算机系统层次结构；计算机系统的工作原理；中央处理器(CPU)；指令执行过程。

【解析】本题考查了指令的执行过程，考生需要注意的是，CPU只有在确定取出的是指令之后，才会将其操作码送去译码，因此，不能仅依据译码的结果来区分指令和数据。

通常完成一条指令可分为取指阶段和执行阶段。在取指阶段通过访问存储器可将指令取出；在执行阶段通过访问存储器可以将操作数取出。这样，虽然指令和数据都是以二进制代码形式存放在存储器中，但 CPU 可以判断在取指阶段访问存储器取出的二进制代码是指令；在执行阶段访存取出的二进制代码是数据。

【答案】故此题答案为 C。

12.【考点】计算机组成原理；数据的表示和运算；运算方法和运算电路；加/减运算；整数的表示和运算。

【解析】本题考查符号位的扩展，考生需了解“符合扩展”的定义。

结合题干及选项可知，int 为 32 位，short 为 16 位；又 C 语言的数据在内存中为补码形式，故 x、y 的机器数写为 0000007FH、FFF7H；

执行 $z=x+y$ 时，由于 x 是 int 型，y 为 short 型，故需将 y 的类型强制转换为 int，在机器中通过符号位扩展实现，由于 y 的符号位为 1，故在 y 的前面添加 16 个 1，即可将 y 强制转换为 int 型，其十六进制形式为 FFFFFFF7H。

然后执行加法，即 0000007FH＋FFFFFFF7H＝00000076H，其中最高位的进位 1 自然丢弃。

【答案】故此题答案为 D。

13.【考点】计算机组成原理；数据的表示和运算；浮点数的表示和运算；浮点数的加/减运算。

【解析】本题考查浮点加法运算，这是基本技能，考生务必要掌握。

根据题意，X 可记为 00,111；00,11101(分号前为阶码，分号后为尾数)，Y 可记为 00,101；00,10100，然后根据浮点数的加法步骤进行如下运算。

第 1 步：对阶。X、Y 阶码相减，即 00,111－00,101＝00,111＋11,0111＝00,010，可知 X 的阶码比 Y 的价码大 2，根据小阶向大阶看齐的原则，将 Y 的阶码加 2，尾数右移 2 位，可得 Y 为 00,111；00,00101。

第 2 步：尾数相加。即 00,11101＋00,00101＝01,00010，尾数相加结果符号位为 01，故应进行右规。

第 3 步：规格化。将尾数右移 1 位，阶码加 1，得 $X+Y$ 为 01,000；00,1000。

第 4 步：判断是否溢出。由于阶码符号位为 01，说明发生溢出。

【答案】故此题答案为 D。

14.【考点】计算机组成原理；存储器层次结构；高速缓冲存储器；Cache 和主存之间的映射方式。

【解析】本题考查 Cache 与主存之间的映射方式，考生需知道三种映射方式(直接映射，全相联映射，组相联映射)的过程。

由于 Cache 共有 16 块，采用 2 路组相联，因此共有 8 组，0,1,2,…,7。并且主存的某一字块按模 8 映像到 Cache 某组的任一字块中，即主存的第 0,8,16,…字块可以映像到 Cache 第 0 组 2 个字块的任一字块中，而 129 号单元是位于第 4 块主存块中，因此将映射到 Cache 第 4 组 2 个字块的任一字块中。

【答案】故此题答案为 C。

15.【考点】计算机组成原理；存储器层次结构；存储器的分类；半导体随机存取存储器。

【解析】本题考查存储器的扩展。

首先确定ROM的个数，ROM区为4KB，选用2K×8的ROM芯片，需要$\frac{4K\times 8}{2K\times 8}=$2片，采用字扩展方式；60KB的RAM区，选用4K×4的RAM芯片，需要$\frac{60K\times 8}{4K\times 4}=$30片，采用字和位同时扩展方式。

【答案】故此题答案为D。

16. **【考点】**计算机组成原理；指令系统；寻址方式。

【解析】本题考查相对寻址，相对寻址以程序计数器(PC)的当前值为基地址，指令中的地址标号作为偏移量，将两者相加后得到操作数的有效地址。

相对寻址EA=(PC)+A，首先要求的是取指令后PC的值。转移指令由2字节组成，每取1字节PC自动加1，因此取指令后PC值为2002H，故EA=(PC)+A=2002H+06H=2008H。

【答案】故此题答案为C。

17. **【考点】**计算机组成原理；指令系统；CISC和RISC的基本概念。

【解析】本题考查RISC的特性，考生需要知道CISC和RISC的区别与联系。

相对于CISC计算机，RISC计算机的特点有：指令条数少；指令长度固定，指令格式和寻址种类少；只有取数/存数指令访问存储器，其余指令的操作均在寄存器之间进行；CPU中通用寄存器多；大部分指令在一个或者小于一个机器周期内完成；以硬布线逻辑为主，不用或者少用微程序控制。

【答案】故此题答案为A。

18. **【考点】**计算机组成原理；中央处理器；指令流水线；指令流水线的基本概念。

【解析】本题考查流水线中的时钟周期的特性。

时钟周期应以最长的执行时间为准，否则用时长的流水段的功能将不能正确完成。

【答案】故此题答案为A。

19. **【考点】**计算机组成原理；中央处理器；控制器的功能和工作原理。

【解析】本题考查硬布线控制器的特点，但要想解答此题，考生还需了解微程序控制器的特点。

硬布线控制器的速度取决于电路延迟，所以速度快；微程序控制器采用了存储程序原理，每条指令都要访控存，所以速度慢。硬布线控制器采用专门的逻辑电路实现，修改和扩展困难。

【答案】故此题答案为D。

20. **【考点】**计算机组成原理；总线和输入/输出系统；总线；总线的基本概念。

【解析】本题考查总线的基本概念。

总线带宽是指单位时间内总线上可传输数据的位数，通常用每秒传送信息的字节数来衡量，单位可用字节/秒(B/s)表示。根据题意可知，在2×1/10MHz秒内传输了4B，所以4B×10MHz/2=20MB/s。

【答案】故此题答案为B。

21. **【考点】**操作系统；操作系统基础；程序运行环境；程序的链接与装入。

【解析】本题考查 Cache 的命中率，考生需牢记命中率的计算公式。

命中率＝Cache 命中的次数/所有访问次数，有了这个公式这道题就很容易解答，要注意的一点是看清题，题中说明的是缺失 50 次，而不是命中 50 次，仔细审题是做对题的第一步。

【答案】故此题答案为 D。

22. **【考点】**操作系统；操作系统基础；程序运行环境；中断和异常的处理。

【解析】本题考查中断的分类。考生需知道外部中断指的是 CPU 执行指令以外的事件产生的中断，通常是指来自 CPU 与内存以外的中断。

选项中能引起外部中断的只能是输入设备键盘。

【答案】故此题答案为 A。

23. **【考点】**操作系统；进程管理；进程与线程；进程间通信。

【解析】本题考查并行性的限定，考生需了解，在单处理机系统中，同一时刻只能有一个进程占用处理机。

单处理机系统中只有一条指令流水线，一个多功能的操作部件，每个时钟周期只能完成一条指令，故进程与进程显然不可以并行。

【答案】故此题答案为 D。

24. **【考点】**操作系统；进程管理；CPU 调度与上下文切换；典型调度算法。

【解析】本题考查几种基本的调度算法概念，要求考生基本功扎实。

高响应比优先调度算法，同时考虑每个进程的等待时间和需要的执行时间，从中选出响应比最高的进程投入执行。响应比 R 定义如下：

$$响应比\ R=(等待时间+执行时间)/执行时间$$

【答案】故此题答案为 D。

25. **【考点】**操作系统；进程管理；死锁；死锁的基本概念。

【解析】本题考查死锁的条件。

这种题用到组合数学中鸽巢原理的思想，考虑最极端情况，每个进程最多需要 3 台打印机，如果每个进程已经占有了 2 台打印机，那么只要还有多台打印机，就能满足达到 3 台的条件，所以，将 8 台打印机分给 K 个进程，每个进程有 2 台打印机，这个情况就是极端情况，K 为 4。

【答案】故此题答案为 C。

26. **【考点】**操作系统；操作系统基础；程序运行环境；程序的链接与装入。

【解析】本题考查分区分配存储管理方式的保护措施。

分区分配存储管理方式的保护措施是设置界地址寄存器。每个进程都有自己独立的进程空间，如果一个进程在运行时所产生的地址在其地址空间之外，则发生地址越界，即当程序要访问某个内存单元时，由硬件检查是否允许，如果允许则执行，否则产生地址越界中断，由操作系统进行相应处理。

【答案】故此题答案为 A。

27. 【考点】操作系统；内存管理；内存管理基础；段式管理。

【解析】本题考查分段存储管理系统。考生需知道分段存储管理的逻辑地址分为段号和位移量两部分，段内位移的最大值就是最大段长。

段地址为32位二进制数，其中8位表示段号，则段内位移占用32－8＝24位二进制数，故最大段长为2^{24}字节。

【答案】故此题答案为C。

28. 【考点】操作系统；文件管理；文件；文件的基本概念；文件的逻辑结构。

【解析】本题考查文件物理结构的特性，考生需知道文件的物理结构包括连续、链式、索引三种，其中链式结构不能实现随机访问，连续结构的文件不易于扩展。

随机访问是索引结构的特性。

【答案】故此题答案为B。

29. 【考点】操作系统；输入/输出(I/O)管理；外存管理；磁盘；磁盘调度方法。

【解析】本题考查磁盘的调度算法，主要是SCAN调度算法的基本概念。

类似于电梯调度的思想。首先，磁头选择与当前磁头所在磁道距离最近的请求作为首次服务的对象(110)，当磁头沿途相应访问请求序列直到达到一端末(110,170,180,195)，再反向移动响应另一端的访问请求(68,45,35,12)。

【答案】故此题答案为A。

30. 【考点】操作系统；文件管理；文件系统；文件系统的全局结构。

【解析】本题考查文件控制块的内容，为了实现"按名存取"，在文件系统中为每个文件设置用于描述和控制文件的数据结构，称之为文件控制块(FCB)。

在文件控制块中，通常含有以下3类信息，即基本信息、存取控制信息及使用信息。

【答案】故此题答案为A。

31. 【考点】操作系统；文件管理；目录；硬链接和软链接。

【解析】本题考查软/硬链接建立属性，考生首先应熟知软链接和硬链接的异同点。

建立符号链接(软链接)时，引用计数值直接复制；建立硬链接时，引用计数值加1。删除文件时，删除操作对于符号链接是不可见的，这并不影响文件系统，当以后再通过符号链接访问时，发现文件不存在，直接删除符号链接；但是对于硬链接则不可以直接删除，引用计数值减1，若值不为0，则不能删除此文件，因为还有其他硬链接指向此文件。

【答案】故此题答案为B。

32. 【考点】操作系统；输入/输出(I/O)管理；设备。

【解析】本题考查系统调用的设备标识。考生应该知晓设备管理具有设备独立性的特点，操作系统以系统调用方式来请求某类设备时，使用的是逻辑设备名。

用户程序对I/O设备的请求采用逻辑设备名，而在程序实际执行时使用物理设备名。

【答案】故此题答案为A。

33. 【考点】计算机网络；计算机网络概述；计算机网络体系结构；ISO/OSI参考模型和TCP/IP模型。

【解析】本题考查 OSI 模型中的传输层功能。

传输层提供应用进程间的逻辑通信，即端到端的通信。而网络层提供点到点的逻辑通信。

【答案】故此题答案为 B。

34. **【考点】**计算机网络；物理层；通信基础；奈奎斯特（奈氏）定理与香农定理。

【解析】本题考查奈氏定理和香农定理。

采用 4 个相位，每个相位有 4 种幅度的 QAM 调制方法，每个信号可以有 16 种变化，传输 4bit 的数据。根据奈奎斯特定理，信息的最大传输速率为 $2\times3\text{K}\times4=24\text{Kbit/s}$。

【答案】故此题答案为 B。

35. **【考点】**计算机网络；数据链路层；流量控制与可靠传输机制；后退 N 帧协议（GBN）。

【解析】本题考查后退 N 帧协议的工作原理。

在后退 N 帧协议中，发送方可以连续发送若干个数据帧，如果收到接收方的确认帧则可以继续发送。若某个帧出错，接收方只是简单地丢弃该帧及其后所有的后续帧，发送方超时后需重传该数据帧及其后续的所有数据帧。这里要注意，连续 ARQ 协议中，接收方一般采用累积确认的方式，即接收方对按序到达的最后一个分组发送确认，因此题目中收到 3 的确认帧就代表编号为 0、1、2、3 的帧已接收，而此时发送方未收到 1 号帧的确认只能代表确认帧在返回的过程中丢失了，而不代表 1 号帧未到达接收方。因此需要重传的帧为编号是 4、5、6、7 的帧。

【答案】故此题答案为 C。

36. **【考点】**计算机网络；数据链路层；局域网；以太网与 IEEE 802.3。

【解析】本题考查交换机工作原理，属于记忆性题目。

交换机实质上是一个多端口网桥，工作在数据链路层，数据链路层使用物理地址进行转发，而转发通常都是根据目的地址来决定出端口。

【答案】故此题答案为 A。

37. **【考点】**计算机网络；数据链路层；介质访问控制；随机访问。

【解析】本题考查 CSMA/CD 协议的工作原理。此题考生需要注意的点是，CSMA/CD 的碰撞窗口＝2 倍传播时延，而报文发送时间要远大于碰撞窗口。

若最短帧长减少，而数据传输速率不变，则需要使冲突域的最大距离变短来实现争用期的减少。争用期是指网络中收发节点间的往返时延，因此假设需要减少的最小距离为 s，单位是 m，则可以得到下式（注意单位的转换）：$2\times[s/(2\times10^8)]=800/(1\times10^9)$，因此可得 $s=80$，即最远的两个站点之间的距离最少需要减少 80m。

【答案】故此题答案为 D。

38. **【考点】**计算机网络；传输层；TCP；TCP 连接管理。

【解析】本题考查 TCP 的数据编号与确认。

TCP 是面向字节流的，其选择确认（Selective ACK）机制是接收端对字节序号进行确认，其返回的序号是接收端下一次期望接收的序号，因此主机乙接收两个段后返回给主机甲的确认序列号是 1000。

【答案】 故此题答案为 D。

39. **【考点】** 计算机网络；传输层；TCP；TCP 拥塞控制。

【解析】 本题考查 TCP 的拥塞控制方法，重点考查考生对于拥塞窗口设置的理解。

无论在慢开始阶段还是在拥塞避免阶段，只要发送方判断网络出现拥塞(其根据就是没有按时收到确认)，就要把慢开始门限 ssthresh 设置为出现拥塞时的发送方窗口值的一半(但不能小于 2)。然后把拥塞窗口 cwnd 重新设置为 1，执行慢开始算法。这样做的目的就是要迅速减少主机发送到网络中的分组数，使得发生拥塞的路由器有足够时间把队列中积压的分组处理完毕。

因此，在发送拥塞后，慢开始门限 ssthresh 变为 16/2＝8KB，发送窗口变为 1KB。在接下来的 3 个 RTT 内，拥塞窗口执行慢开始算法，呈指数形式增加到 8KB，此时由于慢开始门限 ssthresh 为 8KB，因此转而执行拥塞避免算法，即拥塞窗口开始“加法增大”。因此第 4 个 RTT 结束后，拥塞窗口的大小为 9KB。

【答案】 故此题答案为 C。

40. **【考点】** 计算机网络；应用层；FTP；FTP 的工作原理。

【解析】 本题考查 FTP 的特点。考生需了解对于 FTP 文件传输，为了保证可靠性，选择 TCP。

FTP 是基于传输层 TCP 的。FTP 的控制连接使用端口 21，来传输控制信息(如连接请求，传送请求等)，据连接使用端口 20，来传输数据。

【答案】 故此题答案为 A。

三、综合应用题考点、解析及小结

41. **【考点】** 数据结构；图；图的基本应用；最短路径；图的遍历。

【解析】 考生需要知道最短路径的定义：从某顶点出发，沿图的边到达另一顶点所经过的路径中，各边上权值之和最小的一条路径叫作最短路径。之后才能解答本题。

该方法不一定能(或不能)求得最短路径。

例如，对于图 2-2 所示的带权图，如果按照题中的原则，从 A 到 C 的最短路径是 A→B→C，事实上其最短路径是 A→D→C。

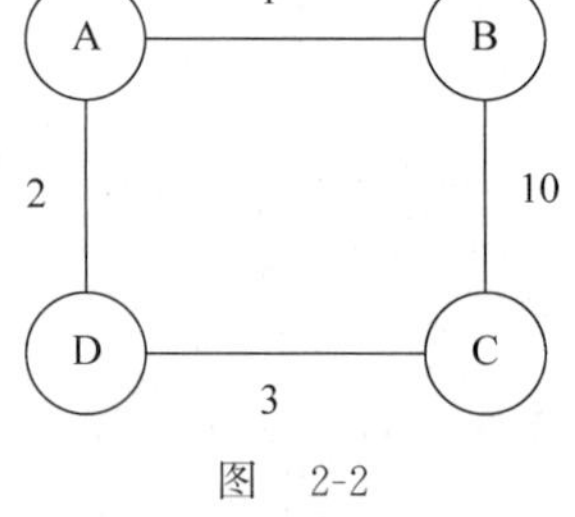

图 2-2

【小结】 本题考查了最短路径的相关知识。

42. **【考点】** 数据结构；线性表；线性表的实现；链式存储；线性表的应用。

【解析】 本题是一道算法设计题，考查了表的查找和便利，考生需围绕题干“尽可能高效”这一关键要求来作答，若考生所设计的算法空间复杂度过高(如使用了大小与 k 有关的辅助数组)，或用递归算法解题，即使结果正确，也不能得到满分。本题的解题步骤如下：

(1) 算法的基本设计思想(5 分)。

问题的关键是设计一个尽可能高效的算法，通过链表的一趟遍历，找到倒数第 k 个节点的位置。算法的基本设计思想是：定义两个指针变量 p 和 q，初始时均指向头节点的下一个节点(链表的第一个节点)。p 指针沿链表移动；当 p 指针移动到第 k 个节点时，q 指针开始与 p 指针同步移动；当 p 指针移动到最后一个节点时，q 指针所指示节点为倒数第 k 个节点。以上过程对链表仅进行一遍扫描。

（2）算法的详细实现步骤（5分）。

① count=0，p 和 q 指向链表表头节点的下一个节点；

② 若 p 为空，转⑤；

③ 若 count 等于 k，则 q 指向下一个节点；否则，count=count+1；

④ p 指向下一个节点，转②；

⑤ 若 count 等于 k，则查找成功，输出该节点的 data 域的值，返回1；否则，说明 k 值超过了线性表的长度，查找失败，返回0；

⑥ 算法结束。

（3）算法实现（5分）。

```
    typedef int ElemType;              // 链表节点的结构定义
    typedef struct LNode{              // 链表节点的结构定义
        ElemType data;                 // 节点数据
        struct Lnode *link;            // 节点链接指针
    } *LinkList;
int Search_k(LinkList list, int k)  {
// 查找链表list倒数第k个节点，并输出该节点data域的值
    LinkList p = list->link, q = list->link;     // 指针 p、q 指示第一个节点
    int count = 0;
    while(p != NULL) {                 // 遍历链表直到最后一个节点
        if(count < k) count++;         // 计数，若count<k，只移动 p
        else q = q->link; p = p->link; // 之后让 p、q 同步移动
    } //while
    if(count < k)
        return 0;                      // 查找失败返回0
    else {                             // 否则打印并返回1
        printf("%d", q->data);
        return 1;
        }
}                                      // search_k
```

【小结】本题考查了链表的相关知识。

43. **【考点】**计算机组成原理；总线和输入/输出系统；I/O方式；DMA方式；中央处理器；异常和中断机制；异常和中断的基本概念。

【解析】本题考查了中断处理机制，DMA方式等内容。

（1）按题意，外设每秒传送0.5MB，中断时每次传送4B。中断方式下，CPU每次用于数据传送的时钟周期为 $5\times18+5\times2=100$。

为达到外设0.5MB/s的数据传输率，外设每秒申请的中断次数为：0.5MB/4B=125 000。

1秒内用于中断的开销：$100\times125\ 000=12\ 500\ 000=12.5\times10^6$ 个时钟周期。

CPU用于外设I/O的时间占整个CPU时间的百分比：$12.5\times10^6/500\times10^6=2.5\%$；

（2）当外设数据传输率提高到5MB/s时改用DMA方式传送，每次DMA传送5 000B，1秒内需产生的DMA次数：5MB/5 000B=1 000。

CPU 用于 DMA 处理的总开销：1 000×500＝500 000＝0.5×10^6 个时钟周期。

CPU 用于外设 I/O 的时间占整个 CPU 时间的百分比：0.5×10^6/500×10^6＝0.1%。

【小结】本题考查了 I/O 系统的相关知识。

44. **【考点】**计算机组成原理；指令系统；指令系统的基本概念；指令格式。

【解析】本题考查指令周期的相关知识，主要是取指和译码操作和控制信号的使用，是一道较为综合的题目，解题步骤如下：

参考答案一

时　钟	功　能	有效控制信号
C5	MAR←(R1)	R1out，MARin
C6	MDR←M(MAR) A←(R0)	MemR，MDRinE， R0out，Ain
C7	AC←(MDR)＋(A)	MDRout，Add，ACin
C8	MDR←(AC)	ACout，MDRin
C9	M(MAR)←(MDR)	MDRoutE，MemW

“A←(R0)”也可在 C7：“AC←（MDR）＋（A）”之前单列的一个时钟周期内执行。

参考答案二

时　钟	功　能	有效控制信号
C5	MAR←(R1)	R1out，MARin
C6	MDR←M(MAR)	MemR，MDRinE
C7	A←(MDR)	MDRout，Ain
C8	AC←(A)＋(R0)	R0out，Add，ACin
C9	MDR←(AC)	ACout，MDRin
C10	M(MAR)←(MDR)	MDRoutE，MenW

一条指令的执行过程通常由取指、译码和执行 3 个步骤完成，本题中取指用 3 个节拍、译码用 1 个节拍，执行加法运算并把结果写入主存如何完成呢？包括划分执行步骤、确定完成的功能、要提供的控制信号，这是本题要测试的内容。要回答这个问题，首先要看清图中给出的部件组成情况和信息传送的路径。

要完成的功能是(R0)＋((R1))→(R1)，从图中看到：

(1) R0、R1 都有送自己内容到内总线的路径，控制信号分别是 R0out 和 R1out；

(2) ALU 加运算，2 个数据由工作寄存器 A 和内总线提供，控制信号是 Add；A 只接收内总线的内容，控制信号是 Ain；结果需存 AC，控制信号是 ACin；AC 的内容可送内总线，控制信号是 ACout；

(3) PC 可接收内总线的内容，还可增 1，控制信号是 PCin 和 PC＋1，PC 的内容可送内总线，控制信号是 PCout；

(4) 指令寄存器 IR 可接收内总线的内容，控制信号是 IRin；

(5) 读写存储器时，地址由 MAR 经 AB 提供，MAR 只接收总线上的信息，控制信号是 MARin；

(6) 读存储器，提供读命令 MemR，并通过 DB 送入 MDR，控制信号是 MDRinE；

MDR 的内容可送入总线，控制信号是 MDRout；

(7) 写存储器，提供写命令 MemW，数据由 MDR 通过 DB 送到存储器的数据引脚，控制信号是 MDRoutE；

然后是划分执行步骤、确定每一步完成的功能、需要提供的控制信号。这是由指令应完成的功能和计算机硬件的实际组成情况和信息传送的可用路径共同决定的，基本原则是步骤越少越好。硬件电路要能支持，可以有多种方案，解题时应参照以给出的答题格式，即取指和译码阶段的那张表的内容，但不必把表已有的内容再抄一遍。

划分指令执行步骤，确定每一步完成的功能、给出需要提供的控制信号。

请注意，(R0)+((R1))表示：R0 寄存器的内容与 R1 作地址从主存中读出来的数据完成加法运算；而→(R1)表示把 R1 的内容作为主存储器的地址完成写主存操作。为防止出现误解，题中还特别对此作了文字说明。这条指令的功能是先到主存储器取一个数，之后运算，再将结果写回主存储器。

(1) 执行相加运算，需把存储器中的数据读出，为此首先送地址，将 R1 的内容送 MAR，控制信号是 R1out、MARin。

(2) 启动读主存操作，读出的内容送入 MDR，控制信号是 MemR、MDRinE。还可同时把 R0 的内容经内总线送入 A，用到的控制信号是 R0out、Ain。

(3) 执行加法运算，即 A 的内容与 MDR 的内容相加，结果保存到 AC，控制信号是 MDRout、Add、Acin。

(4) 要把 AC 的内容写入主存，由于 R1 的内容已经在 MAR 中，地址已经有了，但需要把写入的数据(已经在 AC 中)经内总线送入 MDR，控制信号是 ACout、MDRin。

(5) 给出写主存的命令，把 MDR 的内容经 DB 送存储器的数据线引脚，执行写操作，控制信号是 MDRoutE、MemW。

这几个步骤是有先后次序的，前面的步骤完成了，下一步才可以执行，也保证了不会产生硬件线路的冲突。请注意，使用最为频繁的是内总线，它在任何时刻只能接收一个输入数据，并且向内总线发送信息的电路只能以三态门器件连接到内总线，5 个向内总裁发送信息的控制信号(ACout，PCout，R0out，R1out，MDRout)最多只能有一个为 1，其他 4 个必须全为 0，或者 5 个全为 0。

仔细看一下，发现可以把第 2 个步骤的操作划分到两个步骤中完成，一个步骤中安排 MDR 接收从存储器中读出的内容，到另外一个步骤实现 R0 的内容送入 A，这其中多用了一个操作步骤，指令的执行速度会变慢。有些解题者在写存储器之前，还会再执行一次把 R1 的内容送 MAR，尽管无此必要，但不属于原理上的错误。

当然还可以有其他的设计结果。

解题时这些叙述内容不必写出来(这里写出这些内容是希望帮助大家领会本题要测试的知识点和指令的执行过程)，直接按照已经给出的表格的形式、按照提供的填写办法把设计的表格及其内容填好就可以了。

请注意，题目表格内容(告诉你答题的格式和答题内容的表达方式)与你答题的表格内容合在一起才是这条指令的完整的执行过程，千万不要产生任何错觉。

【小结】本题考查了指令周期的相关知识。

45. **【考点】**操作系统；进程管理；同步与互斥；基本的实现方法。

【解析】 本题是一道编程题，考查考生对同步与互斥的理解和应用。

定义信号量 odd 控制 P1 与 P2 之间的同步；even 控制 P1 与 P3 之间的同步；empty 控制生产者与消费者之间的同步；mutex 控制进程间互斥使用缓冲区。程序如下：

```
semaphore odd = 0, even = 0, empty = N, mutex = 1;
P1()
{
    x = produce(); // 生成一个数
    P(empty);      // 判断缓冲区是否有空单元
    P(mutex);      // 缓冲区是否被占用
    Put();
    V(mutex);              // 释放缓冲区
    if(x%2 == 0)
        V(even); // 如果是偶数，向P3发出信号
    else
        V(odd);  // 如果是奇数，向P2发出信号
}
P2()
{
    P(odd);  // 收到P1发来的信号，已产生一个奇数
    P(mutex);      // 缓冲区是否被占用
    getodd();
    V(mutex);      // 释放缓冲区
    V(empty);      // 向P1发信号，多出一个空单元
    countodd();
}
P3()
{
    P(even); // 收到P1发来的信号，已产生一个偶数
    P(mutext);     // 缓冲区是否被占用
    geteven();
    V(mutex);      // 释放缓冲区
    V(empty);      // 向P1发信号，多出一个空单元
    counteven();
}
```

【小结】 本题考查了信号量的相关知识。

46. **【考点】** 操作系统；内存管理；内存管理基础；页式管理；操作系统基础；程序运行环境；中断和异常的处理。

【解析】 本题考查请求分页系统的相关知识，还涉及虚地址的应用和缺页中断的处理等问题。

(1) 根据页式管理的工作原理，应先考虑页面大小，以便将页号和页内位移分解出来。页面大小为 4KB，即 2^{12}，则得到页内位移占虚地址的低 12 位，页号占剩余高位。可得 3 个虚地址的页号 P 如下(十六进制的一位数字转换成 4 位二进制，因此，十六进制的低三位正好为页内位移，最高位为页号)：

2362H：$P=2$，访问快表 10ns，因初始为空，访问页表 100ns 得到页框号，合成物理地址后访问主存 100ns，共计 10ns+100ns+100ns=210ns。

1565H：$P=1$，访问快表 10ns，落空，访问页表 100ns 落空，进行缺页中断处理

10^8ns,访问快表 10ns,合成物理地址后访问主存 100ns,共计 10ns＋100ns＋10^8ns＋10ns＋100ns＝100 000 220ns。

25A5H：P＝2,访问快表,因第一次访问已将该页号放入快表,因此花费 10ns 便可合成物理地址,访问主存 100ns,共计 10ns＋100ns＝110ns。

(2) 当访问虚地址 1565H 时,产生缺页中断,合法驻留集为 2,必须从页表中删除一个页面,根据题目的置换算法,应淘汰 0 号页面,因此 1565H 的对应页框号为 101H。由此可得,1565H 的物理地址为 101565H。

【小结】本题考查了页式管理方式的相关知识。

47. **【考点】**计算机组网络；网络层；IPv4；子网划分、路由聚集、子网掩码与 CIDR；网络层的功能；网络层的功能；路由与转发。

【解析】本题考查网络层中的子网划分、路由聚集、CIDR 等概念,要求考生理解并掌握路由器的转发机制,是一道较为综合的题目。

(1) CIDR 中的子网号可以全 0 或全 1,但主机号不能全 0 或全 1。

因此若将 IP 地址空间 202.118.1.0/24 划分为 2 个子网,且每个局域网需分配的 IP 地址个数不少于 120 个,子网号至少要占用一位。

由 $2^6-2<120<2^7-2$ 可知,主机号至少要占用 7 位。

由于源 IP 地址空间的网络前缀为 24 位,因此主机号位数＋子网号位数＝8。

综上可得,主机号位数为 7,子网号位数为 1。

因此子网的划分结果为：子网 1：202.118.1.0/25,子网 2：202.118.1.128/25。

地址分配方案：子网 1 分配给局域网 1,子网 2 分配给局域网 2,或子网 1 分配给局域网 2,子网 2 分配给局域网 1。

(2) 由于局域网 1 和局域网 2 分别与路由器 R1 的 E1、E2 接口直接相连,因此在 R1 的路由表中,目的网络为局域网 1 的转发路径是直接通过接口 E1 转发,目的网络为局域网 2 的转发路径是直接通过接口 E1 转发。由于局域网 1、2 的网络前缀均为 25 位,因此它们的子网掩码均为 255.255.255.128。

根据题意,R1 专门为域名服务器设定了一个特定的路由表项,因此该路由表项中的子网掩码应为 255.255.255.255。对应的下一跳转发地址是 202.118.2.2,转发接口是 L0。

根据题意,到互联网的路由实质上相当于一个默认路由,默认路由一般写作 0/0,即目的地址为 0.0.0.0,子网掩码为 0.0.0.0。对应的下一跳转发地址是 202.118.2.2,转发接口是 L0。

综上可得到路由器 R1 的路由表为

(若子网 1 分配给局域网 1,子网 2 分配给局域网 2)。

目的网络 IP 地址	子网掩码	下一跳 IP 地址	接口
202.118.1.0	255.255.255.128	—	E1
202.118.1.128	255.255.255.128	—	E2
202.118.3.2	255.255.255.255	202.118.2.2	L0
0.0.0.0	0.0.0.0	202.118.2.2	L0

（若子网 1 分配给局域网 2，子网 2 分配给局域网 1）。

目的网络 IP 地址	子网掩码	下一跳 IP 地址	接口
202.118.1.128	255.255.255.128	—	E1
202.118.1.0	255.255.255.128	—	E2
202.118.3.2	255.255.255.255	202.118.2.2	L0
0.0.0.0	0.0.0.0	202.118.2.2	L0

（3）局域网 1 和局域网 2 的地址可以聚合为 202.118.1.0/24，而对于路由器 R2 来说，通往局域网 1 和 2 的转发路径都是从 L0 接口转发，因此采用路由聚合技术后，路由器 R2 到局域网 1 和局域网 2 的路由为

目的网络 IP 地址	子网掩码	下一跳 IP 地址	接口
202.118.1.0	255.255.255.0	202.118.2.1	L0

【小结】本题考查了网络路由的相关知识。

2010年全国硕士研究生招生考试
计算机学科专业基础试题

一、**单项选择题**：1～40 小题，每小题 2 分，共 80 分。下列每题给出的四个选项中，只有一个选项是最符合题目要求的。

1. 若元素 a,b,c,d,e,f 依次进栈，允许进栈、退栈操作交替进行，但不允许连续三次进行退栈操作，则不可能得到的出栈序列是（　　）。

   A. d c e b f a　　　　B. c b d a e f

   C. b c a e f d　　　　D. a f e d c b

2. 某队列允许在其两端进行入队操作，但仅允许在一端进行出队操作，若元素 a,b,c,d,e 依次入此队列后再进行出队操作，则不可能得到的出队序列是（　　）。

   A. b a c d e　　　　B. d b a c e

   C. d b c a e　　　　D. e c b a d

3. 下列线索二叉树中（用虚线表示线索），符合后序线索树定义的是（　　），见图 3-1。

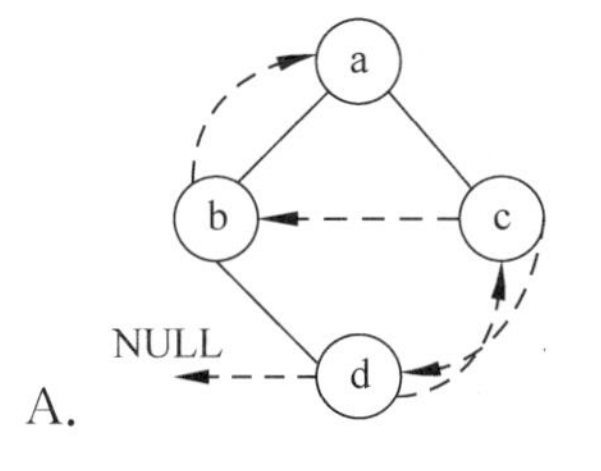

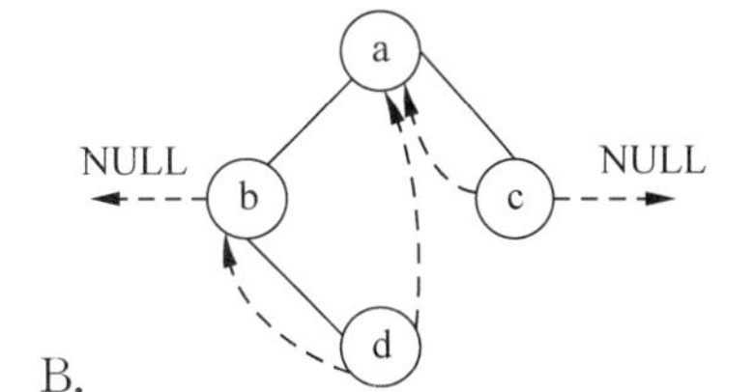

a b c d NULL

C.

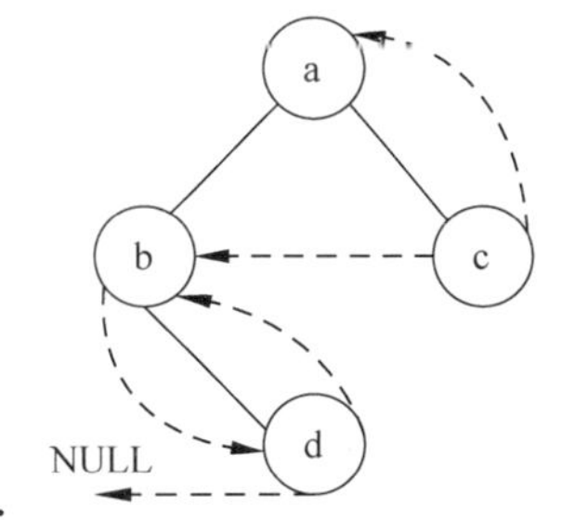

图　3-1

4. 在图 3-2 所示的平衡二叉树中，插入关键字 48 后得到一棵新平衡二叉树。

在新平衡二叉树中，关键字 37 所在节点的左、右子节点中保存的关键字分别是(　　)。

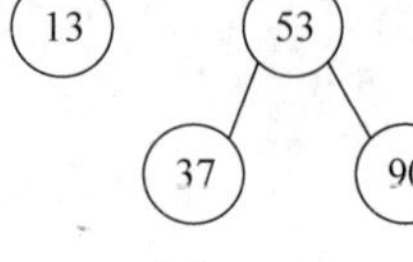

图 3-2

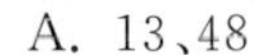

A. 13、48　　B. 24、48

C. 24、53　　D. 24、90

5. 在一棵度数为 4 的树 T 中，若有 20 个度为 4 的节点，10 个度为 3 的节点，1 个度为 2 的节点，10 个度为 1 的节点，则树 T 的叶节点个数是(　　)。

A. 41　　B. 82　　C. 113　　D. 122

6. 对 $n(n\geqslant 2)$个权值均不相同的字符构成哈夫曼树。下列关于该哈夫曼树的叙述中，错误的是(　　)。

A. 该树一定是一棵完全二叉树

B. 树中一定没有度为 1 的节点

C. 树中两个权值最小的节点一定是兄弟节点

D. 树中任一非叶节点的权值一定不小于下一层任一节点的权值

7. 若无向图 $G=(V,E)$中含有 7 个顶点，要保证图 G 在任何情况下都是连通的，则需要的边数最少是(　　)。

A. 6　　B. 15　　C. 16　　D. 21

8. 对图 3-3 进行拓扑排序，可以得到不同拓扑序列的个数是(　　)。

A. 4

B. 3

C. 2

D. 1

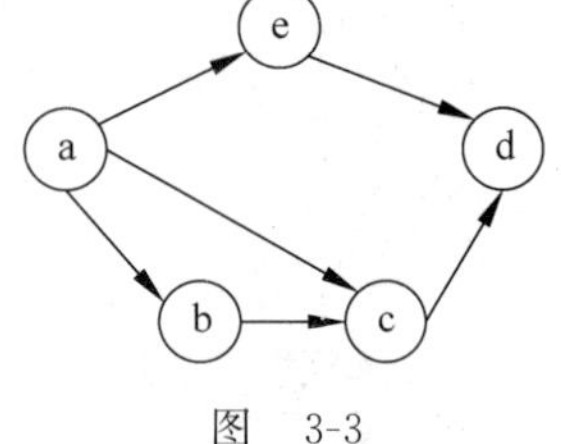

图 3-3

9. 已知一个长度为 16 的顺序表 L，其元素按关键字有序排列。

若采用折半查找法查找一个 L 中不存在的元素，则关键字的比较次数最多是(　　)。

A. 4　　B. 5　　C. 6　　D. 7

10. 采用递归方式对顺序表进行快速排序。下列关于递归次数的叙述中，正确的是(　　)。

A. 递归次数与初始数据的排列次数无关

B. 每次划分后，先处理较长的分区可以减少递归次数

C. 每次划分后，先处理较短的分区可以减少递归次数

D. 递归次数与每次划分后得到的分区的处理顺序无关

11. 对一组数据(2,12,16,88,5,10)进行排序，若前三趟排序结果如下：

第一趟排序结果：2,12,16,5,10,88

第二趟排序结果：2,12,5,10,16,88

第三趟排序结果：2,5,10,12,16,88

则采用的排序方法可能是(　　)。

A. 起泡排序　　B. 希尔排序　　C. 归并排序　　D. 基数排序

12. 下列选项中,能缩短程序执行时间的措施是(　　)。

Ⅰ. 提高 CPU 时钟频率　　Ⅱ. 优化数据通路结构

Ⅲ. 对程序进行编译优化

A. 仅Ⅰ和Ⅱ　　B. 仅Ⅰ和Ⅲ　　C. 仅Ⅱ和Ⅲ　　D. Ⅰ、Ⅱ和Ⅲ

13. 假定有 4 个整数用 8 位补码分别表示为 r1＝FEH,r2＝F2H,r3＝90H,r4＝F8H。若将运算结果存放在一个 8 位寄存器中,则下列运算中会发生溢出的是(　　)。

A. r1×r2　　B. r2×r3　　C. r1×r4　　D. r2×r4

14. 假定变量 i、f、d 数据类型分别为 int、float、double(int 用补码表示,float 和 double 分别用 IEEE 754 单精度和双精度浮点数据格式表示),已知 $i=785$,$f=1.5678e3$,$d=1.5e100$,若在 32 位机器中执行下列关系表达式,则结果为“真”的是(　　)。

Ⅰ. i==(int)(float)i　　Ⅱ. f==(float)(int)f

Ⅲ. f==(float)(double)f　　Ⅳ. (d+f)-d==f

A. 仅Ⅰ和Ⅱ　　B. 仅Ⅰ和Ⅲ　　C. 仅Ⅱ和Ⅲ　　D. 仅Ⅲ和Ⅳ

15. 假定用若干个 2K×4 位芯片组成一个 8K×8 位的存储器,则地址 0B1FH 所在芯片的最小地址是(　　)。

A. 0000H　　B. 0600H　　C. 0700H　　D. 0800H

16. 下列有关 RAM 和 ROM 的叙述中,正确的是(　　)。

Ⅰ. RAM 是易失性存储器,ROM 是非易失性存储器

Ⅱ. RAM 和 ROM 都是采用随机存取方式进行信息访问的

Ⅲ. RAM 和 ROM 都可用作 Cache

Ⅳ. RAM 和 ROM 都需要进行刷新

A. 仅Ⅰ和Ⅱ　　B. 仅Ⅱ和Ⅲ　　C. 仅Ⅰ、Ⅱ和Ⅲ　　D. 仅Ⅱ、Ⅲ、Ⅳ

17. 下列命中组合情况中,一次访存过程中不可能发生的是(　　)。

A. TLB 未命中,Cache 未命中,Page 未命中

B. TLB 未命中,Cache 命中,Page 命中

C. TLB 命中,Cache 未命中,Page 命中

D. TLB 命中,Cache 命中,Page 未命中

18. 下列寄存器中,汇编语言程序员可见的是(　　)。

A. 存储器地址寄存器(MAR)　　B. 程序计数器(PC)

C. 存储器数据寄存器(MDR)　　D. 指令寄存器(IR)

19. 下列选项中,不会引起指令流水阻塞的是(　　)。

A. 数据旁路(转发)　　B. 数据相关

C. 条件转移　　D. 资源冲突

20. 下列选项中的英文缩写均为总线标准的是(　　)。

A. PCL、CRT、USB、EISA　　B. ISA、CPI、VESA、EISA

C. ISA、SCSL、RAM、MIPS　　D. ISA、EISA、PCI、PCI-Express

21. 单级中断系统中，中断服务程序执行顺序是(　　)。

Ⅰ. 保护现场　　Ⅱ. 开中断　　Ⅲ. 关中断　　Ⅳ. 保存断点

Ⅴ. 中断事件处理　　Ⅵ. 恢复现场　　Ⅶ. 中断返回

A. Ⅰ→Ⅴ→Ⅵ→Ⅱ→Ⅶ　　B. Ⅲ→Ⅰ→Ⅴ→Ⅶ

C. Ⅲ→Ⅳ→Ⅴ→Ⅵ→Ⅶ　　D. Ⅳ→Ⅰ→Ⅴ→Ⅵ→Ⅶ

22. 假定一台计算机的显示存储器用DRAM芯片实现，若要求显示分辨率为1 600×1 200，颜色深度为24位，帧频为85Hz，显存总带宽的50%用来刷新屏幕，则需要的显存总带宽至少约为(　　)。

A. 245Mbit/s　　B. 979Mbit/s　　C. 1 958Mbit/s　　D. 7 834Mbit/s

23. 下列选项中，操作系统提供的给应用程序的接口是(　　)。

A. 系统调用　　B. 中断　　C. 库函数　　D. 原语

24. 下列选项中，导致创建新进程的操作是(　　)。

Ⅰ. 用户登录成功　　Ⅱ. 设备分配　　Ⅲ. 启动程序执行

A. 仅Ⅰ和Ⅱ　　B. 仅Ⅱ和Ⅲ　　C. 仅Ⅰ和Ⅲ　　D. Ⅰ、Ⅱ、Ⅲ

25. 设与某资源相关联的信号量初值为3，当前值为1。若M表示该资源的可用个数，N表示等待该资源的进程数，则M、N分别是(　　)。

A. 0、1　　B. 1、0　　C. 1、2　　D. 2、0

26. 下列选项中，降低进程优先级的合理时机是(　　)。

A. 进程的时间片用完　　B. 进程刚完成I/O，进入就绪列队

C. 进程长期处于就绪列队　　D. 进程从就绪状态转为运行态

27. 进程P0和P1的共享变量定义及其初值为：

```
boolean flag[2];
int turn = 0;
flag[0] - FALSE; flag[1] = FALSE
```

若进行P0和P1访问临界资源的类C代码实现如下：

```
void P0()        //进程P0
{ while (TRUE)
    { flag[0]=TRUE; turn=l;
          While (flag[l]&&(tum==l));
          临界区;
          flag[0]=FALSE;
    }
}
```

```
void P1()        //进程 P1
{ while (TRUE)
    { flag[l]=TRUE; turn=0;
       While(flag[0]&&(turn==0));
             临界区;
       flag[l]=FALSE;
    }
}
```

则并发执行进程P0和P1时产生的情形是(　　)。

A. 不能保证进程互斥进入临界区，会出现“饥饿”现象

B. 不能保证进程互斥进入临界区，不会出现“饥饿”现象

C. 能保证进程互斥进入临界区，会出现“饥饿”现象

D. 能保证进程互斥进入临界区，不会出现“饥饿”现象

28. 某基于动态分区存储管理的计算机，其主存容量为55MB(初始为空闲)，采用最佳适应

分配(Best Fit)算法，分配和释放的顺序为：分配 15MB，分配 30MB，释放 15MB，分配 8MB，分配 6MB，此时主存中最大空闲分区的大小是(　　)。

A. 7MB　　B. 9MB　　C. 10MB　　D. 15MB

29. 某计算机采用二级页表的分页存储管理方式，按字节编制，页的大小为 2^{10} 字节，页表项大小为 2 字节，逻辑地址结构为：

页目录号	页号	页内偏移量

逻辑地址空间大小为 2^{16} 页，则表示整个逻辑地址空间的页目录表中包含表项的个数至少是()。

A. 64　　B. 128　　C. 256　　D. 512

30. 设文件索引节点中有 7 个地址项，其中 4 个地址项为直接地址索引，2 个地址项为一级间接地址索引，1 个地址项为二级间接地址索引，每个地址项的大小为 4B。若磁盘索引块和磁盘数据块大小均为 256B，则可表示的单个文件最大长度是(　　)。

A. 33KB　　B. 519KB　　C. 1 057KB　　D. 16 513KB

31. 设置当前工作目录的主要目的是(　　)。

A. 节省外存空间　　B. 节省内存空间

C. 加快文件的检索速度　　D. 加快文件的读/写速度

32. 本地用户通过键盘登录系统时，首先获得键盘输入信息的程序是(　　)。

A. 命令解释程序　　B. 中断处理程序

C. 系统调用服务程序　　D. 用户登录程序

33. 下列选项中，不属于网络体系结构所描述的内容是(　　)。

A. 网络的层次　　B. 每一层使用的协议

C. 协议的内部实现细节　　D. 每一层必须完成的功能

34. 在图 3-4 所表示的采用"存储—转发"方式的分组交换网络中，所有链路的数据传输速率为 100Mbit/s，分组大小为 1 000B，其中分组头大小为 20B。若主机 H1 向主机 H2 发送一个大小为 980 000B 的文件，则在不考虑分组拆装时间和传播延迟的情况下，从 H1 发送开始到 H2 接收完为止，需要的时间至少是(　　)。

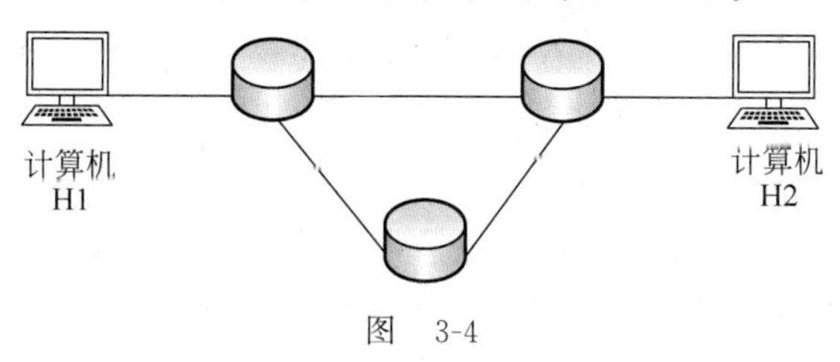

图　3-4

A. 80ms　　B. 80.08ms　　C. 80.16ms　　D. 80.24ms

35. 某自治系统内采用 RIP，若该自治系统内的路由器 R1 收到其邻居路由器 R2 的距离矢量，距离矢量中包含信息< net1，16 >，则能得出的结论是(　　)。

A. R2 可以经过 R1 到达 net1，跳数为 17　　B. R2 可以到达 net1，跳数为 16

C. R1 可以经过 R2 到达 net1，跳数为 17　　D. R1 不能经过 R2 到达 net1

36. 若路由器 R 因为拥塞丢弃 IP 分组，则此时 R 可向发出该 IP 分组的源主机发送的 ICMP 报文类型是(　　)。

A. 路由重定向　　B. 目的不可达　　C. 源抑制　　D. 超时

37. 某网络的 IP 地址空间为 192.168.5.0/24，采用定长子网划分，子网掩码为 255.255.255.248，则该网络中的最大子网个数、每个子网内的最大可分配地址个数分别是(　　)。

A. 32、8　　B. 32、6　　C. 8、32　　D. 8、30

38. 下列网络设备中，能够抑制广播风暴的是(　　)。

Ⅰ. 中继器　　Ⅱ. 集线器　　Ⅲ. 网桥　　Ⅳ. 路由器

A. 仅Ⅰ和Ⅱ　　B. 仅Ⅲ　　C. 仅Ⅲ和Ⅳ　　D. 仅Ⅳ

39. 主机甲和主机乙之间已建立一个 TCP 连接，TCP 最大段长度为 1 000B，若主机甲的当前拥塞窗口为 4 000B，在主机甲向主机乙连续发送 2 个最大段后，成功收到主机乙发送的对第一个段的确认段，确认段中通告的接收窗口大小为 2 000B，则此时主机甲还可以向主机乙发送的最大字节数是(　　)。

A. 1 000　　B. 2 000　　C. 3 000　　D. 4 000

40. 如果本地域名服务器无缓存，当采用递归方法解析另一网络某主机域名时，用户主机、本地域名服务器发送的域名请求消息数分别为(　　)。

A. 一条、一条　　B. 一条、多条　　C. 多条、一条　　D. 多条、多条

二、综合应用题：第 41～47 小题，共 70 分。

41. (10 分) 将关键字序列(7、8、30、11、18、9、14)散列存储到散列表中，散列表的存储空间是一个下标从 0 开始的一维数组，散列函数为 H(key)＝(key×3)MOD 7，处理冲突采用线性探测再散列法，要求装填(载)因子为 0.7。

(1) 请画出所构造的散列表。

(2) 分别计算等概率情况下查找成功和查找不成功的平均查找长度。

42. (13 分) 设将 $n(n>1)$ 个整数存放到一维数组 R 中。试设计一个在时间和空间两方面都尽可能高效的算法，将 R 中保存的序列循环左移 $p(0<p<n)$ 个位置，即将 R 中的数据序列由 $(x_0, x_1, \cdots, x_{n+1})$ 变换为 $(x_p, x_{p+1}, \cdots, x_{n+1}, x_0, x_1, \cdots, x_{p+1})$。要求：

(1) 给出算法的基本设计思想。

(2) 根据设计思想，采用 C 或 C++或 Java 语言描述算法，关键之处给出注释。

(3) 说明你所设计算法的时间复杂度和空间复杂度。

43. (11 分) 某计算机字节长为 16 位，主存地址空间大小为 128KB，按字编址。采用单字长指令格式，指令各字段定义如下：

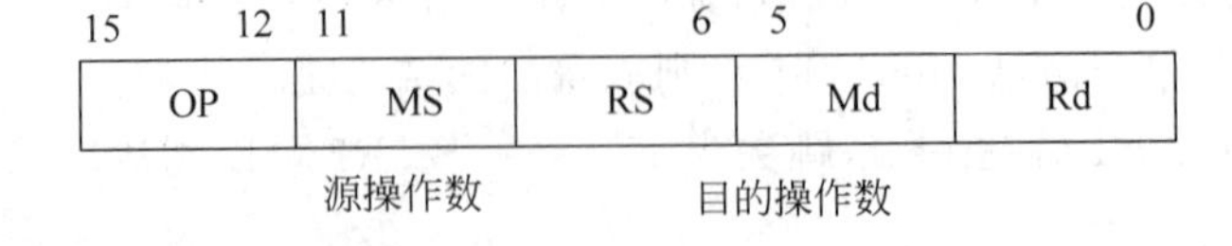

转移指令采用相对寻址方式，相对偏移量用补码表示，寻址方式定义如表 3-1：

表　3-1

Ms/Md	寻址方式	助记符	含　义
000B	寄存器直接	Rn	操作数=(Rn)
001B	寄存器间接	(Rn)	操作数=((Rn))
010B	寄存器间接、自增	(Rn)+	操作数=((Rn))，(Rn)+1－>Rn
011B	相对	D(Rn)	转移目标地址=(PC)+(Rn)

注：(x)表示存储地址 x 或寄存器 x 的内容。

请回答下列问题：

(1) 该指令系统最多可有多少指令？该计算机最多有多少个通用寄存器？存储器地址寄存器(MAR)和存储器数据寄存器(MDR)至少各需要多少位？

(2) 转移指令的目标地址范围是多少？

(3) 若操作码 0010B 表示加法操作(助记符为 add)，寄存器 R4 和 R5 的编号分别为 100B 和 101B，R4 的内容为 1234H，R5 的内容为 5678H，地址 1234H 中的内容为 5678H，地址 5678H 中的内容为 1234H，则汇编语句"add(R4)，(R5)+"(逗号前为源操作数，逗号后为目的操作数)对应的机器码是什么(用十六进制表示)？该指令执行后，哪些寄存器和存储单元中的内容会改变？改变后的内容是什么？

44. (12 分) 某计算机的主存地址空间大小为 256MB，按字节编址。指令 Cache 和数据 Cache 分离，均有 8 个 Cache 行，每个 Cache 行大小为 64B，数据 Cache 采用直接映射方式。现有两个功能相同的程序 A 和 B，其伪代码如下所示。

```
程序A：
  int a[256][256];
  ……
  int sum_array 1()
  {
    int i,j,sum=0;
    for(i=0; i<256; i++)
      sum+=a[i][j];
    return sum;
  }
```

```
程序B：
  int a[256][256];
  ……
  int sum_array 2()
  {
    int i,j,sum=0;
    for(j=0; j<256; j++)
      sum+=a[i][j];
    return sum;
  }
```

假定 int 类型数据用 32 位补码表示，程序编译时 i、j、sum 均分配在寄存器中，数组 a 按行优先方式存放，其首地址为 320(十进制)。请回答下列问题，要求说明理由或给出计算过程。

(1) 若不考虑用于 Cache 一致维护和替换算法的控制位，则数据 Cache 的总容量为多少？

(2) 数组元素 $a[0][31]$和 $a[1][1]$各自所在的主存块对应的 Cache 行号分别是多少(Cache 行号从 0 开始)？

(3) 程序 A 和 B 的数据访问命中率各是多少？哪个程序的执行时间更短？

45. (7 分) 假设计算机系统采用 CSCAN(循环扫描)磁盘调度策略，使用 2KB 的内存空间记录 16 384 个磁盘块的空闲状态。

(1) 请说明在上述条件下如何进行磁盘块空闲状态的管理。

(2) 设某单面磁盘的旋转速度为每分钟 6 000 转，每个磁道有 100 个扇区，相临磁道间的平均移动的时间为 1ms。若在某时刻，磁头位于 100 号磁道处，并沿着磁道号增大的方向移动(如图 3-5 所示)，磁道号的请求队列为 50、90、30、120，对请求队列中的每个磁道需读取 1 个随机分布的扇区，则读完这 4 个扇区共需要多少时间？要求给出计算过程。

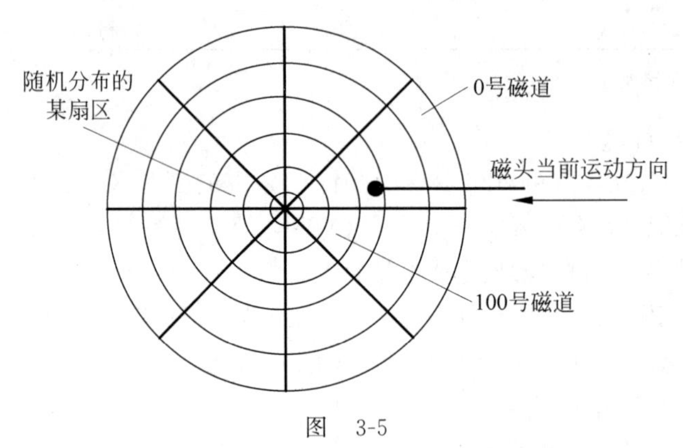

图 3-5

(3) 如果将磁盘替换为随机访问的 Flash 半导体存储器(如 U 盘、SSD 等)，是否有比 CSACN 更高效的磁盘调度策略？若有，给出磁盘调度策略的名称并说明理由；若无，请说明理由。

46. (8 分) 设某计算机的逻辑地址空间和物理地址空间均为 64KB，按字节编址。某进程最多需要 6 页(Page)数据存储空间，页的大小为 1KB，操作系统采用固定分配局部置换策略为此进程分配 4 个页框(Page Frame)。在时刻 260 前该进程访问情况如表 3-2 所示(访问位即使用位)。

表 3-2

页 号	页 框 号	装入时间	访 问 位
0	7	130	1
1	4	230	1
2	2	200	1
3	9	160	1

当该进程执行到时刻 260 时，要访问逻辑地址为 17CAH 的数据。请回答下列问题：

(1) 该逻辑地址对应的页号是多少？

(2) 若采用先进先出(FIFO)置换算法，该逻辑地址对应的物理地址是多少？要求给出计算过程。

(3) 若采用时钟(Clock)置换算法，该逻辑地址对应的物理地址是多少？要求给出计算过程。(设搜索下一页的指针按顺时针方向移动，且指向当前 2 号页框，示意图 3-6 如所示)

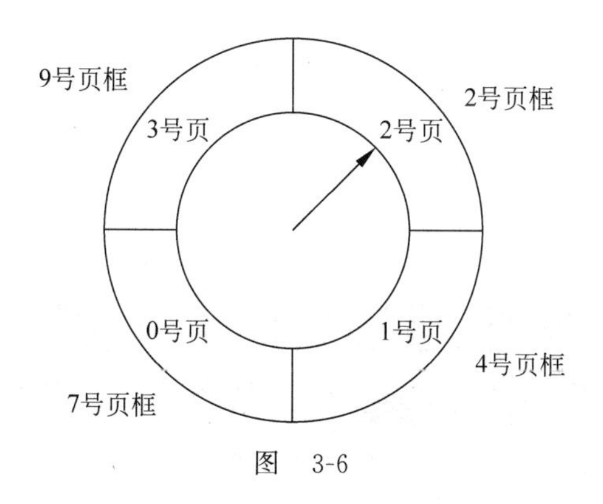

图　3-6

47. (9 分) 某局域网采用 CSMA/CD 协议实现介质访问控制，数据传输率为 10Mbit/s，主机甲和主机乙之间的距离为 2km，信号传播速度是 200 000km/s。请回答下列问题，要求说明理由或写出计算过程。

(1) 若主机甲和主机乙发送数据时发生冲突，则从开始发送数据时刻起，再到两台主机均检测到冲突时刻为止，最短需经过多长时间？最长经过多长时间？(假设主机甲和主机乙发送数据过程中，其他主机不发送数据)

(2) 若网络不存在任何冲突与差错，主机甲总是以标准的最长以太数据帧(1 518B)向主机乙发送数据，主机乙每成功收到一个数据帧后立即向主机甲发送一个 64B 的确认帧，主机甲收到确认帧后立即发送下一个数据帧。此时主机甲的有效数据传输速率是多少？(不考虑以太网帧的前导码。)

2010年全国硕士研究生招生考试计算机学科专业基础试题参考答案及解析

一、单项选择题参考答案速查

题号	1	2	3	4	5	6	7	8	9	10
答案	D	C	D	C	B	A	C	B	B	D
题号	11	12	13	14	15	16	17	18	19	20
答案	A	D	B	B	D	A	D	B	A	D
题号	21	22	23	24	25	26	27	28	29	30
答案	A	D	A	C	B	A	D	B	B	C
题号	31	32	33	34	35	36	37	38	39	40
答案	C	B	C	C	D	C	B	D	A	A

二、单项选择题考点、解析及答案

1. **【考点】**数据结构；栈、队列和数组；栈和队列的基本概念。

【解析】本题考查限定条件的出栈序列，考生应熟记栈的先进后出特点。

A. 可由 in,in,in,in,out,out,in,out,out,in,out,out 得到；

B. 可由 in,in,in,out,out,in,out,out,in,out,in,out 得到；

C. 可由 in,in,out,in,out,out,in,in,out,in,out,out 得到；

D. 可由 in,out,in,in,in,in,in,out,out,out,out,out 得到；

但题意要求不允许连续三次退栈操作。

【答案】故此题答案为 D。

2. **【考点】**数据结构；栈、队列和数组；栈和队列的基本概念。

【解析】本题考查受限的双端队列的出队序列。考生需知晓允许在一端进行插入和删除，但在另一端只允许插入的双端队列叫作输出受限的双端队列。

A. 可由左入，左入，右入，右入，右入得到；

B. 可由左入，左入，右入，左入，右入得到；

D. 可由左入，左入，左入，右入，左入得到；

所以不可能得到 C。

【答案】故此题答案为 C。

3. **【考点】**数据结构；树与二叉树；二叉树；二叉树的遍历。

【解析】本题考查线索二叉树的基本概念和构造。

题中所给二叉树的后序序列为 dbca。节点 d 无前驱和左子树，左链域空，无右子树，右链域指向其后继节点 b；节点 b 无左子树，左链域指向其前驱节点 d；节点 c 无左子树，左链域指向其前驱节点 b，无右子树，右链域指向其后继节点 a。

【答案】故此题答案为 D。

4. **【考点】**数据结构；查找；树形查找；平衡二叉树。

【解析】本题考查平衡二叉树的插入算法。

插入 48 以后，该二叉树根节点的平衡因子由 −1 变为 −2，失去平衡，需进行两次旋转(先右旋后左旋)操作。

【答案】故此题答案为 C。

5. **【考点】**数据结构；树与二叉树；树的基本概念。

【解析】本题考查树节点数的特性。

设树中度为 $i(i=0,1,2,3,4)$ 的节点数分别为 N_i，树中节点总数为 N，则树中各节点的度之和等于 $N-1$，即 $N-1=N_1+2N_2+3N_3+4N_4=N_0+N_1+N_2+N_3+N_4$，根据题设中的数据，即可得到 $N_0=82$，即树 T 的叶节点的个数是 82。

【答案】故此题答案为 B。

6. **【考点】**数据结构；树与二叉树；哈夫曼树和哈夫曼编码。

【解析】本题考查哈夫曼树的特性。哈夫曼树又称“最优二叉树”，考生应首先知晓“节点的权”“完全二叉树”等概念。

哈夫曼树为带权路径长度最小的二叉树，不一定是完全二叉树。哈夫曼树中没有度为 1 的节点，B 正确；构造哈夫曼树时，最先选取两个权值最小的节点作为左右子树构造一棵新的二叉树，C 正确；哈夫曼树中任一非叶节点 P 的权值为其左右子树根节点权值之和，其权值不小于其左右子树根节点的权值，在与节点 P 的左右子树根节点处于同一层的节点中，若存在权值大于节点 P 权值的节点 Q，那么节点 Q 的兄弟节点中权值较小的一个应该与节点 P 作为左右子树构造新的二叉树，综上可知，哈夫曼树中任一非叶节点的权值一定不小于下一层任一节点的权值。

【答案】故此题答案为 A。

7. **【考点】**数据结构；图；图的基本概念。

【解析】本题考查图的连通性。在图论中，连通图基于连通的概念，在一个无向图 G 中，若从顶点 i 到顶点 j 有路径相连(当然从 j 到 i 也一定有路径)，则称 i 和 j 是连通的。

要保证无向图 G 在任何情况下都是连通的，即任意变动图 G 中的边，G 始终保持连通，首先需要 G 的任意 6 个节点构成完全连通子图 G_1，需 15 条边，然后再添一条边将第 7 个节点与 G_1 连接起来，共需 16 条边。

【答案】故此题答案为 C。

8. **【考点】**数据结构；图；图的基本应用；拓扑排序。

【解析】本题考查拓扑排序序列。拓扑排序是对一个有向图构造拓扑序列的过程。拓扑排序是一个有向无环图的所有顶点的线性序列。且该序列必须满足下面两个条件：(1)每个顶点出现且只出现一次；(2)若存在一条从顶点 A 到顶点 B 的路径，那么在序列中顶点 A 出现在顶点 B 的前面。

题中图有三个不同的拓扑排序序列，分别为 abced、abecd、aebcd。

【答案】故此题答案为 B。

9. **【考点】**数据结构；查找；折半查找法。

【解析】本题考查折半查找的过程。折半查找也称二分搜索，搜索过程从数组的中间元素开始，如果中间元素正好是要查找的元素，则搜索过程结束；如果某一特定元素大于或者小于中间元素，则在数组大于或小于中间元素的那一半中查找，而且跟开始一样从中间元素开始比较。如果在某一步骤数组为空，则代表找不到。这种搜索算法每一次比较都使搜索范围缩小一半。

具有 n 个节点的判定树的高度为$\lfloor \log_2 n \rfloor+1$，长度为 16，高度为 5，所以最多比较 5 次。

【答案】故此题答案为 B。

10. **【考点】**数据结构；排序；快速排序。

【解析】本题考查快速排序。要求考生理解快速排序和递归的过程。

递归次数与各元素的初始排列有关。如果每一次划分后分区比较平衡，则递归次数少，如果划分后分区不平衡，则递归次数多。递归次数与处理顺序无关。

【答案】故此题答案为 D。

11. **【考点】**数据结构；排序；冒泡排序；希尔排序；基数排序；二路归并排序。

【解析】本题考查各种排序算法的过程。要求考生基本功扎实。

看第一趟可知仅有 88 被移到最后。

如果是希尔排序，则 12，88，10 应变为 10，12，88。因此排除希尔排序。

如果是归并排序，则应长度为 2 的子序列是有序的，由此可排除归并。

如果是基数排序，则 16，5，10 应变为 10，5，16，由此排除基数。

可以看到，每一趟都有一个元素移到其最终位置，符合冒泡排序特点。

【答案】故此题答案为 A。

12. **【考点】**计算机组成原理；计算机系统层次结构；计算机硬件的基本结构；计算机性能指标。

【解析】本题考查计算机的性能指标，属于记忆性题目。

Ⅰ. CPU 的时钟频率，也就是 CPU 主频率，一般说来，一个时钟周期内完成的指令数是固定的，所以主频越高，CPU 的速度也就快，程序的执行时间就越短。

Ⅱ. 数据在功能部件之间传送的路径称为数据通路，数据通路的功能是实现 CPU 内部的运算器和寄存器以及寄存器之间的数据交换。优化数据通路结构，可以有效提高计算机系统的吞吐量，从而加快程序的执行。

Ⅲ. 计算机程序需要先转化成机器指令序列才能最终得到执行，通过对程序进行编译优化可以得到更优的指令序列，从而使得程序的执行时间也越短。

【答案】故此题答案为 D。

13. 【考点】计算机组成原理；数据的表示和运算；运算方法和运算电路；乘/除运算。

【解析】本题的真正意图是考查补码的表示范围，而不完全是补码的乘法运算。若采用补码乘法规则计算出 4 个选项，是费力不讨好的做法，而且极容易出错。

用补码表示时 8 位寄存器所能表示的整数范围为－128～＋127。由于 r1＝－2，r2＝－14，r3＝－112，r4＝－8，则 r2×r3＝1 568，结果溢出。

【答案】故此题答案为 B。

14. 【考点】计算机组成原理；数据的表示和运算；数制与编码；定点数的编码表示。

【解析】本题考查不同精度的数在计算机中的表示方法及其相互转换。

由于(int)f＝1，小数点后面 4 位丢失，故Ⅱ错。Ⅳ的计算过程是先将 f 转换为双精度浮点数据格式，然后进行加法运算，故 $(d+f)-d$ 得到的结果为双精度浮点数据格式，而 f 为单精度浮点数据格式，故Ⅳ错。

【答案】故此题答案为 B。

15. 【考点】计算机组成原理；存储器层次结构；层次化存储器的基本结构。

【解析】本题考查存储器的组成和设计。这是一个相对热门的考点，考生需知道各行芯片的地址分配情况。

用 2K×4 位的芯片组成一个 8K×8 位存储器，每行中所需芯片数为 2，每列中所需芯片数为 4，各行芯片的地址分配为：第一行(2 个芯片并联)0000H～07FFH 第二行(2 个芯片并联)0800H～0FFFH 第三行(2 个芯片并联)1000H～17FFH 第四行(2 个芯片并联)1800H～1FFFH。于是地址 0B1FH 所在芯片的最小地址即为 0800H。

【答案】故此题答案为 D。

16. 【考点】计算机组成原理；存储器层次结构；存储器的分类；高速缓冲存储器。

【解析】本题考查半导体随机存取存储器。本题有一个考点是 RAM(分为 DRAM 和 SRAM)断电后会失去信息，而 ROM 断电后不会丢失信息，它们都采用随机存取方式。

一般 Cache 采用高速的 SRAM 制作，比 ROM 速度快很多，因此Ⅲ是错误的，排除法即可选 A。RAM 需要刷新，而 ROM 不需要刷新。

【答案】故此题答案为 A。

17. 【考点】计算机组成原理；存储器层次结构；高速缓冲存储器；虚拟存储器；页式虚拟存储器。

【解析】本题考查 TLB、Cache 及 Page 之间的关系。考生需知晓，Cache 中存放的是主存的一部分副本，TLB(快表)中存放的是 Page(页表)的一部分副本。在同时具有虚拟页式存储器(有 TLB)和 Cache 的系统中，CPU 发出访存命令，先查找对应的 Cache 块。本题看似既涉及虚拟存储器又涉及 Cache，实际上这里并不需要考虑 Cache 命中与否。因为一旦缺页，说明信息不在主存，那么 TLB 中就一定没有该页表项，所以不存在 TLB 命中、Page 缺失的情况，也根本谈不上访问 Cache 是否命中。

TLB 即为快表，快表只是慢表(Page)的小小副本，因此 TLB 命中，必然 Page 也命中,而当 Page 命中,TLB 则未必命中,故 D 不可能发生;而 Cache 的命中与否与 TLB、Page 的命中与否并无必然联系。

【答案】故此题答案为 D。

18. **【考点】**计算机组成原理;指令系统;指令系统的基本概念。

【解析】本题考查 CPU 内部寄存器的特性。考生需知晓两点:第一,指令寄存器 IR 中的内容总是根据 PC 所取出的指令代码。第二,在 CPU 的专用寄存器中,只有 PC 和 PSWR 是汇编程序员可见的。

汇编程序员可以通过指定待执行指令的地址来设置 PC 的值,而 IR,MAR,MDR 是 CPU 的内部工作寄存器,对程序员不可见。

【答案】故此题答案为 B。

19. **【考点】**计算机组成原理;中央处理器;指令流水线;指令流水线的基本概念。

【解析】本题考查指令流水线的基本概念。若采用流水线方式,相邻或相近的两条指令可能会因为存在某种关联,后一条指令不能按照原指定的时钟周期运行,从而使流水线断流。

有三种相关可能引起指令流水线阻塞:①结构相关,又称资源相关;②数据相关;③控制相关,主要由转移指令引起。

数据旁路技术,其主要思想是不必待某条指令的执行结果送回到寄存器,再从寄存器中取出该结果,作为下一条指令的源操作数,而是直接将执行结果送到其他指令所需要的地方,这样可以使流水线不发生停顿。

【答案】故此题答案为 A。

20. **【考点】**计算机组成原理;总线和输入/输出系统;总线;总线的基本概念。

【解析】本题考查典型的总线标准,属于记忆型的题目。

目前典型的总线标准有:ISA、EISA、VESA、PCI、PCI-Express、AGP、USB、RS-232C 等。

【答案】故此题答案为 D。

21. **【考点】**计算机组成原理;中央处理器;异常和中断机制;异常和中断的检测与响应。

【解析】本题考查中断处理过程。考生在答题时,可以采取排除法,比如选项 B 和选项 C 的第一个任务(Ⅲ.关中断)、选项 D 的第一个任务(Ⅳ.保存断点)都是由中断隐指令完成的,即由硬件直接执行,与中断服务程序无关,故均被排除,即此题只能选 A。

考生复习时需要掌握以下知识:

在单级中断系统中,不允许中断嵌套。中断的处理过程包括 8 个步骤:(1)关中断;(2)保存断点;(3)识别中断源;(4)保存现场;(5)中断事件处理(开中断、执行中断服务程序、关中断);(6)恢复现场;(7)开中断;(8)中断返回。其中,(1)~(3)步由硬件完成,(4)~(8)由中断服务程序完成。

【答案】故此题答案为 A。

22. **【考点】**计算机组成原理;存储器层次结构;半导体随机存取存储器;DRAM 存储器。

【解析】本题考查显示器相关概念,主要是刷新所需带宽的计算公式。

刷新所需带宽＝分辨率×色深×帧频＝1 600×1 200×24bit×85Hz＝3 916.8Mbit/s，显存总带宽的50％用来刷屏，于是需要的显存总带宽为3 916.8/0.5＝7 833.6Mbit/s≈7 834Mbit/s。

【答案】故此题答案为D。

23. **【考点】**操作系统；操作系统基础；程序运行环境；系统调用；输入/输出(I/O)管理；I/O管理基础；I/O软件层次结构。

【解析】本题考查操作系统的接口。要求考生掌握操作系统提供的两类主要接口：命令接口和系统调用。

系统调用是能完成特定功能的子程序，当应用程序要求操作系统提供某种服务时，便调用具有相应功能的系统调用。库函数则是高级语言中提供的与系统调用对应的函数(也有些库函数与系统调用无关)，目的是隐藏访管指令的细节，使系统调用更为方便抽象。但要注意，库函数属于用户程序而非系统调用，是系统调用的上层。

【答案】故此题答案为A。

24. **【考点】**操作系统；进程管理；进程与线程；进程/线程的状态与转换。

【解析】本题考查的是引起创建进程的事件，此题是记忆性题目。

引起进程创建的事件有：用户登录、作业调度、提供服务、应用请求等，本题的选项分别对应：Ⅰ.用户登录成功　在分时系统中，用户登录成功，系统将为终端建立一个进程。Ⅱ.设备分配　设备分配是通过在系统中设置相应的数据结构实现的，不需要创建进程。Ⅲ.启动程序执行　典型的引起创建进程的事件。

【答案】故此题答案为C。

25. **【考点】**操作系统；进程管理；进程与线程的组织与控制。

【解析】本题考查信号量的原理。

信号量表示当前的可用相关资源数。当信号量$K>0$时，表示还有K个相关资源可用；而当信号量$K<0$时，表示有$|K|$个进程在等待该资源。所以该资源可用数是1，等待该资源的进程数是0。

【答案】故此题答案为B。

26. **【考点】**操作系统；进程管理；进程与线程；进程/线程的状态与转换。

【解析】本题考查进程调度。

进程时间片用完，从执行态进入就绪态应降低优先级以让别的进程被调度进入执行状态。B中进程刚完成I/O，进入就绪队列后应该等待被处理机调度，故应提高优先权；C中有类似的情况；D中不应该在此时降低，应该在时间片用完后降低。

【答案】故此题答案为A。

27. **【考点】**操作系统；进程与线程；进程间通信；同步与互斥；经典同步问题。

【解析】本题考查进程间通信与皮尔森算法，主要是皮特森算法的实际实现，要求考生掌握此算法的原理以及作用，即保证进入临界区的进程合理安全。

此算法实现互斥的主要思想在于设置了一个turn变量，用于进程间的互相“谦让”。一般情况下，如果进程P0试图访问临界资源，设置flag[0]＝TRUE，表示希望访问。此时如果进程 P1 还未试图访问临界资源，则 flag[1]在进程上一次访问完临界资源退出临界区后已设置为 FALSE。所以进程 P0 在执行循环判断条件时，第一个条件不满足，进程 P0 可以正常进入临界区，且满足互斥条件。

我们需要考虑的是两个进程同时试图访问临界资源的情况。注意 turn 变量的含义：进程在试图访问时，首先设置自己的 flag 变量为 TRUE，表示希望访问；但又设置 turn 变量为对方的进程编号，表示“谦让”，因为在循环判断条件中 turn 变量不是自己编号时就循环等待。这时两个进程就会互相“谦让”一番，但是这不会造成饥饿的局面，因为 turn 变量会有一个最终值，所以必定有进程可以结束循环进入临界区。实际的情况是，先作出“谦让”的进程先进入临界区，后作出“谦让”的进程则需要循环等待。

【答案】故此题答案为 D。

28. **【考点】**操作系统；内存管理；内存管理基础；内存管理的基本概念。

【解析】本题考查动态分区分配。动态分区分配的四种算法是：①首次适应算法；②最佳适应算法；③最坏(大)适应算法；④临近适应算法。考生都应该掌握。

考生需对动态分区分配的四种算法加以理解。最佳适配算法是指：每次为作业分配内存空间时，总是找到能满足空间大小需要的最小的空闲分区给作业。可以产生最小的内存空闲分区。主存中最大空闲分区的大小为 9MB。

【答案】故此题答案为 B。

29. **【考点】**操作系统；内存管理；内存管理基础；页式管理。

【解析】本题考查非连续分配的分页存储管理方式。

页大小为 2^{10}B，页表项大小为 2B，采用二级页表，一页可存放 2^9 个页表项，逻辑地址空间大小为 2^{16} 页，要使表示整个逻辑地址空间的页目录表中包含的个数最少，则需要 $2^{16}/2^9=2^7=128$ 个页面保存页表项，即页目录表中包含的个数最少为 128。

【答案】故此题答案为 B。

30. **【考点】**操作系统；文件管理；文件；文件的基本概念；输入/输出(I/O)管理；外存管理；磁盘。

【解析】本题考查磁盘文件的大小性质。

因每个磁盘索引块和磁盘数据块大小均为 256B。所以 4 个直接地址索引指向的数据块大小为 4×256B。2 个一级间接索引共包括 $2\times(256\div4)$个直接地址索引，既其指向的数据块大小为 $2\times(256\div4)\times256$B。1 个二级间接地址索引所包含的直接地址索引数为$(256\div4)\times(256\div4)$，即其所指向的数据块大小为$(256\div4)\times(256\div4)\times256$B。即 7 个地址项所指向的数据块总大小为 $4\times256+2\times(256\div4)\times256+(256\div4)\times(256\div4)\times256=1\,082\,368B=1\,057$KB。

【答案】故此题答案为 C。

31. **【考点】**操作系统；文件管理；文件；文件系统。

【解析】本题考查当前目录的作用，属于记忆性的题目。

一个文件系统含有许多级时，每访问一个文件，都要使用从树根开始直到树叶为止，包括各中间节点名的全路径名。当前目录又称工作目录，进程对各个文件的访问都相对于当前目录进行，所以检索速度要快于检索全路径名。

【答案】故此题答案为 C。

32. **【考点】**操作系统；操作系统基础；程序运行环境；中断和异常的处理。

【解析】本题考查中断处理。

键盘是典型的通过中断 I/O 方式工作的外设，当用户输入信息时，计算机响应中断并通过中断处理程序获得输入信息。

【答案】故此题答案为 B。

33. **【考点】**计算机网络；计算机网络概述；计算机网络体系结构。

【解析】本题考查计算机网络体系结构的基本概念。

我们把计算机网络的各层及其协议的集合称为体系结构。因此 A、B、D 正确，而体系结构是抽象的，它不包括各层协议及功能的具体实现细节。

【答案】故此题答案为 C。

34. **【考点】**计算机网络；数据链路层；流量控制与可靠传输机制。

【解析】本题考查储转发机制，考生需仔细审题，注意题干结尾的"至少"二字。

由题设可知，分组携带的数据长度为 980B，文件长度为 980 000B，需拆分为 1 000 个分组，加上头部后，每个分组大小为 1 000B，总共需要传送的数据量大小为 1MB。由于所有链路的数据传输速度相同，因此文件传输经过最短路径时所需时间最少，最短路径经过 2 个分组交换机。

当 $t=1\text{MB}\times8/100(\text{Mbit/s})=80\text{ms}$ 时，H1 发送完最后一个 bit；

由于传输延时，当 H1 发完所有数据后，还有两个分组未到达目的地，其中最后一个分组，需经过 2 个分组交换机的转发，在两次转发完成后，所有分组均到达目的主机。每次转发的时间为 $t_0=1\text{KB}\times8/100(\text{Mbit/s})=0.08\text{ms}$。

所以，在不考虑分组拆装时间和等待延时的情况下，当 $t=80\text{ms}+2t_0=80.16\text{ms}$ 时，H2 接收完文件，即所需的时间至少为 80.16ms。

【答案】故此题答案为 C。

35. **【考点】**计算机网络；网络层；路由协议；RIP 路由协议。

【解析】本题考查 RIP 路由协议。

R1 在收到信息并更新路由表后，若需要经过 R2 到达 net1，则其跳数为 17，由于距离为 16 表示不可达，因此 R1 不能经过 R2 到达 net1，R2 也不可能到达 net1。B、C 错误，D 正确。而题目中并未给出 R1 向 R2 发送的信息，因此 A 也不正确。

【答案】故此题答案为 D。

36. **【考点】**计算机网络；网络层；IPv4；ARP、DHCP 与 ICMP。

【解析】本题考查 ICMP。

ICMP 差错报告报文有 5 种，终点不可达、源点抑制、时间超过、参数问题、改变路由(重定向)，其中源点抑制是当路由器或主机由于拥塞而丢弃数据报时，就向源点发送源点抑制报文，使源点知道应当把数据报的发送速率放慢。

【答案】故此题答案为 C。

37. **【考点】**计算机网络；网络层；IPv4；子网划分、路由聚集、子网掩码与 CIDR。

【解析】本题考查子网划分与子网掩码、CIDR。

由于该网络的 IP 地址为 192.168.5.0/24，因此其网络号为前 24 位。第 25～32 位为子网位＋主机位。而子网掩码为 255.255.255.248，其第 25～32 位的 248 用二进制表示为 11111000，因此后 8 位中，前 5 位用于子网号，后 3 位用于主机号。

RFC 950 文档规定，对分类的 IPv4 地址进行子网划分时，子网号不能为全 1 或全 0。但随着无分类域间路由选择 CIDR 的广泛使用，现在全 1 和全 0 的子网号也可以使用了，但一定要谨慎使用，要弄清你的路由器所有的路由选择软件是否支持全 0 或全 1 的子网号这种用法。但不论是分类的 IPv4 地址还是无分类域间路由选择 CIDR，其子网中的主机号均不能为全 1 或全 0。因此该网络空间的最大子网个数为 $2^5=32$ 个，每个子网内的最大可分配地址个数为 $2^3-2=6$ 个。

【答案】故此题答案为 B。

38.【考点】计算机网络；数据链路层；数据链路层设备；局域网；VLAN 基本概念与基本原理。

【解析】本题考查网络设备与网络风暴。考生需知道，广播风暴产生于网络层，因此只有网络层设备才能抑制。链路层设备和物理层设备对网络层的数据包是透明传输，对是否为广播报文是不可知的。

物理层设备中继器和集线器既不隔离冲突域也不隔离广播域；网桥可隔离冲突域，但不隔离广播域；网络层的路由器既隔离冲突域，也隔离广播域；VLAN 即虚拟局域网也可隔离广播域。对于不隔离广播域的设备，它们互连的不同网络都属于同一个广播域，因此扩大了广播域的范围，更容易产生网络风暴。

【答案】故此题答案为 D。

39.【考点】计算机网络；传输层；TCP；TCP 流量控制。

【解析】本题考查 TCP 流量控制与拥塞控制。

发送方的发送窗口的上限值应该取接收方窗口和拥塞窗口这两个值中较小的一个，于是此时发送方的发送窗口为 MIN{4 000，2 000}＝2 000B，由于发送方还没有收到第二个最大段的确认，所以此时主机甲还可以向主机乙发送的最大字节数为 2 000－1 000＝1 000。

【答案】故此题答案为 A。

40.【考点】计算机网络；应用层；DNS 系统；域名服务器。

【解析】本题考查 DNS 系统域名解析过程，还要求考生掌握递归算法的思想。

当采用递归查询的方法解析域名时，如果主机所询问的本地域名服务器不知道被查询域名的 IP 地址，那么本地域名服务器就以 DNS 客户的身份，向其他根域名服务器继续发出查询请求报文，用这种方法用户主机和本地域名服务器发送的域名请求条数均为 1 条。

【答案】故此题答案为 A。

三、综合应用题考点、解析及小结

41.【考点】数据结构；线性表；查找；散列(Hash)表。

【解析】本题考查线性表的查找和散列表的概念及应用。考生需首先了解题干中“线性探测再散列法”的定义，其实“线性探测法”=“线性探测再散列法”，两者只是称呼上的不同，考生若不知道这一点，可能无法正确答题。

（1）构造的散列表如表 4-1。

表 4-1

下标	0	1	2	3	4	5	6	7	8	9
关键字	7	14		8		11	30	18	9	

（2）查找成功的平均查找长度：$ASL_{成功}=12/7$。

查找不成功的平均查找长度：$ASL_{不成功}=18/7$。

【小结】本题考查了散列表的相关知识。

42. **【考点】**数据结构；排序；排序的基本概念；排序算法的分析与应用。

【解析】本题是一道算法设计题，考查学生基本的编程能力。

（1）给出算法的基本设计思想。

先将这 n 个元素的数据序列$(x_0, x_1, \cdots, x_p, x_{p+1}, \cdots, x_{n+1})$原地逆置，得到$(x_{n+1}, \cdots, x_p, x_{p+1}, \cdots, x_0)$，然后再将前 $n+p$ 个元素$(x_{n+1}, \cdots, x_p)$和后 p 个元素$(x_{p+1}, \cdots, x_0)$分别原地逆置，得到最终结果$(x_p, x_{p+1}, \cdots, x_{n+1}, x_0, x_1, \cdots, x_{p+1})$。

（2）算法实现。

算法可以用两个函数，即 Reverse()和 LeftShift()实现相应的功能，后者调用 Reverse()函数三次。算法如下：

```
void Reverse(int R[],int left,int right)
{
    int k=left,j=right,tmp;            //k 等于左边界 left,j等于右边界 right
    while(k<j)
    {
    //交换R[k]与R[j]
        tmp=R[k];
        R[k]=R[j];
        R[j]=tmp;
        k++;                           //k右移一个位置
        j--;                           //j左移一个位置
    }
}
void LeftShift(int R[],int n,int p)    //循环左移p个元素
{
    if(p>0&&p<n)
    {
        Reverse(R,0,n-1);                  //将全部数据逆置
        Reverse(R,0,n-p-1);                //将前n-p个元素逆置
        Reverse(R,n-p,n-1);                //将后p个元素逆置
    }
}
```

（3）说明算法复杂性：

上述算法的时间复杂度为 $O(n)$，空间复杂度为 $O(1)$。

【小结】本题考查了学生的基本编程能力。

43. 【考点】计算机组成原理；指令系统；指令系统的基本概念；寻址方式。

【解析】本题是一道组成原理综合题，第一问考查指令系统、寄存器地址等内容；第二问考查地址范围；第三问考查汇编语言和机器码的转换等问题。

(1) 该指令系统最多可有16条指令；

该机器最多有8个通用寄存器；

因为地址空间大小为128KB，按字编址，故共有64K个存储单元，地址位数为16位，所以MAR至少为16位；

因为字长为16位，所以MDR至少为16位。

(2) 转移目标地址范围为0000H～FFFFH。

(3) 对于汇编语句"add(R4)，(R5)＋"，对应的机器码为0010 001 100 010 101B，用十六进制表示为2315H。

汇编语句"add(R4)，(R5)＋"指令执行后，R5和存储单元5678H的内容会改变。

执行后，R5的内容从5678H变为5679H。

存储单元5678H中的内容从1234H变为68ACH。

【小结】本题考查了指令寻址的相关知识。

44. 【考点】计算机组成原理；高速缓冲存储器；Cache的基本原理；Cache和主存之间的映射方式。

【解析】本题考查Cache容量计算，直接映射方式的地址计算，以及命中率计算。

(1) 数据Cache的总容量为4 256位(532字节)。

(2) 数组a在主存的存放位置及其与Cache之间的映射关系如图4-1所示。

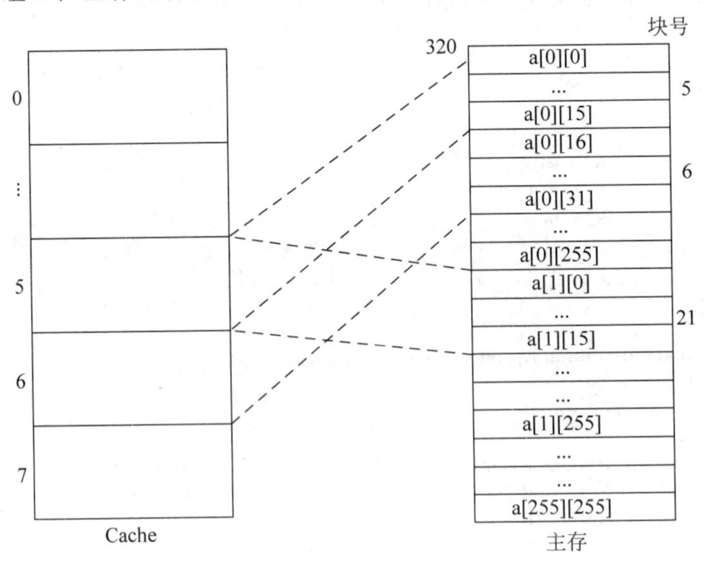

图 4-1

a[0][31]所在主存块映射到Cache第6行，a[1][1]所在主存块映射到Cache第5行。

(3) 编译时,i、j、sum 均分配在寄存器中,故数据访问命中率仅考虑数组 a 的情况。

① 程序 A 的数据访问命中率为 93.75%;

② 程序 B 的数据访问命中率为 0。

根据上述计算出的命中率,得知程序 B 每次取数都要访问主存,所以程序 A 的执行比程序 B 快得多。

【小结】本题考查了 Cache 的相关知识。

45. **【考点】**操作系统;文件管理;文件的基本概念;文件系统;外存空闲空间管理方法;外存管理;磁盘。

【解析】本题考查磁盘空闲管理,CSCAN 调度算法等知识。第三问要求考生对各种调度策略有较深的理解,有一定难度。

(1) 用位示图表示磁盘的空闲状态。

每一位表示一个磁盘块的空闲状态,共需要 16 384/8=2 048B=2KB。系统提供的 2KB 内存正好能表示这 16 384 个磁盘块。

(2) 采用 CSCAN 调度算法,访问磁道的顺序为 120、30、50、90,则磁头移动磁道长度为 20+90+20+40=170,总的移动磁道时间为 170×1ms=170ms。

每分钟 6 000 转,则每圈所需时间为 60s/6 000=0.01s=10ms,平均旋转延迟为 0.5×10ms=5ms,总的旋转延迟时间为 4×5ms=20ms。

每分钟 6 000 转,可求出读取一个磁道上的一个扇区的平均时间为 10ms/100=0.1ms,总的读取扇区的时间为 4×0.1ms=0.4ms。

将上述求和可得到读取上述磁道上所有扇区所花时间为 170ms+20ms+0.4ms=190.4ms。

(3) 采用 FCFS(先来先服务)调度策略更高效。

因为 Flash 的半导体存储器的物理结构不需要考虑寻道时间和旋转延迟,可直接按 I/O 请求的先后顺序服务。

【小结】本题考查了磁盘的相关知识。

46. **【考点】**操作系统;内存管理;虚拟内存管理;虚拟内存的基本概念;页置换算法。

【解析】本题考查逻辑地址,FIFO 置换算法,CLOCK 置换算法等相关知识。

(1) 因为 17CAH=0001 0111 1100 1010,表示页号的为左边 6 位,即 00101,所以页号为 5。

(2) 根据 FIFO 算法,需要替换装入时间最早的页,故需要置换装入时间最早的 0 号页,即将 5 号页装入 7 号页框中,所以物理地址为 0001 1111 1100 1010B=1FCAH。

(3) 根据 CLOCK 算法,如果当前指针所指页框的使用位为 0 时,则替换该页;否则将使用位清 0,并将指针指向下一个页框,继续查找。根据题设和示意图,将从 2 号页框开始查找,前 4 次查找页框号的顺序为 2→4→7→9,并将对应页框使用位清 0。在第 5 次查找中,指针指向 2 号页框,这时 2 号页框的使用位为 0,故置换 2 号页框对应的 2 号页框,将 5 号页框转入 2 号页框中,并将对应使用位设置为 1,所以对应的物理地址为 0000 1011 1100 1010 B=0BCAH。

【小结】本题考查了逻辑地址的相关知识。

47. 【考点】计算机组网络；数据链路层；介质访问控制；随机访问；流量控制与可靠传输机制。

【解析】本题考查数据链路层的可靠传输机制，主要是CSMA/CD协议的相关知识。

(1) 主机甲和主机乙之间单向传播延迟时间为10μs。两台主机均检测到冲突时，最短所需时间和最长所需时间对应下面两种极端情况：

① 主机甲和主机乙同时各发送一个数据帧，信号在信道中发生冲突后，冲突信号继续向两个方向传播。因此，甲乙两台主机均检测到冲突时，最短需经过10μs。

② 主机甲(或主机乙)先发送一个数据帧，当该数据帧即将到达主机乙(或主机甲)时，主机乙(或主机甲)也开始发送一个数据帧。这时，主机乙(或主机甲)将立即检测到冲突；而主机甲(或主机乙)要检测到冲突，冲突信号还需要从主机乙(或主机甲)传播到主机甲(或主乙)。因此，甲乙两台主机均检测到冲突时，最长需经过20μs。

(2) 发送1 518B的数据帧所用时间(传输延迟)为1 214.4μs。

发送64B的确认帧所用时间(传输延迟)为51.2ms。

主机甲从发送数据帧开始到收完确认帧为止的时间记为$T_{总}$，则$T_{总}$=1 285.6μs。

主机甲的有效数据传输速率=12 000bit/1 285.6μs≈9.33Mbit/s。

【小结】本题考查了CSMA/CD协议的相关知识。

2011年全国硕士研究生招生考试计算机学科专业基础试题

一、**单项选择题**：1～40小题，每小题2分，共80分。下列每题给出的四个选项中，只有一个选项是最符合题目要求的。

1. 设 n 是描述问题规模的非负整数，下面程序片段的时间复杂度是(　　)。

```
x = 2;
while(x < n/2)
  x = 2 * x;
```

A. $O(\log_2 n)$　　B. $O(n)$　　C. $O(n\log_2 n)$　　D. $O(n^2)$

2. 元素a,b,c,d,e依次进入初始为空的栈中，若元素进栈后可停留、可出栈，直到所有的元素都出栈，则在所有可能的出栈序列中，以元素d开头的序列个数是(　　)。

A. 3　　B. 4　　C. 5　　D. 6

3. 已知循环队列存储在一维数组A[0..n－1]中，且队列非空时front和rear分别指向队头和队尾元素。若初始时队列为空，且要求第1个进入队列的元素存储在A[0]处，则初始时front和rear的值分别是(　　)。

A. 0,0　　B. 0,$n-1$　　C. $n-1$,0　　D. $n-1$,$n-1$

4. 若一棵完全二叉树有768个节点，则该二叉树中叶节点的个数是(　　)。

A. 257　　B. 258　　C. 384　　D. 385

5. 若一棵二叉树的前序遍历序列和后序遍历序列分别为1,2,3,4和4,3,2,1，则该二叉树的中序遍历序列不会是(　　)。

A. 1,2,3,4　　B. 2,3,4,1　　C. 3,2,4,1　　D. 4,3,2,1

6. 已知一棵有2 011个节点的树，其叶节点个数为116，该树对应的二叉树中无右孩子的节点的个数是(　　)。

A. 115　　B. 116　　C. 1 895　　D. 1 896

7. 对于下列关键字序列，**不可能**构成某二叉排序树中一条查找路径的序列是(　　)。

A. 95,22,91,24,94,71　　B. 92,20,91,34,88,35

C. 21,89,77,29,36,38　　　　D. 12,25,71,68,33,34

8. 下列关于图的叙述中,正确的是(　　)。

Ⅰ. 回路是简单路径

Ⅱ. 存储稀疏图,用邻接矩阵比邻接表更省空间

Ⅲ. 若有向图中存在拓扑序列,则该图不存在回路

A. 仅Ⅱ　　B. 仅Ⅰ、Ⅱ　　C. 仅Ⅲ　　D. 仅Ⅰ、Ⅲ

9. 为提高散列(Hash)表的查找效率,可以采取的正确措施是(　　)。

Ⅰ. 增大装填(载)因子

Ⅱ. 设计冲突(碰撞)少的散列函数

Ⅲ. 处理冲突(碰撞)时避免产生聚集(堆积)现象

A. 仅Ⅰ　　B. 仅Ⅱ　　C. 仅Ⅰ、Ⅱ　　D. 仅Ⅱ、Ⅲ

10. 为实现快速排序算法,待排序序列宜采用的存储方式是(　　)。

A. 顺序存储　　B. 散列存储　　C. 链式存储　　D. 索引存储

11. 已知序列 25,13,10,12,9 是大根堆,在序列尾部插入新元素 18,将其再调整为大根堆,调整过程中元素之间进行的比较次数是(　　)。

A. 1　　B. 2　　C. 4　　D. 5

12. 下列选项中,描述浮点数操作速度指标的是(　　)。

A. MIPS　　B. CPI　　C. IPC　　D. MFLOPS

13. float 型数据通常用 IEEE 754 单精度浮点数格式表示。若编译器将 float 型变量 x 分配在一个 32 位浮点寄存器 FR1 中,且 $x=-8.25$,则 FR1 的内容是(　　)。

A. C104 0000H　　B. C242 0000H　　C. C184 0000H　　D. C1C2 0000H

14. 下列各类存储器中,不采用随机存取方式的是(　　)。

A. EPROM　　B. CDROM　　C. DRAM　　D. SRAM

15. 某计算机存储器按字节编址,主存地址空间大小为 64MB,现用 4M×8 位的 RAM 芯片组成 32MB 的主存储器,则存储器地址寄存器 MAR 的位数至少是(　　)。

A. 22 位　　B. 23 位　　C. 25 位　　D. 26 位

16. 偏移寻址通过将某个寄存器内容与一个形式地址相加而生成有效地址。下列寻址方式中,不属于偏移寻址方式的是(　　)。

A. 间接寻址　　B. 基址寻址　　C. 相对寻址　　D. 变址寻址

17. 某机器有一个标志寄存器,其中有进位/借位标志 CF、零标志 ZF、符号标志 SF 和溢出标志 OF,条件转移指令 bgt(无符号整数比较大于时转移)的转移条件是(　　)。

A. $CF+OF=1$　　　　B. $\overline{SF}+ZF=1$

C. $\overline{CF+ZF}=1$　　　　D. $\overline{CF+SF}=1$

18. 下列给出的指令系统特点中,有利于实现指令流水线的是(　　)。

Ⅰ. 指令格式规整且长度一致

Ⅱ. 指令和数据按边界对齐存放

Ⅲ. 只有 Load/Store 指令才能对操作数进行存储访问

A. 仅Ⅰ、Ⅱ　　B. 仅Ⅱ、Ⅲ　　C. 仅Ⅰ、Ⅲ　　D. Ⅰ、Ⅱ、Ⅲ

19. 假定不采用 Cache 和指令预取技术，且机器处于“开中断”状态，则在下列有关指令执行的叙述中，错误的是(　　)。

A. 每个指令周期中 CPU 都至少访问内存一次

B. 每个指令周期一定大于或等于一个 CPU 时钟周期

C. 空操作指令的指令周期中任何寄存器的内容都不会被改变

D. 当前程序在每条指令执行结束时都可能被外部中断打断

20. 在系统总线的数据线上，不可能传输的是(　　)。

A. 指令　　B. 操作数

C. 握手(应答)信号　　D. 中断类信号

21. 某计算机有五级中断 $L_4 \sim L_0$，中断屏蔽字为 $M_4M_3M_2M_1M_0$，$M_i=1(0\leqslant i\leqslant 4)$表示对 L_i 级中断进行屏蔽。若中断响应优先级从高到低的顺序是 $L_0 \rightarrow L_1 \rightarrow L_2 \rightarrow L_3 \rightarrow L_4$，且要求中断处理优先级从高到低的顺序是 $L_4 \rightarrow L_0 \rightarrow L_2 \rightarrow L_1 \rightarrow L_3$，则 L_1 的中断处理程序中设置的中断屏蔽字是(　　)。

A. 11110　　B. 01101　　C. 00011　　D. 01010

22. 某计算机处理器主频为 50MHz，采用定时查询方式控制设备 A 的 I/O，查询程序运行一次所用的时钟周期至少为 500。在设备 A 工作期间，为保证数据不丢失，每秒需对其查询至少 200 次，则 CPU 用于设备 A 的 I/O 的时间占整个 CPU 时间的百分比至少是(　　)。

A. 0.02%　　B. 0.05%　　C. 0.20%　　D. 0.50%

23. 下列选项中，满足短任务优先且不会发生饥饿现象的调度算法是(　　)。

A. 先来先服务　　B. 高响应比优先

C. 时间片轮转　　D. 非抢占式短任务优先

24. 下列选项中，在用户态执行的是(　　)。

A. 命令解释程序　　B. 缺页处理程序

C. 进程调度程序　　D. 时钟中断处理程序

25. 在支持多线程的系统中，进程 P 创建的若干个线程不能共享的是(　　)。

A. 进程 P 的代码段　　B. 进程 P 中打开的文件

C. 进程 P 的全局变量　　D. 进程 P 中某线程的栈指针

26. 用户程序发出磁盘 I/O 请求后，系统的正确处理流程是(　　)。

A. 用户程序→系统调用处理程序→中断处理程序→设备驱动程序

B. 用户程序→系统调用处理程序→设备驱动程序→中断处理程序

C. 用户程序→设备驱动程序→系统调用处理程序→中断处理程序

D. 用户程序→设备驱动程序→中断处理程序→系统调用处理程序

27. 某时刻进程的资源使用情况如表 5-1 所示。

表 5-1

进程	已分配资源			尚需分配			可用资源		
	R1	R2	R3	R1	R2	R3	R1	R2	R3
P1	2	0	0	0	0	1	0	2	1
P2	1	2	0	1	3	2			
P3	0	1	1	1	3	1			
P4	0	0	1	2	0	0			

此时的安全序列是(　　)。

A. P1,P2,P3,P4　　B. P1,P3,P2,P4
C. P1,P4,P3,P2　　D. 不存在

28. 在缺页处理过程中,操作系统执行的操作可能是(　　)。

Ⅰ. 修改页表　　Ⅱ. 磁盘 I/O　　Ⅲ. 分配页框

A. 仅Ⅰ、Ⅱ　　B. 仅Ⅱ　　C. 仅Ⅲ　　D. Ⅰ、Ⅱ和Ⅲ

29. 当系统发生抖动时,可以采取的有效措施是(　　)。

Ⅰ. 撤销部分进程　　Ⅱ. 增加磁盘交换区的容量
Ⅲ. 提高用户进程的优先级

A. 仅Ⅰ　　B. 仅Ⅱ　　C. 仅Ⅲ　　D. 仅Ⅰ、Ⅱ

30. 在虚拟内存管理中,地址变换机构将逻辑地址变为物理地址,形成该逻辑地址的阶段是(　　)。

A. 编辑　　B. 编译　　C. 链接　　D. 装载

31. 某文件占 10 个磁盘块,现要把该文件磁盘块逐个读入主存缓冲区,并送用户区进行分析。假设一个缓冲区与一个磁盘块大小相同,把一个磁盘块读入缓冲区的时间为 100μs,将缓冲区的数据传送到用户区的时间是 50μs,CPU 对一块数据进行分析的时间为 50μs。在单缓冲区和双缓冲区结构下,读入并分析完该文件的时间分别是(　　)。

A. 1 500μs,1 000μs　　B. 1 550μs,1 100μs
C. 1 550μs,1 550μs　　D. 2 000μs,2 000μs

32. 有两个并发执行的进程 P1 和 P2,共享初值为 1 的变量 x。P1 对 x 加 1,P2 对 x 减 1。加 1 和减 1 操作的指令序列分别如下所示。

```
//加 1 操作                                     //减 1 操作
load R1,x      ①//取 x 到寄存器 R1 中           load R2,x    ④
inc R1         ②                                dec R2       ⑤
store x,R1     ③//将 R1 的内容存入 x            store x,R2   ⑥
```

两个操作完成后,x 的值(　　)。

A. 可能为−1 或 3　　B. 只能为 1
C. 可能为 0、1 或 2　　D. 可能为−1、0、1 或 2

33. TCP/IP 参考模型的网络层提供的是(　　)。

A. 无连接不可靠的数据报服务　　B. 无连接可靠的数据报服务

C. 有连接不可靠的虚电路服务　　D. 有连接可靠的虚电路服务

34. 若某通信链路的数据传输速率为 2 400bit/s，采用 4 相位调制，则该链路的波特率是(　　)。

A. 600 波特　　B. 1 200 波特　　C. 4 800 波特　　D. 9 600 波特

35. 数据链路层采用选择重传协议(SR)传输数据，发送方已发送了 0～3 号数据帧，现已收到 1 号帧的确认，而 0、2 号帧依次超时，则此时需要重传的帧数是(　　)。

A. 1　　B. 2　　C. 3　　D. 4

36. 下列选项中，对正确接收到的数据帧进行确认的 MAC 协议是(　　)。

A. CSMA　　B. CDMA　　C. CSMA/CD　　D. CSMA/CA

37. 某网络拓扑如图 5-1 所示，路由器 R1 只有到达子网 192.168.1.0/24 的路由。为使 R1 可以将 IP 分组正确地路由到图中所有子网，则在 R1 中需要增加的一条路由(目的网络，子网掩码，下一跳)是(　　)。

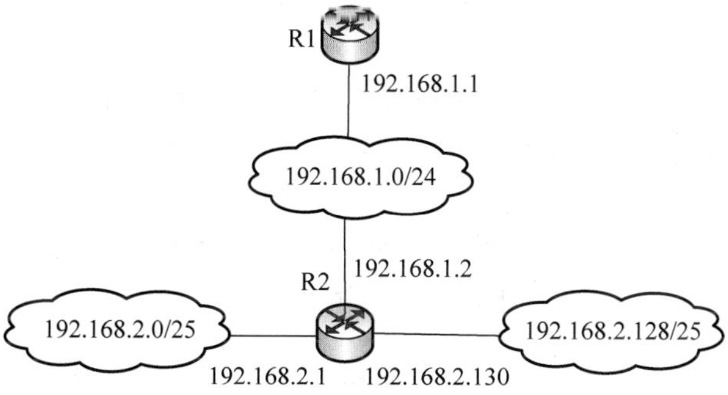

图　5-1

A. 192.168.2.0，255.255.255.128，192.168.1.1

B. 192.168.2.0，255.255.255.0，192.168.1.1

C. 192.168.2.0，255.255.255.128，192.168.1.2

D. 192.168.2.0，255.255.255.0，192.168.1.2

38. 在子网 192.168.4.0/30 中，能接受目的地址为 192.168.4.3 的 IP 分组的最大主机数是(　　)。

A. 0　　B. 1　　C. 2　　D. 4

39. 主机甲向主机乙发送一个(SYN＝1，seq＝11 220)的 TCP 段，期望与主机乙建立 TCP 连接，若主机乙接受该连接请求，则主机乙向主机甲发送的正确的 TCP 段可能是(　　)。

A. (SYN＝0，ACK＝0，seq＝11 221，ack＝11 221)

B. (SYN＝1，ACK＝1，seq＝11 220，ack＝11 220)

C. (SYN＝1，ACK＝1，seq＝11 221，ack＝11 221)

D. (SYN＝0，ACK＝0，seq＝11 220，ack＝11 220)

40. 主机甲与主机乙之间已建立一个 TCP 连接,主机甲向主机乙发送了 3 个连续的 TCP 段,分别包含 300 字节、400 字节和 500 字节的有效载荷,第 3 个段的序号为 900。若主机乙仅正确接收到第 1 和第 3 个段,则主机乙发送给主机甲的确认序号是(　　)。

A. 300　　B. 500　　C. 1 200　　D. 1 400

二、综合应用题:第 41～47 小题,共 70 分。

41. (8 分) 已知有 6 个顶点(顶点编号为 0～5)的有向带权图 G,其邻接矩阵 $\mathbf{A}$ 为上三角矩阵,按行为主序(行优先)保存在如下的一维数组中。

4	6	∞	∞	∞	5	∞	∞	∞	4	3	∞	∞	3	3

要求:

(1) 写出图 G 的邻接矩阵 $\mathbf{A}$。

(2) 画出有向带权图 G。

(3) 求图 G 的关键路径,并计算该关键路径的长度。

42. (15 分) 一个长度为 $L(L\geqslant 1)$的升序序列 S,处在第$\lceil L/2\rceil$个位置的数称为 S 的中位数。例如,若序列 $S_1=(11,13,15,17,19)$,则 S_1 的中位数是 15。两个序列的中位数是含它们所有元素的升序序列的中位数。例如,若 $S_2=(2,4,6,8,20)$,则 S_1 和 S_2 的中位数是 11。现有两个等长的升序序列 A 和 B,试设计一个在时间和空间两方面都尽可能高效的算法,找出两个序列 A 和 B 的中位数。要求:

(1) 给出算法的基本设计思想。

(2) 根据设计思想,采用 C 或 C++或 Java 语言描述算法,关键之处给出注释。

(3) 说明你所设计算法的时间复杂度和空间复杂度。

43. (11 分) 假定在一个 8 位字长的计算机中运行如下类 C 程序段:

```
unsigned int x = 134;
unsigned int y = 246;
int m = x;
int n = y;
unsigned int z1 = x - y;
unsigned int z2 = x + y;
int k1 = m - n;
int k2 = m + n;
```

若编译器编译时将 8 个 8 位寄存器 R1～R8 分别分配给变量 x、y、m、n、z_1、z_2、k_1 和 k_2。请回答下列问题(提示:带符号整数用补码表示):

(1) 执行上述程序段后,寄存器 R1、R5 和 R6 的内容分别是什么?(用十六进制表示)

(2) 执行上述程序段后,变量 m 和 k_1 的值分别是多少?(用十进制表示)

(3) 上述程序段涉及带符号整数加/减、无符号整数加/减运算,这四种运算能否利用同一个加法器及辅助电路实现?简述理由。

(4) 计算机内部如何判断带符号整数加/减运算的结果是否发生溢出?上述程序段中,哪些带符号整数运算语句的执行结果会发生溢出?

44. (12分) 某计算机存储器按字节编址，虚拟（逻辑）地址空间大小为16MB，主存（物理）地址空间大小为1MB，页面大小为4KB；Cache采用直接映射方式，共8行；主存与Cache之间交换的块大小为32B。系统运行到某一时刻时，页表的部分内容和Cache的部分内容分别如题图5-2、图5-3所示，图中页框号及标记字段的内容为十六进制形式。

虚页号	有效位	页框号	…
0	1	06	
1	1	04	
2	1	15	
3	1	02	
4	0	—	
5	1	2B	
6	0	—	
7	1	32	

图5-2　页表的部分内容

虚页号	有效位	页框号	…
0	1	020	
1	0	—	
2	1	01D	
3	1	105	
4	1	064	
5	1	14D	
6	0	—	
7	1	27A	

图5-3　Cache的部分内容

请回答下列问题：

(1) 虚拟地址共有几位？哪几位表示虚页号？物理地址共有几位？哪几位表示页框号（物理页号）？

(2) 使用物理地址访问Cache时，物理地址应划分成哪几个字段？要求说明每个字段的位数及在物理地址中的位置。

(3) 虚拟地址001C60H所在的页面是否在主存中？若在主存中，则该虚拟地址对应的物理地址是什么？访问该地址时是否Cache命中？要求说明理由。

(4) 假定为该机配置一个4路组相连的TLB，该TLB共可存放8个页表项，若其当前内容（十六进制）如图5-4所示，则此时虚拟地址024BACH所在的页面是否在主存中？要求说明理由。

组号	有效位	标记	页框号	有效位	标记	页框号	有效位	标记	页框号	有效位	标记	页框号
0	0	—	—	1	001	15	0	—	—	1	012	1F
1	1	013	2D	0	—	—	1	008	7E	0	—	—

图5-4　TLB部分内容

45. (8分) 某银行提供1个服务窗口和10个供顾客等待的座位。顾客到达银行时，若有空座位，则到取号机上领取一个号，等待叫号。取号机每次仅允许一位顾客使用。当营业员空闲时，通过叫号选取一位顾客，并为其服务。顾客和营业员的活动过程描述如下：

```
cobegin
{
        Process 顾客 i
        {
                从取号机获取一个号码;
                        等待叫号;
                获取服务;
        }
```

```
        Process 营业员
        {
              While(TRUE)
              {
                    叫号;
                    为顾客服务;
              }
        }
    }coend
```

请添加必要的信号量和P、V(或 wait()、signal())操作,实现上述过程中的互斥与同步。要求写出完整的过程,说明信号量的含义并赋初值。

46. (7分) 某文件系统为一级目录结构,文件的数据一次性写入磁盘,已写入的文件不可修改,但可多次创建新文件。请回答如下问题:

(1) 在连续、链式、索引三种文件的数据块组织方式中,哪种更合适?要求说明理由。为定位文件数据块,需要在FCB中设计哪些相关描述字段?

(2) 为快速找到文件,对于FCB,是集中存储好,还是与对应的文件数据块连续存储好?要求说明理由。

47. (9分) 某主机的MAC地址为00-15-C5-C1-5E-28,IP地址为10.2.128.100(私有地址)。图5-5是网络拓扑,图5-6是该主机进行Web请求的一个以太网数据帧前80字节的十六进制及ASCII码内容。

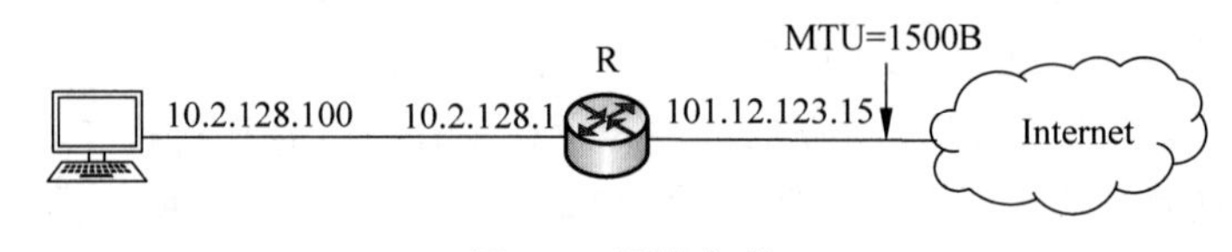

图5-5 网络拓扑

0000	00 21 27 21 51 ee 00 15	c5 c1 5e 28 08 00 45 00	.!'!Q... ..^(..E.
0010	01 ef 11 3b 40 00 80 06	ba 9d 0a 02 80 64 40 aa	...:@... .....d@.
0020	62 20 04 ff 00 50 e0 e2	00 fa 7b f9 f8 05 50 18	b ...P.. ..{...P.
0030	fa f0 1a c4 00 00 47 45	54 20 2f 72 66 63 2e 68	......GE T /rfc.h
0040	74 6d 6c 20 48 54 54 50	2f 31 2e 31 0d 0a 41 63	tml HTTP /1.1..Ac

图5-6 以太网数据帧(前80字节)

请参考图中的数据回答以下问题:

(1) Web服务器的IP地址是什么?该主机的默认网关的MAC地址是什么?

(2) 该主机在构造图5-6的数据帧时,使用什么协议确定目的MAC地址?封装该协议请求报文的以太网帧的目的MAC地址是什么?

(3) 假设HTTP/1.1协议以持续的非流水线方式工作,一次请求-响应时间为RTT,rfc.Html页面引用了5个JPEG小图像,则从发出图5-6中的Web请求开始到浏览器收到全部内容为止,需要经过多少个RTT?

(4) 该帧所封装的IP分组经过路由器R转发时,需修改IP分组头中的哪些字段?

注：以太网数据帧结构和 IP 分组头结构分别如图 5-7 和图 5-8 所示。

6B	6B	2B	46~1 500B	4B
目的MAC地址	源MAC地址	类型	数据	CRC

图 5-7　以太网数据帧结构

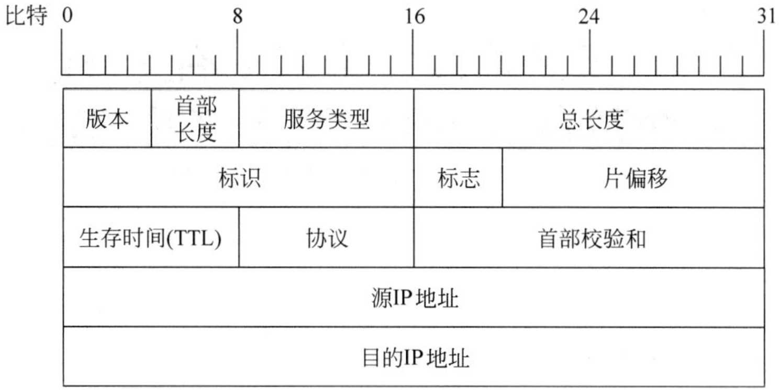

比特 0		8	16		24 31
版本	首部长度	服务类型	总长度		
标识			标志	片偏移	
生存时间(TTL)		协议	首部校验和		
源IP地址					
目的IP地址					

图 5-8　IP 分组头结构

2011年全国硕士研究生招生考试 计算机学科专业基础试题参考答案及解析

一、单项选择题参考答案速查

题号	1	2	3	4	5	6	7	8	9	10
答案	A	B	B	C	C	D	A	C	B	A
题号	11	12	13	14	15	16	17	18	19	20
答案	B	D	A	B	D	A	C	D	C	C
题号	21	22	23	24	25	26	27	28	29	30
答案	D	C	B	A	D	B	D	D	A	B
题号	31	32	33	34	35	36	37	38	39	40
答案	B	C	A	B	B	D	D	C	C	B

二、单项选择题考点、解析及答案

1. **【考点】**数据结构；栈、队列和数组；栈、队列和数组的应用；算法的时间复杂度。

【解析】本题考查算法的时间复杂度，题中算法是循环判断语句，要求考生熟练掌握此类算法。

程序中，执行频率最高的语句为“x=2 * x”。设该语句执行了 t 次，则 $2t+1=n/2$，故 $t=\log_2(n/2)-1=\log_2 n-2=O(\log_2 n)$。

【答案】故此题答案为 A。

2. **【考点】**数据结构；栈、队列和数组；栈和队列的顺序存储结构。

【解析】本题考查栈的特点：先进后出。

出栈顺序必为 d_c_b_a_，e 的顺序不定，在任意一个“_”上都有可能。

所以不可能得到 C。

【答案】故此题答案为 B。

3. **【考点】**数据结构；栈、队列和数组；栈、队列和数组的应用。

【解析】本题考查队列的特点及应用。在本题中，考生需要注意的是循环队列是指顺序存储的队列，而不是指逻辑上的循环，如循环单链表表示的队列不能称为循环队列。

插入元素时，front 不变，rear+1，而插入第一个元素之后，队尾要指向尾元素，显然，rear 初始应该为 n-1，front 为 0。

【答案】故此题答案为 B。

4. 【考点】数据结构；树与二叉树；二叉树的定义及其主要特性。

【解析】本题考查完全二叉树的相关知识。要求考生熟知完全二叉树的定义。

叶节点数为 n，则度为 2 的节点数为 $n-1$，度为 1 的节点数为 0 或 1，本题中为 1（总节点数为偶数），故而即 $2n=768$。

【答案】故此题答案为 C。

5. 【考点】数据结构；树与二叉树；二叉树的遍历。

【解析】本题考查二叉树的遍历，要求考生熟练掌握前序、中序、后序遍历的过程。

由前序和后序遍历序列可知 3 为根节点，故(1,2)为左子树，(4)为右子树。

【答案】故此题答案为 C。

6. 【考点】数据结构；树与二叉树；线索二叉树的基本概念和构造；二叉树的遍历。

【解析】本题考查二叉树的概念和构造。

本题可采用特殊情况法解。对应的二叉树中仅有前 115 个叶节点有右孩子。

【答案】故此题答案为 D。

7. 【考点】数据结构；查找；查找的基本概念；顺序查找法。

【解析】本题考查二叉排序树的概念，考生应知道在二叉排序树中，左子树节点值小于根节点，右子树节点值大于根节点。

选项 A 中，当查到 91 后再向 24 查找，说明这一条路径之后查找的数都要比 91 小，故后面的 94 就错了。

【答案】故此题答案为 A。

8. 【考点】数据结构；图；图的基本概念；图的基本应用；拓扑排序。

【解析】本题考查图的相关概念，考生应知道第一个顶点和最后一个顶点相同的路径称为回路；稀疏图是边比较少的情况。

Ⅰ. 回路对应于路径，简单回路对应于简单路径；Ⅱ. 刚好相反；Ⅲ. 拓扑有序的必要条件。

【答案】故此题答案为 C。

9. 【考点】数据结构；查找；散列(Hash)表。

【解析】本题考查散列表的相关概念，考生应知道散列表的查找效率取决于散列函数、处理冲突的方法和装填因子。

Ⅲ错在“避免”二字。

【答案】故此题答案为 B。

10. 【考点】数据结构；排序；快速排序。

【解析】本题考查快速排序算法的相关知识，考生还应理解相关的存储结构。

内部排序采用顺序存储结构。

【答案】故此题答案为 A。

11. **【考点】**数据结构；排序；堆排序。

【解析】本题考查大根堆的性质与插入操作。

首先与 10 比较，交换位置，再与 25 比较，不交换位置。比较了二次。

【答案】故此题答案为 B。

12. **【考点】**计算机组成原理；计算机系统层次结构；计算机硬件的基本结构；计算机性能指标。

【解析】本题考查计算机组成原理的性能指标的含义，MIPS 是每秒执行多少百万条指令，用于衡量标量机的性能。CPI 是平均每条指令的时钟周期数。IPC 是 CPI 的倒数，即每个时钟周期执行的指令数。MFLOPS 是每秒执行多少百万条浮点数运算，用来描述浮点数运算速度，用于衡量矢量机的性能。

本题是基础概念题。

【答案】故此题答案为 D。

13. **【考点】**计算机组成原理；数据的表示和运算；浮点数的表示和运算；浮点数的表示。

【解析】本题考查 IEEE 754 单精度浮点数的表示。考生需知道 IEEE 754 单精度浮点数格式：数符(1 位)＋阶码(8 位)＋尾数(23 位)。

x 的二进制表示为$-1\,000.01=-1.000\,01\times 2^{11}$ 根据 IEEE 754 标准隐藏最高位的“1”，又 $E-127=3$，所以 $E=130=1000\ 0010(2)$数据存储为 1 位数符＋8 位阶码(含阶符)＋23 位尾数。

故 FR1 内容为 1 10000 0010 0000 10000 0000 0000 0000 000

即 1100 0001 0000 0100 0000 0000 0000 0000，即 C104000H。

【答案】故此题答案为 A。

14. **【考点】**计算机组成原理；存储器层次结构；存储器的分类。

【解析】本题考查不同存储器的性质，属于记忆性题目。

光盘采用顺序存取方式。

【答案】故此题答案为 B。

15. **【考点】**计算机组成原理；存储器层次结构；半导体随机存取存储器。

【解析】本题考查存储器编址方式等相关内容。

64MB 的主存地址空间，故而 MAR 的寻址范围是 64M，故而是 26 位。而实际的主存的空间不能代表 MAR 的位数。

【答案】故此题答案为 D。

16. **【考点】**计算机组成原理；指令系统；寻址方式。

【解析】本题考查不同寻址方式的概念，属于记忆性题目。

间接寻址不需要寄存器，EA＝(A)。基址寻址：EA＝A＋基址寄存器内同；相对寻址：EA＝A＋PC 内容；变址寻址：EA＝A＋变址寄存器内容。

【答案】故此题答案为 A。

17. **【考点】**计算机组成原理；数据的表示和运算；整数的表示和运算。

【解析】本题考查数据的表示和运算。

无符号整数比较，如 A>B，则 A－B 无进位/借位，也不为 0。故而 CF 和 ZF 均为 0。

【答案】故此题答案为 C。

18.【考点】计算机组成原理；中央处理器；指令流水线。

【解析】本题考查指令系统中流水线相关知识。

指令定长、对齐、仅 Load/Store 指令访存，以上三个都是 RISC 的特征。均能够有效地简化流水线的复杂度。

【答案】故此题答案为 D。

19.【考点】计算机组成原理；指令系统；指令系统的基本概念。

【解析】本题考查指令周期及"开中断"状态等相关概念。"开中断"的定义是允许处理机响应中断源的中断请求，通常通过执行一条"开中断"指令来实现。

会自动加 1，A 取指令要访存、B 时钟周期对指令不可分割。

【答案】故此题答案为 C。

20.【考点】计算机组成原理；总线和输入/输出系统。

【解析】本题考查指令传输问题。

握手(应答)信号在通信总线上传输。

【答案】故此题答案为 C。

21.【考点】计算机组成原理；中央处理器；异常和中断机制；异常和中断的检测与响应。

【解析】本题考查中断问题，特别是中断的优先级。

高等级置 0 表示可被中断，比该等级低的置 1 表示不可被中断。

【答案】故此题答案为 D。

22.【考点】计算机组成原理；中央处理器；指令执行过程。

【解析】本题考查查询操作的计算。

每秒 200 次查询，每次 500 个周期，则每秒最少 $200 \times 500 = 100\ 000$ 个周期，$100\ 000 \div 50\ 000\ 000 = 0.20\%$。

【答案】故此题答案为 C。

23.【考点】操作系统；进程管理；CPU 调度与上下文切换；典型调度算法。

【解析】本题考查调度算法的饥饿现象。考生应知晓在操作系统中，"饥饿现象"是指的是一个进程长期得不到运行，而处于长期等待的状态。

响应比＝作业响应时间/作业执行时间＝(作业执行时间＋作业等待时间)/作业执行时间。高响应比算法，在等待时间相同情况下，作业执行时间越少，响应比越高，优先执行，满足短任务优先。随着等待时间增加，响应比也会变大，执行机会就增大，所以不会产生饥饿现象。先来先服务和时间片轮转不符合短任务优先，非抢占式短任务优先会产生饥饿现象。

【答案】故此题答案为 B。

24.【考点】操作系统；进程管理；进程与线程；进程间通信。

【解析】本题考查用户态执行问题。

缺页处理程序和时钟中断都属于中断，在核心态执行。进程调度属于系统调用在核心态执行，命令解释程序属于命令接口，它在用户态执行。

【答案】故此题答案为 A。

25.【考点】操作系统；进程管理；进程间通信；进程与线程的组织与控制。

【解析】本题考查进程与线程的组织与控制问题，进程是资源分配的基本单位，线程是处理机调度的基本单位。

进程中某线程的栈指针，对其他线程透明，不能与其他线程共享。

【答案】故此题答案为 D。

26.【考点】操作系统；输入/输出(I/O)管理；设备。

【解析】本题考查输入输出软件的层次。

输入/输出软件一般从上到下分为四个层次：用户层、与设备无关软件层、设备驱动程序以及中断处理程序。与设备无关软件层也就是系统调用的处理程序。所以争取处理流程为 B 选项。

【答案】故此题答案为 B。

27.【考点】操作系统；进程管理；死锁；死锁避免。

【解析】本题考查死锁的避免。

使用银行家算法得，不存在安全序列。

【答案】故此题答案为 D。

28.【考点】操作系统；内存管理；内存管理基础；页式管理；输入/输出管理。

【解析】本题考查缺页中断等相关问题。缺页中断产生后，需要在内存中找到空闲页框并分配给需要访问的页(可能涉及页面置换)，之后缺页中断处理程序调用设备驱动程序做磁盘 I/O，将位于外存上的页面调入内存，调入后需要修改页表，将页表中代表该页是否在内存的标志位(或有效位)置为 1，并将物理页框号填入相应位置，若必要还需修改其他相关表项等。

缺页中断调入新页面，肯定要修改页表项和分配页框，所以Ⅰ、Ⅲ可能发生，同时内存没有页面，需要从外存读入，会发生磁盘 I/O。

【答案】故此题答案为 D。

29.【考点】操作系统；内存管理；虚拟内存管理；页置换算法；请求页式管理。

【解析】本题考查抖动的相关处理方式。在请求分页存储管理中，可能出现这种情况，即对刚被替换出去的页，立即又要被访问。需要将它调入，因无空闲内存又要替换另一页，而后者又是即将被访问的页，于是造成了系统需花费大量的时间忙于进行这种频繁的页面交换，致使系统的实际效率很低，严重导致系统瘫痪，这种现象称为“颠波”。

在具有对换功能的操作系统中，通常把外存分为文件区和对换区。前者用于存放文件，后者用于存放从内存换出的进程。抖动现象是指刚刚被换出的页很快又要被访问为此，又要换出其他页，而该页又快被访问，如此频繁地置换页面，以致大部分时间都花在页面置换上。撤销部分进程可以减少所要用到的页面数，防止抖动。对换区大小和进程优先级都与抖动无关。

【答案】故此题答案为 A。

30. **【考点】**操作系统；内存管理；虚拟内存管理；虚拟存储器性能的影响因素及改进方法。

【解析】本题考查逻辑地址与物理地址的转换问题。

编译过程指编译程序将用户源代码编译成目标模块。源地址编译成目标程序时，会形成逻辑地址。

【答案】故此题答案为 B。

31. **【考点】**操作系统；输入/输出管理；设备独立软件；缓冲区管理。

【解析】本题考查缓冲区管理问题，考生需要知晓单缓冲和双缓冲的区别。

单缓冲区下当上一个磁盘块从缓冲区读入用户区完成时下一磁盘块才能开始读入，也就是当最后一块磁盘块读入用户区完毕时所用时间为 $150\times10=1\,500(\mu s)$。加上处理最后一个磁盘块的时间 $50\mu s$ 为 $1\,550\mu s$。双缓冲区下，不存在等待磁盘块从缓冲区读入用户区的问题，也就是 $100\times10+100=1\,100(\mu s)$。

【答案】故此题答案为 B。

32. **【考点】**操作系统；进程管理；进程与线程；进程间通信。

【解析】本题考查进程间的操作问题。

语句变为 1,2,3,P2 中 3 条语句编为 4,5,6。则依次执行 1,2,3,4,5 得结果 1，依次执行 1,2,4,5,6,3 得结果 2，执行 4,5,1,2,3,6 得结果 0。结果−1 不可能得出。

【答案】故此题答案为 C。

33. **【考点】**计算机网络；计算机网络概述；计算机网络体系结构；ISO/OSI 参考模型和 TCP/IP 模型。

【解析】本题考查 TCP/IP 模型的网络层服务，考查考生的基本知识。

TCP/IP 的网络层向上只提供简单灵活的、无连接的、尽最大努力交付的数据报服务。此外考查 IP 首部，如果是面向连接的，则应有用于建立连接的字段，但是没有；如果提供可靠的服务，则至少应有序号和校验和两个字段，但是 IP 分组头中也没有(IP 首部中只是首部校验和)。因此网络层提供的无连接不可靠的数据服务。有连接可靠的服务由传输层的 TCP 提供。

【答案】故此题答案为 A。

34. **【考点】**计算机网络；物理层；通信基础；信道、信号、带宽、码元、波特、速率、信源与信宿等基本概念。

【解析】本题考查波特率的计算，考生应记住波特率 B 与数据传输率 C 的关系：$C=B\times\log_2 N$，N 为一个码元所取的离散值个数。

4 种相位，则一个码元需要由 $\log_2 4=2$ 比特表示，则波特率 = 比特率/2 = 1 200 波特。

【答案】故此题答案为 B。

35.【考点】计算机网络；数据链路层；流量控制与可靠传输机制；选择重传协议(SR)。

【解析】本题考查选择重传协议(SR)的相关知识。

选择重传协议中，接收方逐个地确认正确接收的分组，不管接收到的分组是否有序，只要正确接收就发送选择ACK分组进行确认。因此选择重传协议中的ACK分组不再具有累积确认的作用。这点要特别注意与GBN协议的区别。此题中只收到1号帧的确认，0、2号帧超时，由于对于1号帧的确认不具累积确认的作用，因此发送方认为接收方没有收到0、2号帧，于是重传这两帧。

【答案】故此题答案为B。

36.【考点】计算机网络；数据链路层；介质访问控制；随机访问。

【解析】本题考查介质访问控制机制，特别是其中的冲突检测机制。

可以用排除法。首先CDMA即码分多址，是物理层的东西；CSMA/CD即带冲突检测的载波监听多路访问，这个应该比较熟悉，接收方并不需要确认；CSMA，既然CSMA/CD是其超集，CSMA/CD没有的东西，CSMA自然也没有。于是排除法选D。CSMA/CA是无线局域网标准802.11中的协议。CSMA/CA利用ACK信号来避免冲突的发生，也就是说，只有当客户端收到网络上返回的ACK信号后才确认送出的数据已经正确到达目的地址。

【答案】故此题答案为D。

37.【考点】计算机网络；网络层；IPv4；子网划分、路由聚集、子网掩码与CIDR。

【解析】本题主要考查路由聚合问题。

要使R1能够正确将分组路由到所有子网，则R1中需要有到192.168.2.0/25和192.168.2.128/25的路由。观察发现网络192.168.2.0/25和192.168.2.128/25的网络号的前24位都相同，于是可以聚合成超网192.168.2.0/24。从图5-1中可以看出下一跳地址应该是192.168.1.2。

【答案】故此题答案为D。

38.【考点】计算机网络；网络层；IPv4地址与NAT。

【解析】本题考查IP分组的问题，考生应知道IP地址与最大主机数的关系。

先分析192.168.4.0/30这个网络。主机号占两位，地址范围192.168.4.0/30～192.168.4.3/30，即可以容纳(4－2＝2)个主机。主机位为全1时，即192.168.4.3，是广播地址，因此网内所有主机都能收到。

【答案】故此题答案为C。

39.【考点】计算机网络；传输层；TCP；TCP可靠传输。

【解析】本题考查TCP的相关问题，要求考生对TCP有全面的认识。

主机乙收到连接请求报文后，如同意连接，则向甲发送确认。在确认报文段中应把SYN位和ACK位都置1，确认号是甲发送的TCP段的初始序号seq＝11 220加1，即为ack＝11 221，同时也要选择并消耗一个初始序号seq，seq值由主机乙的TCP进程确定，本题取seq＝11 221与确认号、甲请求报文段的序号没有任何关系。

【答案】故此题答案为 C。

40.【考点】计算机网络；传输层；TCP；TCP 连接管理。

【解析】本题考查 TCP 的相关问题，主要是 TCP 段。

TCP 段首部中的序号字段是指本报文段所发送的数据的第一个字节的序号。第三个段的序号为 900，则第二个段的序号为 900－400＝500。而确认号是期待收到对方下一个报文段的第一个字节的序号。现在主机乙期待收到第二个段，故甲的确认号是 500。

【答案】故此题答案为 B。

三、综合应用题考点、解析及小结

41.【考点】数据结构；图；图的基本概念；图的遍历；图的基本应用；关键路径。

【解析】本题考查了图的邻接矩阵，带权图，关键路径等问题。考生解题的前提是要知晓对应的概念。

（1）图 G 的邻接矩阵 **A** 如下：

$$\mathbf{A}=\begin{bmatrix} 0 & 4 & 6 & \infty & \infty & \infty \\ \infty & 0 & 5 & \infty & \infty & \infty \\ \infty & \infty & 0 & 4 & 3 & \infty \\ \infty & \infty & \infty & 0 & \infty & 3 \\ \infty & \infty & \infty & \infty & 0 & 3 \\ \infty & \infty & \infty & \infty & \infty & 3 \end{bmatrix}$$

（2）图 G 如图 6-1：

（3）图 6-2 中粗线箭头所标识的 4 个活动组成图 G 的关键路径：

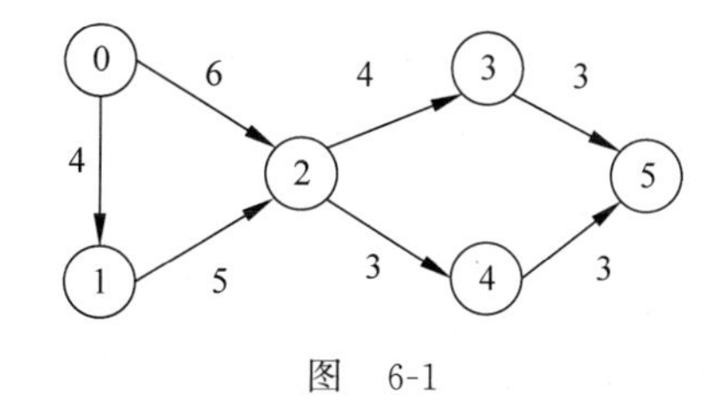

图　6-1

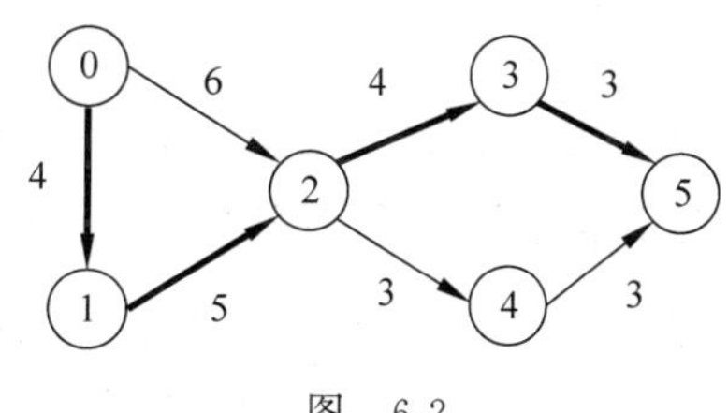

图　6-2

图 G 的关键路径的长度为 16。

【小结】本题考查了关键路径的基础知识。

42.【考点】数据结构；排序；排序的基本概念；排序算法的分析与应用。

【解析】本题是一道算法设计题，考查学生对排序思想的理解程度，不仅要求学生在设计算法时写出相关注释，还要求考生计算时间复杂度和空间复杂度。

（1）给出算法的基本设计思想：

分别求两个升序序列 A、B 的中位数，设为 a 和 b。若 $a=b$，则 a 或 b 即为所求的中位数；否则，舍弃 a、b 中较小者所在序列之较小一半，同时舍弃较大者所在序列之较大一半，要求两次舍弃的元素个数相同。在保留的两个升序序列中，重复上述过程，直到两个序列中均只含一个元素时为止，则较小者即为所求的中位数。

(2) 算法实现如下：

```
int Search(int A[],int B[],int n)      //n 即为序列的长度 L
{
   int sl,el,midl,s2,e2,mid2;
   sl=0;el=n-l ;s2=l ;e2=n-l;
   while(sl !=el||s2!=e2){
      midl=(sl+el)/2;
      mid2=(s2+e2)/2;
      if(A[mid 1 ]==B [mid2])
         return A[midl];
      if(A[midl]<B[mid2]){
//分别考虑奇数和偶数，保持两个子数组元素个数相等
         if((sl+el)%2==0){      //若元素个数为奇数个
            sl=midl;            //舍弃A中间点以前的部分且保留中间点
            e2=mid2;            //舍弃B中间点以后的部分且保留中间点
         }
      else{                     //若元素个数为偶数个
         sl=midl+l;             //舍弃A中间点及中间点以前部分
         e2=mid2;               //舍弃B中间点以后部分且保留中间点
         }
      }
      else{
         if((sl+el)%2==0) {     //若元素个数为奇数个
            el=midl;            //舍弃A中间点以后部分且保留中间点
            s2=mid2;            //舍弃B中间点以前部分且保留中间点
          }
          else{                 //若元素个数为偶数个
            el=midl+l;          //舍弃A中间点以后部分且保留中间点
            s2=mid2;            //舍弃B中间点及中间点以前的部分
           }
      }
   }
   return (A[sl] < B[s2] ? A[sl] : B[s2]);
}
```

(3) 上述所给算法的时间、空间复杂度分别是 $O(\log_2 n)$ 和 $O(1)$。

【小结】本题考查了排序算法的运用。

43. **【考点】**计算机组成原理；指令系统；高级语言程序与机器级代码之间的对应；数据的表示和运算；运算方法和运算电路；加/减运算；数制与编码。

【解析】本题考查计算机组成原理中数据的表示和运算。

(1) 134＝128＋6＝1000 0110B，所以 x 的机器数为 1000 0110B，故 R1 的内容为 86H。

246＝255－9＝1111 0110B，所以 y 的机器数为 1111 0110B。$x-y$＝1000 0110＋0000 1010＝(0)1001 0000，括弧中的 0 为加法器的进位，故 R5 的内容为 90H。

$x+y$＝1000 0110＋1111 0110＝(1)0111 1100，括弧中的 1 为加法器的进位，故 R6 的内容为 7CH。

(2) m 的机器数与 x 的机器数相同，皆为 86H＝1000 0110B，解释为带符号整数 m（用补码表示）时，其值为－111 1010B＝－122。

$m-n$ 的机器数与 $x-y$ 的机器数相同，皆为 90H＝1001 0000B，解释为带符号整

数 k_1(用补码表示)时,其值为−111 0000B=−112。

(3) n 位加法器实现的是模 2^n 无符号整数加法运算。对于无符号整数 a 和 b、$a+b$ 可以直接用加法器实现,而 $a-b$ 可用 $a+b$ 的补数实现,即 $a-b=a+[-b]i_{补}(\mathrm{mod}\ 2^n)$,所以 n 位无符号整数加/减运算都可在 n 位加法器中实现。

由于带符号整数用补码表示,补码加/减运算公式为 $[a+b]_{补}=[a]_{补}+[b]_{补}(\mathrm{mod}2^n)$、$[a-b]_{补}=[a]_{补}+[-b]_{补}(\mathrm{mod}2^n)$,所以 n 位带符号整数加/减法运算都可在 n 位加法器中实现。

(4) 带符号整数加/减运算的溢出判断规则为:若加法器的两个输入端(加数)的符号相同,且不同于输出端(和)的符号,则结果溢出(或加法器完成加法操作时,若次高位的进位和最高位的进位不同,则结果溢出)。

最后一条语句执行时会发生溢出。因为 1000 0110 + 1111 0110=(1)0111 1100,括弧中的 1 为加法器的进位,根据上述溢出判断规则,可知结果溢出。

【小结】本题考查了计算机内部寄存器的相关知识。

44. **【考点】**计算机组成原理;高速缓冲存储器;Cache 的基本原理;Cache 和主存之间的映射方式;存储器层次结构;虚拟存储器。

【解析】本题考查到了虚拟存储器及 Cache 相关的多个知识,比如 Cache 的基本原理,Cache 的映射方式,TLB(快表)等内容。

(1) 虚拟地址为 24 位,其中高 12 位为虚页号;

物理地址为 20 位,其中高 8 位为物理页号。

(2) 20 位物理地址中,最低 5 位为块内地址,中间 3 位为 Cache 行号,高 12 位为标志。

(3) 在主存中。

虚拟地址 001C60H=0000 0000 0001 1100 0110 0000B,故虚页号为 0000 0000 0001B,查看 0000 0000 0001B=001H 处的页表项,由于对应的有效位为 1,故虚拟地址 001C60H 所在的页面在主存中。

页表 001H 处的页框号(物理页号)为 04H=0000 0100B,与页内偏移 1100 0110 0000B 拼接成物理地址:0000 0100 1100 0110 0000B=04C60H。

对于物理地址 0000 0100 1100 0110 0000B,所在主存块只可能映射到 Cache 第 3 行(即第 011B 行);由于该行的有效位=1、标记(值为 105H)=/04CH(物理地址高 12 位),故访问该地址时 Cache 不命中。

(4) 虚拟地址 024BACH=0000 0010 0100 1011 1010 1100B,故虚页号为 0000 0010 0100B。由于 TLB 只有 8/4=2 组,故虚页号中高 11 位为 TLB 标记,最低 1 位为 TLB 组号,它们的值分别为 0000 0010 01。B(即 012H)和 0B,因此,该虚拟地址所对应物理页面只可能映射到 TLB 第 0 组。

由于组 0 中存在有效位=1、标记=012H 的项,所以访问 TLB 命中,即虚拟地址 024BACH 所在的页面在主存中。

【小结】本题考查了 Cache 的相关知识。

45. **【考点】**操作系统;进程管理;CPU 调度与上下文切换;调度的目标;调度的实现;同步与互斥;基本的实现方法;信号量。

【解析】本题考查的是操作系统中的同步与互斥问题，考生首先需要理清思路，本题的互斥资源是取号机(一次仅允许一位顾客领号)，因设一个互斥信号量 mutex。本题的同步问题是顾客需要获得空座位等待叫号，当营业员空闲时，将选取一位顾客为其服务。有无空座位决定了顾客等待与否，有无顾客决定了营业员是否提供服务，故设置信号量 empty 和 full 来实现这个同步关系。另外，顾客获得空座位后，需要等待叫号和被服务。这样，顾客和营业员之间也存在同步关系，定义信号量 service 来控制这个同步。

```
Semaphore mutex=l;        //管理取号机的互斥信号量，初值为1，表示取号机空闲
Semaphore empty=10;       //表示空余座位数量的资源信号量，初值为10
Semaphore full=0;         //表示已占座位数量的资源信号量，初值为0
Semaphore service=0;      //等待叫号
Process 顾客
{
        P(empty);
        P(mutex);
        从取号机上取号;
        V(mutex);
        V(full);
        P(service);               //等待叫号
        获取服务；
}
Process clerk ()
{
        While(true)
        {
                P(full);
                V(empty);
                V(service);       //叫号
                为顾客服务；
        }
}
```

【小结】本题考查了信号量的基础知识。

46.【考点】操作系统；文件系统；文件系统的全局结构；外存空闲空间管理方法；输入/输出(I/O)管理；外存管理；磁盘。

【解析】本题考查文件系统中 FCB 的相关知识，FCB 的定义如下：为了能对一个文件进行正确的存取，操作系统必须为文件设置用于描述和控制文件的数据结构，称之为“文件控制块(FCB)”，要求考生了解不同数据块组织方式的优劣。

(1) 在磁盘中连续存放(采取连续结构)，磁盘寻道时间更短，文件随机访问效率更高。

在 FCB 中加入的字段为<起始块号，块数>或者<起始块号，结束块号>。

(2) 将所有 FCB 集中存放，文件数据集中存放。

这样在随机查找文件名时，只需访问 FCB 对应的块，可减少磁头移动和磁盘 I/O 访问次数。

【小结】本题考查了磁盘的基础知识。

47.【考点】计算机组网络；数据链路层；局域网；以太网与 IEEE 802.3；网络层；网络层设备；路由表与分组转发。

【解析】本题考查了计算机网络的多个知识点，比如第一题的 IP 地址与 MAC 地址，第二题的 ARP，第三题的非流水线方式工作原理，第四题的 IP 分组字段。有一定难度。

(1) 由图 5-6 图可知，该数据帧所封装的 IP 分组的目的地址就是 Web 服务器的 IP 地址，即 64.170.98.32(40 aa 62 20H)。

该数据帧的目的 MAC 地址就是该主机的默认网关 MAC 地址，即 00-21-27-21-51-ee。

(2) 该主机在构造图 5-6 图的数据帧时，使用 ARP 确定目的 MAC 地址。

因为 ARP 请求报文需要进行广播，所以封装 ARP 请求报文的以太网帧的目的 MAC 地址是 ff-ff-ff-ff-ff-ff。

(3) 根据持续的非流水线方式 HTTP/1.1 协议的工作原理，每个 RTT 传输一个对象，共需要传输 6 个对象(1 个 HTML 页面和 5 个 JPEG 小图像)，所以共需要 6 个 RTT。

(4) 该帧所封装的 IP 分组经过路由器 R 转发时，需要修改 IP 分组头中的字段有：源 IP 地址、TTL 和头部校验和。

【小结】本题考查了 IP 的基础知识。

2012年全国硕士研究生招生考试
计算机学科专业基础试题

一、**单项选择题**：1～40 小题，每小题 2 分，共 80 分。下列每题给出的四个选项中，只有一个选项是最符合题目要求的。

1. 求整数 $n(n \geqslant 0)$阶乘的算法如下，其时间复杂度是(　　)。

```
int fact(int n){
    if(n<=1)return 1;
    return n*fact (n-1);
}
```

A. $O(\log_2 n)$　　B. $O(n)$　　C. $O(n\log_2 n)$　　D. $O(n^2)$

2. 已知操作符包括"+""-""*""/""(" ")"，将中缀表达式 a+b-a*((c+d)/e-f)+g 转换为等价的后缀表达式 ab+acd+e/f-*-g+时，用栈来存放暂时还不能确定运算次序的操作符，若栈初始时为空，则转换过程中同时保存栈中的操作符的最大个数是(　　)。

A. 5　　B. 7　　C. 8　　D. 11

3. 若一棵二叉树的前序遍历序列为 a,e,b,d,c,后续遍历序列为 b,c,d,e,a,则根节点的孩子节点(　　)。

A. 只有 e　　B. 有 e、b　　C. 有 e、c　　D. 无法确定

4. 若平衡二叉树的高度为 6,且所有非叶节点的平衡因子均为 1,则该平衡二叉树的节点总数为(　　)。

A. 10　　B. 20　　C. 32　　D. 33

5. 对有 n 个节点、e 条边且使用邻接表存储的有向图进行广度优先遍历，其算法时间复杂度(　　)。

A. $O(n)$　　B. $O(e)$　　C. $O(n+e)$　　D. $O(ne)$

6. 若用邻接矩阵存储有向图，矩阵中主对角线以下的元素均为零，则关于该图拓扑序列的结构是(　　)。

A. 存在，且唯一　　B. 存在，且不唯一

C. 存在，可能不唯一　　　　　　　　　D. 无法确定是否存在

7. 如图 7-1 有向带权图，若采用迪杰斯特拉(Dijkstra)算法求源点 a 到其他各顶点的最短路径，得到的第一条最短路径的目标顶点是 b，第二条最短路径的目标顶点是 c，后续得到的其余各最短路径的目标顶点依次是(　　)。

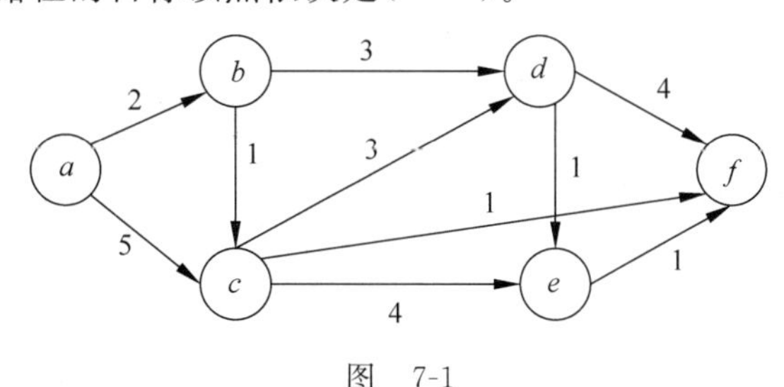

图　7-1

A. d,e,f　　　B. e,d,f　　　C. f,d,e　　　D. f,e,d

8. 下列关于最小生成树的说法中，正确的是(　　)。

Ⅰ. 最小生成树的代价唯一

Ⅱ. 所有权值最小的边一定会出现在所有的最小生成树中

Ⅲ. 使用普里姆(Prim)算法从不同顶点开始得到的最小生成树一定相同

Ⅳ. 使用普里姆算法和克鲁斯卡尔(Kruskal)算法得到的最小生成树总不相同

A. 仅Ⅰ　　　B. 仅Ⅱ　　　C. 仅Ⅰ、Ⅲ　　　D. 仅Ⅱ、Ⅳ

9. 已知一棵 3 阶 B－树，如图 7-2 所示。删除关键字 78，得到一棵新 B－树，其最右叶节点中的关键字是(　　)。

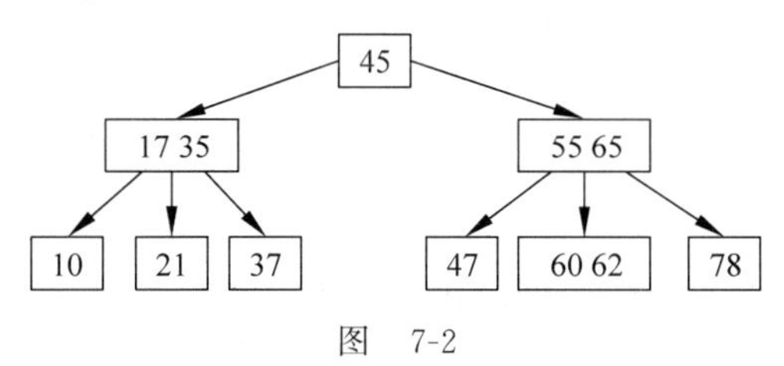

图　7-2

A. 60　　　B. 60,62　　　C. 62,65　　　D. 65

10. 在内部排序过程中，对尚未确定最终位置的所有元素进行一遍处理称为一趟排序，下列排序方法中，每一趟序结束都至少能够确定一个元素最终位置的方法是(　　)。

Ⅰ. 简单选择排序　　Ⅱ. 希尔排序　　Ⅲ. 快速排序

Ⅳ. 堆排序　　Ⅴ. 二路归并排序

A. 仅Ⅰ、Ⅲ、Ⅳ　　　B. 仅Ⅰ、Ⅲ、Ⅴ　　　C. 仅Ⅱ、Ⅲ、Ⅳ　　　D. 仅Ⅲ、Ⅳ、Ⅴ

11. 对一待排序序列分别进行折半插入排序和直接插入排序，两者之间可能的不同之处是(　　)。

A. 排序的总趟数　　　　　　　　B. 元素的移动次数

C. 使用辅助空间的数量　　　　　D. 元素之间的比较次数

12. 假定基准程序 A 在某计算机上的运行时间为 100 秒，其中 90 秒为 CPU 时间，其余为

I/O 时间。若 CPU 速度提高 50%，I/O 速度不变，则运行基准程序 A 所耗费的时间是(　　)。

A. 55s　　B. 60s　　C. 65s　　D. 70s

13. 假定编译器规定 int 和 short 型长度分别为 32 位和 16 位，执行下列 C 语言语句：

```
unsigned short x = 65530;
unsigned int y = x;
```

得到 y 的机器数为(　　)。

A. 0000 7FFAH　　B. 0000 FFFAH

C. FFFF 7FFAH　　D. FFFF FFFAH

14. float 类型(即 IEEE 754 单精度浮点数格式)能表示的最大正整数是(　　)。

A. $2^{126}-2^{103}$　　B. $2^{127}-2^{104}$　　C. $2^{127}-2^{103}$　　D. $2^{128}-2^{104}$

15. 某计算机存储器按字节编址，采用小端方式存放数据。假定编译器规定 int 型和 short 型长度分别为 32 位和 16 位，并且数据按边界对齐存储。某 C 语言程序段如下：

```
struct {
    int a;
    char b;
    short c;
}record;
record.a = 273;
```

若 record 变量的首地址为 0xC008，则地址 0xC008 中内容及 record.c 的地址分别是(　　)。

A. 0x00、0xC00D　　B. 0x00、0xC00E

C. 0x11、0xC00D　　D. 0x11、0xC00E

16. 下列关于闪存(Flash Memory)的叙述中，错误的是(　　)。

A. 信息可读可写，并且读、写速度一样快

B. 存储元由 MOS 管组成，是一种半导体存储器

C. 掉电后信息不丢失，是一种非易失性存储器

D. 采用随机访问方式，可替代计算机外部存储器

17. 假设某计算机按字编址，Cache 有 4 个行，Cache 和主存之间交换的块大小为 1 个字。若 Cache 的内容初始为空，采用 2 路组相联映射方式和 LRU 替换策略。访问的主存地址依次为 0,4,8,2,0,6,8,6,4,8 时，命中 Cache 的次数是(　　)。

A. 1　　B. 2　　C. 3　　D. 4

18. 某计算机的控制器采用微程序控制方，微指令中的操作控制字段采用字段直接编码法，共有 33 个微命令，构成 5 个互斥类，分别包含 7、3、12、5 和 6 个微命令，则操作控制字段至少有(　　)。

A. 5 位　　B. 6 位　　C. 15 位　　D. 33 位

19. 设同步总线的时钟频率为 100MHz，宽度为 32 位，地址/数据线复用，每传输一个地址或数据占用一个时钟周期。若该总线支持突发（猝发）传输方式，则一次“主存写”总线事务传输 128 位数据所需要的时间至少是（　　）。

A. 20ns　　B. 40ns　　C. 50ns　　D. 80ns

20. 下列关于 USB 总线特性的描述中，错误的是（　　）。

A. 可实现外设的即插即用和热拔插　　B. 可通过级联方式连接多台设备

C. 是一种通信总线，连接不同外设　　D. 同时可传输 2 位数据，数据传输率高

21. 下列选项中，在 I/O 总线的数据线上传输的信息包括（　　）。

Ⅰ. I/O 接口中的命令字　　Ⅱ. I/O 接口中的状态字

Ⅲ. 中断类型号

A. 仅Ⅰ、Ⅱ　　B. 仅Ⅰ、Ⅲ　　C. 仅Ⅱ、Ⅲ　　D. Ⅰ、Ⅱ、Ⅲ

22. 响应外部中断的过程，中断隐指令完成的操作，除保护断点外，还包括（　　）。

Ⅰ. 关中断　　Ⅱ. 保存通用寄存器的内容

Ⅲ. 形成中断服务程序入口地址并送 PC

A. 仅Ⅰ、Ⅱ　　B. 仅Ⅰ、Ⅲ　　C. 仅Ⅱ、Ⅲ　　D. Ⅰ、Ⅱ、Ⅲ

23. 下列选项中，不可能在用户态发生的事件是（　　）。

A. 系统调用　　B. 外部中断　　C. 进程切换　　D. 缺页

24. 中断处理和子程序调用都需要压栈以保护现场，中断处理一定会保存而子程序调用不需要保存其内容的是（　　）。

A. 程序计数器　　B. 程序状态字寄存器

C. 通用数据寄存器　　D. 通用地址寄存器

25. 下列关于虚拟存储器的叙述中，正确的是（　　）。

A. 虚拟存储只能基于连续分配技术

B. 虚拟存储只能基于非连续分配技术

C. 虚拟存储容量只受外存容量的限制

D. 虚拟存储容量只受内存容量的限制

26. 操作系统的 I/O 子系统通常由四个层次组成，每一层明确定义了与邻近层次的接口。其合理的层次组织排列顺序是（　　）。

A. 用户级 I/O 软件、设备无关软件、设备驱动程序、中断处理程序

B. 用户级 I/O 软件、设备无关软件、中断处理程序、设备驱动程序

C. 用户级 I/O 软件、设备驱动程序、设备无关软件、中断处理程序

D. 用户级 I/O 软件、中断处理程序、设备无关软件、设备驱动程序

27. 假设 5 个进程 P_0、P_1、P_2、P_3、P_4 共享三类资源 R_1、R_2、R_3，这些资源总数分别为 18、6、22。T_0 时刻的资源分配情况如表 7-1 所示，此时存在的一个安全序列是（　　）。

表 7-1

进程	已分配资源			资源最大需求		
	R_1	R_2	R_3	R_1	R_2	R_3
P_0	3	2	3	5	5	10
P_1	4	0	3	5	3	6
P_2	4	0	5	4	0	11
P_3	2	0	4	4	2	5
P_4	3	1	4	4	2	4

A. P_0, P_2, P_4, P_1, P_3　　B. P_1, P_0, P_3, P_4, P_2

C. P_2, P_1, P_0, P_3, P_4　　D. P_3, P_4, P_2, P_1, P_0

28. 若一个用户进程通过 read 系统调用读取一个磁盘文件中的数据，则下列关于此过程的叙述中，正确的是(　　)。

Ⅰ. 若该文件的数据不在内存，则该进程进入睡眠等待状态

Ⅱ. 请求 read 系统调用会导致 CPU 从用户态切换到核心态

Ⅲ. read 系统调用的参数应包含文件的名称

A. 仅Ⅰ、Ⅱ　　B. 仅Ⅰ、Ⅲ　　C. 仅Ⅱ、Ⅲ　　D. Ⅰ、Ⅱ、Ⅲ

29. 一个多道批处理系统中仅有 P_1 和 P_2 两个作业，P_2 比 P_1 晚 5ms 到达，它们的计算和 I/O 操作顺序如下：

P_1：计算 60ms，I/O 80ms，计算 20ms

P_2：计算 120ms，I/O 40ms，计算 40ms

若不考虑调度和切换时间，则完成两个作业需要的时间最少是(　　)。

A. 240ms　　B. 260ms　　C. 340ms　　D. 360ms

30. 若某单处理器多进程系统中有多个就绪态进程，则下列关于处理机调度的叙述中**错误**的是(　　)。

A. 在进程结束时能进行处理机调度

B. 创建新进程后能进行处理机调度

C. 在进程处于临界区时不能进行处理机调度

D. 在系统调用完成并返回用户态时能进行处理机调度

31. 下列关于进程和线程的叙述中，正确的是(　　)。

A. 不管系统是否支持线程，进程都是资源分配的基本单位

B. 线程是资源分配的基本单位，进程是调度的基本单位

C. 系统级线程和用户级线程的切换都需要内核的支持

D. 同一进程中的各个线程拥有各自不一的地址空间

32. 下列选项中，**不**能改善磁盘设备 I/O 性能的是(　　)。

A. 重排 I/O 请求次序　　B. 在一个磁盘上设置多个分区

C. 预读和滞后写　　D. 优化文件物理块的分布

33. 在 TCP/IP 体系结构中，直接为 ICMP 提供服务的协议是(　　)。

A. PPP　　B. IP　　C. UDP　　D. TCP

34. 在物理层接口特性中，用于描述完成每种功能的事件发生顺序的是(　　)。

A. 机械特性　　B. 功能特性　　C. 过程特性　　D. 电气特性

35. 以太网的 MAC 协议提供的是(　　)。

A. 无连接的不可靠的服务　　B. 无连接的可靠的服务

C. 有连接的不可靠的服务　　D. 有连接的可靠的服务

36. 两台主机之间的数据层采用后退 N 帧协议(GBN)传输数据，数据传输速率为 16kbit/s，单向传播时延为 270ms，数据帧长度范围是 128～512B，接收方总是以与数据帧等长的帧进行确认。为使信道利用率达到最高，帧序号的位数至少为(　　)。

A. 5　　B. 4　　C. 3　　D. 2

37. 下列关于 IP 路由器功能的描述中，正确的是(　　)。

Ⅰ. 运行路由协议，设备路由表

Ⅱ. 检测到拥塞时，合理丢弃 IP 分组

Ⅲ. 对收到的 IP 分组头进行差错校验，确保传输的 IP 分组不丢失

Ⅳ. 根据收到的 IP 分组的目的 IP 地址，将其转发到合适的输出线路上

A. 仅Ⅲ、Ⅳ　　B. 仅Ⅰ、Ⅱ、Ⅲ　　C. 仅Ⅰ、Ⅱ、Ⅳ　　D. Ⅰ、Ⅱ、Ⅲ、Ⅳ

38. ARP 的功能是(　　)。

A. 根据 IP 地址查询 MAC 地址　　B. 根据 MAC 地址查询 IP 地址

C. 根据域名查询 IP 地址　　D. 根据 IP 地址查询域名

39. 某主机的 IP 地址为 180.80.77.55，子网掩码为 255.255.252.0。若该主机向其所在子网发送广播分组，则目的地址可以是(　　)。

A. 180.80.76.0　　B. 180.80.76.255

C. 180.80.77.255　　D. 180.80.79.255

40. 若用户 1 与用户 2 之间发送和接收电子邮件的过程如图 7-3 所示，则图中①、②、③阶段分别使用的应用层协议可以是(　　)。

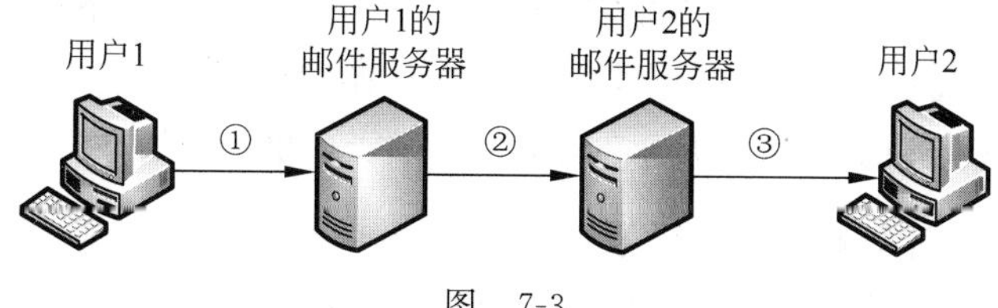

图　7-3

A. SMTP、SMTP、SMTP　　B. POP3、SMTP、POP3

C. POP3、SMTP、SMTP　　D. SMTP、SMTP、POP3

二、综合应用题： 第 41～47 小题，共 70 分。

41. (10 分) 设有 6 个有序表 A、B、C、D、E、F，分别含有 10、35、40、50、60 和 200 个数据元素，各表中元素按升序排列。要求通过 5 次两两合并，将 6 个表最终合并成 1 个升序

表，并在最坏情况下比较的总次数达到最小。请回答下列问题。

(1) 给出完整的合并过程，并求出最坏情况下比较的总次数。

(2) 根据你的合并过程，描述 $N(N\geqslant 2)$ 个不等长升序表的合并策略，并说明理由。

42. (13 分) 假定采用带头节点的单链表保存单词，当两个单词有相同的后缀，则可共享相同的后缀存储空间，例如，“loading”和“being”，如图 7-4 所示。

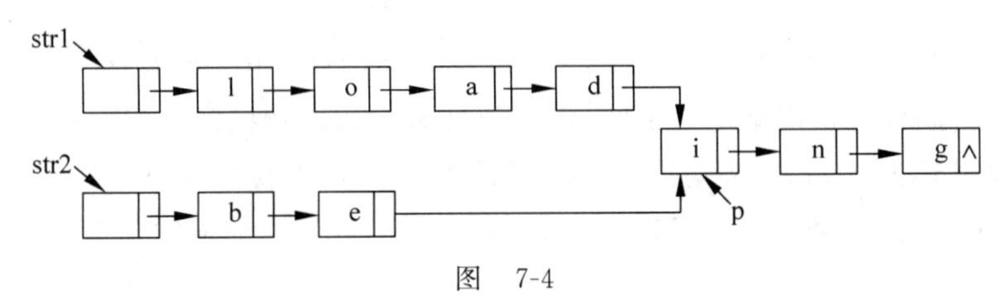

图 7-4

设 str1 和 str2 分别指向两个单词所在单链表的头节点，链表节点结构为 | data | next |，请设计一个时间上尽可能高效的算法，找出由 str1 和 str2 所指向两个链表共同后缀的起始位置(如图中字符 i 所在节点的位置 p)。要求：

(1) 给出算法的基本设计思想。

(2) 根据设计思想，采用 C 或 C++ 或 Java 语言描述算法，关键之处给出注释。

(3) 说明你所设计算法的时间复杂度。

43. (11 分) 假设某计算机的 CPU 主频为 80MHz，CPI 为 4，平均每条指令访存 1.5 次，主存与 Cache 之间交换的块大小为 16B，Cache 的命中率为 99%，存储器总线宽带为 32 位。请回答下列问题。

(1) 该计算机的 MIPS 数是多少？平均每秒 Cache 缺失的次数是多少？在不考虑 DMA 传送的情况下，主存带宽至少达到多少才能满足 CPU 的访存要求？

(2) 假定在 Cache 缺失的情况下访问主存时，存在 0.000 5% 的缺页率，则 CPU 平均每秒产生多少次缺页异常？若页面大小为 4KB，每次缺页都需要访问磁盘，访问磁盘时 DMA 传送采用周期挪用方式，磁盘 I/O 接口的数据缓冲寄存器为 32 位，则磁盘 I/O 接口平均每秒发出的 DMA 请求次数至少是多少？

(3) CPU 和 DMA 控制器同时要求使用存储器总线时，哪个优先级更高？为什么？

(4) 为了提高性能，主存采用 4 体低位交叉存储模式，工作时每 1/4 个存储周期启动一个体，若每个体的存储周期为 50ns，该主存能提供的最大带宽是多少？

44. (12 分) 某 16 位计算机中，带符号整数用补码表示，数据 Cache 和指令 Cache 分离。表 7-2 给出了指令系统中部分指令格式，其中 Rs 和 Rd 表示寄存器，mem 表示存储单元地址，(x) 表示寄存器 x 或存储单元 x 的内容。

表 7-2 指令系统中部分指令格式

名 称	指令的汇编格式	指 令 功 能
加法指令	ADD Rs,Rd	(Rs)+(Rd)→Rd
算术/逻辑左移	SHL Rd	2*(Rd)→Rd
算术右移	SHR Rd	(Rd)/2→Rd

续表

名　　称	指令的汇编格式	指 令 功 能
取数指令	LOAD　　Rd,mem	(mem)→Rd
存数指令	STORE　　Rs,mem	(Rs)→mem

该计算机采用5段流水式执行指令,各流水段分别是取指(IF),译码/读寄存器(ID)、执行/计算有效地址(EX)、访问存储器(M)和结果写回寄存器(WB),流水线采用"按序发射,按序完成"方式,没有采用转发技术处理数据相关,并且同一个寄存器的读和写操作不能在同一个时钟周期内进行。请回答下列问题:

(1) 若int型变量x的值为−513,存放在寄存器R1中,则执行"SHL R1"后,R1中的内容是多少?(用十六进制表示)

(2) 若某个时间段中,有连续的4条指令进入流水线,在其执行过程中没有发生任何阻塞,则执行这4条指令所需的时钟周期数为多少?

(3) 若高级语言程序中某赋值语句为 $x=a+b$,x、a 和 b 均为int型变量,它们的存储单元地址分别表示为[x]、[a]和[b]。该语句对应的指令序列及其在指令流水线中的执行过程如图7-5所示。

I_1 LOAD　R1, [a]
I_2 LOAD　R2, [b]
I_3 ADD　R1, R2
I_4 STORE　R2, [x]

	时间单元													
指令	1	2	3	4	5	6	7	8	9	10	11	12	13	14
I_1	IF	ID	EX	M	WB									
I_2		IF	ID	EX	M	WB								
I_3			IF				ID	EX	M	WB				
I_4							IF				ID	EX	M	WB

图　7-5

则这4条指令执行过程中,I_3 的ID段和 I_4 的IF段被阻塞的原因各是什么?

(4) 若高级语言程序中某赋值语句为 x=x*2+a,x 和 a 均为unsigned int类型变量,它们的存储单元地址分别表示为[x]、[a],则执行这条语句至少需要多少个时钟周期?要求模仿图7-5画出这条语句对应的指令序列及其在流水线中的执行过程示意图。

45. (7分) 某请求分页系统的局部页面置换策略如下:从0时刻开始扫描,每隔5个时间单位扫描一轮驻留集(扫描时间忽略不计),本轮没有被访问过的页框将被系统回收,并放入空闲页框链尾,其中内容在下一次分配之前不被清空。当发生缺页时,如果该页曾被使用过且还在空闲页链表中,则重新放回进程的驻留集中;否则,从空闲页框链表头部取出一个页框。

假设不考虑其他进程的影响和系统开销。初始时进程驻留集为空。目前系统空闲页框链表中页框号依次为32、15、21、41。进程P依次访问的<虚拟页号,访问时刻>为<1,1>、<3,2>、<0,4>、<0,6>、<1,11>、<0,13>、<2,14>。请回答下列问题。

(1) 访问<0,4>时,对应的页框号是什么?说明理由。

(2) 访问<1,11>时,对应的页框号是什么?说明理由。

(3) 访问<2,14>时,对应的页框号是什么?说明理由。

(4) 该策略是否适用于时间局部性好的程序?说明理由。

46. (8 分) 某文件系统空间的最大容量为 4TB($1\text{TB}=2^{40}\text{B}$),以磁盘块为基本分配单元。磁盘块大小为 1KB。文件控制块(FCB)包含一个 512B 的索引表区。请回答下列问题。

(1) 假设索引表区仅采用直接索引结构,索引表区存放文件占用的磁盘块号,索引表项中块号最少占多少字节?可支持的单个文件最大长度是多少字节?

(2) 假设索引表区采用如下结构:第 0~7B 采用<起始块号,块数>格式表示文件创建时预分配的连续存储空间。其中起始块号占 6B,块数占 2B;剩余 504B 采用直接索引结构,一个索引项占 6B,则可支持的单个文件最大长度是多少字节?为了使单个文件的长度达到最大,请指出起始块号和块数分别所占字节数的合理值并说明理由。

47. (9 分) 主机 H 通过快速以太网连接 Internet,IP 地址为 192.168.0.8,服务器 S 的 IP 地址为 211.68.71.80。H 与 S 使用 TCP 通信时,在 H 在捕获的其中 5 个 IP 数据报如表 7-3 所示。

表 7-3

	IP 分组的前 40B 内容(十六进制)				
1	45 00 00 30 0b d9 13 88	01 9b 40 00 84 6b 41 c5	80 06 1d e8 00 00 00 00	c0 a8 00 08 70 02 43 80	d3 44 47 50 5d b0 00 00
2	43 00 00 30 13 88 0b d9	00 00 40 00 e0 59 9f ef	31 06 6e 83 84 6b 41 c6	d3 44 47 50 70 12 16 d0	c0 a8 00 08 37 e1 00 00
3	45 00 00 28 0b d9 13 88	01 9c 40 00 84 6b 41 c6	80 06 1d ef e0 59 9f f0	c0 a8 00 08 50 f0 43 80	d3 44 47 50 2b 32 00 00
4	45 00 00 38 0b d9 13 88	01 9d 40 00 84 6b 41 c6	80 06 1d de e0 59 9f f0	c0 a8 00 08 50 18 43 80	d3 44 47 50 e6 55 00 00
5	45 00 00 28 13 88 0b d9	68 11 40 00 e0 59 9f f0	31 06 06 7a 84 6b 41 d6	d3 44 47 50 50 10 16 d0	c0 a8 00 08 57 d2 00 00

回答下列问题。

(1) 表 7-3 中的 IP 分组中,哪几个是由 H 发送的?哪几个完成了 TCP 连接建立过程?哪几个在通过快速以太网传输时进行了填充?

(2) 根据表 7-3 中的 IP 分组,分析 S 已经收到的应用层数据字节数是多少?

(3) 若表 7-3 中的某个 IP 分组在 S 发出时的前 40B 如表 7-4 所示,则该 IP 分组到达 H 时经过了多少个路由器?

表 7-4

来自 S 的分组	45 00 00 28 13 88 a1 08	68 11 40 00 e0 59 9f f0	40 06 ec ad 84 6b 41 d6	d3 44 47 50 50 10 16 d0	ca 76 01 06 b7 d6 00 00

IP 分组头结构和 TCP 段头部结构分别如图 7-6 和图 7-7 所示。

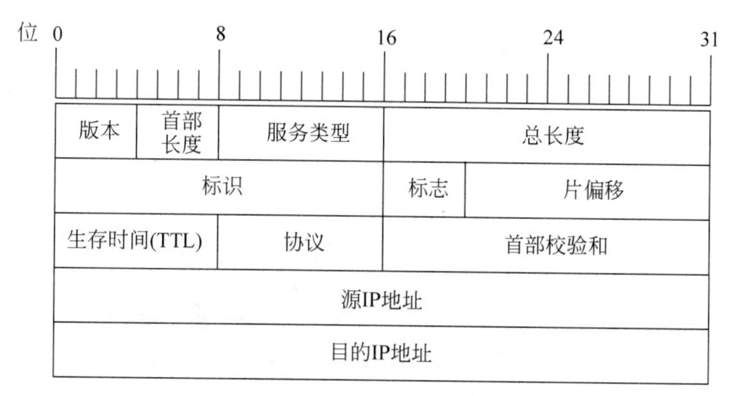

图 7-6 IP 分组头结构

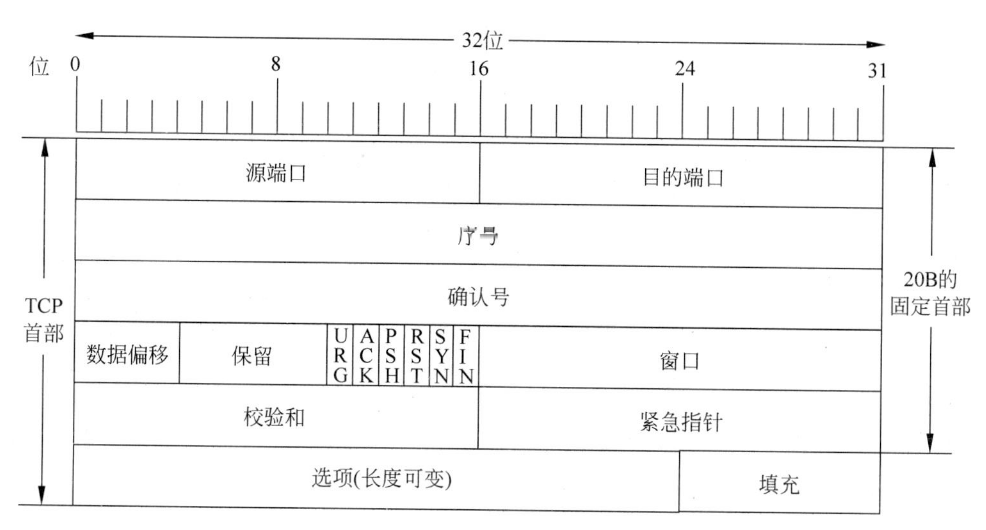

图 7-7 TCP 段头部结构

第8章

2012年全国硕士研究生招生考试
计算机学科专业基础试题参考答案及解析

一、单项选择题参考答案速查

题号	1	2	3	4	5	6	7	8	9	10
答案	B	A	A	B	C	C	C	A	D	A
题号	11	12	13	14	15	16	17	18	19	20
答案	D	D	B	D	D	A	C	C	C	D
题号	21	22	23	24	25	26	27	28	29	30
答案	D	B	C	B	B	A	D	A	B	C
题号	31	32	33	34	35	36	37	38	39	40
答案	A	B	B	C	A	B	C	A	D	D

二、单项选择题考点、解析及答案

1. **【考点】**数据结构；栈、队列和数组；栈、队列和数组的应用；算法的时间复杂度。

【解析】本题考查的是算法的时间复杂度分析，这是历年考试的热点，给出的算法是阶乘的递归实现，要求考生熟练掌握该类算法的时间复杂度和空间复杂度分析。

本算法是一个递归运算，递归的边界条件是 $n \leqslant 1$，每调用一次 fact()，传入该层 fact()的参数值减 1。则 $T(n)=T(n-1)+1=T(n-2)+2=\cdots=T(1)+n-1=O(n)$，故时间复杂度为 $O(n)$。

【答案】故此题答案为 B。

2. **【考点】**数据结构；栈、队列和数组；栈和队列的顺序存储结构。

【解析】本题考查栈的应用、表达式求值。表达式求值是栈的典型应用，通常涉及中缀表达式和后缀表达式。

中缀表达式不仅依赖运算符的优先级，而且要处理括号。后缀表达式的运算符在表达式的后面且没有括号，其形式已经包含了运算符的优先级，所以从中缀表达式转换到后缀表达式需要用运算符进行处理，使其包含运算符优先级的信息，从而转换为后缀表达式的形式，见表 8-1。

表　8-1

运算符栈	中缀未处理部分	后缀生成部分
#	a+b−a*((c+d)/e−f)+g	
#	+b−a*((c+d)/e−f)+g	a
+	b−a*((c+d)/e−f)+g	a
+	−a*((c+d)/e−f)+g	ab
−	a*((c+d)/e−f)+g	ab+
−	*((c+d)/e−f)+g	ab+a
−*	((c+d)/e−f)+g	ab+a
−*((	c+d)/e−f)+g	ab+a
−*((	+d)/e−f)+g	ab+ac
−*((+	d)/e−f)+g	ab+ac
−*((+	)/e−f)+g	ab+acd
−*(	/e−f)+g	ab+acd+
−*(/	e−f)+g	ab+acd+
−*(/	−f)+g	ab+acd+e
−*(−	f)+g	ab+acd+e/
−*(−	)+g	ab+acd+e/f
−*	+g	ab+acd+e/f−
−	+g	ab+acd+e/f−*
#	+g	ab+acd+e/f−*−
+	g	ab+acd+e/f−*−
#		ab+acd+e/f−*−g

可知，栈中的操作符的最大个数为5。

【答案】故此题答案为A。

3.【考点】数据结构；树与二叉树；二叉树；二叉树的遍历；线索二叉树的基本概念和构造。

【解析】本题考查树的遍历以及由遍历序列确定二叉树的树形。

前序序列和后序序列不能唯一确定一棵二叉树，但可以确定二叉树中节点的祖先关系：当两个节点的前序序列为XY与后序序列为YX时，则X为Y的祖先。考虑前序序列a,e,b,d,c、后序序列b,c,d,e,a，可知a为根节点，e为a的孩子节点。此外，a的孩子节点的前序序列e,b,d,c、后序序列b,c,d,e。可知e是bed的祖先，故根节点的孩子节点只有e。

【答案】故此题答案为A。

4.【考点】数据结构；查找；树形查找；平衡二叉树。

【解析】本题考查平衡二叉树的最少节点情况。

所有非叶节点的平衡因子均为1，即平衡二叉树满足平衡的最少节点情况，对于高度为N、左右子树的高度分别为$N-1$和$N-2$、所有非叶节点的平衡因子均为1的平衡二叉树，总节点数的公式为$C_N=C_{N-1}+C_{N-2}+1$，$C_1=1$，$C_2=2$，$C_3=2+1+1=4$，可推出$C_6=20$。

【答案】故此题答案为B。

5. 【考点】数据结构；图；图的遍历；广度优先搜索。

【解析】本题考查不同存储结构的图遍历算法的时间复杂度。

广度优先遍历需要借助队列实现。邻接表的结构包括：顶点表；边表（有向图为出边表）。当采用邻接表存储方式时，在对图进行广度优先遍历时每个顶点均需入队一次（顶点表遍历），故时间复杂度为 $O(n)$，在搜索所有顶点的邻接点的过程中，每条边至少访问一次（出边表遍历），故时间复杂度为 $O(e)$，算法总的时间复杂度为 $O(n+e)$。

【答案】故此题答案为 C。

6. 【考点】数据结构；图；图的基本应用；拓扑排序。

【解析】考查拓扑排序、与存储结构和图性质的关系。为了便于解题，考生可以记住结论：对于任一有向图，如果它的邻接矩阵中对角线以下（或以上）的元素均为零，则存在拓扑序列（可能不唯一）。

对角线以下元素均为零，表明只有顶点 i 到顶点 j 可能有边，而顶点 j 到顶点 i 一定没有边，即有向图是一个无环图，因此一定存在拓扑序列。

【答案】故此题答案为 C。

7. 【考点】数据结构；图；图的基本应用；最短路径。

【解析】本题考查 Dijkstra 算法求最短路径。该算法是从一个顶点到其余各顶点的最短路径算法，解决的是有权图中最短路径问题。考生应知道该算法的主要特点是从起始点开始，采用贪心算法的策略，每次遍历到始点距离最近且未访问过的顶点的邻接节点，直到扩展到终点为止。

可以写出最短路径的求解过程：

顶点	第一趟	第二趟	第三趟	第四趟	第五趟
b	$(a,b)2$				
c	$(a,c)5$	$(a,b,c)3$			
d	∞	$(a,b,d)5$	$(a,b,d)5$	$(a,b,d)5$	
f	∞	∞	$(a,b,c,f)4$		
e	∞	∞	$(a,b,c,e)7$	$(a,b,c,e)7$	$(a,b,c,e)6$
集合 s	$\{a,b\}$	$\{a,b,c\}$	$\{a,b,c,f\}$	$\{a,b,c,f,d\}$	$\{a,b,c,f,d,e\}$

后续目标顶点依次为 f,d,e。

【答案】故此题答案为 C。

8. 【考点】数据结构；图；图的基本应用；最小（代价）生成树。

【解析】本题考查最小生成树以及最小生成树算法的性质。

对于Ⅰ，最小生成树的树形可能不唯一（这是因为可能存在权值相同的边），但是代价一定是唯一的，Ⅰ正确。如果权值最小的边有多条并且构成环状，则总有权值最小的边将不出现在某棵最小生成树中，Ⅱ错误。对于Ⅲ，设 N 个节点构成环，$N-1$ 条边权值相等，则从不同的顶点开始普里姆算法会得到 $N-1$ 中不同的最小生成树，Ⅲ错误。当最小生成树唯一时（各边的权值不同），普里姆算法和 Kruskal 算法得到的最小生成树相同，Ⅳ错误。

【答案】故此题答案为 A。

9.【考点】数据结构；查找；B 树及其基本操作、B+树的基本概念。

【解析】本题考查 B—树的删除操作。B—树的删除操作相对插入操作要复杂一些，考生需仔细思考，分清不同情况。

对于图 7-2 所示的 3 阶 B—树，被删关键字 78 所在节点在删除前的关键字个数为 $\lceil 3/2 \rceil - 1$ 且其左兄弟节点的关键字个数这 $2 \times \lceil 3/2 \rceil$，属于“兄弟够借”的情况，则需把该节点的左兄弟节点中最大的关键字上移到双亲节点中，同时把双亲节点中大于上移关键字的关键字下移到要删除关键字的节点中，这样就达到了新的平衡。

【答案】故此题答案为 D。

10.【考点】数据结构；排序；简单选择排序。

【解析】本题考查各种内部排序算法的性质。要求考生对常用的排序算法有较高的熟练度。

简单选择排序每次选择未排序列中的最小元素放入其最终位置。对于Ⅱ，希尔排序每次是对划分的子表进行排序，得到局部有序的结果，所以不能保证每一趟排序结束都能确定一个元素的最终位置。二路归并排序每趟对子表进行两两归并从而得到若干个局部有序的结果，但无法确定最终位置。

【答案】故此题答案为 A。

11.【考点】数据结构；排序；折半插入排序；直接插入排序。

【解析】本题考查折半插入和直接插入的区别，具体如下：

折半插入排序与直接插入排序都是将待插入元素插入前面的有序子表，区别是：确定当前记录在前面有序子表中的位置时，直接插入排序是采用顺序查找法，而折半插入排序是采用折半查找法。排序的总趟数取决于元素个数 n，两者都是 $n-1$ 趟。元素的移动次数都取决于初试序列，两者相同。使用辅助空间的数量级也都是 0(1)。折半插入排序的比较次数与序列初态无关，为 $O(n\log_2 n)$。直接插入排序的比较次数与序列初态有关，为 $O(n) \sim O(n^2)$。

【答案】故此题答案为 D。

12.【考点】计算机组成原理；计算机系统概述；计算机性能指标。

【解析】本题考查计算机性能指标的计算。此题考生要避免一个误区，即误以为 CPU 速度提高 50%，则 CPU 运行时间减少一半，从而误选 A。

程序 A 的运行时间为 100s，除去 CPU 时间 90s，剩余 10s 为 I/O 时间。CPU 提速后运行基准程序 A 所耗费的时间是 T=90/1.5+10=70(s)。

【答案】故此题答案为 D。

13.【考点】计算机组成原理；数据的表示和运算；数制与编码；定点数的编码表示。

【解析】本题考查 C 语言中的类型转换，属于基础知识。

将一个 16 位 unsigned short 转换成 32 位形式的 unsigned int，因为都是无符号数，新表示形式的高位用 0 填充。16 位无符号整数所能表示的最大值为 65 535，其十六进制表示为 FFFFH，故 x 的十六进制表示为 FFFFH－SH＝FFFAH，所以 y 的十六进制表示为 0000 FFFAH。

【答案】 故此题答案为 B。

14. **【考点】** 计算机组成原理；数据的表示和运算；数制与编码；定点数的编码表示。

【解析】 本题考查 IEEE 754 浮点数的性质。考生需知道 IEEE 754 单精度浮点数是尾数用采取隐藏位策略的原码表示，且阶码用移码（偏置值为 127）表示的浮点数。

float 类型能表示的最大整数是 $1.111..1 * \ 2^{254-127}=2^{127}\times(2-2^{-23})=2^{128}-2^{104}$。

【答案】 故此题答案为 D。

15. **【考点】** 计算机组成原理；指令系统；指令格式。

【解析】 本题考查字符串的存储方式。考生首先需理解题干“采用小端方式存放数据”即数据的最低有效字节地址表示数据地址，再进行后续作答。

由于数据按边界对齐方式存储，故 record 共占用 8 字节。record. a 的十六进制表示为 0x. 00000111，由于采用小端方式存放数据，故地址 0xC008 中内容应为低字节 0x11；record. b 只占 1 字节，后面的 1 字节留空；record. c 占 2 字节，故其地址为 0xC00E。

【答案】 故此题答案为 D。

16. **【考点】** 计算机组成原理；存储器层次结构；半导体随机存取存储器；Flash 存储器。

【解析】 本题考查闪存（Flash Memory）的性质，属于记忆性题目。

闪存是 EEPROM 的进一步发展，可读可写，用 MOS 管的浮栅上有无电荷来存储信息。闪存依然是 ROM 的一种，写入时必须先擦除原有数据，故写的速度比读的速度要慢不少。

【答案】 故此题答案为 A。

17. **【考点】** 计算机组成原理；存储器层次结构；高速缓冲存储器；Cache 中主存块的替换算法。

【解析】 本题考查组相联映射的 Cache 置换过程。

地址映射采用 2 路组相联，则主存地址为 0～1、4～5、8～9 可映射到第 0 组 Cache 中，主存地址为 2～3、6～7 可映射到第 1 组 Cache 中。Cache 置换过程如表 8-2 所示。

表 8-2

走向		0	4	8	2	0	6	8	6	4	8
第 0 组	块 0		0	4	4	8	8	0	0	8	4
	块 1	$\underline{0}$	$\underline{4}$	$\underline{8}$	8	$\underline{0}$	0	$\underline{8}^{*}$	8	4	$\underline{8}^{*}$
第 1 组	块 2						2	2	2	2	2
	块 3				$\underline{2}$	2	$\underline{6}$	6	$\underline{6}^{*}$	6	6

注：“_”表示当前访问块，“ * ”表示本次访问命中。

【答案】 故此题答案为 C。

18. **【考点】** 计算机组成原理；指令系统。

【解析】 本题考查微指令的编码方式。

字段直接编码法将微命令字段分成若干个小字段，互斥性微命令组合在同一个字段中，相容性微命令分在不同字段中，每个字段还要留出一个状态，表示本字段不发出任何微命令。5 个互斥类，分别包含 7、3、12、5 和 6 个微命令，共需要 15 位。

【答案】故此题答案为 C。

19. **【考点】**计算机组成原理；总线和输入/输出系统；总线事务和定时。

【解析】本题考查总线传输性能的计算。

总线频率为 100MHz，则时钟周期为 10ns。总线位宽与存储字长都是 32 位，故每一个时钟周期可传送 32 位存储字。猝发式发送可以连续传送地址连续的数据，故总的传送时间为传送地址 10ns，传送 128 位数据 40ns，共 50ns。

【答案】故此题答案为 C。

20. **【考点】**计算机组成原理；总线和输入/输出系统；总线；总线的基本概念。

【解析】本题考查 USB 总线的特性(常识)。USB 总线(通用串行总线)的特点有：①即插即用；②热插拔；③有很强的连接能力，采用串联的方式(tiered star topology，阶梯式星形拓扑)将所有外设连接起来，且不损失带宽；④有很好的可扩充性，一个 USB 控制器可扩充高达 127 个外部周边 USB 设备；⑤高速传输，速度可达 480Mbit/s。所以 A、B、C 都符合 USB 总线的特点。

USB 是串行总线，不能同时传输 2 位数据。

【答案】故此题答案为 D。

21. **【考点】**计算机组成原理；总线和输入/输出系统；I/O 接口(I/O 控制器)；I/O 接口的功能和基本结构。

【解析】本题考查 I/O 总线的特点。

I/O 接口与 CPU 之间的 I/O 总线有数据线、控制线和地址线。控制线和地址线都是单向传输的，从 CPU 传送给 I/O 接口，而 I/O 接口中的命令字、状态字以及中断类型号均是由 I/O 接口发往 CPU 的，故只能通过 I/O 总线的数据线传输。

【答案】故此题答案为 D。

22. **【考点】**计算机组成原理；总线和输入/输出系统；I/O 方式；程序中断方式。

【解析】本题考查中断隐指令。考生应知道，在响应外部中断的过程中，中断隐指令完成的操作包括：①关中断；②保护断点；③引出中断服务程序(形成中断服务程序入口地址并送 PC)。

Ⅱ中的保存通用寄存器的内容是在进入中断服务程序后首先进行的操作。

【答案】故此题答案为 B。

23. **【考点】**操作系统；进程管理；进程与线程；进程间通信。

【解析】本题考查用户态和核心态，本题关键在于对“在用户态发生”(不是“完成”)的理解。

对于 A，系统调用是操作系统提供给用户程序的接口，调用程序发生在用户态，被调用程序在核心态下执行。对于 B，外部中断是用户态到核心态的“门”，也是发生在用户态，在核心态完成中断过程。对于 C，进程切换属于系统调用执行过程中的事件，只能发生在核心态；对于 D，缺页产生后，在用户态发生缺页中断，然后进入核心态执行缺页中断服务程序。

【答案】故此题答案为 C。

24. 【考点】操作系统；操作系统基础；程序运行环境；中断和异常的处理。

【解析】本题考查中断处理和子程序调用的区别。

子程序调用只需保存程序断点，即该指令的下一条指令的地址；中断调用子程序不仅要保护断点（PC 的内容），而且要保护程序状态字寄存器的内容 PSW。在中断处理中，最重要的两个寄存器是 PC 和 PSWR。

【答案】故此题答案为 B。

25. 【考点】操作系统；内存管理；虚拟内存管理；虚拟内存的基本概念；虚拟存储器性能的影响因素及改进方法。

【解析】本题考查虚拟存储器的特点。考生应知道三种建立在离散分配的内存管理方式定义。

在程序装入时，可以只将程序的一部分装入内存，而将其余部分留在外存，就可以启动程序执行。采用连续分配方式时，会使相当一部分内存空间都处于暂时或"永久"的空闲状态，造成内存资源的严重浪费，也无法从逻辑上扩大内存容呈，因此虚拟内存的实现只能建立在离散分配的内存管理的基础上。有以下三种实现方式：①请求分页存储管理；②请求分段存储管理；③请求段页式存储管理。虚拟存储器容量既不受外存容量限制，也不受内存容量限制，而是由 CPU 的寻址范围决定的。

【答案】故此题答案为 B。

26. 【考点】操作系统；输入/输出管理；I/O 管理基础；输入/输出应用程序接口。

【解析】本题考查 I/O 子系统的层次结构。

设备管理软件一般分为四个层次：用户层、与设备无关的系统调用处理层、设备驱动程序以及中断处理程序。

【答案】故此题答案为 A。

27. 【考点】操作系统；进程管理；死锁；死锁避免。

【解析】本题考查安全序列的计算。

首先求得各进程的需求矩阵 Need 与可利用资源矢量 Available：

进　程	Need		
	R_1	R_2	R_3
P_0	2	3	7
P_1	1	3	3
P_2	0	0	6
P_3	2	2	1
P_4	1	1	0

Available	R_1	R_2	R_3
	2	**3**	**3**

比较 Need 和 Available 可以发现，初始时进程 P_1 与 P_3 可满足需求，排除 A、C。尝试给 P_1 分配资源，则 P_1 完成后 Available 将变为(6,3,6)，无法满足 P_0 的需求，排

除 B。

【答案】故此题答案为 D。

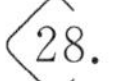

28.【考点】操作系统；文件管理；文件；文件的操作。

【解析】本题考查 read 系统调用的过程与特点。

对于Ⅰ，当所读文件的数据不在内存时，产生中断（缺页中断、缺段中断），原进程进入阻塞状态（睡眠等待状态），直到所需数据从外存调入进入内存后，将该进程唤醒，使其变为就绪状态。对于Ⅱ，read 系统调用通过陷入将 CPU 从用户态切换到核心态，从而获取操作系统提供的服务。对于Ⅲ，在操作系统中，要读一个文件首先要用 open 系统调用将该文件打开。open 系统调用的参数需要包含文件的路径名与文件名，而 read 系统调用只需要使用 open 返回的文件描述符，并不使用文件名作为参数。read 系统调用要求用户提供三个输入参数：①文件描述符 fd；②buf 缓冲区首址；③传送的字节数 n。read 系统调用的功能是试图从 fd 所指示的文件中读入 n 字节的数据，并将它们送至由指针 buf 所指示的缓冲区中。

【答案】故此题答案为 A。

29.【考点】操作系统；进程管理；CPU 调度与上下文切换；调度的实现。

【解析】本题考查批处理系统的性能计算。

由于 P_2 比 P_1 晚 5ms 到达，P_1 先占用 CPU，因此两个作业最少需要 260ms 完成。

【答案】故此题答案为 B。

30.【考点】操作系统；进程管理；CPU 调度与上下文切换；调度的目标。

【解析】本题考查处理机调度的时机。考生需要记住几种不适合进行处理机调度的情况：①在处理中断的过程中；②进程在操作系统内核程序临界区中；③其他需要完全屏蔽中断的原子操作过程中。

当进程处于临界区时，说明进程正在占用处理机，只要不破坏临界资源的使用规则，是不会影响处理机调度的。比如，通常访问的临界资源可能是慢速的外设（如打印机），如果在进程访问打印机时，不能进行处理机调度，那么系统的性能将是非常差的。

【答案】故此题答案为 C。

31.【考点】操作系统；进程管理；进程与线程；线程的实现。

【解析】本题考查进程与线程的区别与联系。

在引入线程后，进程依然还是资源分配的基本单位，线程是调度的基本单位，同一个进程中的各个线程共享进程的地址空间。在用户级线程中，有关线程管理的所有工作都由应用程序完成，无须内核的干预，内核意识不到线程的存在。

【答案】故此题答案为 A。

32.【考点】操作系统；输入/输出管理；I/O 管理基础；设备。

【解析】本题考查影响磁盘设备 I/O 性能的因素。

对于 A，重排 I/O 请求次序也就是进行 I/O 调度，从而使进程之间公平地共享磁盘访问，减少 I/O 完成所需要的平均等待时间。对于 C，缓冲区结合预读和滞后写技术对于具有重复性及阵发性的 I/O 进程改善磁盘 I/O 性能很有帮助。对于 D，优化文件物理块的分布可以减少寻找时间与延迟时间，从而提高磁盘性能。

【答案】故此题答案为 B。

33. 【考点】计算机网络；计算机网络概述；计算机网络体系结构；ISO/OSI 参考模型和 TCP/IP 模型。

【解析】本题考查 ICMP 的特点。

ICMP 是网络层协议，ICMP 报文作为数据字段封装在 IP 分组中，因此，IP 直接为 ICMP 提供服务。

【答案】故此题答案为 B。

34. 【考点】计算机网络；物理层；通信基础；物理层设备。

【解析】本题考查物理层的接口特性，此题为概念题。

过程特性定义各条物理线路的工作过程和时序关系。

【答案】故此题答案为 C。

35. 【考点】计算机网络；数据链路层；局域网；以太网与 IEEE 802.3。

【解析】以太网提供的服务是不可靠的服务，即尽最大努力的交付。差错的纠正由高层完成。

【答案】故此题答案为 A。

36. 【考点】计算机网络；数据链路层；流量控制与可靠传输机制；后退 N 帧协议(GBN)。

【解析】本题考查 GBN 协议。主要是求从发送一个帧到接收到这个帧的确认为止的时间内最多可以发送多少数据帧。要尽可能多发帧，应以短的数据帧计算。具体步骤如下：

首先计算出发送一帧的时间：$128\times8/(16\times1\,000)=64$(ms)；发送一帧到收到确认为止的总时间：$64+270\times2+64=668$(ms)；这段时间总共可以发送 $668/64=10.4$(帧)，发送这么多帧至少需要用 4 比特进行编号。

【答案】故此题答案为 B。

37. 【考点】计算机网络；网络层；网络层设备；路由器的组成和功能。

【解析】本题考查 IP 路由器的功能。

当路由器监测到拥塞时，可合理丢弃 IP 分组，并向发出该 IP 分组的源主机发送一个源点抑制的 ICMP 报文。路由器对收到的 IP 分组首部进行差错检验，丢弃有差错首部的报文，但不保证 IP 分组不丢失。

【答案】故此题答案为 C。

38. 【考点】计算机网络；网络层；IPv4；ARP、DHCP 与 ICMP。

【解析】本题考查 ARP 的功能。

在实际网络的数据链路层上传送数据时，最终必须使用硬件地址，ARP 协议是将网络层的 IP 地址解析为数据链路层的 MAC 地址。

【答案】故此题答案为 A。

39. 【考点】计算机网络；网络层；IPv4；IPv4 地址与 NAT。

【解析】本题考查 IP 地址的特点。

子网掩码的第 3 字节为 11111100，可知前 22 位为子网号、后 10 位为主机号。IP 地址的第 3 字节为 01001101，将主机号（即后 10 位）全置为 1，可以得到广播地址为 180.80.79.255。

【答案】故此题答案为 D。

40. 【考点】计算机网络；应用层；电子邮件；SMTP 与 POP3 协议。

【解析】本题考查电子邮件中的协议。

SMTP 采用推的通信方式，在用户代理向邮件服务器及邮件服务器之间发送邮件时，SMTP 客户主动将邮件推送到 SMTP 服务器。而 POP3 采用拉的通信方式，当用户读取邮件时，用户代理向邮件服务器发出请求，获取用户邮箱中的邮件。

【答案】故此题答案为 D。

三、综合应用题考点、解析及小结

41. 【考点】数据结构；树与二叉树；树与二叉树的应用；哈夫曼树和哈夫曼编码；排序；二路归并排序。

【解析】本题同时对多个知识点进行了综合考查。对有序表进行两两合并，考查了归并排序中的 Merge() 函数；对合并过程的设计考查了哈夫曼树和最佳归并树。外部排序属于大纲新增考点。

(1) 对于长度分别为 m、n 的两个有序表的合并过程，最坏情况下需要一直比较到两个表尾元素，比较次数为 $m+n-1$ 次。已知需要 5 次两两合并，故可设总比较次数为 $X-5$，X 就是以 N 个叶节点表示升序表，以升序表的表长表示节点权重，构造的二叉树的带权路径长度。故只需设计方案使得 X 最小。这样受哈夫曼树和最佳归并树思想的启发，设计哈夫曼树如图 8-1。

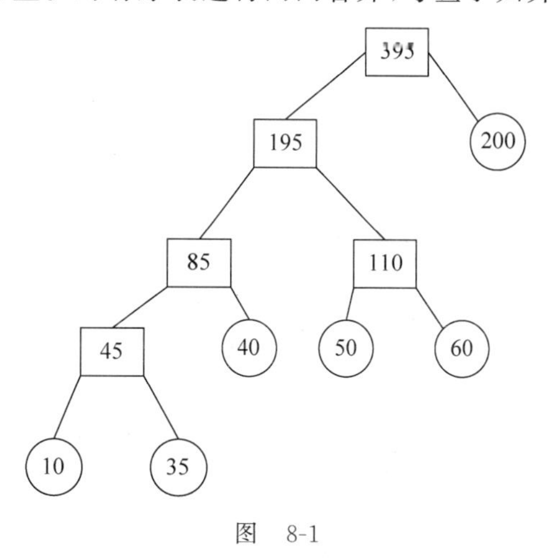

图 8-1

这样，最坏情况下比较的总次数为

$$N=(10+35)\times 4+(40+50+60)\times 3+200-5=825$$

(2) $N(N\geqslant 2)$个不等长升序表的合并策略：

以 N 个叶节点表示升序表，以升序表的表长表示节点权重，构造哈夫曼树。合并时从深度最大的节点所代表的升序表开始合并，依深度次序一直进行到根节点。

理由：N 个有序表合并需要进行 $N-1$ 次两两合并，可设最坏情况下的比较总次数为 $X-N+1$，X 就是以 N 个叶节点表示升序表，以升序表的表长表示节点权重，构造的二叉树的带权路径长度。根据哈夫曼树的特点，上述设计的比较次数是最小的。

【小结】本题考查了二叉树的基础知识。

42. 【考点】数据结构；线性表；线性表的实现；链式存储；线性表的应用。

【解析】本题是一道算法设计题，考查链表的综合知识。

(1) 算法思想：顺序遍历两个链表到尾节点时，并不能保证两个链表同时到达尾节点。这是因为两个链表的长度不同。假设一个链表比另一个链表长 k 个节点，我们先在长链表上遍历 k 个节点，之后同步遍历两个链表。这样我们就能够保证它们同时到达最后一个节点了。由于两个链表从第一个公共节点到链表的尾节点都是重合的，所以它们肯定同时到达第一个公共节点。于是得到算法思路：

① 遍历两个链表求的它们的长度 L1，L2；

② 比较 L1，L2，找出较长的链表，并求 L=|L1－L2|；

③ 先遍历长链表的 L 各节点；

④ 同步遍历两个链表，直至找到相同节点或链表结束。

(2) 算法的 C 语言代码描述：

```
LinkNode *Find_1st_Common(LinkList str1,LinkList str2) {
    int len1=Length(str1) ,len2=Length(str2);
    LinkNode *p, *q;
    for(p=str1; len1>len2; len1 -- )          //使p指向的链表与q指向的链表等长
        p=p->next;
    for(q=str2; len1<len2; len2 -- )          //使q指向的链表与p指向的链表等长
        q=q->next;
    while(p->next !=NULL&&p->next!=q->next){//查找共同后缀起始点
        p=p->next;                            //两个指针同步向后移动
        q=q->next;
    }
    return p->next;                           //返回共同后缀的起始点
}
```

(3) 算法的时间复杂度为 $O(\text{len1}+\text{len2})$，空间复杂度为 $O(1)$。

【小结】 本题考查了链表的基础知识。

43. **【考点】** 计算机组成原理；存储器层次结构；高速缓冲存储器；Cache 的基本原理；计算机系统概述；计算机性能指标；总线和输入/输出系统；I/O 方式；DMA 方式。

【解析】 本题综合涉及多个考点：计算机的性能指标、存储器的性能指标、DMA 的性能分析，DMA 方式的特点，多体交叉存储器的性能分析。

(1) MIPS＝CPU 主频$\times 10^{-6}$/CPI＝80M$\times 10^{-6}$/4＝20，平均每条指令访存 1.5 次，Cache 的命中率为 99%，故每秒 Cache 缺失的次数＝20M×1.5×1%＝300 000(次)。

在不使用 DMA 传送的情况下，所有主存的存取操作都需要经过 CPU，所以主存带宽至少应为 20M/s×1.5×4B＝120MB/s。

(2) 由于页式虚拟存储方式的页表始终位于内存，则产生缺页异常的只能是指令的访存。每秒产生缺页中断 20M/s×1.5×0.000 5%＝150(次)。因此平均每秒发出的 DMA 请求次数至少是 150×4KB/4B＝150K(次)。

(3) 优先响应 DMA 请求。DMA 通常连接高速 I/O 设备，若不及时处理可能丢失数据。

(4) 当 4 体低位交叉存储器稳定运行时，能提供的最大带宽为 4×4B/50ns＝320MB/s。

【小结】 本题考查了 Cache 的基础知识。

44. **【考点】** 计算机组成原理；中央处理器；指令流水线；指令流水线的基本实现；指令系统；指令格式。

【解析】本题考查了指令操作，时钟周期，指令流水线，阻塞等概念。考生需注意，题目要求“按序发射，按序完成”，故在第二题中下一条指令的 IF 必须和上一条指令的 ID 并行，以免因上一条指令发生冲突而导致下一条指令先执行完。

（1）x 的机器码为$[x]_{补}$=1111 1101 1111B，即指令执行前(R1)=FDFFH，右移 1 位后位 1111 1110 1111 1111B，即指令执行后(R1)=FEFFH。

（2）至少需要 4+(5−1)=8 个时钟周期数。

（3）I_3 的 ID 段被阻塞的原因：因为 I_3 与 I_1 和 I_2 都存在数据相关，需等到 I_1 和 I_2 将结果写回寄存器后，I_3 才能读寄存器内容，所以 I_3 的 ID 段被阻塞。

I_4 的 IF 段被阻塞的原因：因为 I_4 的前一条指令 I_3 在 ID 段被阻塞，所以 I_4 的 IF 段被阻塞。

（4）因 2＊x 操作有左移和加法两种实现方法，故 x=x＊2+a 对应的指令序列为：

```
I1    LOADR1, [x]
I2    LOADR2, [a]
I3    SHL  R1               // 或者ADD R1, R1
I4    ADDR1, R2
I5    STORE      R2, [x]
```

这 5 条指令在流水线中的执行过程如图 8-2 所示。

	时间单元																
指令	1	2	3	4	5	6	7	8	9	10	11	12	13	14	15	16	17
I_1	IF	ID	EX	M	WB												
I_2		IF	ID	EX	M	WB											
I_3			IF			ID	EX	M	WB								
I_4						IF				ID	EX	M	WB				
I_5										IF				ID	EX	M	WB

图 8-2

故执行 x=x＊2+a 语句最少需要 17 个时钟周期。

【小结】本题考查了流水指令的相关知识。

45. **【考点】**操作系统；内存管理；虚拟内存管理；页置换算法；页框分配；内存管理基础；页式管理。

【解析】本题考查了页面置换策略，页框分配等概念。

（1）页框号为 21。因为起始驻留集为空，而 0 页对应的页框为空闲链表中的第三个空闲页框(21)，其对应的页框号为 21。

（2）页框号为 32。理由：因 11>10 故发生第三轮扫描，页号为 1 的页框在第二轮已处于空闲页框链表中，此刻该页又被重新访问，因此应被重新放回驻留集中，其页框号为 32。

（3）页框号为 41。理由：因为第 2 页从来没有被访问过，它不在驻留集中，因此从空闲页框链表中取出链表头的页框 41，页框号为 41。

（4）合适。理由：如果程序的时间局部性越好，从空闲页框链表中重新取回的机会越大，该策略的优势越明显。

【小结】 本题考查了分页管理方式的基础知识。

46. **【考点】** 操作系统；文件管理；文件；文件的基本概念；文件的逻辑结构。

【解析】 本题考查了文件控制块(FCB)的索引表区问题，要求考生掌握不同的索引结构。

(1) 文件系统中所能容纳的磁盘块总数为 4TB/1KB $=2^{32}$。要完全表示所有磁盘块，索引项中的块号最少要占 32/8＝4B。而索引表区仅采用直接索引结构，故 512B 的索引表区能容纳 512B/4B＝128 个索引项。每个索引项对应一个磁盘块，所以该系统可支持的单个文件最大长度是 128×1KB＝128KB。

(2) 这里的考查的分配方式不同于我们所熟悉的三种经典分配方式，但是题目中给出了详细的解释。所求的单个文件最大长度一共包含两部分：预分配的连续空间和直接索引区。

连续区块数占 2B，共可以表示 2^{16} 个磁盘块，即 2^{26}B，直接索引区共 504B/6B＝84 个索引项，所以该系统可支持的单个文件最大长度是 2^{26}B＋84KB。

为了使单个文件的长度达到最大，应使连续区的块数字段表示的空间大小尽可能接近系统最大容量 4TB。分别设起始块号和块数分别占 4B，这样起始块号可以寻址的范围是 2^{32} 个磁盘块，共 4TB，即整个系统空间。同样的，块数字段可以表示最多 2^{32} 个磁盘块，共 4TB。

【小结】 本题考查了文件系统的基础知识。

47. **【考点】** 计算机组网络；传输层；TCP；TCP 段；TCP 可靠传输；数据链路层；局域网；以太网与 IEEE 802.3；网络层；网络层设备；路由器的组成和功能。

【解析】 本题考查了 IP 分组，路由转发，TCP 连接过程，TCP 段结构等相关概念。

(1) 由于表 7-6 中 1、3、4 号分组的原 IP 地址均为 192.168.0.8(c0a8 0008H)，所以 1,3,4 号分组是由 H 发送的。

表 7-6 中 1 号分组封装的 TCP 段的 FLAG 为 02H(SYN＝1，ACK＝0)，seq＝846b 41c5H，2 号分组封装的 TCP 段的 FLAG 为 12H(SYN＝1，ACK＝1)，seq＝e059 9fefH，ack＝846b 41c6H，3 号分组封装的 TCP 段的 FLAG 为 10H(ACK＝1)，seq＝846b 41c6H，ack＝e059 9ff0H，所以 1、2、3 号分组完成了 TCP 连接建立过程。

由于快速以太网数据帧有效载荷的最小长度为 46B，表中 3、5 号分组的总长度为 40(28H)B，小于 46B，其余分组总长度均大于 46B。所以 3、5 号分组通过快速以太网传输时进行了填充。

(2) 由 3 号分组封装的 TCP 段可知，发送应用层数据初始序号为 seq＝846b 41c6H，由 5 号分组封装的 TCP 段可知，ack 为 seq＝846b 41d6H，所以 5 号分组已经收到的应用层数据的字节数为 846b 41d6H－846b 41c6H＝10H＝16。

(3) 由于 S 发出的 IP 分组的标识＝6811H，所以该分组所对应的是表 7-6 中的 5 号分组。S 发出的 IP 分组的 TTL＝40H＝64，5 号分组的 TTL＝31H＝49，64－49＝15，所以，可以推断该 IP 分组到达 H 时经过了 15 个路由器。

【小结】 本题考查了 TCP 的相关知识。

2013年全国硕士研究生招生考试计算机学科专业基础试题

一、**单项选择题**：1～40小题，每小题2分，共80分。下列每题给出的四个选项中，只有一个选项是最符合题目要求的。

1. 已知两个长度分别为 m 和 n 的升序链表，若将它们合并为一个长度为 $m+n$ 的降序链表，则最坏情况下的时间复杂度是(　　)。

A. $O(n)$　　B. $O(m\times n)$　　C. $O(\min(m,n))$　　D. $O(\max(m,n))$

2. 一个栈的入栈序列为 $1,2,3,\cdots,n$，其出栈序列是 $p_1,p_2,p_3,\cdots,p_n$。若 $p_2=3$，则 p_3 可能取值的个数是(　　)。

A. $n-3$　　B. $n-2$　　C. $n-1$　　D. 无法确定

3. 若将关键字1,2,3,4,5,6,7依次插入到初始为空的平衡二叉树 T 中，则 T 中平衡因子为0的分支节点的个数是(　　)。

A. 0　　B. 1　　C. 2　　D. 3

4. 已知三叉树 T 中6个叶节点的权分别是2,3,4,5,6,7，T 的带权(外部)路径长度最小是(　　)。

A. 27　　B. 46　　C. 54　　D. 56

5. 若 X 是后序线索二叉树中的叶节点，且 X 存在左兄弟节点 Y，则 X 的右线索指向的是(　　)。

A. X 的父节点　　B. 以 Y 为根的子树的最左下节点

C. X 的左兄弟节点 Y　　D. 以 Y 为根的子树的最右下节点

6. 在任意一棵非空二叉排序树 T_1 中，删除某节点 v 之后形成二叉排序树 T_2，再将 v 插入 T_2 形成二叉排序树 T_3。下列关于 T_1 与 T_3 的叙述中，正确的是(　　)。

Ⅰ. 若 v 是 T_1 的叶节点，则 T_1 与 T_3 不同

Ⅱ. 若 v 是 T_1 的叶节点，则 T_1 与 T_3 相同

Ⅲ. 若 v 不是 T_1 的叶节点，则 T_1 与 T_3 不同

Ⅳ. 若 v 不是 T_1 的叶节点，则 T_1 与 T_3 相同

A. 仅Ⅰ、Ⅲ　　B. 仅Ⅰ、Ⅳ　　C. 仅Ⅱ、Ⅲ　　D. 仅Ⅱ、Ⅳ

7. 设图的邻接矩阵 **A** 如下所示。各顶点的度依次是(　　)。

$$\mathbf{A}=\begin{bmatrix}0 & 1 & 0 & 1\\0 & 0 & 1 & 1\\0 & 1 & 0 & 0\\1 & 0 & 0 & 0\end{bmatrix}$$

A. 1,2,1,2　　B. 2,2,1,1　　C. 3,4,2,3　　D. 4,4,2,2

8. 若对如图 9-1 的无向图进行遍历,则下列选项中,不是广度优先遍历序列的是(　　)。

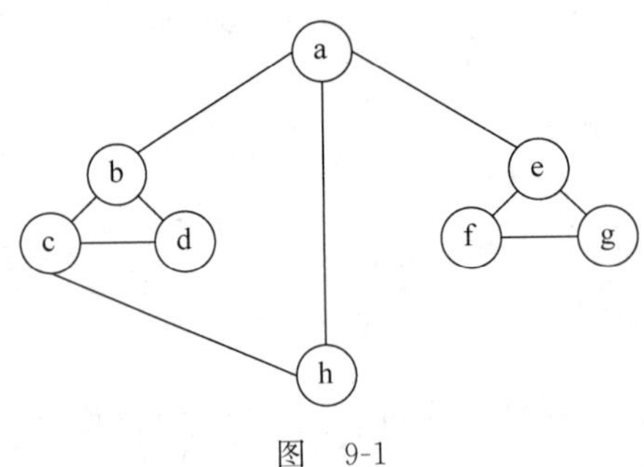

图　9-1

A. h,c,a,b,d,e,g,f　　B. e,a,f,g,b,h,c,d
C. d,b,c,a,h,e,f,g　　D. a,b,c,d,h,e,f,g

9. 下列 AOE 网表示一项包含 8 个活动的工程。通过同时加快若干活动的进度可以缩短整个工程的工期。下列选项中(图 9-2),加快其进度就可以缩短工程工期的是(　　)。

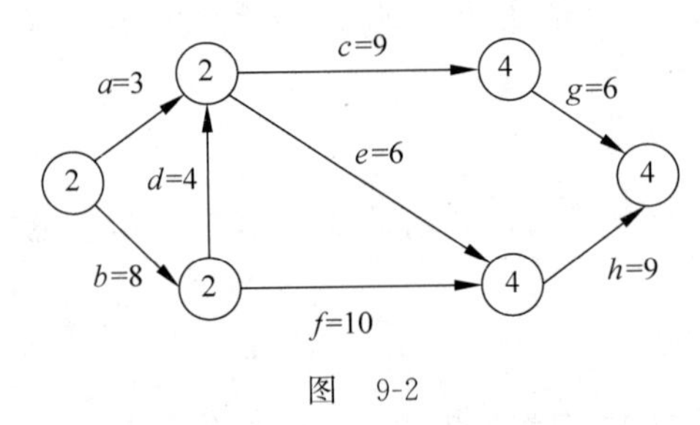

图　9-2

A. c 和 e　　B. d 和 e　　C. f 和 d　　D. f 和 h

10. 在一棵高度为 2 的 5 阶 B 树中,所含关键字的个数最少是(　　)。
A. 5　　B. 7　　C. 8　　D. 14

11. 对给定的关键字序列 110,119,007,911,114,120,122 进行基数排序,则第 2 趟分配收集后得到的关键字序列是(　　)。
A. 007,110,119,114,911,120,122　　B. 007,110,119,114,911,122,120
C. 007,110,911,114,119,120,122　　D. 110,120,911,122,114,007,119

12. 某计算机主频为 1.2GHz,其指令分为 4 类,它们在基准程序中所占比例及 CPI 如表 9-1 所示。

表　9-1

指令类型	所占比例	CPI
A	50%	2
B	20%	3
C	10%	4
D	20%	5

该机的 MIPS 数是(　　)。

A. 100　　B. 200　　C. 400　　D. 600

13. 某数采用 IEEE 754 单精度浮点数格式表示为 C640 0000H,则该数的值是(　　)。

A. -1.5×2^{13}　　B. -1.5×2^{12}　　C. -0.5×2^{13}　　D. -0.5×2^{12}

14. 某字长为 8 位的计算机中,已知整型变量 x、y 的机器数分别为$[x]_补=1\ 1110100$,$[y]_补=1\ 0110000$。若整型变量 $z=2x+y/2$,则 z 的机器数为(　　)。

A. 1 1000000　　B. 0 0100100　　C. 1 0101010　　D. 溢出

15. 用海明码对长度为 8 位的数据进行检/纠错时,若能纠正一位错,则校验位数至少为(　　)。

A. 2　　B. 3　　C. 4　　D. 5

16. 某计算机主存地址空间大小为 256MB,按字节编址。虚拟地址空间大小为 4GB,采用页式存储管理,页面大小为 4KB,TLB(快表)采用全相联映射,有 4 个页表项,内容如表 9-2 所示。

表　9-2

有效位	标记	页框号	…
0	FF180H	0002H	…
1	3FFF1H	0035H	…
0	02FF3H	0351H	…
1	03FFFH	0153H	…

则对虚拟地址 03FF F180H 进行虚实地址变换的结果是(　　)。

A. 015 3180H　　B. 003 5180H　　C. TLB 缺失　　D. 缺页

17. 假设变址寄存器 R 的内容为 1000H,指令中的形式地址为 2000H;地址 1000H 中的内容为 2000H,地址 2000H 中的内容为 3000H,地址 3000 H 中的内容为 4000H,则变址寻址方式下访问到的操作数是(　　)。

A. 1000H　　B. 2000H　　C. 3000H　　D. 4000H

18. 某 CPU 主频为 1.03GHz,采用 4 级指令流水线,每个流水段的执行需要 1 个时钟周期。假定 CPU 执行了 100 条指令,在其执行过程中,没有发生任何流水线阻塞,此时流水线的吞吐率为(　　)。

A. 0.25×10^9 条指令/秒　　B. 0.97×10^9 条指令/秒

C. 1.0×10^9 条指令/秒　　D. 1.03×10^9 条指令/秒

19. 下列选项中,用于设备和设备控制器(I/O 接口)之间互连的接口标准是(　　)。

A. PCI　　B. USB　　C. AGP　　D. PCI-Express

20. 下列选项中，用于提高 RAID 可靠性的措施有（　　）。

Ⅰ. 磁盘镜像　　Ⅱ. 条带化　　Ⅲ. 奇偶校验　　Ⅳ. 增加 Cache 机制

A. 仅Ⅰ、Ⅱ　　B. 仅Ⅰ、Ⅲ　　C. 仅Ⅰ、Ⅲ和Ⅳ　　D. 仅Ⅱ、Ⅲ和Ⅳ

21. 某磁盘的转速为 10 000 转/分，平均寻道时间是 6ms，磁盘传输速率是 20MB/s，磁盘控制器延迟为 0.2ms，读取一个 4KB 的扇区所需的平均时间约为（　　）。

A. 9ms　　B. 9.4ms　　C. 12ms　　D. 12.4ms

22. 下列关于中断 I/O 方式和 DMA 方式比较的叙述中，**错误**的是（　　）。

A. 中断 I/O 方式请求的是 CPU 处理时间，DMA 方式请求的是总线使用权

B. 中断响应发生在一条指令执行结束后，DMA 响应发生在一个总线事务完成后

C. 中断 I/O 方式下数据传送通过软件完成，DMA 方式下数据传送由硬件完成

D. 中断 I/O 方式适用于所有外部设备，DMA 方式仅适用于快速外部设备

23. 用户在删除某文件的过程中，操作系统**不可能**执行的操作是（　　）。

A. 删除此文件所在的目录　　B. 删除与此文件关联的目录项

C. 删除与此文件对应的文件控制块　　D. 释放与此文件关联的内存级冲区

24. 为支持 CD-ROM 中视频文件的快速随机播放，播放性能最好的文件数据块组织方式是（　　）。

A. 连续结构　　B. 链式结构

C. 直接索引结构　　D. 多级索引结构

25. 用户程序发出磁盘 I/O 请求后，系统的处理流程是：用户程序→系统调用处理程序→设备驱动程序→中断处理程序。其中，计算数据所在磁盘的柱面号、磁头号、扇区号的程序是（　　）。

A. 用户程序　　B. 系统调用处理程序

C. 设备驱动程序　　D. 中断处理程序

26. 若某文件系统索引节点中有直接地址项和间接地址项，则下列选项中，与单个文件长度**无关**的因素是（　　）。

A. 索引节点的总数　　B. 间接地址索引的级数

C. 地址项的个数　　D. 文件块大小

27. 设系统缓冲区和用户工作区均采用单缓冲，从外设读入 1 个数据块到系统缓冲区的时间为 100，从系统缓冲区读入 1 个数据块到用户工作区的时间为 5，对用户工作区中的 1 个数据块进行分析的时间为 90（如图 9-3 所示）。进程从外设读入并分析 2 个数据块的最短时间是（　　）。

A. 200

B. 295

C. 300

D. 390

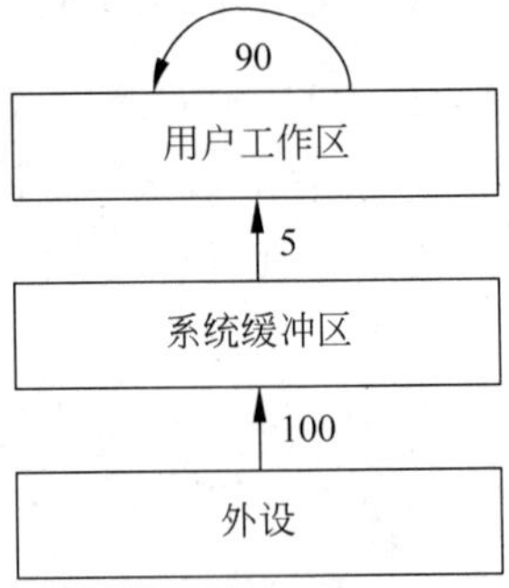

90
用户工作区
5
系统缓冲区
100
外设

图 9-3

28. 下列选项中，会导致用户进程从用户态切换到内核态的操作是(　　)。

Ⅰ. 整数除以零　　Ⅱ. sin()函数调用　　Ⅲ. read 系统调用

A. 仅Ⅰ、Ⅱ　　B. 仅Ⅰ、Ⅲ　　C. 仅Ⅱ、Ⅲ　　D. Ⅰ、Ⅱ和Ⅲ

29. 计算机开机后，操作系统最终被加载到(　　)。

A. BIOS　　B. ROM　　C. EPROM　　D. RAM

30. 若用户进程访问内存时产生缺页，则下列选项中，操作系统可能执行的操作是(　　)。

Ⅰ. 处理越界错　　Ⅱ. 置换页　　Ⅲ. 分配内存

A. 仅Ⅰ、Ⅱ　　B. 仅Ⅱ、Ⅲ　　C. 仅Ⅰ、Ⅲ　　D. Ⅰ、Ⅱ和Ⅲ

31. 某系统正在执行三个进程 P1、P2 和 P3，各进程的计算(CPU)时间和 I/O 时间比例如表 9-3 所示。

表 9-3

进　程	计算时间	I/O 时间
P1	90%	10%
P2	50%	50%
P3	15%	85%

为提高系统资源利用率，合理的进程优先级设置应为(　　)。

A. P1>P2>P3　　B. P3>P2>P1　　C. P2>P1=P3　　D. P1>P2=P3

32. 下列关于银行家算法的叙述中，正确的是(　　)。

A. 银行家算法可以预防死锁

B. 当系统处于安全状态时，系统中一定无死锁进程

C. 当系统处于不安全状态时，系统中一定会出现死锁进程

D. 银行家算法破坏了死锁必要条件中的“请求和保持”条件

33. 在 OSI 参考模型中，下列功能需由应用层的相邻层实现的是(　　)。

A. 对话管理　　B. 数据格式转换　　C. 路由选择　　D. 可靠数据传输

34. 若图 9-4 为 10 BaseT 网卡接收到的信号波形，则该网卡收到的比特串是(　　)。

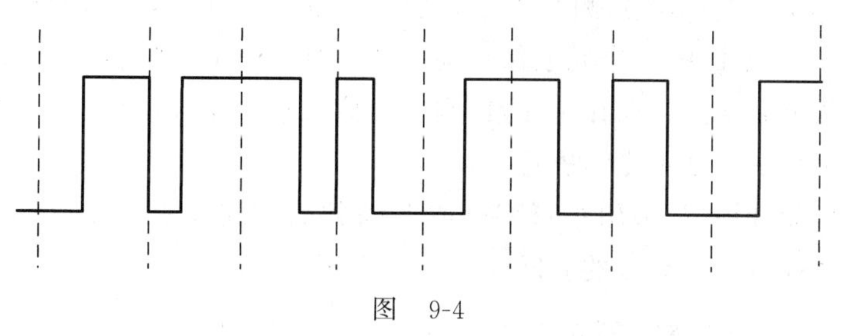

图　9-4

A. 0011 0110　　B. 1010 1101　　C. 0101 0010　　D. 1100 0101

35. 主机甲通过 1 个路由器(存储转发方式)与主机乙互联，两段链路的数据传输速率均为 10Mbit/s，主机甲分别采用报文交换和分组大小为 10kbit 的分组交换向主机乙发送 1 个大小为 8Mbit ($1M=10^6$)的报文。若忽略链路传播延迟、分组头开销和分组拆装

时间，则两种交换方式完成该报文传输所需的总时间分别为(　　)。

A. 800ms、1 600ms　　B. 801ms、1 600ms

C. 1 600ms、800ms　　D. 1 600ms、801ms

36. 下列介质访问控制方法中，可能发生冲突的是(　　)。

A. CDMA　　B. CSMA　　C. TDMA　　D. FDMA

37. HDLC 协议对 01111100 01111110 组帧后对应的比特串为(　　)。

A. 01111100 00111110 10　　B. 01111100 01111101 01111110

C. 01111100 01111101 0　　D. 01111100 01111110 01111101

38. 对于 100Mbit/s 的以太网交换机，当输出端口无排队，以直通交换(Cut-Through Switching)方式转发一个以太网帧(不包括前导码)时，引入的转发延迟至少是(　　)。

A. 0μs　　B. 0.48μs　　C. 5.12μs　　D. 121.44μs

39. 主机甲与主机乙之间已建立一个 TCP 连接，双方持续有数据传输，且数据无差错与丢失。若甲收到 1 个来自乙的 TCP 段，该段的序号为 1 913、确认序号为 2 046、有效载荷为 100 字节，则甲立即发送给乙的 TCP 段的序号和确认序号分别是(　　)。

A. 2 046、2 012　　B. 2 046、2 013　　C. 2 047、2 012　　D. 2 047、2 013

40. 下列关于 SMTP 协议的叙述中，正确的是(　　)。

Ⅰ. 只支持传输 7 比特 ASCII 码内容

Ⅱ. 支持在邮件服务器之间发送邮件

Ⅲ. 支持从用户代理向邮件服务器发送邮件

Ⅳ. 支持从邮件服务器向用户代理发送邮件

A. 仅Ⅰ、Ⅱ和Ⅲ　　B. 仅Ⅰ、Ⅱ和Ⅳ　　C. 仅Ⅰ、Ⅲ和Ⅳ　　D. 仅Ⅱ、Ⅲ和Ⅳ

二、综合应用题：第 41～47 小题，共 70 分。

41. (13 分)已知一个整数序列 $A=(a_0,a_1,\cdots,a_{n-1})$，其中 $0\leqslant a_i<n(0\leqslant i<n)$。若存在 $a_{p1}=a_{p2}=\cdots=a_{pm}=x$ 且 $m>n/2(0\leqslant p_k<n,1\leqslant k\leqslant m)$，则称 x 为 A 的主元素。例如 A=(0,5,5,3,5,7,5,5)，侧 5 为主元素；又如 A=(0,5,5,3,5,1,5,7)，则 A 中没有主元素。假设 A 中的 n 个元素保存在一个一维数组中，请设计一个尽可能高效的算法，找出 A 的主元素。若存在主元素，则输出该元素；否则输出−1。要求：

(1) 给出算法的基本设计思想。

(2) 根据设计思想，采用 C 或 C++或 Java 语言描述算法，关键之处给出注释。

(3) 说明你所设计算法的时间复杂度和空间复杂度。

42. (10 分)设包含 4 个数据元素的集合 S={"do","for","repeat","while"}，各元素的查找概率依次为 $p_1=0.35,p_2=0.15,p_3=0.15,p_4=0.35$。将 S 保存在一个长度为 4 的顺序表中，采用折半查找法，查找成功时的平均查找长度为 2.2。请回答：

(1) 若采用顺序存储结构保存 S，且要求平均查找长度更短，则元素应如何排列？应使用何种查找方法？查找成功时的平均查找长度是多少？

（2）若采用链式存储结构保存 S，且要求平均查找长度更短，则元素应如何排列？应使用何种查找方法？查找成功时的平均查找长度是多少？

43.（9分）某32位计算机，CPU主频为800MHz，Cache命中时的CPI为4，Cache块大小为32B；主存采用8体交叉存储方式，每个体的存储字长为32bit、存储周期为40ns；存储器总线宽度为32bit，总线时钟频率为200MHz，支持突发传送总线事务。每次读突发传送总线事务的过程包括：送首地址和命令、存储器准备数据、传送数据。每次突发传送32B，传送地址或32位数据均需要一个总线时钟周期。请回答下列问题，要求给出理由或计算过程。

（1）CPU和总线的时钟周期各为多少？总线的带宽（即最大数据传输率）为多少？

（2）Cache缺失时，需要用几个读突发传送总线事务来完成一个主存块的读取？

（3）存储器总线完成一次读突发传送总线事务所需的时间是多少？

（4）若程序BP执行过程中，共执行了100条指令，平均每条指令需进行1.2次访存，Cache缺失率为5%，不考虑替换等开销，则BP的CPU执行时间是多少？

44.（14分）某计算机采用16位定长指令字格式，其CPU中有一个标志寄存器，其中包含进位/借位标志CF、零标志ZF和符号标志NF。假定为该机设计了条件转移指令，其格式如图9-5。

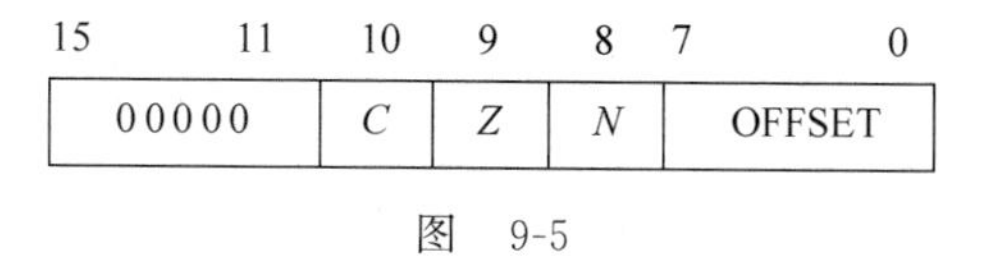

图　9-5

其中，00000为操作码OP；C、Z 和 N 分别为CF、ZF和NF的对应检测位，某检测位为1时表示需检测对应标志，需检测的标志位中只要有一个为1就转移，否则不转移，例如，若 $C=1,Z=0,N=1$，则需检测CF和NF的值，当CF=1或NF=1时发生转移；OFFSET是相对偏移量，用补码表示。转移执行时，转移目标地址为(PC)+2+2×OFFSET；顺序执行时，下条指令地址为(PC)+2。请回答下列问题。

（1）该计算机存储器按字节编址还是按字编址？该条件转移指令向后（反向）最多可跳转多少条指令？

（2）某条件转移指令的地址为200CH，指令内容如图9-6所示，若该指令执行时CF=0，ZF=0，NF=1，则该指令执行后PC的值是多少？若该指令执行时CF=1，ZF=0，NF=0，则该指令执行后PC的值又是多少？请给出计算过程。

15　　　11	10	9	8	7　　　0
00000	0	1	1	11100011

图　9-6

（3）实现“无符号数比较小于或等于时转移”功能的指令中，C、Z 和 N 应各是什么？

（4）图9-7是该指令对应的数据通路示意图，要求给出图中部件①～③的名称或功能说明。

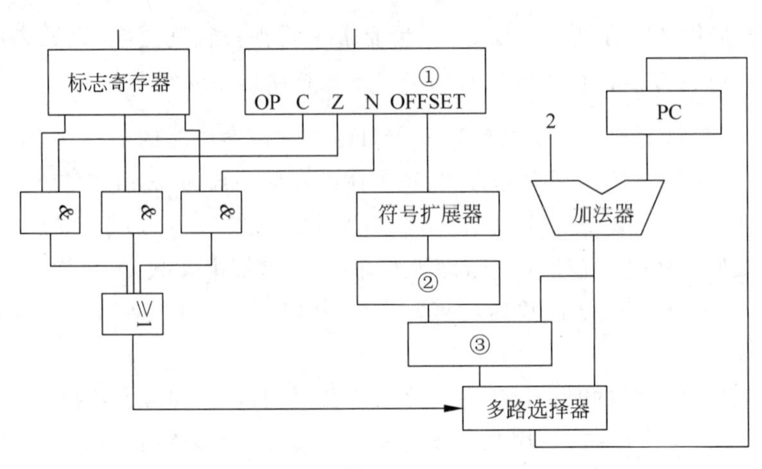

图 9-7

45. (7 分) 某博物馆最多可容纳 500 人同时参观,有一个出入口,该出入口一次仅允许一个人通过。参观者的活动描述如下:

```
cobegin
参观者进程i:
{
   ...
   进门;
   ...
   参观;
   ...
   出门;
   ...
}
coend
```

请添加必要的信号量和 P、V(或 wait()、signal())操作,以实现上述过程中的互斥与同步。要求写出完整的过程,说明信号量的含义并赋初值。

46. (8 分) 某计算机主存按字节编址,逻辑地址和物理地址都是 32 位,页表项大小为 4 字节。请回答下列问题。

(1) 若使用一级页表的分页存储管理方式,逻辑地址结构为:

页号(20 位)	页内偏移量(12 位)

则页的大小是多少字节? 页表最大占用多少字节?

(2) 若使用二级页表的分页存储管理方式,逻辑地址结构为:

页目录号(10 位)	页表索引(10 位)	页内偏移量(12 位)

设逻辑地址为 LA,请分别给出其对应的页目录号和页表索引的表达式。

(3) 采用(1)中的分页存储管理方式,一个代码段起始逻辑地址为 0000 8000H,其长度为 8KB,被装载到从物理地址 0090 0000H 开始的连续主存空间中。页表从主存 0020 0000H 开始的物理地址处连续存放,如图 9-8 所示(地址大小自下向上递增)。请计算出该代码段对应的两个页表项的物理地址、这两个页表项中的页框号以及代码页面 2 的起始物理地址。

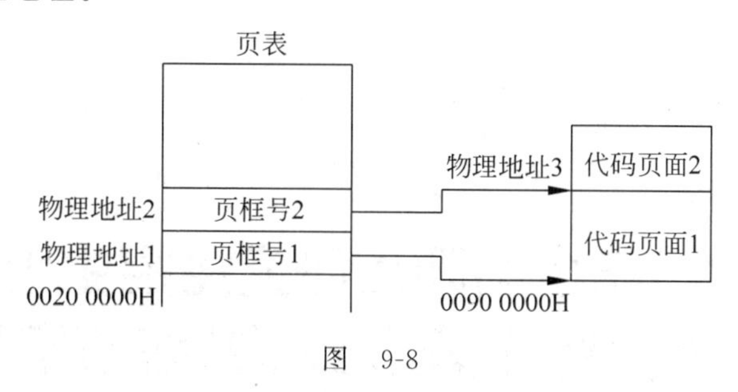

图　9-8

47. (9 分) 假设 Internet 的两个自治系统构成的网络如图 9-9 所示，自治系统 ASI 由路由器 R1 连接两个子网构成；自治系统 AS2 由路由器 R2、R3 互联并连接 3 个子网构成。各子网地址、R2 的接口名、R1 与 R3 的部分接口 IP 地址图 9-9 所示。

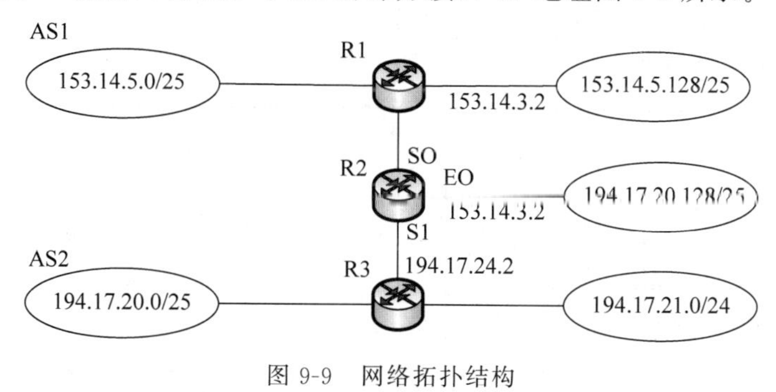

图 9-9　网络拓扑结构

请回答下列问题。

(1) 假设路由表结构如表 9-4 所示。请利用路由聚合技术，给出 R2 的路由表，要求包括到达图 9-9 中所有子网的路由，且路由表中的路由项尽可能少。

表　9-4

目的网络	下一跳	接口

(2) 若 R2 收到一个目的 IP 地址为 194. 17. 20. 200 的 IP 分组，R2 会通过哪个接口转发该 IP 分组？

(3) R1 与 R2 之间利用哪个路由协议交换路由信息？该路由协议的报文被封装到哪个协议的分组中进行传输？

2013年全国硕士研究生招生考试 计算机学科专业基础试题参考答案及解析

一、单项选择题参考答案速查

题号	1	2	3	4	5	6	7	8	9	10
答案	D	C	D	B	A	C	C	D	C	A
题号	11	12	13	14	15	16	17	18	19	20
答案	C	C	A	A	C	A	D	C	B	B
题号	21	22	23	24	25	26	27	28	29	30
答案	B	D	A	A	C	A	C	B	D	B
题号	31	32	33	34	35	36	37	38	39	40
答案	B	B	B	A	D	B	A	B	B	A

二、单项选择题考点、解析及答案

1. **【考点】**数据结构；线性表；线性表的应用；时间复杂度。

【解析】本题考查链表的合并操作，同时考查时间复杂度的计算。

m、n 是两个升序链表，长度分别为 m 和 n。在合并过程中，最坏的情况是两个链表中的元素依次进行比较，比较的次数最少是 m 和 n 中的最大值。

【答案】故此题答案为 D。

2. **【考点】**数据结构；栈、队列和数组；栈和队列的基本概念。

【解析】本题考查栈的特点：先进后出，属于基础内容。

除了 3 本身以外，其他的值均可以取到，因此可能取值的个数为 $n-1$。

【答案】故此题答案为 C。

3. **【考点】**数据结构；查找；树形查找；平衡二叉树。

【解析】本题考查平衡二叉树的构造。考生应知道平衡因子的定义：平衡因子＝左子树高度减去右子树高度。

利用 7 个关键字构建平衡二叉树 T，平衡因子为 0 的分支节点个数为 3，构建的平衡二叉树如图 10-1 所示。

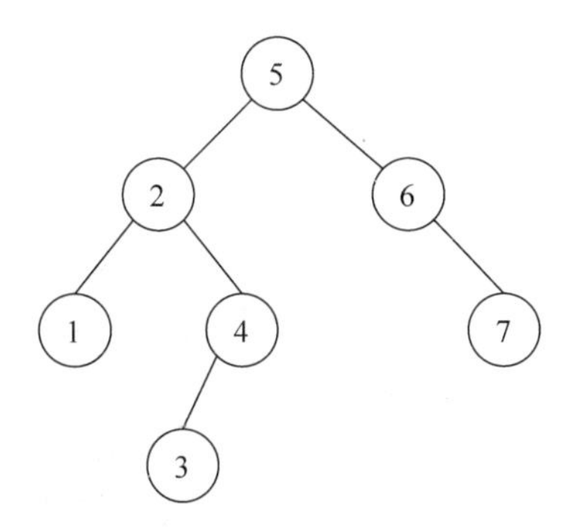

图　10-1

【答案】故此题答案为 D。

4.【考点】数据结构；树与二叉树；三叉树。

【解析】本题考查三叉树的相关概念，一般来说考查得较少，但考生需要掌握。

利用三叉树的 6 个叶节点的权构建最小带权生成树，最小的带权路径长度为 (2＋3)×3＋(4＋5)×2＋(6＋7)×1＝46。

【答案】故此题答案为 B。

5.【考点】数据结构；树与二叉树；二叉树；二叉树的遍历；线索二叉树的基本概念和构造。

【解析】本题考查线索二叉树的基本概念。

根据后序线索二叉树的定义，X 节点为叶节点且有左兄弟，那么这个节点为右孩子节点，利用后续遍历的方式可知 X 节点的后继是其父节点，即其右线索指向的是父节点。

【答案】故此题答案为 A。

6.【考点】数据结构；查找；树形查找；二叉搜索树。

【解析】本题考查二叉排序树(二叉搜索树)的相关知识，主要是删除操作和插入操作。

在一棵二叉排序树中删除一个节点后再将此节点插入到二叉排序树中，如果删除的节点是叶节点，那么在插入节点后，后来的二叉排序树与删除节点之前相同。如果删除的节点不是叶节点，那么再插入这个节点后，后来的二叉树可能发生变化，不完全相同。

【答案】故此题答案为 C。

7.【考点】数据结构；图；图的存储及基本操作；邻接矩阵。

【解析】本题考查图的领接矩阵问题，考生应知道当领接矩阵为非对称矩阵时，说明图是有向图，度为入度加出度之和。

各顶点的度是矩阵中此节点对应的横行和纵列非零元素之和。

【答案】故此题答案为 C。

8.【考点】数据结构；图；图的遍历；深度优先搜索；广度优先搜索。

【解析】本题考查图的遍历，只要掌握 DFS 和 BFS 的遍历过程，便能轻易解决。

D 选项是深度优先遍历不是广度优先遍历的顺序。

【答案】故此题答案为 D。

9. 【考点】数据结构；图；图的基本应用。

【解析】本题考查 AOE 网的定义。

找出 AOE 网的全部关键路径为(b,d,c,g)、(b,d,e,h)和(b,f,h)。根据定义，只有关键路径上的活动时间同时减少时，才能缩短工期，即正确选项中的两条路径必须涵盖在所有关键路径之中。利用关键路径算法可求出图中的关键路径共有三条：(b,d,c,g)、(b,d,e,h)和(b,f,h)。由此可知，选项 A 和 B 中并不能包含(b,f,h)这条路径，选项 C 中，并不能包含(b,d,c,g)和(b,d,e,h)这两条路径，只有 C 包含了所有的关键路径，因此只有加快 f 和 d 的进度才能缩短工期。

【答案】故此题答案为 C。

10. 【考点】数据结构；查找；B 树及其基本操作、B+树的基本概念。

【解析】本题考查 B 树的基本概念。

一棵高度为 2 的 5 阶 B 树，根节点只有到达 5 个关键字的时候才能产生分裂，成为高度为 2 的 B 树。

【答案】故此题答案为 A。

11. 【考点】数据结构；排序；基数排序。

【解析】本题考查基数排序的基本概念。

基数排序的第 1 趟排序是按照个位数字来排序的，第 2 趟排序是按照十位数字的大小进行排序的。

【答案】故此题答案为 C。

12. 【考点】计算机组成原理；计算机系统概述；计算机性能指标。

【解析】本题考查计算机组成原理中的计算机性能指标。CPI 表示每条计算机指令执行所需的时钟周期，有时简称为指令的平均周期数，MIPS 是每秒处理了多少百万条指令。

基准程序的 CPI＝2×0.5＋3×0.2＋4×0.1＋5×0.2＝3，计算机的主频为 1.2GHz，为 1 200MHz，该机器的 MIPS 为 1 200/3＝400。

【答案】故此题答案为 C。

13. 【考点】计算机组成原理；数据的表示和运算；浮点数的表示和运算；IEEE 754 标准。

【解析】本题考查浮点数的表示，属于常考内容。

IEEE 754 单精度浮点数格式为 C640 0000H，二进制格式为 1100 0110 0100 0000 0000 0000 0000 0000，转换为标准的格式为：

S	阶码	尾　数
1	1000 1100	100 0000 0000 0000 0000 0000

因此，浮点数的值为-1.5×2^{13}。

【答案】故此题答案为 A。

14. 【考点】计算机组成原理；数据的表示和运算；数制与编码；定点数的编码表示；整数的表示和运算。

【解析】本题考查机器数的表示。

将 x 左移一位，y 右移一位，两个数的补码相加的机器数为 1 1000000。

【答案】故此题答案为 A。

15. 【考点】计算机组成原理；数据的表示和运算；数制与编码；定点数的编码表示。

【解析】本题考查海明码的检错和纠错，要求考生熟悉海明码理论知识。

设校验位的位数为 k，数据位的位数为 n，应满足下述关系：$2^k \geqslant n+k+1$。$n=8$，当 $k=4$ 时，$2^4(=16)>8+4+1(=13)$符合要求，校验位至少是 4 位。

【答案】故此题答案为 C。

16. 【考点】计算机组成原理；存储器层次结构；虚拟存储器；页式虚拟存储器。

【解析】本题考查虚拟地址和物理地址的变换。

虚拟地址为 03FF F180H，其中页号为 03FFFH，页内地址为 180H，根据题目中给出的页表项可知页标记为 03FFFH 所对应的页框号为 0153H，页框号与页内地址之和即为物理地址 015 3180H。

【答案】故此题答案为 A。

17. 【考点】计算机组成原理；指令系统；寻址方式。

【解析】本题考查寻址方式。

根据变址寻址的主要方法，变址寄存器的内容与形式地址的内容相加之后，得到操作数的实际地址，根据实际地址访问内存，获取操作数 4000H。

【答案】故此题答案为 D。

18. 【考点】计算机组成原理；中央处理器；指令流水线；指令流水线的基本概念。

【解析】本题考查流水线的基本知识，考生应知道流水线吞吐率的计算公式。

采用 4 级流水执行 100 条指令，在执行过程中共用 $4+(100-1)=103$ 个时钟周期。CPU 的主频是 1.03GHz，也就是说每秒有 1.03G 个时钟周期。流水线的吞吐率为 $1.03\text{G}\times100/103=1.0\times10^9$ 条指令/秒。

【答案】故此题答案为 C。

19. 【考点】计算机组成原理；总线和输入/输出系统；I/O 接口(I/O 控制器)；I/O 接口的功能和基本结构。

【解析】本题考查 I/O 接口的接口标准，属于记忆性题目。

设备和设备控制器之间的接口是 USB 接口，而 PCI、AGP、PCI-E 作为计算机系统的局部总线标准，通常用来连接主存、网卡、视频卡等。

【答案】故此题答案为 B。

20. 【考点】计算机组成原理；存储器层次结构；高速缓冲存储器；Cache 的基本原理；外部存储器；磁盘存储器。

【解析】本题考查 RAID 可靠性的问题。很多考生可能知道能够提高 RAID 可靠性的措施主要是对磁盘进行镜像处理和进行奇偶校验，但不知道具体原因。具体解释如下：

RAID0 方案是无冗余和无校验的磁盘阵列，而 RAID1～5 方案均是加入了冗余

(镜像)或校验的磁盘阵列。条带化技术就是一种自动地将 I/O 的负载均衡到多个物理磁盘上的技术,条带化技术就是将一块连续的数据分成很多小部分并把它们分别存储到不同磁盘上去。这就能使多个进程同时访问数据的多个不同部分但不会造成磁盘冲突,而且在需要对这种数据进行顺序访问的时候可以获得最大程度上的 I/O 并行能力,从而获得非常好的性能。

【答案】故此题答案为 B。

21. **【考点】**计算机组成原理;存储器层次结构;外部存储器;磁盘存储器。

【解析】本题考查磁盘存储器等相关内容。

磁盘转速是 10 000 转/分钟,平均转一转的时间是 6ms,因此平均查询扇区的时间是 3ms,平均寻道时间是 6ms,读取 4KB 扇区信息的时间为 0.2ms,信息延迟的时间为 0.2ms,总时间为 3+6+0.2+0.2=9.4(ms)。

【答案】故此题答案为 B。

22. **【考点】**计算机组成原理;中央处理器;异常和中断机制;异常和中断的基本概念;总线和输入/输出系统;I/O 方式;DMA 方式。

【解析】本题考查中断 I/O 方式和 DMA 方式的概念。

中断处理方式:在 I/O 设备输入每个数据的过程中,由于无须 CPU 干预,因而可使 CPU 与 I/O 设备并行工作。仅当输完一个数据时,才需 CPU 花费极短的时间去做些中断处理。因此中断申请使用的是 CPU 处理时间,发生的时间是在一条指令执行结束之后,数据是在软件的控制下完成传送。而 DMA 方式与之不同。DMA 方式:数据传输的基本单位是数据块,即在 CPU 与 I/O 设备之间,每次传送至少一个数据块;DMA 方式每次申请的是总线的使用权,所传送的数据是从设备直接送入内存的,或者相反;仅在传送一个或多个数据块的开始和结束时,才需 CPU 干预,整块数据的传送是在控制器的控制下完成的。

【答案】故此题答案为 D。

23. **【考点】**操作系统;文件管理;文件系统;文件系统的全局结构;目录;目录的基本概念。

【解析】本题考查操作系统的删除操作,是基础性问题。

删除文件不需要删除文件所在的目录,而文件的关联目录项和文件控制块需要随着文件一同删除,同时释放文件的关联缓冲区。

【答案】故此题答案为 A。

24. **【考点】**操作系统;文件管理;文件;文件的基本概念;文件的逻辑结构。

【解析】本题考查快速随机播放等相关知识。要求考生熟知各种结构的查询时间。

为了实现快速随机播放,要保证最短的查询时间,即不能选取链表和索引结构,因此连续结构最优。

【答案】故此题答案为 A。

25. **【考点】**操作系统;文件管理;文件系统;外存空闲空间管理方法。

【解析】本题考查磁盘 I/O 的相关知识。

计算磁盘号、磁头号和扇区号的工作是由设备驱动程序完成的。

【答案】故此题答案为C。

26. **【考点】**操作系统；文件管理；文件；文件的基本概念；文件的逻辑结构。

【解析】本题考查文件长度的概念，考生应知道，索引节点的总数即文件的总数，与单个文件的长度无关；间接地址级数越多、地址项数越多、文件块越大，单个文件的长度就会越大。

四个选项中，只有A选项是与单个文件长度无关的。

【答案】故此题答案为A。

27. **【考点】**操作系统；文件管理；文件系统；外存空闲空间管理方法；输入/输出(I/O)管理；设备独立软件；缓冲区管理。

【解析】本题考查缓冲区处理等概念。

数据块1从外设到用户工作区的总时间为105，在这段时间中，数据块2没有进行操作。在数据块1进行分析处理时，数据块2从外设到用户工作区的总时间为105，这段时间是并行的。再加上数据块2进行处理的时间90，总共是300。

【答案】故此题答案为C。

28. **【考点】**操作系统；进程管理；进程与线程；进程间通信。

【解析】本题考查用户态和内核态的相关操作，尤其是它们的切换操作。

需要在系统内核态执行的操作是整数除零操作和read系统调用函数。sin()函数调用是在用户态下进行的。

【答案】故此题答案为B。

29. **【考点】**操作系统；操作系统基础；程序运行环境；程序的链接与装入。

【解析】本题是常识题，了解相关概念就能轻松作答。

系统开机后，操作系统的程序会被自动加载到内存中的系统区，这段区域是RAM。

【答案】故此题答案为D。

30. **【考点】**操作系统；内存管理；内存管理基础；页式管理。

【解析】本题考查缺页中断等相关概念。

用户进程访问内存时缺页会发生缺页中断。发生缺页中断，系统地执行的操作可能是置换页面或分配内存。系统内没有越界的错误，不会进行越界出错处理。

【答案】故此题答案为B。

31. **【考点】**操作系统；进程管理；同步与互斥；同步与互斥的基本概念。

【解析】本题考查资源利用率的概念。

为了合理地设置进程优先级，应该将进程的CPU利用时间和I/O时间做综合考虑。对于CPU占用时间较少而I/O占用时间较多的进程，优先调度能让I/O更早地得到使用，提高了系统的资源利用率，显然应该具有更高的优先级。

【答案】故此题答案为B。

32. **【考点】**操作系统；进程管理；死锁；死锁避免。

【解析】本题考查避免死锁的方法，考生需要知道的是当系统进入不安全状态后便可能进入死锁状态，但这里的可能不是必然。

银行家算法是避免死锁的方法。利用银行家算法，系统处于安全状态时没有死锁进程。

【答案】故此题答案为 B。

33. 【考点】计算机网络；计算机网络概述；计算机网络体系结构；ISO/OSI 参考模型和 TCP/IP 模型。

【解析】本题考查 OSI 的参考模型，属于基本知识。

OSI 参考模型中，应用层的相邻层是表示层。表示层是 OSI 七层协议的第六层。表示层的目的是表示出用户看得懂的数据格式，实现与数据表示有关的功能。主要完成数据字符集的转换、数据格式化和文本压缩、数据加密、解密等工作。

【答案】故此题答案为 B。

34. 【考点】计算机网络；物理层；通信基础；编码与调制。

【解析】本题考查信号编码的相关知识。

根据信号编码的基本规则可知，网卡收到的比特串为 0011 0110。

【答案】故此题答案为 A。

35. 【考点】计算机网络；物理层；通信基础；电路交换、报文交换与分组交换；网络层；IPv4。

【解析】本题考查报文交换方式等相关概念。

不进行分组时，发送一个报文的时延是 8Mbit/10Mbit/s＝800ms，在接收端接收此报文件的时延也是 800ms，共计 1 600ms。进行分组后，发送一个报文的时延是 10kb/10Mbit/s＝1ms，接收一个报文的时延也是 1ms，但是在发送第二个报文时，第一个报文已经开始接收。共计有 800 个分组，总时间为 801ms。

【答案】故此题答案为 D。

36. 【考点】计算机网络；数据链路层；介质访问控制；随机访问。

【解析】本题考查不同的介质访问控制方法。考生若知道选项 A、C 和 D 都是信道划分协议，信道划分协议是静态划分信道的方法，肯定不会发生冲突，便可轻松解答此题。

介质访向控制中能够发生冲突的是 CSMA 协议。

【答案】故此题答案为 B。

37. 【考点】计算机网络；数据链路层；介质访问控制；信道划分。

【解析】本题考查 HDLC 协议相关知识。

HDLC 协议对比特串进行组帧时，HDLC 数据帧以位模式 0111 1110 标识每一个帧的开始和结束，因此在帧数据中凡是出现了 5 个连续的位“1”的时候，就会在输出的位流中填充一个“0”。

【答案】故此题答案为 A。

38. 【考点】计算机网络；传输层；传输层提供的服务；传输层寻址与端口。

【解析】本题考查以太帧的转发问题，主要是直通交换方式的概念。

直通交换方式是指以太网交换机可以在各端口间交换数据。它在输入端口检测到一个数据包时，检查该包的包头，获取包的目的地址，启动内部的动态查找表转换成相应的输出端口，在输入与输出交叉处接通，把数据包直通到相应的端口，实现交换功能。通常情况下，直通交换方式只检查数据包的包头即前14字节，由于不需要考虑前导码，只需要检测目的地址的6B，所以最短的传输延迟是0.48μs。

【答案】故此题答案为B。

39. 【考点】计算机网络；传输层；TCP；TCP可靠传输；TCP连接管理。

【解析】本题考查TCP的相关知识。

若甲收到1个来自乙的TCP段，该段的序号seq＝1 913、确认序号ack＝2 046、有效载荷为100字节，则甲立即发送给乙的TCP段的序号seq1＝ack＝2 046和确认序号ack1＝seq＋100＝2 013。

【答案】故此题答案为B。

40. 【考点】计算机网络；应用层；电子邮件；SMTP与POP3协议。

【解析】本题考查SMTP协议的相关知识。

根据图10-2可知，SMTP支持在邮件服务器之间发送邮件，也支持从用户代理向邮件服务器发送信息。SMTP只支持传输7比特的ASCII码内容。

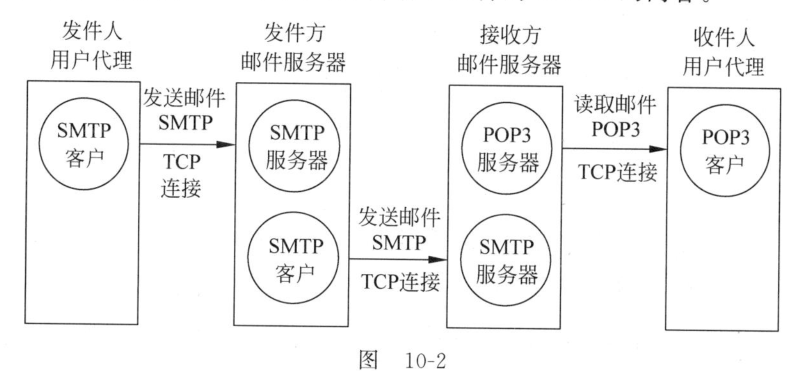

图　10-2

【答案】故此题答案为A。

三、综合应用题考点、解析及小结

41. 【考点】数据结构；线性表；线性表的实现；线性表的应用；排序；排序算法的分析与应用。

【解析】本题是一道算法设计题，主要是排序算法的应用，要求考生有一定的基本知识。

(1) 给出算法的基本设计思想。

算法的策略是从前向后扫描数组元素，标记出一个可能成为主元素的元素Num。然后重新计数，确认Num是否是主元素。

算法可分为以下两步：

① 选取候选的主元素：依次扫描所给数组中的每个整数，将第一个遇到的整数Num保存到c中，记录Num的出现次数为1；若遇到的下一个整数仍等于Num，则

计数加1，否则计数减1；当计数减到0时，将遇到的下一个整数保存到 c 中，计数重新记为1，开始新一轮计数，即从当前位置开始重复上述过程，直到扫描完全部数组元素。

② 判断 c 中元素是否是真正的主元素：再次扫描该数组，统计 c 中元素出现的次数，若大于 $n/2$，则为主元素；否则，序列中不存在主元素。

(2) 算法实现。

```
int Majority ( int A[], int n )
{
    int i, c, count=1;          //c用来保存候选主元素，count用来计数
    c = A[0];                   //设置A[0]为候选主元素
    for ( i=1; i<n; i++ )       //查找候选主元素
        if ( A[i] = = c )       //对A中的候选主元素计数
            count++;
        else
            if ( count > 0)     //处理不是候选主元素的情况
                count--;
            else                //更换候选主元素，重新计数
            { c = A[i];
                count = 1;
            }
    if ( count>0 )
    for ( i=count=0; i<n; i++ ) //统计候选主元素的实际出现次数
        if ( A[i] = = c )
            count++;
    if ( count> n/2 ) return c; //确认候选主元素
    else return -1;             //不存在主元素
}
```

(3) 说明算法复杂性。

参考答案中实现的程序的时间复杂度为 $O(n)$，空间复杂度为 $O(1)$。

【小结】本题考查了基础编程能力。

42. 【考点】数据结构；查找；顺序查找法；查找算法的分析及应用；线性表；线性表的实现；顺序存储；链式存储。

【解析】本题考查顺序存储结构和链式存储结构。回答第一题时，考生需知晓折半查找要求元素有序顺序存储，若各个元素的查找概率不同，则折半查找的性能不一定优于顺序查找。

(1) 采用顺序存储结构，数据元素按其查找概率降序排列。

采用顺序查找方法。

查找成功时的平均查找长度 $=0.35\times1+0.35\times2+0.15\times3+0.15\times4=2.1$。

(2)【答案一】

采用链式存储结构，数据元素按其查找概率降序排列，构成单链表。

采用顺序查找方法。

查找成功时的平均查找长度 $=0.35\times1+0.35\times2+0.15\times3+0.15\times4=2.1$。

【答案二】

采用二叉链表存储结构，构造二叉排序树，元素存储方式见图10-3。

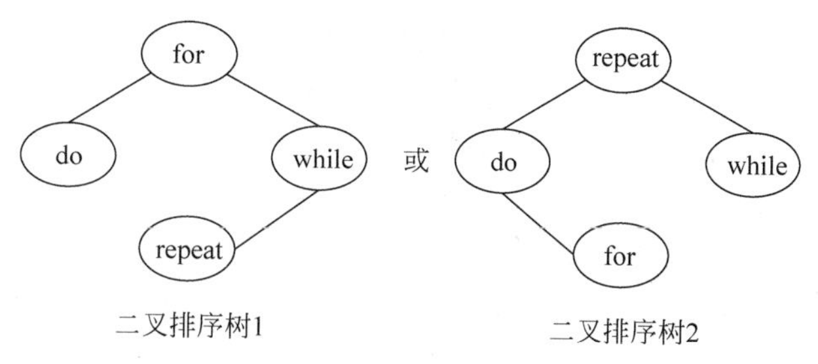

图　10-3

采用二叉排序树的查找方法。

查找成功时的平均查找长度=0.15×1+0.35×2+0.35×2+0.15×3=2.0。

【小结】本题考查了二叉排序树的相关知识。

43. **【考点】**计算机组成原理；存储器层次结构；高速缓冲存储器；Cache 的基本原理；Cache 和主存之间的映射方式。

【解析】本题考查了存储器层次的多个知识点，属于综合性题目，难度逐层递增。第一题考查时钟周期和带宽等问题，第二题和第三题都考查到了读突发传送总线事务，第四题考查执行时间的计算。

(1) CPU 的时钟周期为：1/800MHz=1.25ns。

总线的时钟周期为：1/200MHz=5ns。

总线带宽为：4B×200MHz=800MB/s 或 4B/5ns=800MB/s。

(2) Cache 块大小是 32B，因此 Cache 缺失时需要一个读突发传送总线事务读取一个主存块。

(3) 一次读突发传送总线事务包括一次地址传送和 32B 数据传送：用 1 个总线时钟周期传输地址；每隔 40ns/8=5ns 启动一个体工作(各进行 1 次存取)，第一个体读数据花费 40ns，之后数据存取与数据传输重叠；用 8 个总线时钟周期传输数据。读突发传送总线事务时间：5ns+40ns+8×5ns=85ns。

(4) BP 的 CPU 执行时间包括 Cache 命中时的指令执行时间和 Cache 缺失时带来的额外开销。命中时的指令执行时间：100×4×1.25ns=500ns。

指令执行过程中 Cache 缺失时的额外开销：1.2×100×5%×85ns=510ns。BP 的 CPU 执行时间：500ns+510ns=1 010ns。

【小结】本题考查了 Cache 的相关知识。

44. **【考点】**计算机组成原理；指令系统；指令格式；中央处理器；指令执行过程；数据的表示和运算；运算方法和运算电路；基本运算部件。

【解析】本题考查编址方式，指令格式，寄存器功能等多个知识点。

(1) 因为指令长度为 16 位，且下条指令地址为(PC)+2，故编址单位是字节。

偏移 OFFSET 为 8 位补码，范围为-128～127，故相对于当前条件转移指令，向后最多可跳转 127 条指令。

(2) 指令中 $C=0$，$Z=1$，$N=1$，故应根据 ZF 和 NF 的值来判断是否转移。当 CF=0，ZF=0，NF=1 时，需转移。

已知指令中偏移量为 1110 0011B=E3H，符号扩展后为 FFE3 H，左移一位(乘 2)后为 FFC6 H，故 PC 的值(转移目标地址)为 200CH+2+FFC6H=1FD4H。

当 CF=1,ZF=0,NF=0 时不转移。

PC 的值为 200CH+2=200EH。

(3) 指令中的 C、Z 和 N 应分别设置为 $C=Z=1,N=0$。

(4) 部件①：指令寄存器(用于存放当前指令)；部件②：移位寄存器(用于左移一位)；部件③：加法器(地址相加)。

【小结】本题考查了指令格式等相关知识。

45. **【考点】**操作系统；进程管理；CPU 调度与上下文切换；调度的实现；同步与互斥；信号量。

【解析】本题考查的是同步和互斥问题。

```
Semaphore empty = 500;          //博物馆可以容纳的最多人数
Semaphore mutex = 1;            //用于出入口资源的控制
参观者进程 i；
(
    …
    P( empty );
    P( mutex );
    进门；
    V( mutex );
    参观；
    P( mutex );
    出门；
    V( mutex );
    V( empty );
    …
}
coend
```

【小结】本题考查了信号量的相关知识。

46. **【考点】**操作系统；内存管理；内存管理基础；页式管理；虚拟内存管理；页框分配。

【解析】本题考查了分页存储管理的多个知识点，考生在解答前两问时首先需要理解一级页表和二级页表的区别，第三问则要计算物理地址和页框号。

(1) 因为页内偏移量是 12 位，所以页大小为 4KB。

页表项数为 $2^{32}/4K=2^{20}$，该一级页表最大为 $2^{20}\times 4B=4MB$。

(2) 页目录号可表示为：(((unsigned int) (LA)) >> 22)&0x3FF。

页表索引可表示为：(((unsigned int)(LA))>> 12)& 0x3FF。

(3) 代码页面 1 的逻辑地址为 0000 8000H，表明其位于第 8 个页处，对应页表中的第 8 个页表项，所以第 8 个页表项的物理地址=页表起始地址+8×页表项的字节数=0020 0000H+8×4=0020 0020H。由此可得如图 10-4 所示的答案。

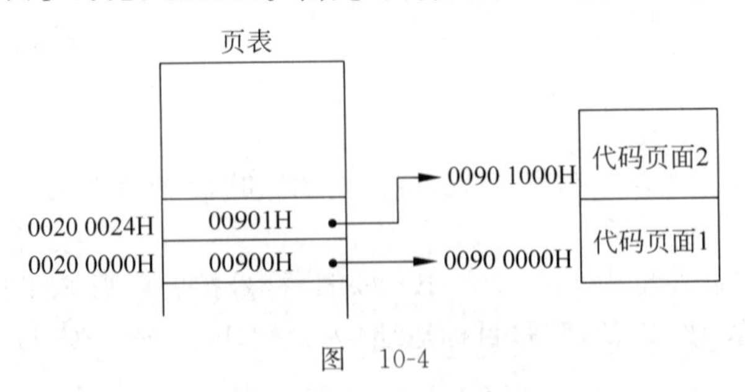

图 10-4

【小结】本题考查了计算机分页存储管理方式的相关知识。

47.【考点】计算机组网络；网络层；IPv4；子网划分、路由聚集、子网掩码与 CIDR；路由协议；BGP 路由协议；网络层设备；路由表与分组转发。

【解析】本题是计算机网络的综合题，第一问考查了子网划分、路由聚合等问题，第二问考查了 IP 分组等问题，第三问考查了考生对不同路由协议的理解。

（1）在 AS1 中，子网 153.14.5.0/25 和子网 153.14.5.128/25 可以聚合为子网 153.14.5.0/24；在 AS2 中，子网 194.17.20.0/25 和子网 194.17.21.0/24 可以聚合为子网 194.17.20.0/23，但缺少 194.17.20.128/25；子网 194.17.20.128/25 单独连接到 R2 的接口 E0。

于是可以得到 R2 的路由表如表 10-1 所示。

表　10-1

目的网络	下一跳	接口
153.14.5.0/24	153.14.3.2	S0
194.17.20.0/23	194.17.24.2	S1
194.17.20.128/25	—	E0

（2）该 IP 分组的目的 IP 地址 194.17.20.200 与路由表中 194.17.20.0/23 和 194.17.20.128/25 两个路由表项均匹配，根据最长匹配原则，R2 将通过 E0 接口转发该 IP 分组。

（3）R1 与 R2 之间利用 BGP4（或 BGP）交换路由信息。

BGP4 的报文被封装到 TCP 协议段中进行传输。

【小结】本题考查了网络路由的相关知识。

2014年全国硕士研究生招生考试
计算机学科专业基础试题

一、**单项选择题**：1～40 小题，每小题 2 分，共 80 分。下列每题给出的四个选项中，只有一个选项是最符合题目要求的。

1. 下列程序段的时间复杂度是(　　)。

```
count=0;
for(k=l;k<=n;k*=2)
      for(j=l;j<=n;j++)
            count++;
```

A. $O(\log_2 n)$　　B. $O(n)$　　C. $O(n\log_2 n)$　　D. $O(n^2)$

2. 假设栈初始为空，将中缀表达式 a/b+(c*d−e*f)/g 转换为等价的后缀表达式的过程中，当扫描到 f 时，栈中的元素依次是(　　)。

A. +(*−　　B. +(−*　　C. /+(*−*　　D. /+−*

3. 循环队列放在一维数组 A[0…M−1]中，end1 指向队头元素，end2 指向队尾元素的后一个位置。假设队列两端均可进行入队和出队操作，队列中最多能容纳 $M-1$ 个元素。初始时为空。下列判断队空和队满的条件中，正确的是(　　)。

A. 队空：end1==end2；队满：end1==(end2+1)mod M

B. 队空：end1==end2；队满：end2==(end1+1)mod (M−1)

C. 队空：end2==(end1+1)mod M；队满：end1==(end2+1)mod M

D. 队空：end1==(end2+1)mod M；队满：end2==(end1+1)mod (M−1)

4. 若对图 11-1 的二叉树进行中序线索化，则节点 x 的左、右线索指向的节点分别是(　　)。

A. e、c

B. e、a

C. d、c

D. b、a

图　11-1

5. 将森林 F 转换为对应的二叉树 T，F 中叶节点的个数等于(　　)。

A. T 中叶节点的个数　　B. T 中度为 1 的节点个数

C. T 中左孩子指针为空的节点个数　　D. T 中右孩子指针为空的节点个数

6. 5 个字符有如下 4 种编码方案，不是前缀编码的是(　　)。

A. 01,0000,0001,001,1　　B. 011,000,001,010,1

C. 000,001,010,011,100　　D. 0,100,110,1110,1100

7. 对图 11-2 所示的有向图进行拓扑排序，得到的拓扑序列可能是(　　)。

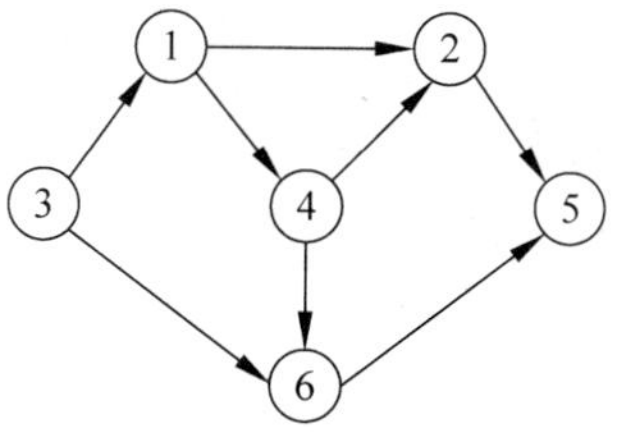

图　11-2

A. 3,1,2,4,5,6　　B. 3,1,2,4,6,5　　C. 3,1,4,2,5,6　　D. 3,1,4,2,6,5

8. 用哈希(散列)方法处理冲突(碰撞)时可能出现堆积(聚集)现象，下列选项中，会受堆积现象直接影响的是(　　)。

A. 存储效率　　B. 散列函数

C. 装填(装载)因子　　D. 平均查找长度

9. 在一棵具有 15 个关键字的 4 阶 B 树中，含关键字的节点个数最多是(　　)。

A. 5　　B. 6　　C. 10　　D. 15

10. 用希尔排序方法对一个数据序列进行排序时，若第 1 趟排序结果为 9,1,4,13,7,8,20,23,15，则该趟排序采用的增量(间隔)可能是(　　)。

A. 2　　B. 3　　C. 4　　D. 5

11. 下列选项中，不可能是快速排序第 2 趟排序结果的是(　　)。

A. 2,3,5,4,6,7,9　　B. 2,7,5,6,4,3,9

C. 3,2,5,4,7,6,9　　D. 4,2,3,5,7,6,9

12. 程序 P 在机器 M 上的执行时间是 20 秒，编译优化后，P 执行的指令数减少到原来的 70%，而 CPI 增加到原来的 1.2 倍，则 P 在 M 上的执行时间是(　　)。

A. 8.4 秒　　B. 11.7 秒　　C. 14 秒　　D. 16.8 秒

13. 若 $x=103$，$y=-25$，则下列表达式采用 8 位定点补码运算实现时，会发生溢出的是(　　)。

A. $x+y$　　B. $-x+y$　　C. $x-y$　　D. $-x-y$

14. float 型数据常用 IEEE 754 单精度浮点格式表示。假设两个 float 型变量 x 和 y 分别存放在 32 位寄存器 f_1 和 f_2 中，若 $(f_1)=$ CC90 0000H，$(f_2)=$ B0C0 0000H，则 x 和 y 之间的关系为(　　)。

A. $x<y$ 且符号相同　　B. $x<y$ 且符号不同
C. $x>y$ 且符号相同　　D. $x>y$ 且符号不同

15. 某容量为 256MB 的存储器由若干 4M×8 位的 DRAM 芯片构成，该 DRAM 芯片的地址引脚和数据引脚总数是（　　）。
A. 19　　B. 22　　C. 30　　D. 36

16. 采用指令 Cache 与数据 Cache 分离的主要目的是（　　）。
A. 降低 Cache 的缺失损失　　B. 提高 Cache 的命中率
C. 降低 CPU 平均访存时间　　D. 减少指令流水线资源冲突

17. 某计算机有 16 个通用寄存器，采用 32 位定长指令字，操作码字段（含寻址方式位）为 8 位，Store 指令的源操作数和目的操作数分别采用寄存器直接寻址和基址寻址方式。若基址寄存器可使用任一通用寄存器，且偏移量用补码表示，则 Store 指令中偏移量的取值范围是（　　）。
A. −32 768～+32 767　　B. −32 767～+32 768
C. −65 536～+65 535　　D. −65 535～+65 536

18. 某计算机采用微程序控制器，共有 32 条指令，公共的取指令微程序包含 2 条微指令，各指令对应的微程序平均由 4 条微指令组成，采用断定法（下地址字段法）确定下条微指令地址，则微指令中下址字段的位数至少是（　　）。
A. 5　　B. 6　　C. 8　　D. 9

19. 某同步总线采用数据线和地址线复用方式，其中地址/数据线有 32 根，总线时钟频率为 66MHz，每个时钟周期传送两次数据（上升沿和下降沿各传送一次数据），该总线的最大数据传输率（总线带宽）是（　　）。
A. 132MB/s　　B. 264MB/s　　C. 528MB/s　　D. 1 056MB/s

20. 一次总线事务中，主设备只需给出一个首地址，从设备就能从首地址开始的若干连续单元读出或写入多个数据。这种总线事务方式称为（　　）。
A. 并行传输　　B. 串行传输　　C. 突发传输　　D. 同步传输

21. 下列有关 I/O 接口的叙述中，错误的是（　　）。
A. 状态端口和控制端口可以合用同一个寄存器
B. I/O 接口中，CPU 可访问的寄存器称为 I/O 端口
C. 采用独立编址方式时，I/O 端口地址和主存地址可能相同
D. 采用统一编址方式时，CPU 不能用访存指令访问 I/O 端口

22. 若某设备中断请求的响应和处理时间为 100ns，每 400ns 发出一次中断请求，中断响应所允许的最长延迟时间为 50ns，则在该设备持续工作过程中，CPU 用于该设备的 I/O 时间占整个 CPU 时间的百分比至少是（　　）。
A. 12.5%　　B. 25%　　C. 37.5%　　D. 50%

23. 下列调度算法中，不可能导致饥饿现象的是（　　）。
A. 时间片轮转　　B. 静态优先数调度

C. 非抢占式短作业优先　　　　D. 抢占式短作业优先

24. 某系统有 n 台互斥使用的同类设备，三个并发进程分别需要 3、4、5 台设备，可确保系统不发生死锁的设备数 n 最小为(　　)。

A. 9　　B. 10　　C. 11　　D. 12

25. 下列指令中，不能在用户态执行的是(　　)。

A. trap 指令　　B. 跳转指令　　C. 压栈指令　　D. 关中断指令

26. 一个进程的读磁盘操作完成后，操作系统针对该进程必做的是(　　)。

A. 修改进程状态为就绪态　　　　B. 降低进程优先级

C. 给进程分配用户内存空间　　　　D. 增加进程时间片大小

27. 现有一个容量为 10GB 的磁盘分区，磁盘空间以簇(Cluster)为单位进行分配，簇的大小为 4KB，若采用位图法管理该分区的空闲空间，即用 1 位(bit)标识一个簇是否被分配，则存放该位图所需簇的个数为(　　)。

A. 80　　B. 320　　C. 80K　　D. 320K

28. 下列措施中，能加快虚实地址转换的是(　　)。

Ⅰ. 增大快表(TLB)容量　　Ⅱ. 让页表常驻内存　　Ⅲ. 增大交换区

A. 仅Ⅰ　　B. 仅Ⅱ　　C. 仅Ⅰ、Ⅱ　　D. 仅Ⅱ、Ⅲ

29. 在一个文件被用户进程首次打开的过程中，操作系统需做的是(　　)。

A. 将文件内容读到内存中

B. 将文件控制块读到内存中

C. 修改文件控制块中的读写权限

D. 将文件的数据缓冲区首指针返回给用户进程

30. 在页式虚拟存储管理系统中，采用某些页面置换算法，会出现 Belady 异常现象，即进程的缺页次数会随着分配给该进程的页框个数的增加而增加。下列算法中，可能出现 Belady 异常现象的是(　　)。

Ⅰ. LRU 算法　　Ⅱ. FIFO 算法　　Ⅲ. OPT 算法

A. 仅Ⅱ　　B. 仅Ⅰ、Ⅱ　　C. 仅Ⅰ、Ⅲ　　D. 仅Ⅱ、Ⅲ

31. 下列关于管道(Pipe)通信的叙述中，正确的是(　　)。

A. 一个管道可实现双向数据传输

B. 管道的容量仅受磁盘容量大小限制

C. 进程对管道进行读操作和写操作都可能被阻塞

D. 一个管道只能有一个读进程或一个写进程对其操作

32. 下列选项中，属于多级页表优点的是(　　)。

A. 加快地址变换速度

B. 减少缺页中断次数

C. 减少页表项所占字节数

D. 减少页表所占的连续内存空间

33. 在 OSI 参考模型中,直接为会话层提供服务的是(　　)。

A. 应用层　　B. 表示层　　C. 传输层　　D. 网络层

34. 某以太网拓扑及交换机当前转发表如图 11-3 所示,主机 00-e1-d5-00-23-a1 向主机 00-e1-d5-00-23-c1 发送 1 个数据帧,主机 00-e1-d5-00-23-c1 收到该帧后,向主机 00-e1-d5-00-23-a1 发送 1 个确认帧,交换机对这两个帧的转发端口分别是(　　)。

交换机
1　2　3
00-e1-d5-00-23-a1　00-e1-d5-00-23-b1　00-e1-d5-00-23-c1

目的地址	端口
00-e1-d5-00-23-b1	2

图 11-3

A. {3}和{1}　　B. {2,3}和{1}　　C. {2,3}和{1,2}　　D. {1,2,3}和{1}

35. 下列因素中,不会影响信道数据传输速率的是(　　)。

A. 信噪比　　B. 频率宽带

C. 调制速率　　D. 信号传播速度

36. 主机甲与主机乙之间使用后退 N 帧协议(GBN)传输数据,甲的发送窗口尺寸为 1 000,数据帧长为 1 000B,信道带宽为 100Mbit/s,乙每收到一个数据帧立即利用一个短帧(忽略其传输延迟)进行确认,若甲乙之间的单向传播延迟是 50ms,则甲可以达到的最大平均数据传输速率约为(　　)。

A. 10Mbit/s　　B. 20Mbit/s　　C. 80Mbit/s　　D. 100Mbit/s

37. 站点 A、B、C 通过 CDMA 共享链路,A、B、C 的码片序列(chipping sequence)分别是(1,1,1,1)、(1,−1,1,−1)和(1,1,−1,−1)。若 C 从链路上收到的序列是(2,0,2,0,0,−2,0,−2,0,2,0,2),则 C 收到 A 发送的数据是(　　)。

A. 000　　B. 101　　C. 110　　D. 111

38. 主机甲和主机乙已建立了 TCP 连接,甲始终以 MSS=1KB 大小的段发送数据,并一直有数据发送;乙每收到一个数据段都会发出一个接收窗口为 10KB 的确认段.若甲在 t 时刻发生超时拥塞窗口为 8KB,则从 t 时刻起,不再发生超时的情况下,经过 10 个 RTT 后,甲的发送窗口是(　　)。

A. 10KB　　B. 12KB　　C. 14KB　　D. 15KB

39. 下列关于 UDP 的叙述中,正确的是(　　)。

Ⅰ. 提供无连接服务　　Ⅱ. 提供复用/分用服务

Ⅲ. 通过差错校验,保障可靠数据传输

A. 仅Ⅰ　　B. 仅Ⅰ、Ⅱ　　C. 仅Ⅱ、Ⅲ　　D. Ⅰ、Ⅱ、Ⅲ

40. 使用浏览器访问某大学 Web 网站主页时,不可能使用到的协议是(　　)。

A. PPP　　B. ARP　　C. UDP　　D. SMTP

二、综合应用题：第 41～47 小题，共 70 分。

41. （13 分）二叉树的带权路径长度（WPL）是二叉树中所有叶节点的带权路径长度之和。给定一棵二叉树 T，采用二叉链表存储，节点结构为：

left	weight	right

其中叶节点的 weight 域保存该节点的非负权值。设 root 为指向 T 的根节点的指针，请设计求 T 的 WPL 的算法，要求：

（1）给出算法的基本设计思想；

（2）使用 C 或 C++语言，给出二叉树节点的数据类型定义；

（3）根据设计思想，采用 C 或 C++语言描述算法，关键之处给出注释。

42. （10 分）某网络中的路由器运行 OSPF 路由协议，表 11-1 是路由器 R1 维护的主要链路状态信息（LSI），图 11-4 是根据表 11-1 及 R1 的接口名构造出来的网络拓扑。

表 11-1　R1 所维护的 LSI

		R1 的 LSI	R2 的 LSI	R3 的 LSI	R4 的 LSI	备　注
Router ID		10.1.1.1	10.1.1.2	10.1.1.5	10.1.1.6	标识路由器的 IP 地址
Link1	ID	10.1.1.2	10.1.1.1	10.1.1.6	10.1.1.5	所连路由器的 Router ID
	IP	10.1.1.1	10.1.1.2	10.1.1.5	10.1.1.6	Link1 的本地 IP 地址
	Metric	3	3	6	6	Link1 的费用
Link2	ID	10.1.1.5	10.1.1.6	10.1.1.1	10.1.1.2	所连路由器的 Router ID
	IP	10.1.1.9	10.1.1.13	10.1.1.10	10.1.1.14	Link2 的本地 IP 地址
	Metric	2	4	2	4	Link2 的费用
Net1	Prefix	192.1.1.0/24	192.1.6.0/24	192.1.5.0/24	192.1.7.0/24	直连网络 Net1 的网络前缀
	Metric	1	1	1	1	到达直连网络 Net1 的费用

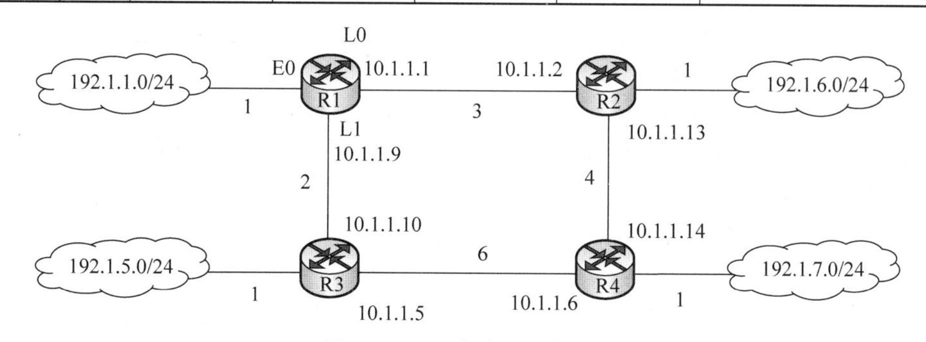

图 11-4　R1 构造的网络拓扑

请回答下列问题。

（1）本题中的网络可抽象为数据结构中的哪种逻辑结构？

（2）针对表 11-1 中的内容，设计合理的链式存储结构，以保存表 11-1 中的链路状态信息（LSI）。要求给出链式存储结构的数据类型定义，并画出对应表 11-1 的链式存储结构示意图（示意图中可仅以 ID 标识节点）。

（3）按照迪杰斯特拉（Dijkstra）算法的策略，依次给出 R1 到达图 11-4 中子网 192.1.x.x 的最短路径及费用。

43. (9分) 请根据题42描述的网络,继续回答下列问题。

(1) 假设路由表结构如下所示,请给出图11-4中R1的路由表,要求包括到达图11-4中子网192.1.x.x的路由,且路由表中的路由项尽可能少。

目的网络	下一条	接口

(2) 当主机192.1.1.130向主机192.1.7.211发送一个TTL=64的IP分组时,R1通过哪个接口转发该IP分组?主机192.1.7.211收到的IP分组TTL是多少?

(3) 若R1增加一条Metric为10的链路连接Internet,则表11-1中R1的LSI需要增加哪些信息?

44. (12分) 某程序中有如下循环代码段 P:"for(int i=0; i < N; i++) sum += A[i];"。假设编译时变量sum和 i 分别分配在寄存器R1和R2中。常量 N 在寄存器R6中,数组 A 的首地址在寄存器R3中。程序段 P 起始地址为0804 8100H,对应的汇编代码和机器代码如表11-2所示。

表 11-2

编号	地址	机器代码	汇编代码	注释
1	08048100H	00022080H	loop: sll R4,R2,2	(R2)<<2→R4
2	08048104H	00083020H	add R4,R4,R3	(R4)+(R3)→R4
3	08048108H	8C850000H	load R5,0(R4)	((R4)+0)→R5
4	0804810CH	00250820H	addR1,R1,R5	(R1)+(R5)→R1
5	08048110H	20420001H	add R2,R2,1	(R2)+1→R2
6	08048114H	1446FFFAH	bne R2,R6,loop	if(R2)!=(R6) goto loop

执行上述代码的计算机M采用32位定长指令字,其中分支指令bne采用如下格式:

31　　26	25　　21	20　　16	15　　　　0
OP	Rs	Rd	OFFSET

OP为操作码;Rs和Rd为寄存器编号;OFFSET为偏移量,用补码表示。请回答下列问题,并说明理由。

(1) M的存储器编址单位是什么?

(2) 已知sll指令实现左移功能,数组 A 中每个元素占多少位?

(3) 表11-2中bne指令的OFFSET字段的值是多少?已知bne指令采用相对寻址方式,当前PC内容为bne指令地址,通过分析表11-2中指令地址和bne指令内容,推断出bne指令的转移目标地址计算公式。

(4) 若M采用如下"按序发射、按序完成"的5级指令流水线:IF(取值)、ID(译码及取数)、EXE(执行)、MEM(访存)、WB(写回寄存器),且硬件不采取任何转发措施,分支指令的执行均引起3个时钟周期的阻塞,则 P 中哪些指令的执行会由于数据相关而发生流水线阻塞?哪条指令的执行会发生控制冒险?为什么指令1的执行不会因为与指令5的数据相关而发生阻塞?

45. (11分) 假设对于44题中的计算机M和程序 P 的机器代码,M采用页式虚拟存储管理；P 开始执行时，(R1)=(R2)=0，(R6)=1 000，其机器代码已调入主存但不在 Cache 中；数组 A 未调入主存，且所有数组元素在同一页，并存储在磁盘同一个扇区。请回答下列问题并说明理由。

(1) P 执行结束时，R2 的内容是多少？

(2) M 的指令 Cache 和数据 Cache 分离。若指令 Cache 共有 16 行，Cache 和主存交换的块大小为 32B，则其数据区的容量是多少？若仅考虑程序段 P 的执行，则指令 Cache 的命中率为多少？

(3) P 在执行过程中，哪条指令的执行可能发生溢出异常？哪条指令的执行可能产生缺页异常？对于数组 A 的访问，需要读磁盘和 TLB 至少各多少次？

46. (5 分) 文件 F 由 200 条记录组成，记录从 1 开始编号。用户打开文件后，欲将内存中的一条记录插入文件 F 中，作为其第 30 条记录。请回答下列问题，并说明理由。

(1) 若文件系统采用连续分配方式，每个磁盘块存放一条记录，文件 F 存储区域前后均有足够的空闲磁盘空间，则完成上述插入操作最少需要访问多少次磁盘块？F 的文件控制块内容会发生哪些改变？

(2) 若文件系统采用链接分配方式，每个磁盘块存放一条记录和一个链接指针，则完成上述插入操作需要访问多少次磁盘块？若每个存储块大小为 1KB，其中 4B 存放链接指针，则该文件系统支持的文件最大长度是多少？

47. (10 分) 系统中有多个生产者进程和多个消费者进程，共享一个能存放 1 000 件产品的环形缓冲区(初始为空)。当缓冲区未满时，生产者进程可以放入其生产的一件产品，否则等待；当缓冲区未空时，消费者进程可以从缓冲区取走一件产品，否则等待。要求一个消费者进程从缓冲区连续取出 10 件产品后，其他消费者进程才可以取产品。请使用信号量 P，V(或 wait()，signal())操作实现进程间的互斥与同步，要求写出完整的过程，并说明所用信号量的含义和初值。

2014年全国硕士研究生招生考试
计算机学科专业基础试题参考答案及解析

一、单项选择题参考答案速查

题号	1	2	3	4	5	6	7	8	9	10
答案	C	B	A	D	C	D	D	D	D	B
题号	11	12	13	14	15	16	17	18	19	20
答案	C	D	C	A	A	D	A	C	C	C
题号	21	22	23	24	25	26	27	28	29	30
答案	D	B	A	B	D	A	A	C	B	A
题号	31	32	33	34	35	36	37	38	39	40
答案	C	D	C	B	D	C	B	A	B	D

二、单项选择题考点、解析及答案

1. **【考点】**数据结构；时间复杂度。

【解析】本题考查时间复杂度的计算，题目所给的代码是双层循环记数的实现。

内层循环条件 $j\leqslant n$ 与外层循环的变量无关，每次循环 j 自增 1，每次内层循环都执行 n 次。层循环条件为 $k\leqslant n$，增量定义为 k＊＝2，可知循环次数为 $2^k\leqslant n$，即 $k\leqslant \log_2 n$。所以内层循环的时间复杂度是 $O(n)$，外层循环的时间复杂度是 $O(\log_2 n)$。对于嵌套循环，根据乘法规则可知，该段程序的时间复杂度

$$T(n)=T_1(n)\times T_2(n)=O(n)\times O(\log_2 n)=O(n\log_2 n)$$

【答案】故此题答案为 C。

2. **【考点】**数据结构；栈、队列和数组；栈和队列的基本概念。

【解析】本题考查栈的特点和中缀后缀表达式的定义，考生在作答时首先要知晓中缀表达式是符合人类直觉的一种表达方式，其特点是操作符(二元操作符)在中间，操作数在两侧；而后缀表达式把运算符写在运算对象的后面。

将中缀表达式转换为后缀表达式的算法思路如下：

从左向右开始扫描中缀表达式；

遇到数字时，加入后缀表达式；

遇到运算符时：

(1) 为'(',入栈;

(2) 若为')',则依次把栈中的运算符加入后缀表达式中,直到出现'(',从栈中删除'(';

(3) 若为除括号外的其他运算符,当其优先级高于除'('以外的栈顶运算符时,直接入栈。

否则从栈顶开始,依次弹出比当前处理的运算符优先级高和优先级相等的运算符,直到一个比它优先级低的或者遇到了一个左括号为止。

当扫描的中缀表达式结束时,栈中的所有运算符依次出栈加入后缀表达式。

待处理序列	栈	后缀表达式	当前扫描元素	动　作
a/b+(c*d-e*f)/g			a	a 加入后缀表达式
/b+(c*d-e*f)/g		a	/	/入栈
b+(c*d-e*f)/g	/	a	b	b 加入后缀表达式
+(c*d-e*f)/g	/	ab	+	+优先级低于栈顶的/,弹出/
+(c*d-e*f)/g		ab/	+	+入栈
(c*d-e*f)/g	+	ab/	(	(入栈
c*d-e*f)/g	+(	ab/	c	c 加入后缀表达式
*d-e*f)/g	+(	ab/c	*	栈顶为(,*入栈
d-e*f)/g	+(*	ab/c	d	d 加入后缀表达式
-e*f)/g	+(*	ab/cd	-	-优先级低于栈顶的*,弹出*
-e*f)/g	+(	ab/cd*	-	栈顶为(,-入栈
e*f)/g	+(-	ab/cd*	e	e 加入后缀表达式
*f)/g	+(-	ab/cd*e	*	*优先级高于栈顶的-,*入栈
f)/g	+(-*	ab/cd*e	f	f 加入后缀表达式
)/g	+(-*	ab/cd*ef	)	把栈中(之前的符号加入表达式
/g	+	ab/cd*ef*-	/	/优先级高于栈顶的+,/入栈
g	+/	ab/cd*ef*-	g	g 加入后缀表达式
	+/	ab/cd*ef*-g		扫描完毕,运算符依次退栈加入表达式
		ab/cd*ef*-g/+		完成

【答案】故此题答案为 B。

3. **【考点】**数据结构;栈、队列和数组;栈和队列的基本概念;栈、队列和数组的应用。

【解析】本题考查入队和出队操作。

end1 指向队头元素,那么可知出队的操作是先从 A[end1]读数,然后 end1 再加 1。end2 指向队尾元素的后一个位置,那么可知入队操作是先存数到 A[end2],然后 end2 再加 1。若把 A[0]储存第一个元素,当队列初始时,入队操作是先把数据放到 A[0],然后 end2 自增,即可知 end2 初值为 0;而 end1 指向的是队头元素,队头元素的在数组 A 中的下标为 0,所以得知 end1 初值也为 0,可知队空条件为 end1==end2;然后考虑队列满时,因为队列最多能容纳 $M-1$ 个元素,假设队列存储在下标为 0 到下标为 $M-2$ 的 $M-1$ 个区域,队头为 A[0],队尾为 A[M-2],此时队列满,考虑在这种情况下 end1 和 end2 的状态,end1 指向队头元素,可知 end1=0,end2 指向队尾元素的后一个位置,可知 end2＝M－2＋1＝M－1，所以可知队满的条件为 end1＝＝(end2＋1)mod M。

【答案】故此题答案为 A。

4. **【考点】**数据结构；树与二叉树；二叉树的遍历；线索二叉树的基本概念和构造。

【解析】本题考查线索二叉树的相关知识，同时也考查了数的遍历过程。

线索二叉树的线索实际上指向的是相应遍历序列特定节点的前驱节点和后继节点，所以先写出二叉树的中序遍历序列：$edbxac$，中序遍历中在 x 左边和右边的字符，就是它在中序线索化的左、右线索，即 b、a。

【答案】故此题答案为 D。

5. **【考点】**数据结构；树与二叉树；树、森林；森林与二叉树的转换。

【解析】本题考查数与森林的转换问题。

将森林转化为二叉树即相当于用孩子兄弟表示法表示森林。在变化过程中，原森林某节点的第一个孩子节点作为它的左子树，它的兄弟作为它的右子树。那么森林中的叶节点由于没有孩子节点，那么转化为二叉树时，该节点就没有左节点，所以 F 中叶节点的个数就等于 T 中左孩子指针为空的节点个数。

【答案】故此题答案为 C。

6. **【考点】**数据结构；树与二叉树；哈夫曼树和哈夫曼编码。

【解析】本题考查前缀编码的定义。

前缀编码的定义是在一个字符集中，任何一个字符的编码都不是另一个字符编码的前缀。D 中编码 110 是编码 1100 的前缀，违反了前缀编码的规则，所以 D 不是前缀编码。

【答案】故此题答案为 D。

7. **【考点】**数据结构；图；图的基本应用。

【解析】本题考查拓扑排序的应用。考生首先应知道在图论中，拓扑排序是一个有向无环图的所有顶点的线性序列。且该序列必须满足下面两个条件：一是每个顶点出现且只出现一次。二是若存在一条从顶点 A 到顶点 B 的路径，那么在序列中顶点 A 出现在顶点 B 的前面。

按照拓扑排序的算法，每次都选择入度为 0 的节点从图中删去，此图中一开始只有节点 3 的入度为 0；删掉 3 节点后，只有节点 1 的入度为 0；删掉节点 1 后，只有节点 4 的入度为 0；删掉 4 节点后，节点 2 和节点 6 的入度都为 0，此时选择删去不同的节点，会得出不同的拓扑序列，分别处理完毕后可知可能的拓扑序列为 314265 和 314625。

【答案】故此题答案为 D。

8. **【考点】**数据结构；查找；散列(Hash)表。

【解析】本题考查散列表的相关知识，属于记忆性的题目。

产生堆积现象，即产生了冲突，它对存储效率、散列函数和装填因子均不会有影响，而平均查找长度会因为堆积现象而增大。

【答案】故此题答案为 D。

9. **【考点】**数据结构；查找；B 树及其基本操作、B＋树的基本概念。

【解析】本题考查B数的基本概念。

关键字数量不变，要求节点数量最多，那么即每个节点中含关键字的数量最少。根据4阶B树的定义，根节点最少含1个关键字，非根节点中最少含$\lceil 4/2 \rceil - 1 = 1$个关键字，所以每个节点中，关键字数量最少都为1个，即每个节点都有2个分支，类似与排序二叉树，而15个节点正好可以构造一个4层的4阶B树，使得叶节点全在第四层，符合B树定义。

【答案】故此题答案为D。

10. 【考点】数据结构；排序；希尔排序(Shell Sort)。

【解析】本题考查了希尔排序的相关知识。

首先，第二个元素为1，是整个序列中的最小元素，所以可知该希尔排序为从小到大排序。然后考虑增量问题，若增量为2，第1+2个元素4明显比第1个元素9要大，A排除；若增量为3，第i、$i+3$、$i+6$个元素都为有序序列($i=1,2,3$)，符合希尔排序的定义；若增量为4，第1个元素9比第1+4个元素7要大，C排除；若增量为5，第1个元素9比第1+5个元素8要大，D排除。

【答案】故此题答案为B。

11. 【考点】数据结构；排序；快速排序。

【解析】本题考查了快速排序的相关知识。

快排的阶段性排序结果的特点是，第i趟完成时，会有i个以上的数出现在它最终将要出现的位置，即它左边的数都比它小，它右边的数都比它大。题目问第二趟排序的结果，即要找不存在2个这样的数的选项。A选项中2、3、6、7、9均符合，所以A排除；B选项中，2、9均符合，所以B排除；D选项中5、9均符合，所以D选项排除；最后看C选项，只有9一个数符合，所以C不可能是快速排序第二趟的结果。

【答案】故此题答案为C。

12. 【考点】计算机组成原理；计算机系统概述；计算机性能指标。

【解析】本题考查计算机性能指标问题，涉及执行时间的运算。

不妨设原来指令条数为x，那么原CPI就为$20/x$，经过编译优化后，指令条数减少到原来的70%，即指令条数为$0.7x$，而CPI增加到原来的1.2倍，即$24/x$，那么现在P在M上的执行时间就为指令条数*CPI$=0.7x \times 24/x = 24 \times 0.7 = 16.8$(s)。

【答案】故此题答案为D。

13. 【考点】计算机组成原理；数据的表示和运算；运算方法和运算电路；加/减运算。

【解析】本题考查补码的相关知识，要求考生熟记补码的表示范围。

8位定点补码表示的数据范围为$-128 \sim 127$，若运算结果超出这个范围则会溢出，A选项$x+y=103-25=78$，符合范围，A排除；B选项$-x+y=-103-25=-128$，符合范围，B排除；D选项$-x-y=-103+25=-78$，符合范围，D排除；C选项$x-y=103+25=128$，超过了127。

【答案】故此题答案为C。

14. 【考点】计算机组成原理；数据的表示和运算；浮点数的表示和运算；浮点数的表示。

【解析】本题考查浮点数的表示。

根据 IEEE754 浮点数标准，可知(f_1)的数符为 1，阶码为 10011001，尾数为 1.001，而(f_2)的数符为 1，阶码为 01100001，尾数为 1.1，则可知两数均为负数，符号相同，B、D 排除，(f_1)的绝对值为 1.001×2^{26}，(f_2)的绝对值为 1.1×2^{-30}，则(f_1)的绝对值比(f_2)的绝对值大，而符号为负，真值大小相反，即(f_1)的真值比(f_2)的真值小，即$x<y$。

【答案】故此题答案为 A。

15. 【考点】计算机组成原理；存储器层次结构；半导体随机存取存储器；DRAM 存储器。

【解析】本题考查 DRAM 的相关知识。

4M×8 位的芯片数据线应为 8 根，地址线应为 $\log_2 4M=22$(根)，而 DRAM 采用地址复用技术，地址线是原来的 1/2，且地址信号分行、列两次传送。地址线数为 22/2＝11(根)，所以地址引脚与数据引脚的总数为 11＋8＝19(根)。

【答案】故此题答案为 A。

16. 【考点】计算机组成原理；存储器层次结构；高速缓冲存储器；Cache 的基本原理。

【解析】本题考查 Cache 的相关知识。

把指令 Cache 与数据 Cache 分离后，取指和取数分别到不同的 Cache 中寻找，那么指令流水线中取指部分和取数部分就可以很好地避免冲突，即减少了指令流水线的冲突。

【答案】故此题答案为 D。

17. 【考点】计算机组成原理；指令系统；寻址方式。

【解析】本题考查偏移量的取值范围。

采用 32 位定长指令字，其中操作码为 8 位，两个地址码一共占用 32－8＝24(位)，而 Store 指令的源操作数和目的操作数分别采用寄存器直接寻址和基址寻址，机器中共有 16 个通用寄存器，则寻址一个寄存器需要 $\log_2 16=4$(位)，源操作数中的寄存器直接寻址用掉 4 位，而目的操作数采用基址寻址也要指定一个寄存器，同样用掉 4 位，则留给偏移址的位数为 24－4－4＝16(位)，而偏移址用补码表示，16 位补码的表示范围为－32 768～＋32 767。

【答案】故此题答案为 A。

18. 【考点】计算机组成原理；指令系统；指令系统的基本概念。

【解析】本题考查微指令的相关知识，涉及断定法。考生需知道断定法在微指令中增加一个下地址字段，在该字段中直接给出下条微指令地址，因此也称为下地址字段法。这样，相当于每条都是转移微指令，即使不连续执行也没有关系。

计算机共有 32 条指令，各个指令对应的微程序平均为 4 条，则指令对应的微指令为 32×4＝128(条)，而公共微指令还有 2 条，整个系统中微指令的条数一共为 128＋2＝130(条)，所以需要$\lceil \log_2 130\rceil=8$(位)才能寻址到 130 条微指令。

【答案】故此题答案为 C。

19. 【考点】计算机组成原理；总线和输入/输出系统；总线；总线事务和定时。

【解析】本题考查总线传输的相关知识。

数据线有 32 根也就是一次可以传送 32bit/8＝4B 的数据，66MHz 意味着有

66M个时钟周期，而每个时钟周期传送两次数据，可知总线每秒传送的最大数据量为66M×2×4B=528MB，所以总线的最大数据传输率为528MB/s。

【答案】故此题答案为C。

20.【考点】计算机组成原理；总线和输入/输出系统；总线；总线事务和定时。

【解析】本题考查总线事务的相关知识。

猝发(突发)传输是在一个总线周期中，可以传输多个存储地址连续的数据，即一次传输一个地址和一批地址连续的数据，并行传输是在传输中有多个数据位同时在设备之间进行的传输，串行传输是指数据的二进制代码在一条物理信道上以位为单位按时间顺序逐位传输的方式，同步传输是指传输过程由统一的时钟控制。

【答案】故此题答案为C。

21.【考点】计算机组成原理；总线和输入/输出系统；I/O接口(I/O控制器)。

【解析】本题考查I/O接口的基本概念。

采用统一编址时，CPU访存和访问I/O端口用的是一样的指令，所以访存指令可以访问I/O端口，D选项错误，其他三个选项均为正确陈述。

【答案】故此题答案为D。

22.【考点】计算机组成原理；总线和输入/输出系统；I/O方式；程序中断方式。

【解析】本题考查中断处理的相关知识。

每400ns发出一次中断请求，而响应和处理时间为100ns，其中容许的延迟为干扰信息，因为在50ns内，无论怎么延迟，每400ns还是要花费100ns处理中断的，所以该设备的I/O时间占整个CPU时间的百分比为100ns/400ns=25%。

【答案】故此题答案为B。

23.【考点】操作系统；进程管理；CPU调度与上下文切换；调度的基本概念。

【解析】本题考查饥饿现象的相关知识。考生应知道，饥饿是指当等待时间给进程推进和响应带来明显影响的情况。

采用静态优先级调度时，当系统总是出现优先级高的任务时，优先级低的任务会总是得不到处理机而产生饥饿现象；而短作业优先调度不管是抢占式或是非抢占的，当系统总是出现新来的短任务时，长任务会总是得不到处理机，产生饥饿现象，因此B、C、D都错误。

【答案】故此题答案为A。

24.【考点】操作系统；进程管理；死锁；死锁的基本概念。

【解析】本题考查死锁的基本概念。

三个并发进程分别需要3、4、5台设备，当系统只有(3−1)+(4−1)+(5−1)=9台设备时，第一个进程分配2台，第二个进程分配3台，第三个进程分配4台。这种情况下，三个进程均无法继续执行下去，发生死锁。当系统中再增加1台设备，也就是总共10台设备时，这最后1台设备分配给任意一个进程都可以顺利执行完成，因此保证系统不发生死锁的最小设备数为10。

【答案】故此题答案为B。

25. 【考点】操作系统；进程管理；进程与线程；进程间通信。

【解析】本题考查用户态的相关知识。

trap指令、跳转指令和压栈指令均可以在用户态执行，其中trap指令负责由用户态转换成为内核态。而关中断指令为特权指令，必须在核心态才能执行。

【答案】故此题答案为D。

26. 【考点】操作系统；进程管理；进程与线程；进程间通信。

【解析】本题考查磁盘操作等相关概念。

进程申请读磁盘操作的时候，因为要等待I/O操作完成，会把自身阻塞，此时进程就变为了阻塞状态，当I/O操作完成后，进程得到了想要的资源，就会从阻塞态转换到就绪态(这是操作系统的行为)。而降低进程优先级、分配用户内存空间和增加进程的时间片大小都不一定会发生。

【答案】故此题答案为A。

27. 【考点】操作系统；文件管理；文件系统；外存空闲空间管理方法。

【解析】本题考查磁盘分区管理，还考查了考生对位图法的理解，考生首先需要知道位图的英文为bitmap，所谓位图法，就是用每一位来存放某种状态，适用于大规模数据，但数据状态又不是很多的情况。通常是用来判断某个数据存不存在的。

簇的总数为10GB/4KB=2.5M(簇)，用一位标识一簇是否被分配，则整个磁盘共需要2.5MB，即需要2.5MB/8=320KB，则共需要320KB/4KB=80(簇)。

【答案】故此题答案为A。

28. 【考点】操作系统；内存管理；虚拟内存管理；计算机组成原理；存储器层次结构；虚拟存储器；页式虚拟存储器。

【解析】本题考查虚拟存储器的相关概念。

虚实地址转换是指逻辑地址和物理地址的转换。增大快表容量能把更多的表项装入快表中，会加快虚实地址转换的平均速率；让页表常驻内存可以省去一些不在内存中的页表从磁盘上调入的过程，也能加快虚实地址变换；增大交换区对虚实地址变换速度无影响，因此Ⅰ、Ⅱ正确。

【答案】故此题答案为C。

29. 【考点】操作系统；文件管理；文件；文件的操作。

【解析】本题考查文件的操作。

一个文件被用户进程首次打开即被执行了Open操作，会把文件的FCB调入内存，而不会把文件内容读到内存中，只有进程希望获取文件内容的时候才会读入文件内容；C、D明显错误。

【答案】故此题答案为B。

30. 【考点】操作系统；内存管理；内存管理基础；页式管理；虚拟内存管理；页置换算法。

【解析】本题考查各页面置换算法的基础知识，考查考生的基本功。

只有FIFO算法会导致Belady异常。

【答案】故此题答案为 A。

31. **【考点】**操作系统；进程管理；进程与线程；进程与线程的组织与控制。

【解析】本题考查管道通信的基本知识。

管道实际上是一种固定大小的缓冲区，管道对于管道两端的进程而言，就是一个文件，但它不是普通的文件，它不属于某种文件系统，而是自立门户，单独构成一种文件系统，并且只存在于内存中。它类似于通信中半双工信道的进程通信机制，一个管道可以实现双向的数据传输，而同一个时刻只能最多有一个方向的传输，不能两个方向同时进行。管道的容量大小通常为内存上的一页，它的大小并不是受磁盘容量大小的限制。当管道满时，进程在写管道会被阻塞，而当管道空时，进程读管道会被阻塞。

【答案】故此题答案为 C。

32. **【考点】**操作系统；内存管理；虚拟内存管理；请求页式管理。

【解析】本题考查多级页表的相关知识。考生不仅需要记住多级页表的优点，也应该了解其缺点，如：多级页表在每一次访问的时候都要根据章目录找到页目录再找到具体的页，这导致访问内存的次数变多。

多级页表不仅不会加快地址的变换速度，还因为增加更多的查表过程，会使地址变换速度减慢；也不会减少缺页中断的次数，反而如果访问过程中多级的页表都不在内存中，会大大增加缺页的次数，也并不会减少页表项所占的字节数（详细解析参考下段），而多级页表能够减少页表所占的连续内存空间，即当页表太大时，将页表再分级，可以把每张页表控制在一页之内，减少页表所占的连续内存空间。

【答案】故此题答案为 D。

33. **【考点】**计算机网络；计算机网络概述；计算机网络体系结构；ISO/OSI 参考模型和 TCP/IP 模型。

【解析】本题考查 OSI 参考模型的有关知识，属于基础性题目。

直接为会话层提供服务的即会话层的下一层，是传输层。

【答案】故此题答案为 C。

34. **【考点】**计算机网络；数据链路层；数据链路层设备；以太网交换机及其工作原理。

【解析】本题考查帧的转发相关知识。

主机 00-e1-d5-00-23-a1 向 00-e1-d5-00-23-c1 发送数据帧时，交换机转发表中没有 00-e1-d5-00-23-c1 这项，所以向除 1 接口外的所有接口广播这帧，即 2、3 端口会转发这帧，同时因为转发表中并没有 00-e1-d5-00-23-a1 这项，所以转发表会把（目的地址 00-e1-d5-00-23-a1，端口 1）这项加入转发表。而当 00-e1-d5-00-23-c1 向 00-e1-d5-00-23-a1 发送确认帧时，由于转发表已经有 00-e1-d5-00-23-a1 这项，所以交换机只向 1 端口转发。

【答案】故此题答案为 B。

35. **【考点】**计算机网络；物理层；通信基础；奈奎斯特定理与香农定理。

【解析】本题考查信道传输速率的相关概念。

由香农定理可知，信噪比和频率带宽都可以限制信道的极限传输速率，所以信噪比和频率带宽对信道的数据传输速率是有影响的，A、B 错误；信道的传输速率实际上就是信号的发送速率，而调制速度也会直接限制数据的传输速率，C 错误；信号的传播速度是信号在信道上传播的速度，与信道的发送速率无关。

【答案】故此题答案为 D。

36.【考点】计算机网络；数据链路层；流量控制与可靠传输机制；后退 N 帧协议(GBN)。

【解析】本题考查后退 N 帧协议(GBN)的相关知识。

考虑制约甲的数据传输速率的因素，首先，信道带宽能直接制约数据的传输速率，传输速率一定是小于或等于信道带宽的；其次，主机甲乙之间采用后退 N 帧协议，那么因为甲乙主机之间采用后退 N 帧协议传输数据，要考虑发送一个数据到接收到它的确认之前，最多能发送多少数据，甲的最大传输速率受这两个条件的约束，所以甲的最大传输速率是这两个值中小的那一个。甲的发送窗口的尺寸为 1 000，即收到第一个数据的确认之前，最多能发送 1 000 个数据帧，也就是发送 1 000×1 000B＝1MB 的内容，而从发送第一个帧到接收到它的确认的时间是一个往返时延，也就是 50＋50＝100ms＝0.1s，即在 100ms 中，最多能传输 1MB 的数据，因此此时的最大传输速率为 1MB/0.1s＝10MB/s＝80Mbit/s。信道带宽为 100Mbit/s，所以答案为 min{80Mbit/s，100Mbit/s}＝80Mbit/s。

【答案】故此题答案为 C。

37.【考点】计算机网络；数据链路层；介质访问控制；信道划分。

【解析】本题考查 CDMA 共享链路的相关知识。

把收到的序列分成每 4 个数字一组，即为(2，0，2，0)、(0，－2，0，－2)、(0，2，0，2)，因为题目求的是 A 发送的数据，因此把这三组数据与 A 站的码片序列(1，1，1，1)做内积运算，结果分别是(2，0，2，0)·(1，1，1，1)/4＝1、(0，－2，0，－2)·(1，1，1，1)/4＝－1、(0，2，0，2)·(1，1，1，1)/4＝1，所以 C 接收到的 A 发送的数据是 101。

【答案】故此题答案为 B。

38.【考点】计算机网络；传输层；TCP；TCP 可靠传输。

【解析】本题考查 TCP 的相关知识，尤其是 TCP 连接。

当 t 时刻发生超时时，把 ssthresh 设为 8 的一半，即为 4，且拥塞窗口设为 1KB。然后经历 10 个 RTT 后，拥塞窗口的大小依次为 2、4、5、6、7、8、9、10、11、12，而发送窗口取当时的拥塞窗口和接收窗口的最小值，而接收窗口始终为 10KB，所以此时的发送窗口为 10KB。

【答案】故此题答案为 A。

39.【考点】计算机网络；传输层；UDP；UDP 校验。

【解析】本题考查 UDP 的相关知识。

UDP 提供的是无连接的服务，Ⅰ正确；同时 UDP 也提供复用/分用服务，Ⅱ正确；UDP 虽然有差错校验机制，但是 UDP 的差错校验只是检查数据在传输的过程中有没有出错，出错的数据直接丢弃，并没有重传等机制，不能保证可靠传输，使用 UDP 协议时，可靠传输必须由应用层实现，Ⅲ错误。

【答案】故此题答案为 B。

40.【考点】计算机网络；应用层；WWW；WWW 的概念与组成结构。

【解析】本题考查 Web 主页的相关知识。

当接入网络时可能会用到 PPP 协议，A 可能用到；而当计算机不知道某主机的

MAC 地址时，用 IP 地址查询相应的 MAC 地址时会用到 ARP，B 可能用到；而当访问 Web 网站时，若 DNS 缓冲没有存储相应域名的 IP 地址，用域名查询相应的 IP 地址时要使用 DNS 协议，而 DNS 是基于 UDP 的，所以 C 可能用到，SMTP 只有使用邮件客户端发送邮件，或是邮件服务器向别的邮件服务器发送邮件时才会用到，单纯的访问 Web 网页不可能用到。

【答案】故此题答案为 D。

三、综合应用题考点、解析及小结

41. **【考点】**数据结构；树与二叉树；二叉树的遍历；二叉树的顺序存储结构和链式存储结构。

【解析】本题考查二叉树的带权路径长度，二叉树的带权路径长度为每个叶节点的深度与权值之积的总和，可以使用先序遍历或层次遍历解决问题。

(1) 算法的基本设计思想。

① 基于先序递归遍历的算法思想是用一个 static 变量记录 wpl，把每个节点的深度作为递归函数的一个参数传递，算法步骤如下：

若该节点是叶节点，那么变量 wpl 加上该节点的深度与权值之积；若该节点非叶节点，那么若左子树不为空，对左子树调用递归算法，若右子树不为空，对右子树调用递归算法，深度参数均为本节点的深度参数加 1。

最后返回计算出的 wpl 即可。

② 基于层次遍历的算法思想是使用队列进行层次遍历，并记录当前的层数，当遍历到叶节点时，累计 wpl：

当遍历到非叶节点时对该节点的把该节点的子树加入队列；

当某节点为该层的最后一个节点时，层数自增 1；队列空时遍历结束，返回 wpl。

(2) 二叉树节点的数据类型定义如下。

```
typedef struct BiTNode{
int weight;
struct BiTNode *lchild,*rchild;
} BiTNode, *Bi Tree;
```

(3) 算法代码如下：

① 基于先序遍历的算法：

```
int WPL(BiTree root){
return wpl_PreOrder(root, 0);
}
int wpl_PreOrder(BiTree root, int deep){
static int wpl = 0;                                  //定义一个static 变量存储wpl
if(root->lchild == NULL && root->lchild == NULL)     //若为叶节点，累积wpl
wpl += deep *root->weight;
if(root->lchild != NULL)                             //若左子树不空，对左子树递归遍历
wpl_PreOrder(root->lchild, deep+1);
if(root->rchild != NULL)                             //若右子树不空，对右子树递归遍历
wpl_PreOrder(root->rchild, deep+1);
return wpl;
}
```

② 基于层次遍历的算法：

```
#define MaxSize 100                          // 设置队列的最大容量
int wpl_Leve1Order(BiTree root){
BiTree q [MaxSize];                          // 声明队列，cndl 为头指针，cnd2 为尾指针
int endl, end2;                              // 队列最多容纳 MaxSize–1个元素
endl = end2 = 0;                             //头指针指向队头元素，尾指针指向队尾的后一个元素

int wpl = 0, deep = 0;                       // 初始化wpl和深度
BiTree lastNode;                             // lastNode用来记录当前层的最后一个节点
BiTree newlastNode;                          // newlastNode用来记录下一层的最后一个节点
lastNode = root;                             // lastNode初始化为根节点
newlastNode = NULL;                          // newlastNode初始化为空
q[end2++] = root;                            // 根节点入队
while(endl != end2){                         // 层次遍历，若队列不空则循环
    BiTree t = q[endl++];                    // 拿出队列中的头一个元素
    if(t ->child==NULL & t->lchild = NULL){
        wpl += deep *t-> weight;
        }                                    // 若为叶节点，统计wpl
    if(t ->lchild != NULL)(                  // 若非叶节点把左节点入队
        q[end2++] = t->lchild;
        newlastNode = t->lchild;
        }                                    // 并设下一层的最后一个节点为该节点的左节点
    if(t ->rchild !=NULL){                   // 处理叶节点
        q[end2++] = t->rchild;
        newlastNode = t->rchild;
        }
    if(t == lastNode){                       // 若该节点为本层最后一个节点，更新lastNode
        lastNode = newlastNode;
        deep += 1;                           // 层数加 1
        }
    }
return wpl;                                  // 返回wpl
}
```

【小结】考查二叉树的带权路径长度，二叉树的带权路径长度为每个叶节点的深度与权值之积的总和，可以使用先序遍历或层次遍历解决问题。

42.【考点】数据结构；图；计算机网络；网络层；路由协议。

【解析】本题考查在给出具体模型时，数据结构的应用。该题很多考生乍看以为是网络的题目，其实题本身并没有涉及太多的网络知识点，只是应用了网络的模型，实际上考查的还是数据结构的内容，比如拓扑结构，链表等知识点。

（1）图题中给出的是一个简单的网络拓扑图，可以抽象为无向图。

（2）链式存储结构的如图 12-1 所示。

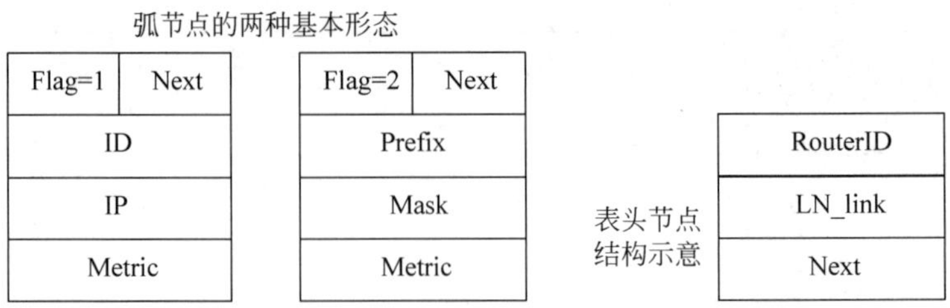

弧节点的两种基本形态

Flag=1	Next
ID	
IP	
Metric	

Flag=2	Next
Prefix	
Mask	
Metric	

表头节点结构示意

RouterID
LN_link
Next

图 12-1

其数据类型定义如下。

```
typedef struct{
unsigned int ID, IP;
JLinkNode;                              // Link的结构
typedef struct {
unsigned int Prefix, Mask;
} NetNode;                              // Net的结构
typedef struct Node {
int Flag;                               // Flag=l为Link;Flag=2 为Net
union {
        LinkNode Lnode;
        NetNode Nnode
}LinkORNet;
unsigned int Metric;
struct Node *next;
}ArcNode;                               //弧节点
typedef struct
HNode{ unsigned int
RouterlD; ArcNode
*LN_link; Struct
HNode *next;
}HNODE;                                 //表头节点
```

对应图 12-2 的链式存储结构示意图如下。

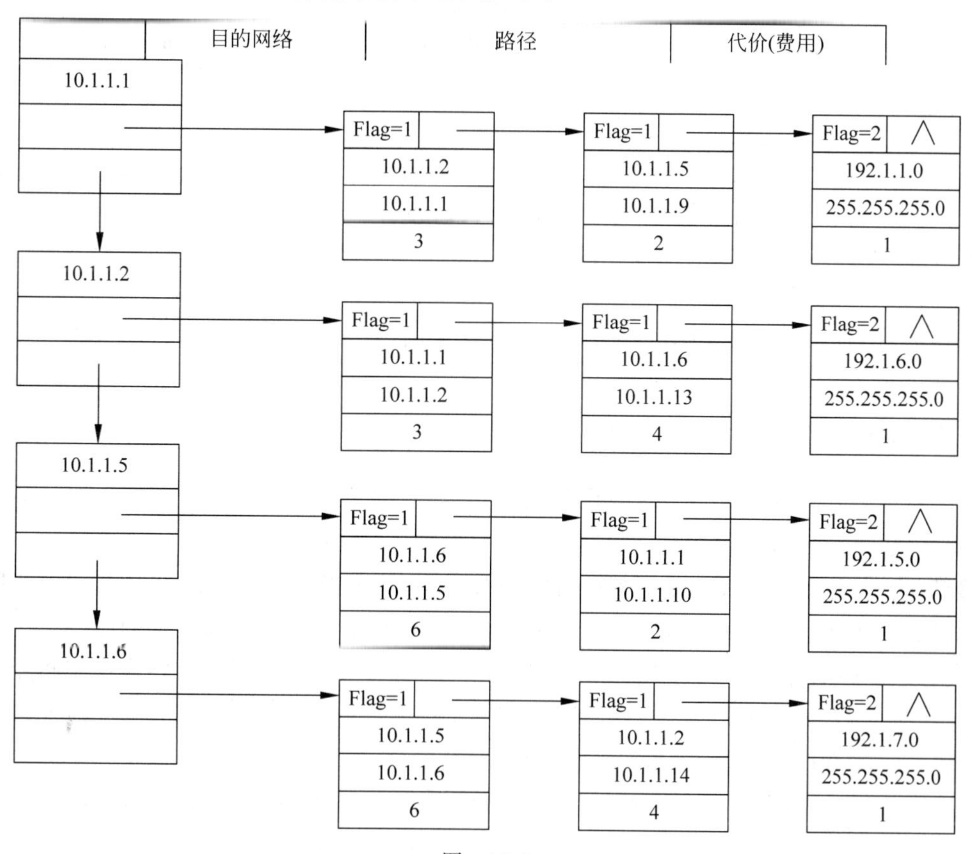

图　12-2

(3) 计算结果如表 12-1 所示。

表 12-1

步骤 1	192.1.1.0/24	直 接 到 达	1
步骤 2	192.1.5.0/24	R1→R3→192.1.5.0/24	3
步骤 3	192.1.6.0/24	R1→R2→192.1.6.0/24	4
步骤 4	192.1.7.0/24	R1→R2→R4T→192.1.7.0/24	8

【小结】考查在给出具体模型时,数据结构的应用。该题很多考生乍看以为是网络的题目,其实题本身并没有涉及太多的网络知识点,只是应用了网络的模型,实际上考查的还是数据结构的内容。

43. **【考点】**计算机网络;网络层;IPv4;IPv4 地址与 NAT;网络层设备;路由表与分组转发。

【解析】本题是上一题的延续,考查的更多是计算机网络的知识,比如第一问考查了路由聚合,第二问考查了 IP 分组等。

(1) 因为题目要求路由表中的路由项尽可能少,所以这里可以把子网 192.1.6.0/24 和 192.1.7.0/24 聚合为子网 192.1.6.0/23。其他网络照常,可得到路由表 12-2。

表 12-2

目的网络	下一跳	接口
192.1.1.0/24	—	E0
192.1.6.0/23	10.1.1.2	L0
192.1.5.0/24	10.1.1.10	L1

(2) 通过查路由表可知:R1 通过 L0 接口转发该 IP 分组。

因为该分组要经过 3 个路由器(R1、R2、R4),所以主机 192.1.7.211 收到的 IP 分组的 TTL 是 64－3＝61。

(3) R1 的 LSI 需要增加一条特殊的直连网络,网络前缀 Prefix 为"0.0.0.0/0",Metric 为 10。

【小结】本题考查计算机网络的通信原理。

44. **【考点】**计算机组成原理;指令系统;指令系统的基本概念;中央处理器(CPU);指令流水线;结构冒险、数据冒险和控制冒险的处理;存储器层次结构。

【解析】本题是计算机组成原理科目的综合题型,涉及指令系统、存储管理以及 CPU 部分内容,考生应注意各章节内容之间的联系,才能更好地把握当前考试的趋势。

(1) 已知计算机 M 采用 32 位定长指令字,即一条指令占 4B,观察表中各指令的地址可知,每条指令的地址差为 4 个地址单位,即 4 个地址单位代表 4B,一个地址单位就代表了 1B,所以该计算机是按字节编址的。

(2) 在二进制中某数左移二位相当于已乘 4,由该条件可知,数组间的数据间隔为 4 个地址单位,而计算机按字节编址,所以数组 A 中每个元素占 4B。

(3) 由表可知,bne 指令的机器代码为 1446FFFAH,根据题目给出的指令格式,后 2B 的内容为 OFFSET 字段,所以该指令的 OFFSET 字段为 FFFAH,用补码表示,值为－6。

当系统执行到 bne 指令时，PC 自动加 4，PC 的内容就为 08048118H，而跳转的目标是 080481 OOH，两者相差了 18H，即 24 个单位的地址间隔，所以偏移址的一位即是真实跳转地址的－24/－6＝4 位。

可知 bne 指令的转移目标地址计算公式为(PC)＋4＋OFFSET * 4。

(4) 由于数据相关而发生阻塞的指令为第 2、3、4、6 条，因为第 2、3、4、6 条指令都与各自前一条指令发生数据相关。

第 6 条指令会发生控制冒险。

当前循环的第 5 条指令与下次循环的第一条指令虽然有数据相关，但由于第 6 条指令后有 3 个时钟周期的阻塞，因而消除了该数据相关。

【小结】该题为计算机组成原理科目的综合题型，涉及指令系统、存储管理以及 CPU 3 部分内容，考生应注意各章节内容之间的联系，才能更好地把握当前考试的趋势。

45. **【考点】**计算机组成原理；存储器层次结构；虚拟存储器；页式虚拟存储器；高速缓冲存储器；Cache 和主存之间的映射方式。

【解析】该题继承了上题中的相关信息，统考中首次引入此种设置，具体考查到程序的运行结果、Cache 的大小和命中率的计算以及磁盘和 TLB 的相关计算，是一种比较综合的题型。

(1) R2 里装的是 i 的值，循环条件是 $i<N$(1 000)，即当 i 自增到不满足这个条件时跳出循环，程序结束，所以此时 i 的值为 1 000。

(2) Cache 共有 16 行，每块 32 字节，所以 Cache 数据区的容量为 16×32B＝512B。

P 共有 6 条指令，占 24 字节，小于主存块大小(32B)，其起始地址为 0804 8100H，对应一块的开始位置，由此可知，所有指令都在一个主存块内。读取第一条指令时会发生 Cache 缺失，故将 P 所在的主存块调入 Cache 某一行，以后每次读取指令时，都能在指令 Cache 中命中。因此在 1 000 次循环中，只会发生 1 次指令访问缺失，所以指令 Cache 的命中率为 1 000×6－1/(1 000×6)＝99.98%。

(3) 指令 4 为加法指令，即对应 sum＋＝A[i]，当数组 A 中元素的值过大时，则会导致这条加法指令发生溢出异常；而指令 2、5 虽然都是加法指令，但它们分别为数组地址的计算指令和存储变量 i 的寄存器进行自增的指令，而 i 最大到达 1 000，所以它们都不会产生溢出异常。

只有访存指令可能产生缺页异常，即指令 3 可能产生缺页异常。

因为数组 A 在磁盘的一页上，而一开始数组并不在主存中，第一次访问数组时会导致访盘，把 A 调入内存，而以后数组 A 的元素都在内存中，则不会导致访盘，所以该程序一共访盘一次。

每访问一次内存数据就会查 TLB 一次，共访问数组 1 000 次，所以此时又访问 TLB 1 000 次，还要考虑到第一次访问数组 A，即访问 A[0]时，会多访问一次 TLB(第一次访问 A[0]会先查一次 TLB，然后产生缺页，处理完缺页中断后，会重新访问 A[0]，此时又查 TLB)，所以访问 TLB 的次数一共是 1 001 次。

【小结】该题继承了上题中的相关信息，统考中首次引入此种设置，具体考查到程序的运行结果、Cache的大小和命中率的计算以及磁盘和TLB的相关计算，是一种比较综合的题型。

46. 【考点】操作系统；文件管理；文件系统；外存空闲空间管理方法；文件的操作。

【解析】本题考查文件系统中，记录的插入问题。题目本身比较简单，考生需要区分顺序分配方式和连接分配方式的区别。

(1) 系统采用顺序分配方式时，插入记录需要移动其他的记录块，整个文件共有200条记录，要插入新记录作为第30条，而存储区前后均有足够的磁盘空间，且要求最少的访问存储块数，则要把文件前29条记录前移，若算访盘次数移动一条记录读出和存回磁盘各是一次访盘，29条记录共访盘58次，存回第30条记录访盘1次，共访盘59次。

F的文件控制区的起始块号和文件长度的内容会因此改变。

(2) 文件系统采用链接分配方式时，插入记录并不用移动其他记录，只需找到相应的记录，修改指针即可。插入的记录为其第30条记录，那么需要找到文件系统的第29块，一共需要访盘29次，然后把第29块的下块地址部分赋给新块，把新块存回内存会访盘1次，然后修改内存中第29块的下块地址字段，再存回磁盘，一共访盘31次。

4B共32位，可以寻址2^{32}=4G块存储块，每块的大小为1KB，即1 024B，其中下块地址部分占4B，数据部分占1 020B，那么该系统的文件最大长度是4G×1 020B=4 080GB。

【小结】考查文件系统中，记录的插入问题。题目本身比较简单，考生应该掌握区分顺序分配方式和连接分配方式的区别。

47. 【考点】操作系统；进程管理；CPU调度与上下文切换；调度的基本概念；同步与互斥；经典同步问题。

【解析】本题是典型的生产者和消费者问题，只对典型问题加了一个条件，只需在标准模型上新加一个信号量，即可完成指定要求。

设置4个变量mutex1、mutex2、empty和full，mutex1用于一个控制一个消费者进程一个周期(10次)内对于缓冲区的控制，初值为1，mutex2用于进程单次互斥的访问缓冲区，初值为1，empty代表缓冲区的空位数，初值为0，full代表缓冲区的产品数，初值为1000，具体进程的描述如下。

```
semaphore mutex1=1;
semaphore mutex2=l;
semaphore empty=n;
semaphore full=0;
producer(){
    while(l){
        生产一个产品；
        P(empty);                // 判断缓冲区是否有空位
        P(mutex2);               // 互斥访问缓冲区
        把产品放入缓冲区；
        V(mutex2);               // 互斥访问缓冲区
        V(full);                 // 产品的数量加1
    }
}

Consumer(){
```

```
while(l){
    P(mutexl)                      // 连续取10 次
        for(int i = 0; i <= 10; ++i){
            P(full)   ;            // 判断缓冲区是否有产品
            P(mutex2);             // 互斥访问缓冲区
            从缓冲区取出一件产品;
            V(mutex2);             // 互斥访问缓冲区
            V(empty);              // 腾出一个空位
            消费这件产品;
        }
    V(mutex1)
    }
}
```

【小结】这是典型的生产者和消费者问题，只对典型问题加了一个条件，只需在标准模型上新加一个信号量，即可完成指定要求。

2015年全国硕士研究生招生考试计算机学科专业基础试题

一、**单项选择题**：1～40小题，每小题2分，共80分。下列每题给出的四个选项中，只有一个选项是最符合题目要求的。

1. 已知程序如下：

```
int S(int n)
{   return(n<=0)?0: s(n-1)+n;      }
void main( )
{   cout << S(1);      }
```

程序运行时使用栈来保存调用过程的信息，自栈底到栈顶保存的信息依次对应的是(　　)。

A. main()→S(1)→S(0)　　B. S(0)→S(1)→main()

C. main()→S(0)→S(1)　　D. S(1)→S(0)→main()

2. 先序序列为a,b,c,d的不同二叉树的个数是(　　)。

A. 13　　B. 14　　C. 15　　D. 16

3. 下列选项给出的是从根分别到达两个叶节点路径上的权值序列，属于同一棵哈夫曼树的是(　　)。

A. 24,10,5和24,10,7　　B. 24,10,5和24,12,7

C. 24,10,10和24,14,11　　D. 24,10,5和24,14,6

4. 现有一棵无重复关键字的平衡二叉树(AVL树)，对其进行中序遍历可得到一个降序序列。下列关于该平衡二叉树的叙述中，正确的是(　　)。

A. 根节点的度一定为2　　B. 树中最小元素一定是叶节点

C. 最后插入的元素一定是叶节点　　D. 树中最大元素一定无左子树

5. 设有向图$G=(V,E)$，顶点集发$V=\{v_0,v_1,v_2,v_3\}$，边集E：$\{<v_0,v_1>,<v_0,v_2>,<v_0,v_3>,<v_1,v_3>\}$。若从顶点$v_0$开始对图进行深度优先遍历，则可能得到的不同遍历序列个数是(　　)。

A. 2　　B. 3　　C. 4　　D. 5

6. 求如图 13-1 的带权图的最小(代价)生成树时，可能是克鲁斯卡尔(Kruskal)算法第 2 次选中但不是普里姆(Prim)算法(从 v_4 开始)第 2 次选中的边是(　　)。

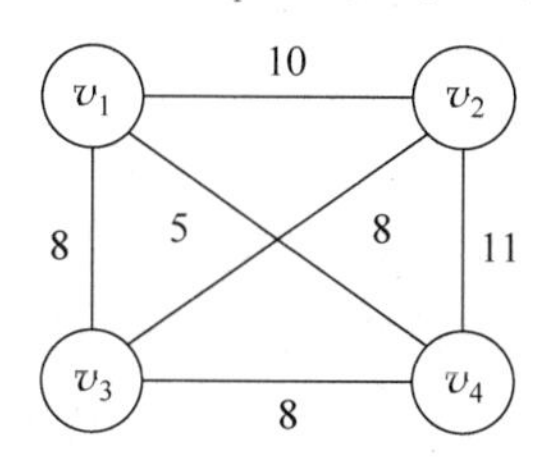

图　13-1

A. (v_1, v_3)　　B. (v_1, v_4)　　C. (v_2, v_3)　　D. (v_3, v_4)

7. 下列选项中，不能构成折半查找中关键字比较序列的是(　　)。

A. 500,200,450,180　　B. 500,450,200,180

C. 180,500,200,450　　D. 180,200,500,450

8. 已知字符串 s 为“abaabaabacacaabaabcc”，模式串 t 为“abaabc”。采用 KMP 算法进行匹配，第一次出现“失配”(s[i] ≠ t[j])时，$i=j=5$，则下次开始匹配时，i 和 j 的值分别是(　　)。

A. $i=1, j=0$　　B. $i=5, j=0$

C. $i=5, j=2$　　D. $i=6, j=2$

9. 下列排序算法中，元素的移动次数与关键字的初始排列次序无关的是(　　)。

A. 直接插入排序　　B. 起泡排序　　C. 基数排序　　D. 快速排序

10. 已知小根堆为 8,15,10,21,34,16,12，删除关键字 8 之后需重建堆，在此过程中，关键字之间的比较次数是(　　)。

A. 1　　B. 2　　C. 3　　D. 4

11. 希尔排序的组内排序采用的是(　　)。

A. 直接插入排序　　B. 折半插入排序

C. 快速排序　　D. 归并排序

12. 计算机硬件能够直接执行的是(　　)。

Ⅰ. 机器语言程序　　Ⅱ. 汇编语言程序　　Ⅲ. 硬件描述语言程序

A. 仅Ⅰ　　B. 仅Ⅰ、Ⅱ　　C. 仅Ⅰ、Ⅲ　　D. Ⅰ、Ⅱ、Ⅲ

13. 由 3 个“1”和 5 个“0”组成的 8 位二进制补码，能表示的最小整数是(　　)。

A. −126　　B. −125　　C. −32　　D. −3

14. 下列有关浮点数加减运算的叙述中，正确的是(　　)。

Ⅰ. 对阶操作不会引起阶码上溢或下溢

Ⅱ. 右规和尾数舍入都可能引起阶码上溢

Ⅲ. 左规时可能引起阶码下溢

Ⅳ. 尾数溢出时结果不一定溢出

A. 仅Ⅱ、Ⅲ　　B. 仅Ⅰ、Ⅱ、Ⅳ　　C. 仅Ⅰ、Ⅱ、Ⅲ　　D. Ⅰ、Ⅱ、Ⅲ、Ⅳ

15. 假定主存地址为32位，按字节编址，主存和Cache之间采用直接映射方式，主存块大小为4个字，每字32位，采用回写(Write Back)方式，则能存放4K字数据的Cache的总容量的位数至少是(   )。

A. 146K　　B. 147K　　C. 148K　　D. 158K

16. 假定编译器将赋值语句“x=x+3;”转换为指令“add xaddr,3”，其中，xaddr是x对应的存储单元地址。若执行该指令的计算机采用页式虚拟存储管理方式，并配有相应的TLB，且Cache使用直写(Write Through)方式，则完成该指令功能需要访问主存的次数至少是(   )。

A. 0　　B. 1　　C. 2　　D. 3

17. 下列存储器中，在工作期间需要周期性刷新的是(   )。

A. SRAM　　B. SDRAM　　C. ROM　　D. FLASH

18. 某计算机使用4体交叉编址存储器，假定在存储器总线上出现的主存地址(十进制)序列为8 005,8 006,8 007,8 008,8 001,8 002,8 003,8 004,8 000，则可能发生访存冲突的地址对是(   )。

A. 8 004和8 008　　B. 8 002和8 007　　C. 8 001和8 008　　D. 8 000和8 004

19. 下列有关总线定时的叙述中，错误的是(   )。

A. 异步通信方式中，全互锁协议的速度最慢

B. 异步通信方式中，非互锁协议的可靠性最差

C. 同步通信方式中，同步时钟信号可由各设备提供

D. 半同步通信方式中，握手信号的采样由同步时钟控制

20. 若磁盘转速为7 200转/分，平均寻道时间为8ms，每个磁道包含1 000个扇区，则访问一个扇区的平均存取时间大约是(   )。

A. 8.1ms　　B. 12.2ms　　C. 16.3ms　　D. 20.5ms

21. 在采用中断I/O方式控制打印输出的情况下，CPU和打印控制接口中的I/O端口之间交换的信息不可能是(   )。

A. 打印字符　　B. 主存地址　　C. 设备状态　　D. 控制命令

22. 内部异常(内中断)可分为故障(Fault)、陷阱(Trap)和终止(Abort)三类。下列有关内部异常的叙述中，错误的是(   )。

A. 内部异常的产生与当前执行指令相关

B. 内部异常的检测由CPU内部逻辑实现

C. 内部异常的响应发生在指令执行过程中

D. 内部异常处理后返回到发生异常的指令继续执行

23. 处理外部中断时，应该由操作系统保存的是(   )。

A. 程序计数器(PC)的内容　　B. 通用寄存器的内容

C. 快表(TLB)中的内容　　D. Cache中的内容

24. 假定下列指令已装入指令寄存器，则执行时不可能导致CPU从用户态变为内核态(系

统态)的是(　　)。

A. DIV R0,R1　　　　;(R0)/(R1)→R0

B. INT n　　　　　　;产生软中断

C. NOT R0　　　　　;寄存器 R0 的内容取非

D. MOV R0,addr　　;把地址 addr 处的内存数据放入寄存器 R0 中

25. 下列选项中,会导致进程从执行态变为就绪态的事件是(　　)。

A. 执行 P(wait)操作　　B. 申请内存失败

C. 启动 I/O 设备　　D. 被高优先级进程抢占

26. 若系统 S1 采用死锁避免方法,S2 采用死锁检测方法。下列叙述中,正确的是(　　)。

Ⅰ. S1 会限制用户申请资源的顺序,而 S2 不会

Ⅱ. S1 需要进程运行所需资源总量信息,而 S2 不需要

Ⅲ. S1 不会给可能导致死锁的进程分配资源,而 S2 会

A. 仅Ⅰ、Ⅱ　　B. 仅Ⅱ、Ⅲ　　C. 仅Ⅰ、Ⅲ　　D. Ⅰ、Ⅱ、Ⅲ

27. 系统为某进程分配了 4 个页框,该进程已访问的页号序列为 2,0,2,9,3,4,2,8,2,4,8,4,5。若进程要访问的下一页的页号为 7,依据 LRU 算法,应淘汰页的页号是(　　)。

A. 2　　B. 3　　C. 4　　D. 8

28. 在系统内存中设置磁盘缓冲区的主要目的是(　　)。

A. 减少磁盘 I/O 次数　　B. 减少平均寻道时间

C. 提高磁盘数据可靠性　　D. 实现设备无关性

29. 在文件的索引节点中存放直接索引指针 10 个,一级和二级索引指针各 1 个。磁盘块大小为 1KB,每个索引指针占 4 字节。若某文件的索引节点已在内存中,则把该文件偏移量(按字节编址)为 1 234 和 307 400 处所在的磁盘块读入内存,需访问的磁盘块个数分别是(　　)。

A. 1、2　　B. 1、3　　C. 2、3　　D. 2、4

30. 在请求分页系统中,页面分配策略与页面置换策略不能组合使用的是(　　)。

A. 可变分配,全局置换　　B. 可变分配,局部置换

C. 固定分配,全局置换　　D. 固定分配,局部置换

31. 文件系统用位图法表示磁盘空间的分配情况,位图存于磁盘的 32～127 号块中,每个盘块占 1 024 字节,盘块和块内字节均从 0 开始编号。假设要释放的盘块号为 409 612,则位图中要修改的位所在的盘块号和块内字节序号分别是(　　)。

A. 81、1　　B. 81、2　　C. 82、1　　D. 82、2

32. 某硬盘有 200 个磁道(最外侧磁道号为 0),磁道访问请求序列为 130,42,180,15,199,当前磁头位于第 58 号磁道并从外侧向内侧移动。按照 SCAN 调度方法处理完上述请求后,磁头移过的磁道数是(　　)。

A. 208　　B. 287　　C. 325　　D. 382

33. 通过 POP3 协议接收邮件时,使用的传输层服务类型是(　　)。

A. 无连接不可靠的数据传输服务
B. 无连接可靠的数据传输服务
C. 有连接不可靠的数据传输服务
D. 有连接可靠的数据传输服务

34. 使用两种编码方案对比特流 01100111 进行编码的结果如图 13-2 所示，编码 1 和编码 2 分别是(　　)。

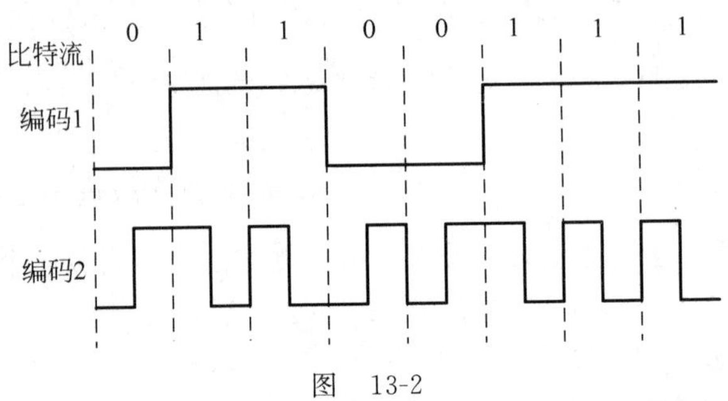

图　13-2

A. NRZ 和曼彻斯特编码
B. NRZ 和差分曼彻斯特编码
C. NRZI 和曼彻斯特编码
D. NRZI 和差分曼彻斯特编码

35. 主机甲通过 128kbit/s 卫星链路，采用滑动窗口协议向主机乙发送数据，链路单向传播延迟为 250ms，帧长为 1 000B。不考虑确认帧的开销，为使链路利用率不小于 80%，帧序号的比特数至少是(　　)。

A. 3　　B. 4　　C. 7　　D. 8

36. 下列关于 CSMA/CD 协议的叙述中，错误的是(　　)。

A. 边发送数据帧，边检测是否发生冲突
B. 适用于无线网络，以实现无线链路共享
C. 需要根据网络跨距和数据传输速率限定最小帧长
D. 当信号传播延迟趋近 0 时，信道利用率趋近 100%

37. 下列关于交换机的叙述中，正确的是(　　)。

A. 以太网交换机本质上是一种多端口网桥
B. 通过交换机互连的一组工作站构成一个冲突域
C. 交换机每个端口所连网络构成一个独立的广播域
D. 以太网交换机可实现采用不同网络层协议的网络互联

38. 某路由器的路由表如表 13-1 所示。

表　13-1

目的网络	下一跳	接口
169.96.40.0/23	176.1.1.1	S1
169.96.40.0/25	176.2.2.2	S2
169.96.40.0/27	176.3.3.3	S3
0.0.0.0/0	176.4.4.4	S4

若路由器收到一个目的地址为 169.96.40.5 的 IP 分组，则转发该 IP 分组的接口是(　　)。

A. S1　　B. S2　　C. S3　　D. S4

39. 主机甲和主机乙新建一个 TCP 连接，甲的拥塞控制初始阈值为 32KB，甲向乙始终以 MSS=1KB 大小的段发送数据，并一直有数据发送；乙为该连接分配 16KB 接收缓存，并对每个数据段进行确认，忽略段传输延迟。若乙收到的数据全部存入缓存，不被取走，则甲从连接建立成功时刻起，未发生超时的情况下，经过 4 个 RTT 后，甲的发送窗口是(　　)。

A. 1KB　　B. 8KB　　C. 16KB　　D. 32KB

40. 某浏览器发出的 HTTP 请求报文如下：

```
GET/index.html HTTP/1.1
Host: www.test.edu.cn
Connection : Close
Cookie: 123456
```

下列叙述中，**错误**的是(　　)。

A. 该浏览器请求浏览 index.html　　B. index.html 存放在 www.test.edu.cn 上
C. 该浏览器请求使用持续连接　　D. 该浏览器曾经浏览过 www.test.edu.cn

二、综合应用题：第 41～47 小题，共 70 分。

41. (15 分) 用单链表保存 m 个整数，节点的结构为 [data | link]，且 $|data| \leqslant n$（n 为正整数）。现要求设计一个时间复杂度尽可能高效的算法，对于链表中 data 的绝对值相等的节点，仅保留第一次出现的节点而删除其余绝对值相等的节点。例如，若给定的单链表 head 如下(见图 13-3)：

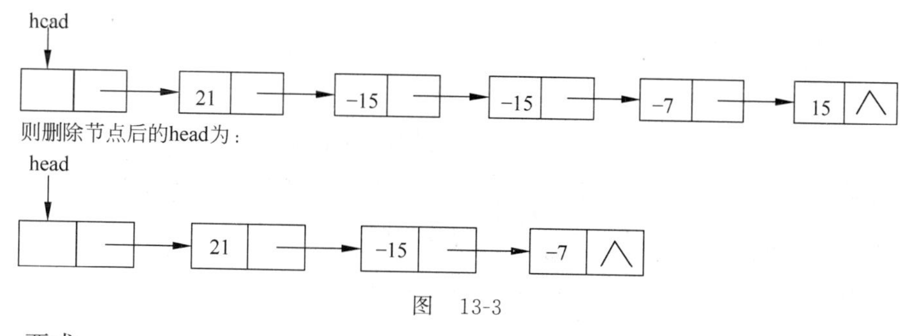

图　13-3

要求：

(1) 给出算法的基本设计思想。
(2) 使用 C 或 C++语言，给出单链表节点的数据类型定义。
(3) 根据设计思想，采用 C 或 C++语言描述算法，关键之处给出注释。
(4) 说明你所设计算法的时间复杂度和空间复杂度。

42. (8 分) 已知含有 5 个顶点的图 G 如图 13-4 所示。

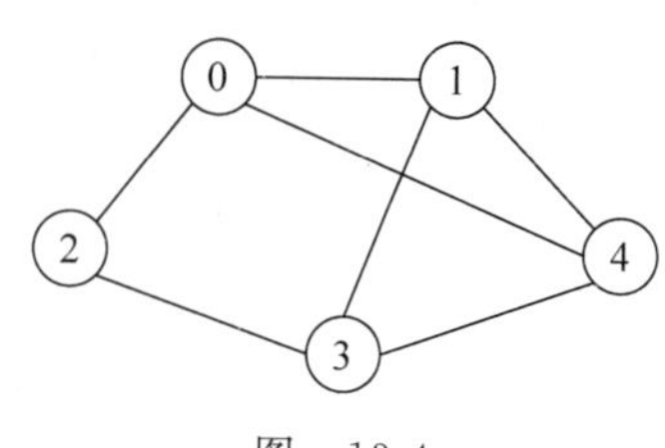

图　13-4

请回答下列问题。

(1) 写出图 G 的邻接矩阵 $\boldsymbol{A}$(行、列下标均从 0 开始)。

(2) 求 $\boldsymbol{A}^2$,矩阵 $\boldsymbol{A}^2$ 中位于 0 行 3 列元素值的含义是什么?

(3) 若已知具有 $n(n\geqslant 2)$个顶点的图的邻接矩阵为 $\boldsymbol{B}$,则 $\boldsymbol{B}^m(2\leqslant m\leqslant n)$中非零元素的含义是什么?

43. (13 分) 某 16 位计算机的主存按字节编址,存取单位为 16 位;采用 16 位定长指令字格式;CPU 采用单总线结构,主要部分如图 13-4 所示。图中 R0～R3 为通用寄存器;T 为暂存器;SR 为移位寄存器,可实现直送(mov)、左移一位(left)和右移一位(right) 3 种操作,控制信号为 SRop,SR 的输出由信号 SRout 控制;ALU 可实现直送 A(mova)、A 加 B(add)、A 减 B(sub)、A 与 B(and)、A 或 B(or)、非 A(not)、A 加 1(inc) 7 种操作,控制信号为 ALUop。

请回答下列问题。

(1) 图 13-5 中哪些寄存器是程序员可见的?为何要设置暂存器 T?

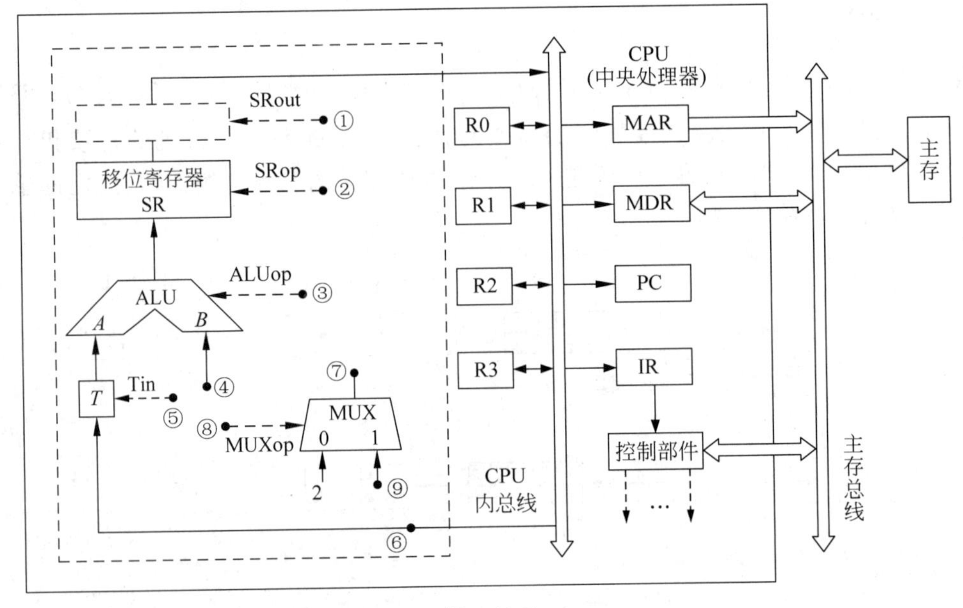

图 13-5

(2) 控制信号 ALUop 和 SRop 的位数至少各是多少?

(3) 控制信号 SRout 所控制部件的名称或作用是什么?

(4) 端点①～⑨中,哪些端点需连接到控制部件的输出端?

(5) 为完善单总线数据通路,需要在端点①～⑨中相应的端点之间添加必要的连线。写出连线的起点和终点,以正确表示数据的流动方向。

(6) 为什么二路选择器 MUX 的一个输入端是 2?

44. (10 分) 题 43 中描述的计算机,其部分指令执行过程的控制信号如图 13-6(a)所示。

该机指令格式如图 13-6(b)所示,支持寄存器直接和寄存器间接两种寻址方式,寻址方式位分别为 0 和 1,通用寄存器 R0～R3 的编号分别为 0、1、2 和 3。

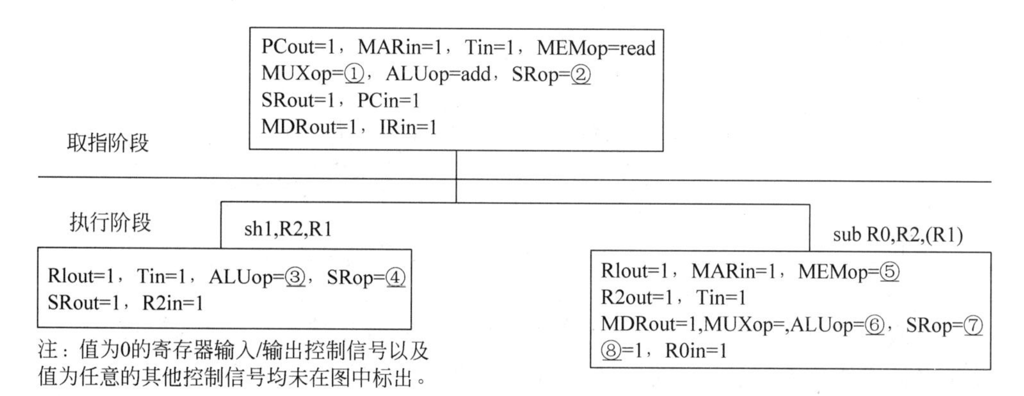

(a) 部分指令的控制信号

指令操作码	目的操作数		源操作数1		源操作数2	
OP	Md	Rd	Ms1	Rs1	Ms2	Rs2

其中：Md、Ms1、Ms2为寻址方式位，Rd、Rs1、Rs2为寄存器编号。

三地址指令：源操作数1；OP源操作数2→目的操作数地址

二地址指令(末3位均为0)；OP源操作数1→目的操作数地址

单地址指令(末6位均为0)；OP目的操作数→目的操作数地址

(b) 指令格式

图　13-6

请回答下列问题。

(1) 该机的指令系统最多可定义多少条指令?

(2) 假定 inc、shl 和 sub 指令的操作码分别为 01H、02H 和 03H，则以下指令对应的机器代码各是什么?

① inc R1	; (Rl)+1→R1
② shl R2, R1	; (R1)<<1→R2
③ sub R3, (R1), R2	; ((R1))-(R2) →R3

(3) 假设寄存器 x 的输入和输出控制信号分别记为 Xin 和 Xout，其值为 1 表示有效，为 0 表示无效(例如，PCout=1 表示 PC 内容送总线)；存储器控制信号为 MEMop，用于控制存储器的读(Read)和写(Write)操作。写出图 13-6(a)中标号①～⑧处的控制信号或控制信号取值。

(4) 指令“sub R1，R3，(R2)”和“inc R1”的执行阶段至少各需要多少个时钟周期?

45. (9 分) 有 A、B 两人通过信箱进行辩论，每个人都从自己的信箱中取得对方的问题，将答案和向对方提出的新问题组成一个邮件放入对方的信箱中。假设 A 的信箱最多放 M 个邮件，B 的信箱最多放 N 邮件。初始时 A 的信箱中有 x 个邮件($0<x<M$)，B 的信箱中有 y 个邮件($0<y<N$)。辩论者每取出一个邮件，邮件数减 1。A 和 B 两人的操作过程描述如下：

CoBegin

A{
while(TRUE){
从A的信箱中取出一个邮件;
回答问题并提出一个新问题;
将新邮件放入B的信箱;
}
}
	B{
	while(TRUE){
	从B的信箱中取出一个邮件;
	回答问题并提出一个新问题;
	将新邮件放入A的信箱;
	}
	}

CoEnd

当信箱不为空时，辩论者才能从信箱中取邮件，否则等待。当信箱不满时，辩论者才能将新邮件放入信箱，否则等待。请添加必要的信号量和 P、V(或 wait、signal)操作，以实现上述过程的同步。要求写出完整的过程，并说明信号量的含义和初值。

46. (6 分)某计算机系统按字节编址，采用二级页表的分页存储管理方式，虚拟地址格式如图 13-7 所示。

10位	10位	12位
页目录号	页表索引	页内偏移量

图　13-7

请回答下列问题。

(1) 页和页框的大小各为多少字节？进程的虚拟地址空间大小为多少页？

(2) 假定页目录项和页表项均占 4 字节，则进程的页目录和页表共占多少页？要求写出计算过程。

(3) 某指令周期内访问的虚拟地址为 0100 0000H 和 0111 2048H，则进行地址转换时共访问多少个二级页表？要求说明理由。

47. (9 分)某网络拓扑如图 13-8 所示，其中路由器内网接口、DHCP 服务器、WWW 服务器

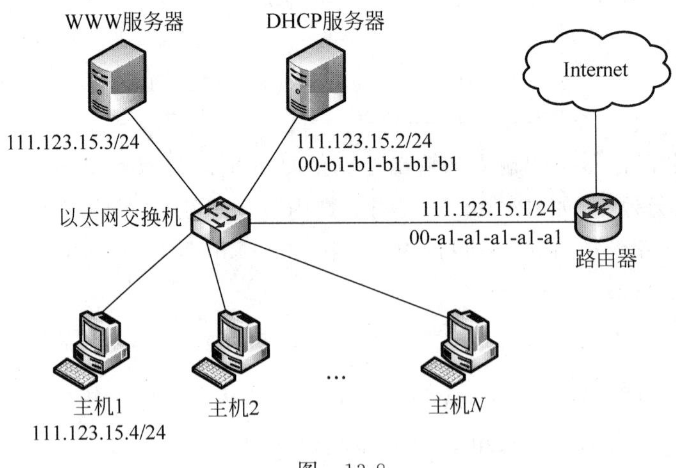

图　13-8

与主机 1 均采用静态 IP 地址配置，相关地址信息见图中标注；主机 2～主机 N 通过 DHCP 服务器动态获取 IP 地址等配置信息。

请回答下列问题。

(1) DHCP 服务器可为主机 2～主机 N 动态分配 IP 地址的最大范围是什么？主机 2 使用 DHCP 协议获取 IP 地址的过程中，发送的封装 DHCP Discover 报文的 IP 分组的源 IP 地址和目的 IP 地址分别是什么？

(2) 若主机 2 的 ARP 表为空，则该主机访问 Internet 时，发出的第一个以太网帧的目的 M&C 地址是什么？封装主机 2 发往 Internet 的 IP 分组的以太网帧的目的 MAC 地址是什么？

(3) 若主机 1 的子网掩码和默认网关分别配置为 255.255.255.0 和 111.123.15.2，则该主机是否能访问 WWW 服务器？是否能访问 Internet？请说明理由。

2015年全国硕士研究生招生考试计算机学科专业基础试题参考答案及解析

一、单项选择题参考答案速查

题号	1	2	3	4	5	6	7	8	9	10
答案	A	B	D	D	D	C	A	C	C	C
题号	11	12	13	14	15	16	17	18	19	20
答案	A	A	B	D	C	B	B	D	C	B
题号	21	22	23	24	25	26	27	28	29	30
答案	B	D	B	C	D	B	A	A	B	C
题号	31	32	33	34	35	36	37	38	39	40
答案	C	C	D	A	B	B	A	C	A	C

二、单项选择题考点、解析及答案

1. **【考点】**数据结构；栈、队列和数组；栈和队列的顺序存储结构。

【解析】本题考查递归函数的调用和栈的特点。

递归调用函数时，在系统栈里保存的函数信息需满足先进后出的特点，依次调用了main()，$S(1)$，$S(0)$，故栈底到栈顶的信息依次是main()，$S(1)$，$S(0)$。

【答案】故此题答案为A。

2. **【考点】**数据结构；树与二叉树；二叉树的遍历。

【解析】本题考查二叉树的遍历，是常考题型。

将据二叉树前序遍历和中序遍历的递归算法中递归工作栈的状态变化得出：前序序列和中序序列的关系相当于以前序序列为入栈次序，以中序序列为出栈次序。对于n个不同元素进栈，出栈序列的个数为$\frac{1}{n+1}C_{2n}^{n}=14$。

【答案】故此题答案为B。

3. **【考点】**数据结构；树与二叉树；哈夫曼树和哈夫曼编码。

【解析】本题考查哈夫曼树的相关知识。

在哈夫曼树中，左右孩子权值之和为父节点权值。仅以分析选项A为例：若两个10分别属于两棵不同的子树，根的权值不等于其孩子的权值和，不符；若两个10属于同棵子树，其权值不等于其两个孩子(叶节点)的权值和，不符。B、C 选项的排除方法一样。

【答案】 故此题答案为 D。

4. **【考点】** 数据结构；查找；树形查找；平衡二叉树；树与二叉树；二叉树的遍历。

【解析】 本题考查平衡二叉树的基本概念，还考查了二叉树的遍历。

只有两个节点的平衡二叉树的根节点的度为 1，A 错误。中序遍历后可以得到一个降序序列，树中最大元素一定无左子树(可能有右子树)，因此不一定是叶节点，B 错误。最后插入的节点可能会导致平衡调整，而不一定是叶节点，C 错误。

【答案】 故此题答案为 D。

5. **【考点】** 数据结构；图；图的遍历；深度优先搜索。

【解析】 本题考查图的深度优先遍历。

采用图 14-1 的深度优先遍历，共 5 种可能：

$<v_0,v_1,v_3,v_2>$，$<v_0,v_2,v_3,v_1>$，$<v_0,v_2,v_1,v_3>$，$<v_0,v_3,v_2,v_1>$，$<v_0,v_3,v_1,v_2>$

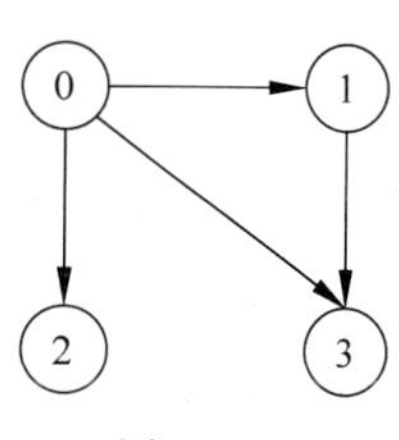

图　14-1

【答案】 故此题答案为 D。

6. **【考点】** 数据结构；图；图的基本应用；最小(代价)生成树。

【解析】 本题考查最小(代价)生成树的相关知识，考生首先要熟悉克鲁斯卡尔(Kruskal)算法和普里姆(Prim)算法。

从 v_4 开始，Kruskal 算法选中的第一条边一定是权值最小的(v_1,v_4)，B 错误。由于 v_1 和 v_4 可达，第二条边含有 v_1 和 v_4 的权值为 8 的一定符合 Prim 算法，排除 A、D。

【答案】 故此题答案为 C。

7. **【考点】** 数据结构；查找；折半查找法。

【解析】 本题考查折半查找的有关知识。

画出查找路径图 14-2，因为折半查找的判定树是一棵二叉排序树，看其是否满足二叉排序树的要求。

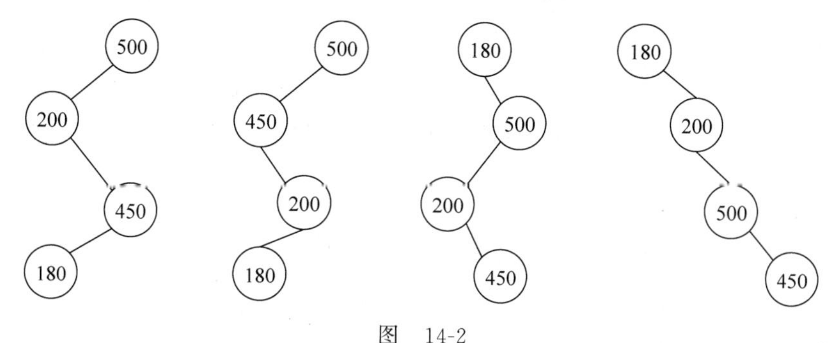

图　14-2

很显然，选项 A 的查找路径不满足二叉排序树或者是一棵空树，或者是具有下列性质的二叉树：

(1) 若左子树不空，则左子树上所有节点的值均小于或等于它的根节点的值；

(2) 若右子树不空，则右子树上所有节点的值均大于或等于它的根节点的值；

(3) 左、右子树也分别为二叉排序树。

【答案】故此题答案为 A。

8. **【考点】**数据结构；查找；字符串模式匹配。

【解析】本题考查 KMP 算法的相关知识，考生应该知道 KMP 算法主要是求 next 数组的过程，首先要理解 next 数组是什么，next[i]代表什么：next[i]代表在模式串 t 中，长度为 i 的前缀后缀匹配长度。

由题中“失配 $s[i]$ $t[j]$时，$i=j=5$"，可知题中的主串和模式串的位序都是从 0 开始的。依据 KMP 算法当失配时，i 不变，j 回退到 next[j]的位置并重新比较，当失配 $s[i][j]$时，$i=j=5$，不难得出 next[j]=next[5]=2(位序从 0 开始)。从而最后结果应为 $i=5$(i 保持不变)，$j=2$。

【答案】故此题答案为 C。

9. **【考点】**数据结构；排序；直接插入排序；冒泡排序；快速排序；基数排序。

【解析】本题考查四种经典排序算法的基本概念。

基数排序的元素移动次数与关键字的初始排列次序无关，而其他三种排序都是与关键字的初始排列明显相关的。

【答案】故此题答案为 C。

10. **【考点】**数据结构；排序；堆排序。

【解析】本题考查堆排序的相关知识，主要是删除操作。

删除 8 后，将 12 移动到堆顶，第一次是 15 和 10 比较，第二次是 10 和 12 比较并交换，第三次还需比较 12 和 16，故比较次数为 3 次。

【答案】故此题答案为 C。

11. **【考点】**数据结构；排序；希尔排序。

【解析】本题考查希尔排序知识，属于记忆性题目。

希尔排序的思想是：先将待排元素序列分割成若干子序列(由相隔某个“增量"的元素组成)，分别进行直接插入排序，然后依次缩减增量再进行排序，待整个序列中的元素基本有序(增量足够小)时，再对全体元素进行一次直接插入排序。

【答案】故此题答案为 A。

12. **【考点】**计算机组成原理；计算机系统概述；计算机系统层次结构；计算机软件和硬件的关系。

【解析】本题考查计算机硬件的相关问题。

硬件能直接执行的只能是机器语言(二进制编码)，汇编语言是为了增强机器语言的可读性和记忆性的语言，经过汇编后才能被执行。

【答案】故此题答案为 A。

13. **【考点】**计算机组成原理；数据的表示和运算；整数的表示和运算；无符号整数的表示和运算。

【解析】本题考查最小整数的问题。

补码整数表示时，负数的符号位为 1，数值位按位取反，末位加 1，因此剩下的 2 个

"1",在最低位时,表示的是最小整数,为 10000011,转换成真值为－125。

【答案】故此题答案为 B。

14. 【考点】计算机组成原理；数据的表示和运算；数制与编码；定点数的编码表示；浮点数的表示和运算；浮点数的加/减运算。

【解析】本题考查浮点数加减运算。

对阶是较小的阶码对齐至较大的阶码,Ⅰ正确。右规和尾数舍入过程,阶码加 1 而可能上溢,Ⅱ正确,同理Ⅲ也正确。尾数溢出时可能仅产生误差,结果不一定溢出,Ⅳ正确。四个选项都是正确的。

【答案】故此题答案为 D。

15. 【考点】计算机组成原理；存储器层次结构；高速缓冲存储器；Cache 和主存之间的映射方式；Cache 写策略。

【解析】本题考查直接映射方式,回写等相关概念。考生需知晓,回写也称作后写式,回写的定义如下：首先,将数据写入缓存。然后,缓存会延缓将这些数据写入至后端存储设备,直到缓存块包含的数据即将被新的数据修改/替换。

按字节编址,块大小为 4×32bit＝16B＝2^4B,则字块内地址占 4bit；能存放 4K 字数据的 Cache 即 Cache 的存储容量为 4K 字,则 Cache 共有 1K＝2^{10} 个 Cache 行,Cache 字块标记占 10 位；主存字块标记占 32－10－4＝18(bit)。

Cache 的总容量包括：存储容量和标记阵列容量(有效位、标记位、一致性维护位和替换算法控制位)。标记阵列中的有效位和标记位是一定有的,而一致性维护位(脏位)和替换算法控制位的取舍标准是看题眼,题目中明确说明了采用写回法,因此一定包含一致性维护位,而关于替换算法的词眼题目中未提及,所以不予考虑。

从而每个 Cache 行标记项包含 18＋1＋1＝20(bit),标记阵列容量 20Kbit,存储容量为：4K×32bit＝128Kbit,则总容量为 128＋20＝148(Kbit)。

【答案】故此题答案为 C。

16. 【考点】计算机组成原理；存储器层次结构；虚拟存储器；页式虚拟存储器。

【解析】本题考查直写的相关知识,直写即将数据同步写入缓存和后端存储设备。

上述指令的执行过程可划分为取数、运算和写回过程,取数时读取 xaddr 可能不需要访问主存而直接访问 Cache,而写直通方式需要把数据同时写入 Cache 和主存,因此至少访问 1 次。

【答案】故此题答案为 B。

17. 【考点】计算机组成原理；存储器层次结构；半导体随机存取存储器。

【解析】本题考查不同存储器的周期性刷新问题。

DRAM 使用电容存储,所以必须隔一段时间刷新一次,如果存储单元没有被刷新,存储的信息就会丢失。SDRAM 表示同步动态随机存储器。

【答案】故此题答案为 B。

18. 【考点】计算机组成原理；总线和输入/输出系统；I/O 接口(I/O 控制器)。

【解析】本题考查访存冲突的概念。

判断可能发生访存冲突的规则是：给定的访存地址在相邻的四次访问中出现在同一个存储模块内。据此，可知 8 004 和 8 000 对应的模块号都为 0，即表明这两次的访问出现在同一模块内且在相邻的访问请求中，满足发生冲突的条件。

【答案】故此题答案为 D。

19. **【考点】**计算机组成原理；总线和输入/输出系统；总线；总线事务和定时。

【解析】本题考查总线定时的相关概念。

在同步通信方式中，系统采用一个统一的时钟信号，而不是由各设备提供，否则没法实现统一的时钟。

【答案】故此题答案为 C。

20. **【考点】**计算机组成原理；存储器层次结构；外部存储器；磁盘存储器。

【解析】本题考查磁盘扇区的存取时间问题，考生需要记住存取时间的计算公式：存取时间＝寻道时间＋延迟时间＋传输时间。

存取一个扇区的平均延迟时间为旋转半周的时间，即为(60/7 200)/2＝4.17(ms)，传输时间为(60/7 200)/1 000＝0.01(ms)，因此访问一个扇区的平均存取时间为 4.17＋0.01＋8＝12.18(ms)，保留一位小数则为 12.2ms。

【答案】故此题答案为 B。

21. **【考点】**计算机组成原理；总线和输入/输出系统；I/O 方式；程序中断方式。

【解析】本题考查中断 I/O 方式等相关概念。

在程序中断 I/O 方式中，CPU 和打印机直接交换，打印字符直接传输到打印机的 I/O 端口，不会涉及主存地址，而 CPU 和打印机通过 I/O 端口中状态口和控制口来实现交互。

【答案】故此题答案为 B。

22. **【考点】**计算机组成原理；总线和输入/输出系统；I/O 方式；程序中断方式。

【解析】本题考查内部异常等相关内容。

内中断是指来自 CPU 和内存内部产生的中断，包括程序运算引起的各种错误，如地址非法、校验错、页面失效、非法指令、用户程序执行特权指令自行中断(INT)和除数为零等，以上都在指令的执行过程中产生的，故 A 正确。这种检测异常的工作肯定是由 CPU(包括控制器和运算器)实现的，故 B 正确。内中断不能被屏蔽，一旦出现应立即处理，C 正确。对于 D，考虑到特殊情况，如除数为零和自行中断(INT)都会自动跳过中断指令，所以不会返回到发生异常的指令继续执行，故错误。

【答案】故此题答案为 D。

23. **【考点】**操作系统；操作系统基础；程序运行环境；中断和异常的处理。

【解析】本题考查中断的处理问题。

外部中断处理过程，PC 值由中断隐指令自动保存，而通用寄存器内容由操作系统保存。

【答案】故此题答案为 B。

24. **【考点】**操作系统；内存管理；内存管理基础；页式管理；输入/输出管理；I/O 管理基础；I/O 控制方式。

【解析】本题考查指令寄存器的相关问题，考生首先要知晓各指令的含义。

考虑到部分指令可能出现异常(导致中断)，从而转到核心态。指令A有除零异常的可能，指令B为中断指令，指令D有缺页异常的可能，指令C不会发生异常。

【答案】故此题答案为C。

25. **【考点】**操作系统；进程管理；进程与线程；进程与线程的组织与控制。

【解析】本题考查进程的操作。

P(wait)操作表示进程请求某一资源，A、B和C都因为请求某一资源会进入阻塞态，而D只是被剥夺了处理机资源，进入就绪态，一旦得到处理机即可运行。

【答案】故此题答案为D。

26. **【考点】**操作系统；进程管理；死锁。

【解析】本题考查死锁的检测。

死锁的处理采用三种策略：死锁预防、死锁避免、死锁检测和解除。破坏循环等待条件一般采用顺序资源分配法，首先给系统的资源编号，规定每个进程必须按编号递增的顺序请求资源，也就是限制了用户申请资源的顺序，故I的前半句属于死锁预防的范畴。

【答案】故此题答案为B。

27. **【考点】**操作系统；内存管理；虚拟内存管理；页置换算法。

【解析】本题考查LRU页面置换算法。

对页号序列从后往前计数，直到数到4(页框数)个不同的数字为止，这个停止的数字就是要淘汰的页号(最近最久未使用的页)，题中为页号2。

【答案】故此题答案为A。

28. **【考点】**操作系统；输入/输出管理；设备独立软件；缓冲区管理。

【解析】本题考查磁盘缓冲区的相关知识。

磁盘和内存的速度差异，决定了可以将内存经常访问的文件调入磁盘缓冲区，从高速缓存中复制的访问比磁盘I/O的机械操作要快很多。

【答案】故此题答案为A。

29. **【考点】**操作系统；文件管理；文件的操作；文件的逻辑结构。

【解析】本题考查磁盘块的读入操作。

10个直接索引指针指向的数据块大小为10×1KB=10KB。每个索引指针占4B，则每个磁盘块可存放1KB/4B=256个索引指针，一级索引指针指向的数据块大小为256×1KB=256KB，二级索引指针指向的数据块大小为64MB。按字节编址，偏移量为1 234时，文件的索引节点已在内存中，则地址可直接得到，故仅需1次访盘即可。偏移量为307 400时，引指针所指向的某个磁盘块中，索引节点已在内存中，故先访盘2次得到文件所在的磁盘块地址，再访盘1次即可读出内容，故共需3次访盘。

【答案】故此题答案为B。

30. **【考点】**操作系统；内存管理；虚拟内存管理；请求页式管理。

【解析】本题考查请求分页系统的相关知识。

各进程进行固定分配时页面数不变，不可能出现全局置换。

【答案】故此题答案为C。

31.【考点】操作系统；文件管理；文件的操作；文件的逻辑结构。

【解析】本题考查位图表示法的相关知识。

位图表示法：$\lfloor 409\,612/(8\times 1\,024)\rfloor=50$，还余12，所以共需要51个块。从32开始的话到了32＋51－1＝82号块，因为余下的12位，需要占2字节，从0序号开始的话所以到了1序号字节。

【答案】故此题答案为C。

32.【考点】操作系统；输入/输出管理；外存管理；磁盘。

【解析】本题考查SCAN磁盘调度算法的相关内容。

当期磁头位于58号并从外侧向内侧移动，先依次访问130和199，然后再返回向外侧移动，依次访问42和15，故磁头移过的磁道数是：(199－58)＋(199－15)＝325。

【答案】故此题答案为C。

33.【考点】计算机网络；应用层；电子邮件；SMTP与POP3协议。

【解析】本题考查POP3协议的相关内容。

POP3建立在TCP连接上，使用的是有连接可靠的数据传输服务。

【答案】故此题答案为D。

34.【考点】计算机网络；物理层；介质访问控制；信道划分。

【解析】本题考查不同编码方案的概念和应用。

NRZI则是用电平的一次翻转来表示1，与前一个NRZI电平相同的电平表示0。曼彻斯特编码将一个码元分成两个相等的间隔，前一个间隔为低电平后一个间隔为高电平表示1；0的表示正好相反，题中编码2符合。

【答案】故此题答案为A。

35.【考点】计算机网络；数据链路层；流量控制与可靠传输机制；流量控制、可靠传输与滑动窗口机制。

【解析】本题考查帧的发送问题，同时设计滑动窗口协议的概念。

要使得传输效率最大化，就是不用等确认也可以连续发送多个帧。设连续发送n个帧，一个帧的发送时延为1 000B/128kbit/s＝62.5ms。对于采用滑动窗口协议的流水线机制，有如下公式：链路利用率＝($n\times$发送时延)/(RTT＋发送时延)。

依题意，有($n\times$62.5ms)/(62.5ms＋250ms×2)大于或等于80%，得n大于或等于7.2，帧序号的比特数k需要满足2k大于或等于$n+1$。从而，帧序号的比特数至少为4。

【答案】故此题答案为B。

36.【考点】计算机网络；数据链路层；介质访问控制；随机访问。

【解析】本题考查CSMA/CD协议的相关内容。

CSMA/CD适用于有线网络，而CSMA/CA则广泛应用于无线局域网。

【答案】故此题答案为B。

37. 【考点】计算机网络；数据链路层；广域网；PPP。

【解析】本题考查交换机的相关知识。

以太网交换机本质上是一种多端口网桥，"交换机"并无准确的定义和明确的概念。著名网络专家 Perlman 认为："交换机"应当是一个市场名词，而交换机的出现的确使数据的转发更加快速了。因此选项 A 正确。交换机可以将多个独立的冲突域互连起来以扩大通信范围，但这并不会形成一个更大的冲突域，仍然是多个独立的冲突域。换句话说，交换机可以隔离冲突域。因此选项 B 错误。交换机可以隔离冲突域，但不能隔离广播域(使用交换机互连多个广播域将形成一个更大的广播域)，只有网络层的互连设备(路由器)才能分割广播域。因此选项 C 错误。对于常见的二层(物理层和数据链路层)交换机，它们并没有网络层功能，不能实现不同网络层协议的网络互联。因此选项 D 错误。

【答案】故此题答案为 A。

38. 【考点】计算机网络；网络层；IPv4；IPv4 分组；网络层设备；路由表与分组转发。

【解析】本题考查路由器收到 IP 分组后进行查表转发的过程。

路由器从 IP 分组中取出目的地址，然后在路由表中逐条检查路由记录，看是否有匹配该目的地址的路由记录，具体有以下几种情况：

(1) 若路由表配置有该目的地址的"特定主机"路由记录，则按特定主机路由记录中"下一跳"所指示的 IP 地址进行转发；

(2) 若有一条匹配该目的地址的路由记录，则按该路由记录中"下一跳"所指示的 IP 地址进行转发；

(3) 若有多条匹配该目的地址的路由记录，则按"最长前缀匹配"原则，选用网络前缀最长的路由记录，按该路由记录中"下一跳"所指示的 IP 地址进行转发；

(4) 若没有匹配该目的地址的路由记录，但路由器配置有"默认路由"记录(0.0.0.0/0)，则按默认路由记录中"下一跳"所指示的 IP 地址进行转发；

(5) 若没有匹配该目的地址的路由记录，路由器也没有配置默认路由记录，则路由器丢弃该 IP 分组，并给发送该 IP 分组的源主机发送"终点不可达"这种类型的 ICMP 差错报告报文。

检查 IP 分组的目的地址是否匹配路由记录的方法是：将路由记录中"目的网络"的网络前缀数取出记为 n，将目的地址前 n 个比特保持不变，剩余的($32-n$)比特全部清零，然后将结果写成点分十进制形式记为 d，如果 d 与路由记录中"目的网络"的网络号部分相同，则表明目的地址匹配该路由记录，IP 分组的目的 IP 地址 169.96.40.5 与路由表中的前三条路由记录都匹配，根据"最长前缀匹配"原则，采用第三条路由记录转发该 IP 分组，也就是从接口 S3 转发该 IP 分组给下一跳 176.3.3.3。综上所述，选项 C 正确。

【答案】故此题答案为 C。

39. 【考点】计算机网络；传输层；TCP；TCP 可靠传输。

【解析】本题考查 TCP 的流量控制和拥塞控制。

发送窗口的上限值＝min[接收窗口，拥塞窗口]。4 个 RTT 后，乙收到的数据全部存入缓存，不被取走，接收窗口只剩下 1KB(16－1－2－4－8＝1)缓存，使得甲的发送窗口为 1KB。

【答案】故此题答案为 A。

40. **【考点】**计算机网络；应用层；WWW；WWW 的概念与组成结构。

【解析】本题考查 HTTP 报文的含义。

Connection 连接方式，Close 表明为非持续连接方式，keep-alive 表示持续连接方式。Cookie 值是由服务器产生的，HTTP 请求报文中有 Cookie 报头表示曾经访问过 www.test.edu.cn 服务器。

【答案】故此题答案为 C。

三、综合应用题考点、解析及小结

41. **【考点】**数据结构；线性表；线性表的实现；链式存储；线性表的应用。

【解析】本题是一道算法设计题，要求考生熟悉链表结构，掌握一定的算法设计能力。

(1) 算法的基本设计思想。

算法的核心思想是用空间换时间。使用辅助数组记录链表中已出现的数值，从而只需对链表进行一趟扫描。

因为 $|data| \leqslant n$，故辅助数组 q 的大小为 $n+1$，各元素的初值均为 0。依次扫描链表中的各节点，同时检查 $q[|data|]$ 的值，如果为 0，则保留该节点，并令 $q[|data|]=1$；否则，将该节点从链表中删除。

(2) 使用 C 语言描述的单链表节点的数据类型定义：

```
typedef struct node {
    int          data:
    struct node     *link:
    } NODE ;
typedef NODE*PNODE ;
```

(3) 算法实现：

```
void func(PNODE h, int n){
     PNODE p:h, r ;
    int*q, m ;
    q=(int*) malloc(sizeof(int)*(n+l)) ;       //申请n+1个位置的辅助空间
    for(int i=0; i<n+1; i++)                   //数组元素初值置0
            *(q+i)= 0;
    while(p->link! =NULL){
            m=p->link->data>0 ? p->link->data : -p->link->data ;
            if(*(q+m)==0) {                    //判断该节点的data是否已出现过
                    *(q+m)=l ;                 //首次出现
                    p=p->link ;                //保留
            }else {                            //重复出现
                    r=p->link ;                //删除
                    p->link=r->link ;
                    free(r) ;
            }
    }
    free(q) ;
}
```

(4) 参考答案所给算法的时间复杂度为 $O(m)$，空间复杂度为 $O(n)$。

【小结】本题考查了列表的相关知识。

42. **【考点】**数据结构；图；图的存储及基本操作；邻接矩阵；图的遍历。

【解析】本题主要考查图的领接矩阵问题。

(1) 图 G 的邻接矩阵 $\boldsymbol{A}$ 如下：

$$\boldsymbol{A}=\begin{bmatrix}0 & 1 & 1 & 0 & 1\\1 & 0 & 0 & 1 & 1\\1 & 0 & 0 & 1 & 0\\0 & 1 & 1 & 0 & 1\\1 & 1 & 0 & 1 & 0\end{bmatrix}$$

(2) $\boldsymbol{A}^2$ 如下：

$$\boldsymbol{A}^2=\begin{bmatrix}3 & 1 & 0 & 3 & 1\\1 & 3 & 2 & 1 & 2\\0 & 2 & 2 & 0 & 2\\3 & 1 & 0 & 3 & 1\\1 & 2 & 2 & 1 & 3\end{bmatrix}$$

0 行 3 列的元素值 3 表示从顶点 0 到顶点 3 之间长度为 2 的路径共有 3 条。

(3) $B^m(2\leqslant m\leqslant n)$中位于 i 行 j 列$(0\leqslant i,j\leqslant n-1)$的非零元素的含义是：图中从顶点 i 到顶点 j 长度为 m 的路径条数。

【小结】本题考查了邻接矩阵的相关知识。

43. **【考点】**计算机组成原理；指令系统；指令系统的基本概念；中央处理器；CPU 的功能和基本结构；控制器的功能和工作原理。

【解析】本题是一道计算机组成原理综合题。考查了诸如寄存器结构、控制信号、控制部件等知识点，有一定难度。

(1) 程序员可见寄存器为通用寄存器(R0～R3)和 PC。因为采用了单总线结构，因此，若无暂存器 T，则 ALU 的 A、B 端口会同时获得两个相同的数据，使数据通路不能正常工作。

(2) ALU 共有 7 种操作，故其操作控制信号 ALUop 至少需要 3 位；移位寄存器有 3 种操作，其操作控制信号 SRop 至少需要 2 位。

(3) 信号 SRout 所控制的部件是一个三态门，用于控制移位器与总线之间数据通路的连接与断开。

(4) 端口①、②、③、⑤、⑧需连接到控制部件输出端。

(5) 连线 1，⑥→⑨；连线 2，⑦→④。

(6) 因为每条指令的长度为 16 位，按字节编址，所以每条指令占用 2 个内存单元，顺序执行时，下条指令地址为(PC)+2。MUX 的一个输入端为 2，可便于执行(PC)+2 操作。

【小结】本题考查了多种寄存器的相关知识。

44. **【考点】**计算机组成原理；指令系统；指令系统的基本概念；中央处理器；指令执行

过程。

【解析】本题是上一题的延续，主要考查了指令系统的相关内容，要求考生熟知指令格式，以及它们的机器代码表示。

(1) 指令操作码有 7 位，因此最多可定义 $2^7=128$ 条指令。

(2) 各条指令的机器代码分别如下：

① “inc R1”的机器码为 0000001 0 01 0 00 0 00，即 0240H。

② “shl R2，R1”的机器码为 0000010 0 10 0 01 0 00，即 0488H。

③ “sub R3，(R1)，R2”的机器码为 0000011 0 11 1 01 0 10，即 06EAH。

(3) 各标号处的控制信号或控制信号取值如下：

①0；②mov；③ mova；④left；⑤read；⑥sub；⑦mov；⑧SRout。

(4) 指令“sub R1，R3，(R2)”的执行阶段至少包含 4 个时钟周期；指令“inc R1”的执行阶段至少包含 2 个时钟周期。

【小结】本题考查了机器码的相关知识。

45. 【考点】操作系统；进程管理；CPU 调度与上下文切换；调度的实现；同步与互斥；同步与互斥的基本概念；信号量。

【解析】本题考查的是考生对同步与互斥概念的理解，同时考查了信号量等相关知识。

```
semaphore Full_A =x;          //Full_A表示A 的信箱中的邮件数量
semaphore Empty_A = M - x;    //Empty_A表示A 的信箱中还可存放的邮件数量
semaphore Full_B = y;         //Full_B表示B 的信箱中的邮件数量
semaphore Empty_B = N -y;     //Empty_ B表示B 的信箱中还可存放的邮件数量
semaphore mutex_A = 1 ;       //mutex_ A用于A 的信箱互斥
semaphore mutex_B = 1 ;       //mutex_ B用于B 的信箱互斥
```

```
CoBegin
A{
  while(TRUE){
    P（Full_A）；
    P（Full_A）；
    从A的信箱中取出一个邮件；
    V(mutex_A);
    V(Empty_A);
    回答问题并提出一个新问题；
    P(Empty_B);
    P(mutex_B);
    将新邮件放入B的信箱;
    V(mutex_B);
    V(Full_B);
         }
}
B{
  while(TRUE){
    P(Full_B);
    P(mutex_B);
    从B的信箱中取出一个邮件；
    V(mutex_B);
    V(Empty_B);
    回答问题并提出一个新问题；
    P(Empty_A);
    P(mutex_A);
    将新邮件放入A的信箱;
    V(mutex_A);
    V(Full_A);
    }
}
CoEnd
```

【小结】本题考查了信号量 PV 的相关知识。

46. 【考点】操作系统；内存管理；内存管理基础；页式管理；虚拟内存管理；页框分配。

【解析】本题考查了分页存储管理方式、页目录和页表的计算、二级页表的有关知识。

(1) 页和页框大小均为 4KB。进程的虚拟地址空间大小为 $2^{32}/2^{12}=2^{20}$(页)。

(2) $(2^{10}\times4)/2^{12}$(页目录所占页数)$+(0100\times4)/2^{12}$(页表所占页数)$=1\,025$ 页。

（3）需要访问一个二级页表。因为虚拟地址 0100 0000H 和 0111 2048H 的最高 10 位的值都是 4，访问的是同一个二级页表。

【小结】本题考查了分页存储管理的相关知识。

47. **【考点】**计算机网络；网络层；IPv4；子网划分、路由聚集、子网掩码与 CIDR；ARP、DHCP 与 ICMP；数据链路层；组帧；应用层；WWW；WWW 的概念与组成结构。

【解析】本题是计算机网络的综合题目，考查了 IPv4 协议的相关知识，特别是 ARP、DHCP，第三个问题还涉及应用层的 WWW 服务器问题。

（1）DHCP 服务器可为主机 2～主机 N 动态分配 IP 地址的最大范围是 111.123.15.5～111.123.15.254；主机 2 发送的封装 DHCPDiscover 报文的 IP 分组的源 IP 地址和目的 IP 地址分别是 0.0.0.0 和 255.255.255.255。

（2）主机 2 发出的第一个以太网帧的目的 MAC 地址是 ff-ff-ff-ff-ff-ff；封装主机 2 发往 Internet 的 IP 分组的以太网帧的目的 MAC 地址是 00-a1-a1-a1-a1-a1。

（3）主机 1 能访问 WWW 服务器，但不能访问 Internet。由于主机 1 的子网掩码配置正确而默认网关 IP 地址被错误地配置为 111.123.15.2（正确 IP 地址是 111.123.15.1），所以主机 1 可以访问在同一个子网内的 WWW 服务器，但当主机 1 访问 Internet 时，主机 1 发出的 IP 分组会被路由到错误的默认网关（111.123.15.2），从而无法到达目的主机。

【小结】本题考查了 IP 的相关知识。

2016年全国硕士研究生招生考试
计算机学科专业基础试题

一、单项选择题：1～40 小题，每小题 2 分，共 80 分。下列每题给出的四个选项中，只有一个选项是最符合题目要求的。

1. 已知表头元素为 c 的单链表在内存中的存储状态如图 15-1 所示。

链接地址	元素	链接地址
1000H	a	1010H
1004H	b	100CH
1008H	c	1000H
100CH	d	NULL
1010H	e	1004H
1014H		

图 15-1

现将 f 存放于 1014H 处并插入单链表中，若 f 在逻辑上位于 a 和 e 之间，则 a，e，f 的“链接地址”依次是（　　）。

A. 1010H，1014H，1004H　　B. 1010H，1004H，1014H

C. 1014H，1010H，1004H　　D. 1014H，1004H，1010H

2. 已知一个带有表头节点的双向循环链表 L，节点结构为 | prev | data | next |，其中，prev 和 next 分别是指向其直接前驱和直接后继节点的指针。现要删除指针 p 所指的节点，正确的语句序列是（　　）。

A. p—> next—> prev=p—> prev; p—> prev—> next=p—> prev; free (p);

B. p—> next—> prev=p—> next; p—> prey—> next=p—> next; free (p);

C. p—> next—> prev=p—> next; p—> prev—> next=p—> prev; free (p);

D. p—> next—> prey=p—> prey; p—> prev—> next=p—> next; free (p);

3. 设有如图 15-2 所示的火车车轨，入口到出口之间有 n 条轨道，列车的行进方向均为从左至右，列车可驶入任意一条轨道。现有编号为 1～9 的 9 列列车，驶入的次序依次是 8，4，2，5，3，9，1，6，7。若期望驶出的次序依次为 1～9，则 n 至少是（　　）。

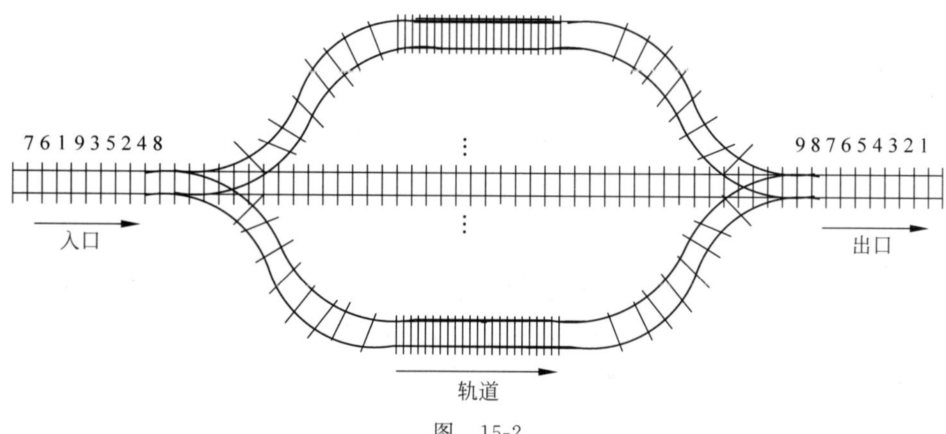

图　15-2

A. 2　　B. 3　　C. 4　　D. 5

4. 有一个 100 阶的三对角矩阵 $\boldsymbol{M}$,其元素 $m_{i,j}$ $(l \leqslant i \leqslant 100, l \leqslant j \leqslant 100)$ 按行优先次序压缩存入下标从 0 开始的一维数组 N 中。元素 $m_{30,30}$ 在 N 中的下标是(　　)。

A. 86　　B. 87　　C. 88　　D. 89

5. 若森林 F 有 15 条边、25 个节点,则 F 包含树的个数是(　　)

A. 8　　B. 9　　C. 10　　D. 11

6. 下列选项中,不是图 15-3 深度优先搜索序列的是(　　)。

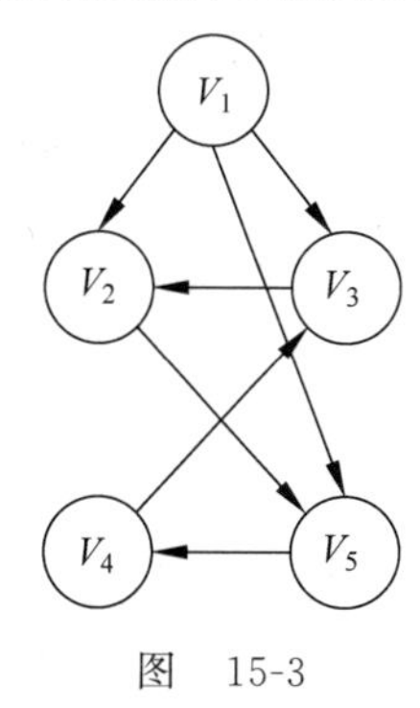

图　15-3

A. V_1, V_5, V_4, V_3, V_2　　B. V_1, V_3, V_2, V_5, V_4

C. V_1, V_2, V_5, V_4, V_3　　D. V_1, V_2, V_3, V_4, V_5

7. 若将 n 个顶点 e 条弧的有向图采用邻接表存储,则拓扑排序算法的时间复杂度是(　　)。

A. $O(n)$　　B. $O(n+e)$　　C. $O(n^2)$　　D. $O(ne)$

8. 使用迪杰斯特拉(Dijkstra)算法求图 15-4 中从顶点 1 到其他各顶点的最短路径,依次

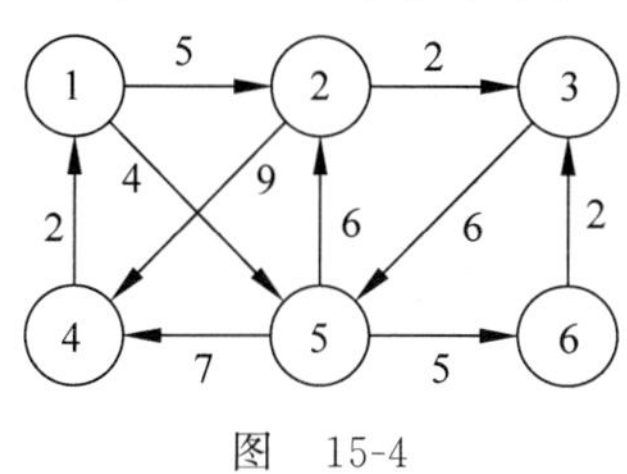

图　15-4

得到的各最短路径的目标顶点是(　　)。

A. 5,2,3,4,6　　B. 5,2,3,6,4

C. 5,2,4,3,6　　D. 5,2,6,3,4

9. 在有 $n(n>1000)$ 个元素的升序数组 A 中查找关键字 x。查找算法的伪代码如下所示。

```
k=0;
while(k<n 且A[k]<x)k=k+3;
if(k<n且A[k]==x)查找成功;
else if(k-1<n 且A[k-1]==x)查找成功;
  else if(k-2<n 且A[k-2]==x)查找成功;
    else查找失败;
```

本算法与折半查找算法相比,有可能具有更少比较次数的情形是(　　)。

A. 当 x 不在数组中　　B. 当 x 接近数组开头处

C. 当 x 接近数组结尾处　　D. 当 x 位于数组中间位置

10. B+树不同于B树的特点之一是(　　)。

A. 能支持顺序查找　　B. 节点中含有关键字

C. 根节点至少有两个分支　　D. 所有叶节点都在同一层上

11. 对10TB的数据文件进行排序,应使用的方法是(　　)。

A. 希尔排序　　B. 堆排序　　C. 快速排序　　D. 归并排序

12. 将高级语言源程序转换为机器级目标代码文件的程序是(　　)。

A. 汇编程序　　B. 链接程序　　C. 编译程序　　D. 解释程序

13. 有如下C语言程序段:

```
short si = - 32767;
unsigned short usi = si;
```

执行上述两条语句后,usi的值为(　　)。

A. −32 767　　B. 32 767　　C. 32 768　　D. 32 769

14. 某计算机字长为32位,按字节编址,采用小端(Little Endian)方式存放数据。假定有一个double型变量,其机器数表示为1122 3344 5566 7788H,存放在0000 8040H开始的连续存储单元中,则存储单元0000 8046H中存放的是(　　)。

A. 22H　　B. 33H　　C. 66H　　D. 77H

15. 有如下C语言程序段:

```
for(k = 0;  k < 1000;  k ++ )
  a[k] = a[k] + 32;
```

若数组 a 及变量 k 均为int型,int型数据占4B,数据Cache采用直接映射方式、数据区大小为1KB、块大小为16B,该程序段执行前Cache为空,则该程序段执行过程中访问数组 a 的Cache缺失率约为(　　)。

A. 1.25%　　B. 2.5%　　C. 12.5%　　D. 25%

16. 某存储器容量为 64KB，按字节编址，地址 4000H～5FFFH 为 ROM 区，其余为 RAM 区。若采用 8K×4 位的 SRAM 芯片进行设计，则需要该芯片的数量是（　　）。

A. 7　　B. 8　　C. 14　　D. 16

17. 某指令格式如下所示。

OP	*M*	*I*	*D*

其中，*M* 为寻址方式，*I* 为变址寄存器编号，*D* 为形式地址。若采用先变址后间址的寻址方式，则操作数的有效地址是（　　）。

A. $I+D$　　B. $(I)+D$　　C. $((I)+D)$　　D. $((I))+D$

18. 某计算机主存空间为 4GB，字长为 32 位，按字节编址，采用 32 位定长指令字格式。若指令按字边界对齐存放，则程序计数器（PC）和指令寄存器（IR）的位数至少分别是（　　）。

A. 30、30　　B. 30、32　　C. 32、30　　D. 32、32

19. 在无转发机制的五段基本流水线（取指、译码/读寄存器、运算、访存、写回寄存器）中，下列指令序列存在数据冒险的指令对是（　　）。

I1：add R1，R2，R3；(R2)+(R3)→R1

I2：add R5，R2，R4；(R2)+(R4)→R5

I3：add R4，R5，R3；(R5)+(R3)→R4

I4：add R5，R2，R6；(R2)+(R6)→R5

A. I1 和 I2　　B. I2 和 I3　　C. I2 和 I4　　D. I3 和 I4

20. 单周期处理器中所有指令的指令周期为一个时钟周期。下列关于单周期处理器的叙述中，错误的是（　　）。

A. 可以采用单总线结构数据通路　　B. 处理器时钟频率较低

C. 在指令执行过程中控制信号不变　　D. 每条指令的 CPI 为 1

21. 下列关于总线设计的叙述中，错误的是（　　）。

A. 并行总线传输比串行总线传输速度快

B. 采用信号线复用技术可减少信号线数量

C. 采用突发传输方式可提高总线数据传输率

D. 采用分离事务通信方式可提高总线利用率

22. 异常是指令执行过程中在处理器内部发生的特殊事件，中断是来自处理器外部的请求事件。下列关于中断或异常情况的叙述中，错误的是（　　）。

A. “访存时缺页”属于中断　　B. “整数除以 0”属于异常

C. “DMA 传送结束”属于中断　　D. “存储保护错”属于异常

23. 下列关于批处理系统的叙述中，正确的是（　　）。

Ⅰ. 批处理系统允许多个用户与计算机直接交互

Ⅱ. 批处理系统分为单道批处理系统和多道批处理系统

Ⅲ. 中断技术使得多道批处理系统的 I/O 设备可与 CPU 并行工作

A. 仅Ⅱ、Ⅲ　　B. 仅Ⅱ　　C. 仅Ⅰ、Ⅱ　　D. 仅Ⅰ、Ⅲ

24. 某单 CPU 系统中有输入和输出设备各 1 台，现有 3 个并发执行的作业，每个作业的输入、计算和输出时间均分别为 2ms、3ms 和 4ms，且都按输入、计算和输出的顺序执行，则执行完 3 个作业需要的时间最少是(　　)。

A. 15ms　　B. 17ms　　C. 22ms　　D. 27ms

25. 系统中有 3 个不同的临界资源 R1、R2 和 R3，被 4 个进程 P1、P2、P3 及 P4 共享。各进程对资源的需求为：P1 申请 R1 和 R2，P2 申请 R2 和 R3，P3 申请 R1 和 R3，P4 申请 R2。若系统出现死锁，则处于死锁状态的进程数至少是(　　)。

A. 1　　B. 2　　C. 3　　D. 4

26. 某系统采用改进型 CLOCK 置换算法，页表项中字段 A 为访问位，M 为修改位。$A=0$ 表示页最近没有被访问，$A=1$ 表示页最近被访问过。$M=0$ 表示页没有被修改过，$M=1$ 表示页被修改过。按(A,M)所有可能的取值，将页分为四类：(0,0)、(1,0)、(0,1)和(1,1)，则该算法淘汰页的次序为(　　)。

A. (0,0),(0,1),(1,0),(1,1)　　B. (0,0),(1,0),(0,1),(1,1)

C. (0,0),(0,1),(1,1),(1,0)　　D. (0,0),(1,1),(0,1),(1,0)

27. 使用 TSL(Test and Set Lock)指令实现进程互斥的伪代码如下所示。下列与该实现机制相关的叙述中，正确的是(　　)。

```
do {
   … …
   while (TSL(&lock));
   critical section;
   lock = FALSE;
   … …
}while(TRUE);
```

A. 退出临界区的进程负责唤醒阻塞态进程

B. 等待进入临界区的进程不会主动放弃 CPU

C. 上述伪代码满足“让权等待”的同步准则

D. while(TSL(&lock))语句应在关中断状态下执行

28. 某进程的段表内容如图 15-5 所示。当访问段号为 2、段内地址为 400 的逻辑地址时，进行地址转换的结果是(　　)。

段号	段长	内存起始地址	权限	状态
0	100	6000	只读	在内存
1	200	…	读写	不在内存
2	300	4000	读写	在内存

图　15-5

A. 段缺失异常　　B. 得到内存地址 4400

C. 越权异常　　D. 越界异常

29. 某进程访问页面的序列如图 15-6 所示。若工作集的窗口大小为 6，则在 t 时刻的工作集为(　　)。

A. {6,0,3,2}　　B. {2,3,0,4}

C. {0,4,3,2,9}　　D. {4,5,6,0,3,2}

…, 1, 3, 4, 5, 6, 0, 3, 2, 3, 2, ↑ 0, 4, 0, 3, 2, 9, 2, 1, …

t　　时间

图　15-6

30. 进程 P1 和 P2 均包含并发执行的线程,部分伪代码描述如下所示。

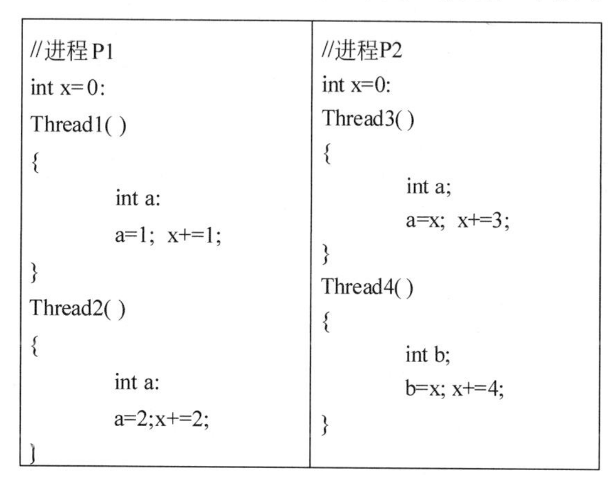

```
//进程P1                    //进程P2
int x=0:                    int x=0:
Thread1( )                  Thread3( )
{                           {
        int a:                      int a;
        a=1;  x+=1;                 a=x;  x+=3;
}                           }
Thread2( )                  Thread4( )
{                           {
        int a:                      int b;
        a=2;x+=2;                   b=x; x+=4;
}                           }
```

下列选项中,需要互斥执行的操作是(　　)。

A. $a=1$ 与 $a=2$　　B. $a=x$ 与 $b=x$

C. $x+=1$ 与 $x+=2$　　D. $x+=1$ 与 $x+=3$

31. 下列关于 SPOOLing 技术的叙述中,错误的是(　　)。

A. 需要外存的支持

B. 需要多道程序设计技术的支持

C. 可以让多个作业共享一台独占设备

D. 由用户作业控制设备与输入/输出井之间的数据传送

32. 下列关于管程的叙述中,错误的是(　　)。

A. 管程只能用于实现进程的互斥

B. 管程是由编程语言支持的进程同步机制

C. 任何时候只能有一个进程在管程中执行

D. 管程中定义的变量只能被管程内的过程访问

题 33～41 均依据图 15-7 回答。

33. 在 OSI 参考模型中,R1、Switch、Hub 实现的最高功能层分别是(　　)。

A. 2、2、1　　B. 2、2、2　　C. 3、2、1　　D. 3、2、2

34. 若连接 R2 和 R3 链路的频率带宽为 8kHz,信噪比为 30dB,该链路实际数据传输速率约为理论最大数据传输速率的 50%,则该链路的实际数据传输速率约是(　　)。

A. 8kbit/s　　B. 20kbit/s　　C. 40kbit/s　　D. 80kbit/s

35. 若主机 H2 向主机 H4 发送 1 个数据帧,主机 H4 向主机 H2 立即发送一个确认帧,则除 H4 外,从物理层上能够收到该确认帧的主机还有(　　)。

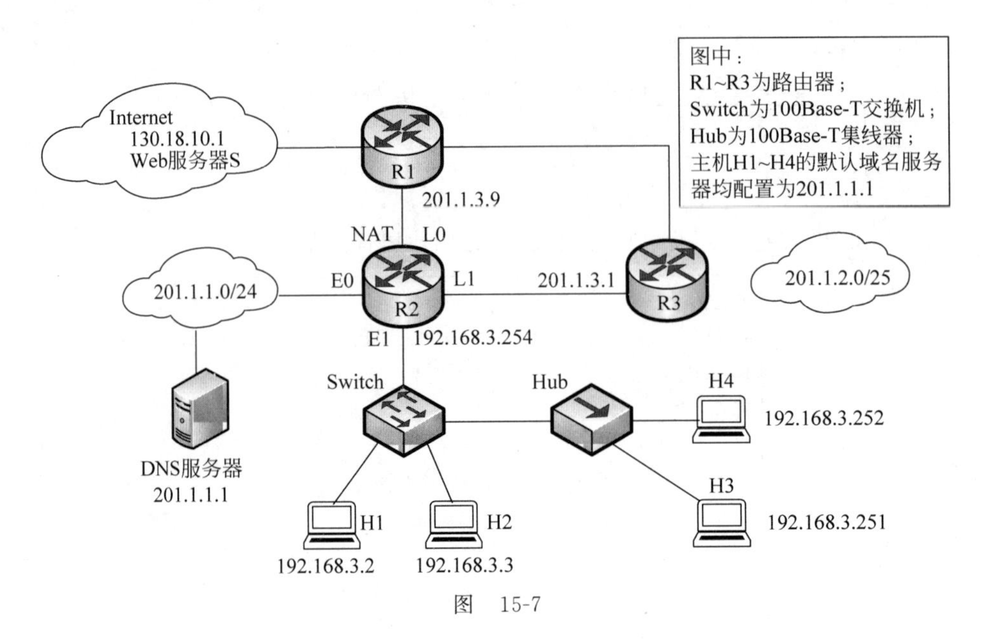

图 15-7

A. 仅 H2　　B. 仅 H3　　C. 仅 H1、H2　　D. 仅 H2、H3

36. 若 Hub 再生比特流过程中，会产生 1.535μs 延时，信号传播速度为 200m/μs，不考虑以太网帧的前导码，则 H3 与 H4 之间理论上可以相距的最远距离是(　　)。

A. 200m　　B. 205m　　C. 359m　　D. 512m

37. 假设 R1、R2、R3 采用 RIP 协议交换路由信息，且均已收敛。若 R3 检测到网络 201.1.2.0/25 不可达，并向 R2 通告一次新的距离矢量，则 R2 更新后，其到达该网络的距离是(　　)。

A. 2　　B. 3　　C. 16　　D. 17

38. 假设连接 R1、R2 和 R3 之间的点对点链路使用 201.1.3.x/30 地址，当 H3 访问 Web 服务器 S 时，R2 转发出去的封装 HTTP 请求报文的 IP 分组的源 IP 地址和目的 IP 地址分别是(　　)。

A. 192.168.3.251,130.18.10.1　　B. 192.168.3.251,201.1.3.9

C. 201.1.3.8,130.18.10.1　　D. 201.1.3.10,130.18.10.1

39. 假设 H1 与 H2 的默认网关和子网掩码均分别配置为 192.168.3.1 和 255.255.255.128，H3 与 H4 的默认网关和子网掩码均分别配置为 192.168.3.254 和 255.255.255.128，则下列现象中可能发生的是(　　)。

A. H1 不能与 H2 进行正常 IP 通信　　B. H2 与 H4 均不能访问 Internet

C. H1 不能与 H3 进行正常 IP 通信　　D. H3 不能与 H4 进行正常 IP 通信

40. 假设所有域名服务器均采用迭代查询方式进行域名解析。当 H4 访问规范域名为 www.abc.xyz.com 的网站时，域名服务器 201.1.1.1 在完成该域名解析过程中，可能发出 DNS 查询的最少和最多次数分别是(　　)。

A. 0,3　　B. 1,3　　C. 0,4　　D. 1,4

二、综合应用题：第 41～47 小题，共 70 分。

41. (9 分) 假设图 15-7 中的 H3 访问 Web 服务器 S 时，S 为新建的 TCP 连接分配了 20KB(K=1 024)的接收缓存，最大段长 MSS=1KB，平均往返时间 RTT=200ms。H3 建立连接时的初始序号为 100，且持续以 MSS 大小的段向 S 发送数据，拥塞窗口初始阈值为 32KB；S 对收到的每个段进行确认，并通告新的接收窗口。假定 TCP 连接建立完成后，S 端的 TCP 接收缓存仅有数据存入而无数据取出。请回答下列问题。

(1) 在 TCP 连接建立过程中，H3 收到的 S 发送过来的第二次握手 TCP 段的 SYN 和 ACK 标志位的值分别是多少？确认序号是多少？

(2) H3 收到的第 8 个确认段所通告的接收窗口是多少？此时 H3 的拥塞窗口变为多少？H3 的发送窗口变为多少？

(3) 当 H3 的发送窗口等于 0 时，下一个待发送的数据段序号是多少？H3 从发送第 1 个数据段到发送窗口等于 0 时刻为止，平均数据传输速率是多少(忽略段的传输延时)？

(4) 若 H3 与 S 之间通信已经结束，在 t 时刻 H3 请求断开该连接，则从 t 时刻起，S 释放该连接的最短时间是多少？

42. (8 分) 如果一棵非空 $k(k\geqslant 2)$ 叉树 T 中每个非叶节点都有 k 个孩子，则称 T 为正则后 k 树。请回答下列问题并给出推导过程。

(1) 若 T 有 m 个非叶节点，则 T 中的叶节点有多少个？

(2) 若 T 的高度为 h(单节点的树 $h=1$)，则 T 的节点数最多为多少个？最少为多少个？

43. (15 分) 已知由 $n(n\geqslant 2)$ 个正整数构成的集合 $A=\{a_k \mid 0\leqslant k<n\}$，将其划分为两个不相交的子集 A_1 和 A_2，元素个数分别是 n_1 和 n_2，A_1 和 A_2 中元素之和分别为 S_1 和 S_2。设计一个尽可能高效的划分算法，满足 $|n_1-n_2|$ 最小且 $|S_1-S_2|$ 最大。要求：

(1) 给出算法的基本设计思想。

(2) 根据设计思想，采用 C 或 C++语言描述算法，关键之处给出注释。

(3) 说明你所设计算法的平均时间复杂度和空间复杂度。

44. (9 分) 假定 CPU 主频为 50MHz，CPI 为 4。设备 D 采用异步串行通信方式向主机传送 7 位 ASCII 字符，通信规程中有 1 位奇校验位和 1 位停止位，从 D 接收启动命令到字符送入 I/O 端口需要 0.5ms。请回答下列问题，要求说明理由。

(1) 每传送一个字符，在异步串行通信线上共需传输多少位？在设备 D 持续工作过程中，每秒最多可向 I/O 端口送入多少个字符？

(2) 设备 D 采用中断方式进行输入/输出，示意图如图 15-8。

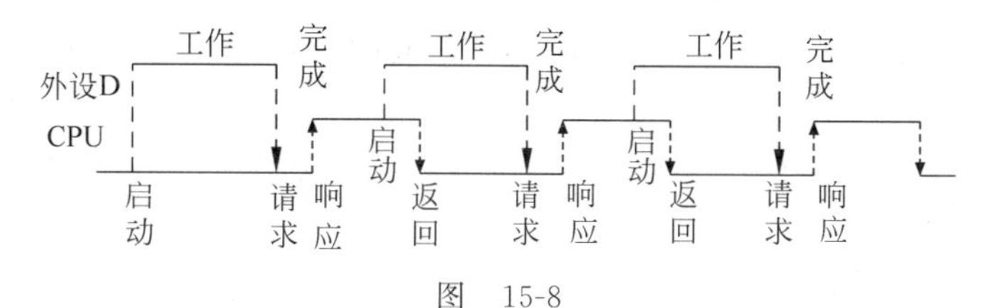

图　15-8

I/O 端口每收到一个字符申请一次中断，中断响应需 10 个时钟周期，中断服务程序共有 20 条指令，其中第 15 条指令启动 D 工作。若 CPU 需从 D 读取 1 000 个字符，则完成这一任务所需时间大约是多少个时钟周期？CPU 用于完成这一任务的时间大约是多少个时钟周期？在中断响应阶段 CPU 进行了哪些操作？

45. (14 分) 某计算机采用页式虚拟存储管理方式，按字节编址，虚拟地址为 32 位，物理地址为 24 位，页大小为 8KB；TLB 采用全相联映射；Cache 数据区大小为 64KB，按 2 路组相联方式组织，主存块大小为 64B。存储访问过程的示意图如图 15-9。

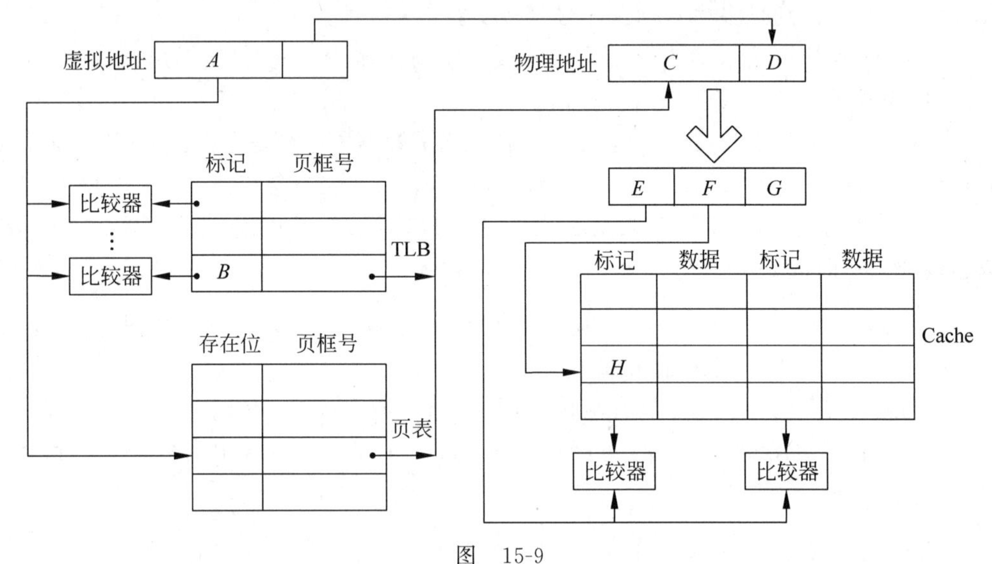

图 15-9

请回答下列问题。

(1) 图中字段 $A\sim G$ 的位数各是多少？TLB 标记字段 B 中存放的是什么信息？

(2) 将块号为 4099 的主存块装入 Cache 中时，所映射的 Cache 组号是多少？对应的 H 字段内容是什么？

(3) Cache 缺失处理的时间开销大还是缺页处理的时间开销大？为什么？

(4) 为什么 Cache 可以采用直写(Write Through)策略，而修改页面内容时总是采用回写(Write Back)策略？

46. (6 分) 某进程调度程序采用基于优先数(priority)的调度策略，即选择优先数最小的进程运行，进程创建时由用户指定一个 nice 作为静态优先数。为了动态调整优先数，引入运行时间 cpuTime 和等待时间 waitTime，初值均为 0。进程处于执行态时，cpuTime 定时加 1，且 waitTime 置 0；进程处于就绪态时，cpuTime 置 0，waitTime 定时加 1，请回答下列问题。

(1) 若调度程序只将 nice 的值作为进程的优先数，即 priority=nice，则可能会出现饥饿现象，为什么？

(2) 使用 nice、cpuTime 和 waitTime 设计一种动态优先数计算方法，以避免产生饥饿现象，并说明 waitTime 的作用。

47. (9 分) 某磁盘文件系统使用链接分配方式组织文件，簇大小为 4KB。目录文件的每个目录项包括文件名和文件的第一个簇号，其他簇号存放在文件分配表 FAT 中。

（1）假定目录树如图 15-10 所示，各文件占用的簇号及顺序也如图 15-10 所示，其中 dir、dir1 是目录，file1、file2 是用户文件。请给出所有目录文件的内容。

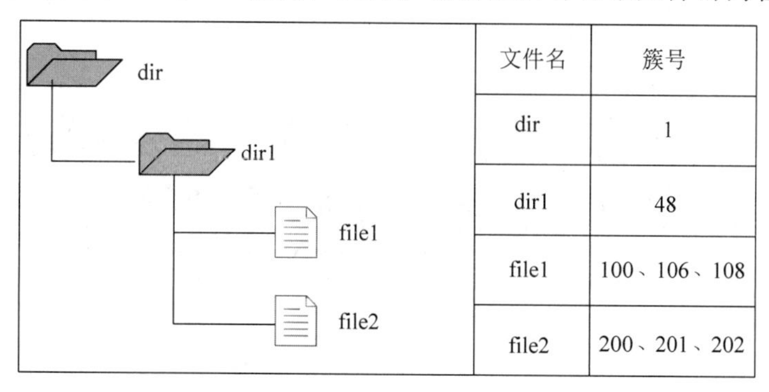

文件名	簇号
dir	1
dir1	48
file1	100、106、108
file2	200、201、202

图　15-10

（2）若 FAT 的每个表项仅存放簇号，占 2 字节，则 FAT 的最大长度为多少字节？该文件系统支持的文件长度最大是多少？

（3）系统通过目录文件和 FAT 实现对文件的按名存取，说明 file1 的 106，108 两个簇号分别存放在 FAT 的哪个表项中？

（4）假设仅 FAT 和 dir 目录文件已读入内存，若需将文件 dir/dir1/file1 的第 5 000 字节读入内存，则要访问哪几个簇？

第16章

2016年全国硕士研究生招生考试计算机学科专业基础试题参考答案及解析

一、单项选择题参考答案速查

题号	1	2	3	4	5	6	7	8	9	10
答案	D	D	C	B	C	D	B	B	B	A
题号	11	12	13	14	15	16	17	18	19	20
答案	D	C	D	A	C	C	C	B	B	A
题号	21	22	23	24	25	26	27	28	29	30
答案	A	A	A	B	C	A	B	D	A	C
题号	31	32	33	34	35	36	37	38	39	40
答案	D	A	C	C	D	B	B	D	C	C

二、单项选择题考点、解析及答案

1. **【考点】**数据结构；线性表的实现；链式储存。

【解析】根据存储状态，单链表的结构如图 16-1 所示。

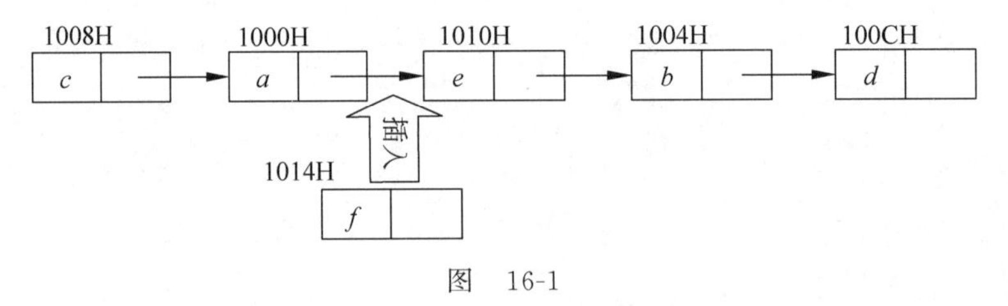

图　16-1

其中“链接地址”是指节点 next 所指的内存地址。当节点 f 插入后，a 指向 f，f 指向 e，e 指向 b，显然 a、e 和 f 的“链接地址”分别是 f、b 和 e 的内存地址，即 1014H、1004H 和 1010H。

【答案】故此题答案为 D。

2. **【考点】**数据结构；线性表的实现；链式储存。

【解析】此类题的解题思路万变不离其宗，无论是链表的插入还是删除都必须保证不断链。

【答案】故此题答案为 D。

3. **【考点】**数据结构；栈、队列和数组；栈、队列和数组的应用。

【解析】解答本题考生须知队列中数据的进出要遵循"先进先出"的原则，即最先进队列的数据元素，同样要最先出队列。

在确保队列先进先出原则的前提下。根据题意具体分析：入队顺序为8,4,2,5,3,9,1,6,7，出队顺序为1～9。入口和出口之间有多个队列（n 条轨道），且每个队列（轨道）可容纳多个元素（多列列车）。如此分析：显然先入队的元素必须小于后入队的元素（如果8和4入同队列，8在前4在后，那么出队时只能是8在前4在后），这样8入队列1，4入队列2，2入队列3，5入队列2（按照前面的原则"大的元素在小的元素后面"也可以将5入队列3，但这时剩下的元素3就必须放到一个新的队列里面，无法确保"至少"，本应该是将5入队列2，再将3入队列3，不增加新队列的情况下，可以满足题意"至少"的要求），3入队列3，9入队列1，这时共占了3个队列。后面还有元素1，直接再占用一个新的队列4，1从以列4出队后，剩下的元素6和7或者入队到队列2或者入队到队列3（可假设 n 个队列的序分别为1，2，…，n），这样满足题目的要求。综上，共占用了4个队列。当然还有其他的入队出队的情况，请考生们自行推演。但要确保满足：(1)队列中后面的元素大于前面的元素；(2)确保占用最少（即满足题目中的"至少"）的队列。

【答案】故此题答案为C。

4. **【考点】**数据结构；栈、队列和数组；特殊矩阵的压缩存储。

【解析】三对角矩阵如下所示。

$$\begin{bmatrix} a_{1,1} & a_{1,2} & & & \\ a_{2,1} & a_{2,2} & a_{2,3} & & 0 \\ & a_{3,2} & a_{3,3} & a_{3,4} & \\ & & \cdots & \cdots & \cdots \\ & 0 & & a_{n-1,n-2} & a_{n-1,n-1} & a_{n-1,n} \\ & & & & a_{n,n-1} & a_{n,n} \end{bmatrix}$$

采用压缩存储，将3条对角线上的元素按行优先方式存放在一维数组 B 中，且 $a_{1,1}$ 存放于 $B[0][0]$中，其存储形式如图16-2所示。

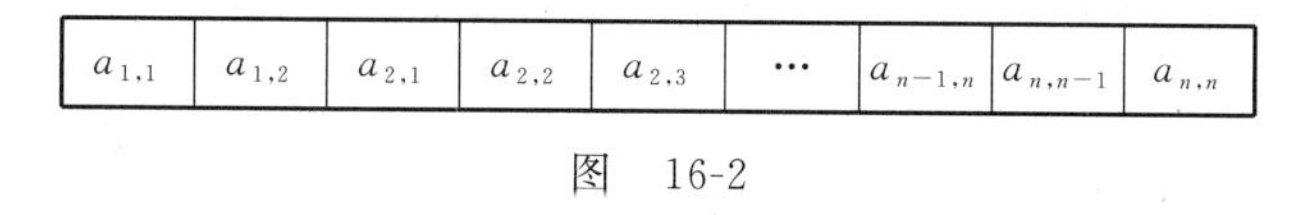

$a_{1,1}$	$a_{1,2}$	$a_{2,1}$	$a_{2,2}$	$a_{2,3}$	…	$a_{n-1,n}$	$a_{n,n-1}$	$a_{n,n}$

图　16-2

可以计算矩阵 **A** 中3条对角线上的元素 $a_{i,j}$ $(1 \leqslant i, j \leqslant n, |i-j| \leqslant 1)$在一堆数组 B 中存放的下标为 $k=2i+j-3$。

解法一：针对该题，仅需要将数字逐一带入公式里面即可：$k=2\times30+30-3=87$，结果为87。

解法二：观察三角矩阵不难发现，第一行有两个元素，剩下的在元素 $m_{30,30}$ 所在行之前的28行（注意下标 $1\leqslant i\leqslant100$、$1\leqslant j\leqslant100$）中每行都有3个元素，而 $m_{30,30}$ 之前仅有一个元素 $m_{30,29}$，那么不难发现元素 $m_{30,30}$ 在数组 N 中的下标是：$2+28\times3+2-1=87$。

【答案】故此题答案为 B。

5. 【考点】数据结构；树与二叉树；树的基本概念。

【解析】本题有两种解法，如下。

解法一：树有一个很重要的性质：在 n 个节点的树中有 $n-1$ 条边，“那么对于每棵树，其节点数比边数多 1”。题中的森林中的节点数比边数多 10(25－15＝10)。显然共有 10 棵树。

解法二：若考生再仔细分析可发现，此题也是考查图的某些方面的性质：生成树和生成森林。此时对于图的生成树有一个重要的性质：若图中顶点数为 n，则它的生成树含有 $n-1$ 条边。对比解法中树的性质，不难发现两种解法都利用到了“树中节点数比边数多 1”的性质，接下来的分析如解法一。

【答案】故此题答案为 C。

6. 【考点】数据结构；图；图的遍历；深度优先搜索。

【解析】本题考查深度优先搜索，深度优先搜索是将当前状态按照一定的规则顺序，先拓展一步得到一个新状态，再对这个新状态递归拓展下去。如果无法拓展，则退回一步到上一个状态，再按照原先设定的规则顺序重新寻找一个状态拓展。如此搜索，直至找到目标状态，或者遍历完所有状态。所以，深度优先搜索也是一种“盲目”搜索。

对于本题，只需按深度优先遍历的策略进行遍历即可。对于选项 A：先访问 V_1，然后访问与 V_1 邻接且未被访问的任一顶点(满足的有 V_2、V_3 和 V_5)，此时访问 V_5，然后从 V_5 出发，访问与 V_5 邻接且未被访问的任一顶点(满足的只有 V_4)，然后从 V_4 出发，访问与 V_4 邻接且未被访问的任顶点(满足的只有 V_3)，然后从 V_3 出发，访问与 V_3 邻接且未被访问的任一顶点(满足的只有 V_2)，结束遍历。选项 B 和 C 的分析方法与选项 A 相同，不再赘述。对于选项 D，首先访问 V_1，然后从 V_1 出发，访问与 V_1 邻接且未被访问的任一顶点(满足的有 V_2、V_3 和 V_5)，然后从 V_2 出发，访问与 V_2 邻接且未被访问的任一顶点(满足的只有 V_5)，按规则本应该访问 V_5，但选项 D 却访问 V_3，因此 D 错误。

【答案】故此题答案为 D。

7. 【考点】数据结构；拓扑排序；算法时间复杂度。

【解析】本题考查拓扑排序。对一个有向无环图(DAG)G 进行拓扑排序，是将 G 中所有顶点排成一个线性序列，使得图中任意一对顶点 u 和 v，若边 $\langle u,v \rangle \in E(G)$，则 u 在线性序列中出现在 v 之前。通常，这样的线性序列称为满足拓扑次序的序列，简称拓扑序列。简单说，由某个集合上的一个偏序得到该集合上的一个全序，这个操作称之为拓扑排序。

根据拓扑排序的规则，输出每个顶点的同时还要删除以它为起点的边，这样对各顶点和边都要进行遍历，故拓扑排序的时间复杂度为 $O(n+e)$。

【答案】故此题答案为 B。

8. 【考点】数据结构；图；图的基本应用；最短路径。

【解析】本题考查的是 Dijkstra 算法，Dijkstra 算法是从一个顶点到其余各顶点的最短路径算法，解决的是有权图中最短路径问题。Dijkstra 算法主要特点是从起始点开始，采用贪心算法的策略，每次遍历到始点距离最近且未访问过的顶点的邻接节点，直到扩展到终点为止。

根据 Dijkstra 算法，从顶点 1 到其余各顶点的最短路径如表 16-1 所示。

表　16-1

顶点	第 1 趟	第 2 趟	第 3 趟	第 4 趟	第 5 趟
2	5 $v_1 \to v_2$	5 $v_1 \to v_2$			
3	∞	∞	7 $v_1 \to v_2 \to v_3$		
4	∞	11 $v_1 \to v_5 \to v_4$	11 $v_1 \to v_5 \to v_4$	11 $v_1 \to v_5 \to v_4$	11 $v_1 \to v_5 \to v_4$
5	4 $v_1 \to v_5$				
6	∞	9 $v_1 \to v_5 \to v_6$	9 $v_1 \to v_5 \to v_6$	9 $v_1 \to v_5 \to v_6$	
集合 S	{1,5}	{1,5,2}	{1,5,2,3}	{1,5,2,3,6}	{1,5,2,3,6,4}

【答案】故此题答案为 B。

9. **【考点】**数据结构；查找；折半查找法；顺序查找法。

【解析】此题为送分题。该程序采用跳跃式的顺序查找法查找升序数组中的 x，显然是 x 越靠前，比较次数才会越少。

【答案】故此题答案为 B。

10. **【考点】**数据结构；树与二叉树；树的基本概念。

【解析】本题考查的是 B+树，B+树是一种树数据结构，通常用于数据库和操作系统的文件系统中。B+树的特点是能够保持数据稳定有序，其插入与修改拥有较稳定的对数时间复杂度。

由于 B+树的所有叶节点中包含了全部的关键字信息，且叶节点本身依关键字从小到大顺序链接，可以进行顺序查找，而 B 树不支持顺序查找(只支持多路查找)。

【答案】故此题答案为 A。

11. **【考点】**数据结构；排序；外部排序。

【解析】本题考查的是归并排序，归并排序是建立在归并操作上的一种有效，稳定的排序算法，该算法是采用分治法的一个非常典型的应用。将已有序的子序列合并，得到完全有序的序列；即先使每个子序列有序，再使子序列段间有序。若将两个有序表合并成一个有序表，则称为二路归并。

外部排序指待排序文件较大，内存一次性放不下，需存放在外部介质中。外部排序通常采用归并排序法。选项 A、B、C 都是内部排序的方法。

【答案】故此题答案为 D。

12. **【考点】**计算机组成原理；计算机系统概述；计算机系统层次结构；计算机系统的工作原理。

【解析】考生须知，翻译程序是指把高级语言源程序转换成机器语言程序(目标代码)的软件。

翻译程序有两种：一种是编译程序，它将高级语言源程序一次全部翻译成目标程序，每次执行程序时，只要执行目标程序，因此，只要源程序不变，就无须重新编译。另一种是解释程序，它将源程序的一条语句翻译成对应的机器目标代码，并立即执行，然后翻译下一条源程序语句并执行，直至所有源程序语句全部被翻译并执行完。所以解释程序的执行过程是翻译一句执行一句，并且不会生成目标程序。汇编程序也是一种语言翻译程序，它把汇编语言源程序翻译为机器语言程序。汇编语言是种面向机器的低级语言，是机器语言的符号表示，与机器语言一一对应。

【答案】故此题答案为 C。

13. 【考点】计算机组成原理；数据的表示与运算；整数的表示与运算。

【解析】结合题干及选项可知，short 为 16 位。因 C 语言中的数据在内存中为补码表示形式，si 对应的补码二进制表示为：1000 0000 0000 0001B，最前面的一位“1”为符号位，表示负数，即－32 767。由 signed 型转化为等长 unsigned 型数据时，符号位成为数据的一部分，也就是说，负数转化为无符号数(即正数)，其数值将发生变化。usi 对应的补码二进制表示与 si 的表示相同，但表示正数，为 32 769。

【答案】故此题答案为 D。

14. 【考点】计算机组成原理；指令系统；寻址方式。

【解析】解答本题考生须了解，大端方式：一个字中的高位字节存放在内存中这个字区域的低地址处。小端方式：一个字中的低位字节存放在内存中这个字区域的低地址处。

依此分析，各字节的存体分配如表 16-2 所示。

表 16-2

地址	0000 8040H	0000 8041H	0000 8042H	0000 8043H
内容	88H	77H	66H	55H
地址	0000 8044H	0000 8045H	0000 8046H	0000 8047H
内容	44H	33H	22H	11H

从而存储的单元 0000 8046H 中存放的是 22H。

【答案】故此题答案为 A。

15. 【考点】计算机组成原理；高速缓冲存储器；Cache 的基本原理。

【解析】首先考生应该知道，缺失率＝每条指令的缺失次数/每条指令的内存访问次数。

分析语句“$a[k]=a[k]+32$”。首先读取 $a[k]$需要访问一次 $a[k]$，之后将结果赋值给 $a[k]$需要访问一次，共访问两次。第一次访问 $a[k]$未命中，并将该字所在的主存块调入 Cache 对应的块中，对于该主存块中的 4 个整数的两次访问中只在访问第一次的第一个元素时发生缺失，其他的 7 次访问中全部命中，故该程序段执行过程中访问数组 a 的 Cache 缺失率约为 1/8(即 12.5%)。

【答案】故此题答案为 C。

16.【考点】计算机组成原理；存储器层次结构；半导体随机存取存储器；SRAM 存储器。

【解析】5FFF－4000＋1＝2000H，即 ROM 区容量为 2^{13}B＝8KB（2000H＝2×16^3＝2^{13}），RAM 区容量为 56KB（64KB－8KB＝56KB），则需要 8K×4 位的 SRAM 芯片的数量为 14×（56KB/8K×4 位＝14）。

【答案】故此题答案为 C。

17.【考点】计算机组成原理；指令系统；寻址方式。

【解析】本题考查变址寻址和间接寻址。把变址寄存器的内容（通常是位移量）与指令地址码部分给出的地址（通常是首地址）之和作为操作数的地址来获得所需要的操作数就称为变址寻址。间接寻址是相对于直接寻址而言的，指令地址字段的形式地址 D 不是操作数的真正地址，而是操作数地址的指示器，或者说是 D 单元的内容才是操作数的有效地址。

变址寻址中，有效地址 EA 等于指令字中的形式地址 D 与变址寄存器 I 的内容相加之和，即 EA＝$(I)+D$。间接寻址是相对于直接寻址而言的，指令的地址字段给出的形式地址不是操作数的真正地址，而是操作数地址的地址，即 EA＝(D)。从而该操作数的有效地址是$((I)+D)$。

【答案】故此题答案为 C。

18.【考点】计算机组成原理；指令系统；指令格式。

【解析】程序计数器（PC）给出下一条指令字的访存地址（指令在内存中的地址），取决于存储器的字数（4GB/32bit＝2^{30}），故程序计数器的位数至少是 30 位；指令寄存器（IR）用于接收取得的指令，取决于指令字长（32 位），故指令寄存器（IR）的位数至少为 32 位。

【答案】故此题答案为 B。

19.【考点】计算机组成原理；中央处理器（CPU）；指令执行过程；指令流水线。

【解析】数据冒险，即数据相关，指在一个程序中存在必须等前一条指令执行完才能执行后一条指令的情况，则这两条指令即为数据相关。当多条指令重叠处理时就会发生冲突。首先这两条指令发生写后读相关，并且两条指令在流水线中执行情况（发生数据冒险）如表 16-3 所示。

表　16-3

指令时钟	1	2	3	4	5	6	7
I2	取指	译码/读寄存器	运算	访存	写回		
I3		取指	译码/读寄存器	运算	访存	写回	

指令 I2 在时钟 5 时将结果写入寄存器（R5），但指令 I3 在时钟 3 时读寄存器（R5）。本来指令 I2 应先写入 R5，指令 I3 后读 R5，结果变成指令 I3 先读 R5，指令 I2 后写入 R5，因而发生数据冲突。

【答案】故此题答案为 B。

20.【考点】计算机组成原理；中央处理器；CPU 的功能和基本结构；指令周期；时钟周期。

【解析】单周期处理器即指所有指令的指令周期为一个时钟周期，D 正确。因为每条指令的 CPI 为 1，要考虑比较慢的指令，所以处理器的时钟频率较低，B 正确。单总线结构将 CPU、主存、I/O 设备都挂在一组总线上，允许 I/O 设备之间、I/O 设备与主存之间直接交换信息，但多个部件只能争用唯一的总线，且不支持并发传送操作。单周期处理器并不是可以采用单总线结构数据通路，故 A 错误。控制信号即指 PC 中的内容，PC 用来存放当前欲执行指令的地址，可以自动使 PC＋1 以形成下一条指令的地址。在指令执行过程中控制信号不变化。

【答案】故此题答案为 A。

21. **【考点】**计算机组成原理；总线和输入/输出系统；总线。

【解析】此题初看可能会觉得 A 正确，并行总线传输通常比串行总线传输速度快，但这不是绝对的，实际时钟频率比较低的情况下，并行总线因为可以同时传输若干比特，速率确实比串行总线块。但是，随着技术的发展，时钟频率越来越高，并行导线之间的相互 T 扰越来越严重，当时钟频率提高到一定程度时，传输的数据已经无法恢复。而串行总线因为导线少，线间干扰容易控制，反而可以通过不断提高时钟频率来提高传输速率，A 错误。

总线复用是指一种信号线在不同的时间传输不同的信息，可以使用较少的线路传输更多的信息，从而节省了空间和成本。故 B 正确。

突发(猝发)传输是在一个总线周期中，可以传输多个存储地址连续的数据，即一次传输一个地址和一批地址连续的数据，C 正确。

分离事务通信即总线复用的一种，相比单一的传输线路可以提高总线的利用率，D 正确。

【答案】故此题答案为 A。

22. **【考点】**计算机组成原理；总线和输入/输出系统；I/O 方式；程序中断方式。

【解析】本题考查的是中断与异常。中断是指来自 CPU 执行指令以外事件的发生，如设备发出的 I/O 结束中断，表示设备输入/输出处理已经完成，希望处理机能够向设备发出下一个输入/输出请求，同时让完成输入/输出后程序继续运行。时钟中断，表示一个固定的时间片已到，让处理机处理计时、启动定时运行的任务等。这一类中断通常是与当前程序运行无关的事件，即它们与当前处理机运行的程序无关。

异常也称内中断、例外或陷入(Trap)，指源自 CPU 执行指令内部的事件，如程序的非法操作码、地址越界、算术溢出、虚存系统的缺页以及专门的陷入指令等引起的事件。A 错误。

【答案】故此题答案为 A。

23. **【考点】**计算机组成原理；中央处理器；总线和输入/输出系统；I/O 方式；程序中断方式。

【解析】本题考查的是批处理系统，又名批处理操作系统。批处理是指用户将一批作业提交给操作系统后就不再干预，由操作系统控制它们自动运行。这种采用批量处理作业技术的操作系统称为批处理操作系统。批处理操作系统分为单道批处理系统和多道批处理系统。批处理操作系统不具有交互性，它是为了提高 CPU 的利用率而提出的一种操作系统。

批处理系统中，作业执行时用户无法干预其运行，只能通过事先编制作业控制说明书来间接干预，缺少交互能力，也因此才发展出分时系统，Ⅰ错误。批处理系统按发展历程又分为单道批处理系统、多道批处理系统，Ⅱ正确。多道程序设计技术允许同时把多个程序放入内存，并允许它们交替在 CPU 中运行，它们共享系统中的各种硬、软件资源，当一道程序因 I/O 请求而暂停运行时，CPU 便立即转去运行另一道程序，即多道批处理系统的 I/O 设备可与 CPU 并行工作，这都是借助于中断技术实现的，Ⅲ正确。

【答案】 故此题答案为 A。

24. **【考点】** 操作系统；进程管理；CPU 调度与上下文切换；典型调度算法。

【解析】 考生在做这类调度题目最好画图。因 CPU、输入设备、输出设备都只有一个，因此各操作步骤不能重叠，画出运行时的甘特图后就能清楚地看到不用作业的时序关系，如表 16-4 所示。

表　16-4

<table>
<tr><th>作业/时间</th><th>1</th><th>2</th><th>3</th><th>4</th><th>5</th><th>6</th><th>7</th><th>8</th><th>9</th><th>10</th><th>11</th><th>12</th><th>13</th><th>14</th><th>15</th><th>16</th><th>17</th></tr>
<tr><td>1</td><td colspan="2">输入</td><td colspan="3">计算</td><td colspan="4">输出</td><td></td><td></td><td></td><td></td><td></td><td></td><td></td><td></td></tr>
<tr><td>2</td><td></td><td></td><td colspan="2">输入</td><td></td><td colspan="3">计算</td><td></td><td colspan="4">输出</td><td></td><td></td><td></td><td></td></tr>
<tr><td>3</td><td></td><td></td><td></td><td></td><td colspan="2">输入</td><td></td><td></td><td colspan="3">计算</td><td></td><td></td><td colspan="4">输出</td></tr>
</table>

【答案】 故此题答案为 B。

25. **【考点】** 操作系统；进程管理；死锁。

【解析】 本题考查的是死锁，死锁是指两个或两个以上的进程在执行过程中，由于竞争资源或者由于彼此通信而造成的一种阻塞的现象，若无外力作用，它们都将无法推进下去。此时称系统处于死锁状态或系统产生了死锁，这些永远在互相等待的进程称为死锁进程。

对于本题，先满足个进程的资源需求，再看其他进程是否能出现死锁状态。因为 P4 只申请一个资源，当将 R2 分配给 P4 后，P4 执行完后将 R2 释放，这时使得系统满足死锁的条件是 R1 分配给 P1，R2 分配给 P2，R3 分配给 P3(或者 R2 分配给 P1，R3 分配给 P2，R 分配给 P3)。穷举其他情况如 P1 申请的资源 R1 和 R2，先都分配给 P1，运行完并释放占有的资源后，可以分别将 R1、R2 和 R3 分配给 P3、P4 和 P2，也满足系统死锁的条件。各种情况需要使得处于死锁状态的进程数至少为 3。

【答案】 故此题答案为 C。

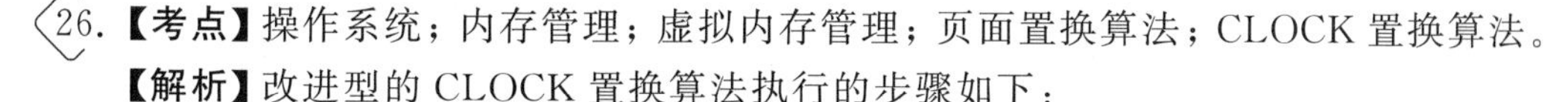

26. **【考点】** 操作系统；内存管理；虚拟内存管理；页面置换算法；CLOCK 置换算法。

【解析】 改进型的 CLOCK 置换算法执行的步骤如下：

(1) 从指针的当前位置开始，扫描帧缓冲区。在这次扫描过程中，对使用位不做任何修改。选择遇到的第一个帧($A=0,M=0$)用于替换。

(2) 如果第(1)步失败，则重新扫描，查找($A=0,M=1$)的帧。选择遇到的第一个这样的帧用于替换。在这个扫描过程中，对每个跳过的帧，把它的使用位设置成 0。

(3) 如果第(2)步失败，指针将回到它的最初位置，并且集合中所有帧的使用位均为 0。重复第(1)步，并且如果有必要，重复第(2)步。这样将可以找到供替换的帧。从而，该算法淘汰页的次序为(0,0)，(0,1)，(1,0)，(1,1)，即A正确。

【答案】故此题答案为A。

27.【考点】操作系统；操作系统基础；进程管理；同步与互斥；基本的实现方法；硬件方法。

【解析】当进程退出临界区时置lock为FALSE，会负责唤醒处于就绪状态的进程，A错误。

若等待进入临界区的进程会直停留在执行while(TSL(&lock))的循环中，不会主动放弃CPU，B正确。

让权等待，即当进程不能进入临界区时，应立即释放处理器，防止进程忙等待。通过B选项的分析中发现上述伪代码并不满足"让权等待"的同步准则，C错误。

若while(TSL(&lock))在关中断状状态下执行，当TSL(&lock)一直为true时，不再开中断，则系统可能会因此终止，D错误。

【答案】故此题答案为B。

28.【考点】操作系统；内存管理；内存管理基础；逻辑地址空间与物理地址空间；地址变换；段式管理。

【解析】本题分段系统的逻辑地址 A 到物理地址 E 之间的地址变换过程如图16-3所示。

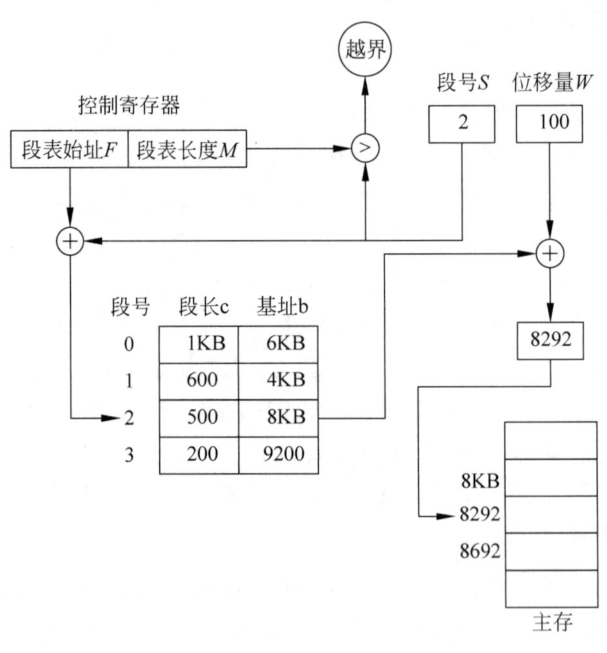

图 16-3

① 从逻辑地址 A 中取出前几位为段号 S，后几位为段内偏移量 W，注意段式存储管理的题目中，逻辑地址一般以二进制给出，而在页式存储管理中，逻辑地址般以十进制给出，考生要具体问题具体分析。

② 比较段号 S 和段表长度 M，若 $S \geq M$，则产生越界异常，否则继续执行。

③ 段表中段号 S 对应的段表项地址＝段表起始地址 F＋段号 $S \times$ 段表项长度，取

出该段表项的前几位得到段长 C。若段内偏移量 $\geqslant C$，则产生越界异常，否则继续执行。从这句话我们可以看出，段表项实际上只有两部分，前几位是段长，后几位是起始地址。

④ 取出段表项中该段的起始地址 b，计算 $E=b+W$，用得到的物理地址 E 去访问内存。题目中段号为 2 的段长为 300，小于段内地址为 400，故发生越界异常，D 正确。

【答案】故此题答案为 D。

29. **【考点】**操作系统；进程管理；工作集。

【解析】本题考查的是工作集，工作集(或驻留集)是指在某段时间间隔内，进程要访问的页面集合。

在任一时刻 t，都存在一个集合，它包含所有最近 k 次(该题窗口大小为 6)内存访问所访问过的页面。这个集合 $w(k,t)$ 就是工作集。该题中最近 6 次访问的页面分别为 6，0，3，2，3.2，再去除重复的页面，形成的工作集为(6，0，3，2)。

【答案】故此题答案为 A。

30. **【考点】**操作系统；进程管理；同步与互斥。

【解析】P1 中对 a 进行赋值，并不影响最终的结果，故 $a=1$ 与 $a=2$ 不需要互斥执行；$a=x$ 与 $b=x$ 执行先后不影响 a 与 b 的结果，无须互斥执行；$x+=1$ 与 $x+=2$ 执行先后会影响 x 的结果，需要互斥执行；P1 中的 x 和 P2 中的 x 是不同范围中的 x，互不影响，不需要互斥执行。

【答案】故此题答案为 C。

31. **【考点】**操作系统；输入/输出管理；设备独立软件；假脱机技术(SPOOLing)。

【解析】本题考查的是 SPOOLing，SPOOLing 是利用专门的外围控制机，将低速 I/O 设备上的数据传送到高速磁盘上，或者相反。

SPOOLing 的意思是外部设备同时联机操作，又称为假脱机输入/输出操作，是操作系统中采用的一项将独占设备改造成共享设备的技术。高速磁盘即外存，A 正确。SPOOLing 技术需要进行输入/输出操作，单道批处理系统无法满足，B 正确。SPOOLing 技术实现了将独占设备改造成共享设备的技术，C 正确。设备与输入/输出井之间数据的传送是由系统实现的，D 错误。

【答案】故此题答案为 D。

32. **【考点】**操作系统；进程管理；管程。

【解析】本题考查的是管程，管程是由一组数据以及定义在这组数据之上的对这组数据的操作组成的软件模块。

管程不仅能实现进程间的互斥，而且能实现进程达，间的同步，故 A 错误、B 正确。管程具有特性：①局部于管程的数据只能被局部于管程内的过程所访问；②一个进程只有通过调用管程内的过程才能进入管程访问共享数据；③每次仅允许一个进程在管程内执行某个内部过程，故 C 和 D 正确。

【答案】故此题答案为 A。

33.【考点】计算机网络；计算机网络概述；计算机网络体系结构；ISO/OSI 参考模型和 TCP/IP 模型。

【解析】考生须知，OSI 参考模型中各层如图 16-4 所示。

集线器是一个多端口的中继器，工作在物理层。以太网交换机是一个多端口的网桥，工作在数据链路层。路由器是网络层设备，它实现了网络模型的下三层，即物理层、数据链路层和网络层。题中 R1、Switch 和 Hub 分别是路由器、交换机和集线器，实现的最高层功能分别是网络层(即 3)、数据链路层(即 2)和物理层(即 1)。

ISO/OSI	
7	应用层
6	表示层
5	会话层
4	传输层
3	网络层
2	数据链路层
1	物理层

图 16-4

【答案】故此题答案为 C。

34.【考点】计算机网络；物理层；通信基础；奈奎斯特定理与香农定理。

【解析】本题考查的是香农定理。香农定理给出了带宽受限且有高斯白噪声干扰的信道的极限数据传输速率，香农定理定义为：信道的极限数据传输速率 $=W\log_2(1+S/N)$，单位为 bit/s。其中，S/N 为信噪比，即信号的平均功率和噪声的平均功率之比，信噪比 $=10\log_{10}(S/N)$，单位为 dB，当 $S/N=1\ 000$ 时，信噪比为 30dB，则该链路的实际数据传输速率约为：$50\%\times W\log_2(1+S/N)=50\%\times 8\text{k}\times\log_2(1+1\ 000)=40\text{kbit/s}$。

【答案】故此题答案为 C。

35.【考点】计算机网络；物理层；物理层设备；中继器；集线器；数据链路层；数据链路层设备；以太网交换机及其工作原理；网络层；网络层设备；路由器。

【解析】关于物理层、数据链路层、网络层设备对于隔离冲突域的总结如表 16-5 所示。

表 16-5

设备名称	能否隔离冲突域	能否隔离广播域
集线器	不能	不能
中继器	不能	不能
交换机	能	不能
网桥	能	不能
路由器	能	能

交换机(Switch)可以隔离冲突域，但集线器(Hub)无法隔离冲突域，因此从物理层上能够收到该确认帧的主机仅 H2、H3，选项 D 正确。

【答案】故此题答案为 D。

36.【考点】计算机网络；数据链路层；局域网；以太网与 IEEE 802.3。

【解析】解答本题考生须知，因为要解决“理论上可以相距的最远距离”，所以最远肯定能保证能检测到碰撞，而以太网规定最短帧长为 64B。

其中 Hub 为 100Base-T 集线器，可知线路的传输速率为 100Mbit/s 则单程传输时延为 $64\text{B}/100\text{Mbit/s}/2=2.56\mu\text{s}$，又 Hub 再产生比特流的过程中会导致延时 $1.535\mu\text{s}$，则单程的传播时延为 $2.56\mu\text{s}-1.535\mu\text{s}=1.025\mu\text{s}$，从而 H3 与 H4 之间理论上可以相距最远距离为 $200\text{m}/\mu\text{s}\times 1.025\mu\text{s}=205\text{m}$。

【答案】故此题答案为 B。

37.【考点】计算机网络；网络层；路由协议。

【解析】因为 R3 检测到网络 201.1.2.0/25 不可达，故将到该网络的距离设置为 16(距离为 16 表示不可达)。当 R2 从 R3 收到路由信息时，因为 R3 到该网络的距离为 16，则 R2 到该网络也不可达，但此时记录 R1 可达(由于 RIP 的特点“坏消息传得慢”，R1 并没有收到 R3 发来的路由信息)，R1 到该网络的距离为 2，再加上从 R2 到 R1 的 1 就是 R2 到该网络的距离 3。

【答案】故此题答案为 B。

38.【考点】计算机网络；网络层；IPv4；IPv4 地址与 NAT；IPv4 分组。

【解析】由题意知连接 R1、R2 和 R3 之间的点对点链路使用 201.1.3.x/30 地址，其子网掩码为 255.255.255.252，R1 的一个接口的 IP 地址为 201.1.3.9，转换为对应的二进制的后 8 位为 0000 1001(由 201.1.3.x/30 知，IP 地址对应的二进制的后两位为主机号，而主机号全为 0 表示本网络本身，主机号全为 1 表示本网络的广播地址，不用于源 IP 地址或者目的 IP 地址)，那么除 201.1.3.9 外，只有 IP 地址为 201.1.3.10 才可以作为源 IP 地址使用(本题为 201.1.3.10)。Web 服务器的 IP 地址为 130.18.10.1，作为 IP 分组的目的 IP 地址。

【答案】故此题答案为 D。

39.【考点】计算机网络；网络层；IPv4；子网划分、路由聚集、子网掩码与 CIDR。

【解析】本题考查了子网掩码，子网掩码又叫网络掩码、地址掩码、子网络遮罩，它用来指明一个 IP 地址的哪些位标识的是主机所在的子网，以及哪些位标识的是主机的位掩码。

从子网掩码可知 H1 和 H2 处于同一网段，H3 和 H4 处于同一网段，分别可以进行正常的 IP 通信，A 和 D 错误。因为 R2 的 E1 接口的 IP 地址为 192.168.3.254，而 H2 的默认网关为 192.168.3.1，所以 H2 不能访问 Internet，而 H4 的默认网关为 192.168.3.254，所以 H4 可以正常访问 Internet，B 错误。由 H1、H2、H3 和 H4 的子网掩码可知 H1、H2 和 H3、H4 处于不同的网段，需通过路由器才能进行正常的 IP 通信，而这时 HI 和 H2 的默认网关为 192.168.3.1。但 R2 的 E1 接口的 IP 地址为 192.168.3.254，无法进行通信，从而 H1 不能与 H3 进行正常的 IP 通信。C 正确。

【答案】故此题答案为 C。

40.【考点】计算机网络；应用层；DNS 系统；域名服务器。

【解析】本题的最少情况：当本机 DNS 高速缓存中有该域名的 DNS 信息时，则不需要查询任何域名服务器，最少发出 0 次 DNS 查询。

最多情况：因为均采用迭代查询方式，在最坏情况下，本地域名服务器需要依次迭代地向根域名服务器、顶级域名服务器(.com)、权限域名服务器(xyz.com)、权限域名服务器(abc.xyz.com)发出 DNS 查询请求，因此最多发出 4 次 DNS 查询。

【答案】故此题答案为 C。

三、综合应用题考点、解析及小结

41.【考点】计算机网络；传输层；TCP；TCP 段；TCP 连接管理；TCP 可靠运输；TCP 拥

塞控制；TCP 流量控制。

【解析】本题考查的是 TCP 连接，四个小题分别从 TCP 连接建立过程，接收窗口、拥塞窗口发送窗口，平均数据传输速率，以及 TCP 连接释放过程几个方面进行考查。具体解析如下：

(1) 第二次握手 TCP 段的 SYN=1，ACK=1；确认序号是 101。

(2) H3 收到的第 8 个确认段所通告的接收窗口是 12KB；此时 H3 的拥塞窗口变为 9KB；H3 的发送窗口变为 9KB。

(3) 当 H3 的发送窗口等于 0 时，下一个待发送段的序号是 20K+101=20×1 024+101=20 581；H3 从发送第 1 个段到发送窗口等于 0 时刻为止，平均数据传输速率是 20KB/(5×200ms)=20KB/s=20.48×8kbit/s。

(4) 从 t 时刻起，S 释放该连接的最短时间是：1.5×200ms=300ms。

42. **【考点】**数据结构；树的基本概念；树的存储结构。

【解析】本题考查了正则 k 叉树。根据定义，正则 k 叉树中仅含有两类节点：叶节点(个数记为 n_0)和度为 k 的分支节点(个数记为 n_k)。本题具体解析如下：

(1) 树 T 中的节点总数 $n=n_0+n_k=n_0+m$。树中所含的边数 $e=n-1$，这些边均为 m 个度为 k 的节点发出的，即 $e=m\times k$。整理得：$n_0+m=m\times k+1$，故 $n_0=(k-1)\times m+1$。

(2) 高度为 h 的正则 k 叉树 T 中，含最多节点的树形为：除第 h 层外，第 1 到第 $h-1$ 层的节点都是度为 k 的分支节点，而第 h 层均为叶节点，即树是“满”树。此时第 $j(1\leqslant j\leqslant h)$层节点数为 k^{j-1}，节点总数 M_1 为

$$M_1=\sum_{j=1}^{b}k^{j-1}=\frac{k^h-1}{k-1}$$

含最少节点的正则 k 叉树的树形为：第 1 层只有根节点，第 2 到第 $h-1$ 层仅含 1 个分支节点和 $k-1$ 个叶节点，第 h 层有 k 个叶节点。即除根外第 2 到第 h 层中每层的节点数均为 k，故 T 中所含节点总数 M_2 为 $M_2=1+(h-1)\times k$。

43. **【考点】**数据结构；排序；快速排序：空间复杂度；时间复杂度；C 或 C++语言。

【解析】本题是设计高效的划分算法问题，三个小题的问题依次推进，难度逐步增加，属于区分度较好、难度适中的综合应用题。需要考生(1)按要求描述算法的思想；(2)给出 C 或 C++语言描述的算法并给出关键之处的注释；(3)分析给出算法的时间复杂度与空间复杂度。具体解析如下：

(1) 算法的基本设计思想。

由题意知，将最小的 $n/2$ 个元素放在 A_1 中，其余的元素放在 A_2 中，分组结果即可满足题目要求。仿照快速排序的思想，基于枢轴将 n 个整数划分为两个子集。根据划分后枢轴所处的位置 i 分别处理：

① 2 若 $i=\lfloor n/2\rfloor$，则分组完成，算法结束；

③ 若 $i<\lfloor n/2\rfloor$，则枢轴及之前的所有元素均属于 A_1，继续对 i 之后的元素进行划分；

③ 若 $i>\lfloor n/2\rfloor$，则枢轴及之后的所有元素均属于 A_2，继续对 i 之前的元素进行

划分；

基于该设计思想实现的算法，无须对全部元素进行全排序，其平均时间复杂度是 $O(n)$，空间复杂度是 $O(1)$。

(2) 算法实现。

```
int setPartition(int a[  ],int n)
{
    int pivotkey,low = 0,low0 = 0,high = n - 1,high0 = n - 1,flag = 1,k = n/2,i;
    int s1 = 0,s2 = 0;
    while(flag)
    {   pivotkey = a[low];              //选择枢轴
        while(low < high)               //基于枢轴对数据进行划分
        {
            while(low < high && a[high]> = pivotkey)
             -- high;
            if(low!= high)a[low] = a[high];
            while(low < high && a[low]< = pivotkey) ++ low:
            if(low!= high)a[high] = a[low];
        }//end of while(low < high)
        a[low] = pivotkey;
        if(low == k - 1)                //如果枢轴是第 n/2 小元素,划分成功
            flag = 0
        else                            //否则继续划分
        {   if(low < k - 1)
                {   low0 = ++low;
                    high = high0;
                }
            else
                {   high0 = -- high;
                    low = low0;
                }
        }
    }
    for(i = 0; i < k; i++)s1 += a[i];
    for(i = k; i < n; i++)s2 += a[i];
    return s2 - s1;
}
```

(3) 算法平均时间复杂度是 $O(n)$，空间复杂度是 $O(1)$。

44. **【考点】**操作系统；输入/输出管理；设备；I/O 端口；I/O 控制方式；中断方式；操作系统基础；程序运行环境；中断和异常的处理。

【解析】本题考查的内容涵盖了操作系统多个章节的内容，还涉及了其他知识，综合程度很高，区分度极高，较好的考查了学生综合运用知识的能力。本题解答如下。

(1) 每传送一个 ASCII 字符，需要传输的位数有 1 位起始位、7 位数据位(ASCII 字符占 7 位)、1 位奇校验位和 1 位停止位，故总位数为 $1+7+1+1=10$。I/O 端口每秒最多可接收 $1\ 000/0.5=2\ 000$ 个字符。

(2) 一个字符传送时间包括：设备 D 将字符送 I/O 端口的时间、中断响应时间和中断服务程序前 15 条指令的执行时间。时钟周期为 $1/(50\text{MHz})=20\text{ns}$，设备 D 将字符送 I/O 端口的时间为 $0.5\text{ms}/20\text{ns}=2.5\times10^4$ 个时钟周期。一个字符的传送时间大约为 $2.5\times10^4+10+15\times4=25\ 070$ 个时钟周期。完成 1 000 个字符传送所需时间大

约为 1 000×25 070＝25 070 000 个时钟周期。

CPU 用于该任务的时间大约为 1 000×(10＋20×4)＝9×10^4 个时钟周期。

在中断响应阶段,CPU 主要进行以下操作：关中断、保护断点和程序状态、识别中断源。

45.【考点】计算机组成原理；存储器层次结构；虚拟存储器；页式虚拟存储器；TLB(快表)；高速缓冲存储器；Cache 和主存之间的映射方式；Cache 写策略；磁盘存储器。

【解析】本题需要考生理解页式虚拟存储管理方式,TLB,Cache 与主存的映射方式,以及 Cache 写策略。本题的解答如下。

(1) 页大小为 8KB,页内偏移地址为 13 位,故 $A=B=32-13=19$；$D=13$；$C=24-13=11$；主存块大小为 64B,故 $G=6$。2 路组相联,每组数据区容量有 64B×2＝128B,共有 64KB/128B＝512 组,故 $F=9$；$E=24-G-F=24-6-9=9$。因而 $A=19$,$B=19$,$C=11$,$D=13$,$E=9$,$F=9$,$G=6$。TLB 中标记字段 B 的内容是虚页号,表示该 TLB 项对应哪个虚页的页表项。

(2) 块号 4099＝00 0001 0000 0000 0011B,因此,所映射的 Cache 组号为 0 0000 0011B＝3,对应的 H 字段内容为 0 0000 1000B。

(3) Cache 缺失带来的开销小,而处理缺页的开销大。因为缺页处理需要访问磁盘,而 Cache 缺失只要访问主存。

(4) 因为采用直写策略时需要同时写快速存储器和慢速存储器,而写磁盘比写主存慢得多。所以,在 Cache-主存层次,Cache 可以采用直写策略,而在主存-外存(磁盘)层次,修改页面内容时总是采用回写策略。

46.【考点】操作系统；进程管理；CPU 调度与上下文切换；调度的实现；调度程序。

【解析】本题主要考查优先数调度算法,指的是在进程调度中,每次调度时,系统把处理机分配给就绪队列中优先数最高的进程。具体解析如下：

(1) 由于采用了静态优先数,当就绪队列中总有优先数较小的进程时,优先数较大的进程一直没有机会运行,因而会出现饥饿现象。

(2) 优先数 priority 的计算公式为：priority ＝ nice ＋ k1 × cpuTime － k2 × waitTime,其中 k1＞0,k2＞0,用来分别调整 cpuTime 和 waitTime 在 priority 中所占的比例。waitTime 可使长时间等待的进程优先数减小,从而避免出现饥饿现象。

47.【考点】操作系统；文件管理；目录；外存管理；磁盘；磁盘结构。

【解析】本题考查的内容包括：(1)目录文件的内容；(2)FAT 的最大长度及文件的最大长度；(3) FAT 的表项；(4)簇。本题对应的 4 小题具体解答如下。

(1) 两个目录文件 dir 和 dir1 的内容如图 16-5 所示。

(2) FAT 的最大长度为 $2^{16}\times2B=128KB$。文件的最大长度是 $2^{16}\times4KB=256MB$。

(3) file1 的簇号 106 存放在 FAT 的 100 号表项中,簇号 108 存放在 FAT 的 106 号表项中。

(4) 需要访问目录文件 dir1 所在的 48 号簇,及文件 file1 的 106 号簇。

dir目录文件

文件名	簇号
dir1	48

dir目录文件

文件名	簇号
file1	100
file2	200

图 16-5

2017年全国硕士研究生招生考试计算机学科专业基础试题

一、**单项选择题**：1～40小题，每小题2分，共80分。下列每题给出的四个选项中，只有一个选项是最符合题目要求的。

1. 下列函数的时间复杂度是（　　）。

```
int func (int n){
    int i = 0, sum = 0;
    while(sum < n) sum  += ++i;
    return i;
}
```

A. $O(\log n)$　　B. $O(n^{1/2})$　　C. $O(n)$　　D. $O(n\log n)$

2. 下列关于栈的叙述中，错误的是（　　）。

Ⅰ. 采用非递归方式重写递归程序时必须使用栈

Ⅱ. 函数调用时，系统要用栈保存必要的信息

Ⅲ. 只要确定了入栈次序，即可确定出栈次序

Ⅳ. 栈是一种受限的线性表，允许在其两端进行操作

A. 仅Ⅰ　　B. 仅Ⅰ、Ⅱ、Ⅲ　　C. 仅Ⅰ、Ⅲ、Ⅳ　　D. 仅Ⅱ、Ⅲ、Ⅳ

3. 适用于压缩存储稀疏矩阵的两种存储结构是（　　）。

A. 三元组表和十字链表　　B. 三元组表和邻接矩阵

C. 十字链表和二叉链表　　D. 邻接矩阵和十字链表

4. 要使一棵非空二叉树的先序序列与中序序列相同，其所有非叶节点须满足的条件是（　　）。

A. 只有左子树　　B. 只有右子树

C. 节点的度均为1　　D. 节点的度均为2

5. 已知一棵二叉树的树形如图17-1所示，其后序序列为e,a,c,b,d,g,f，树中与节点a同层的节点是（　　）。

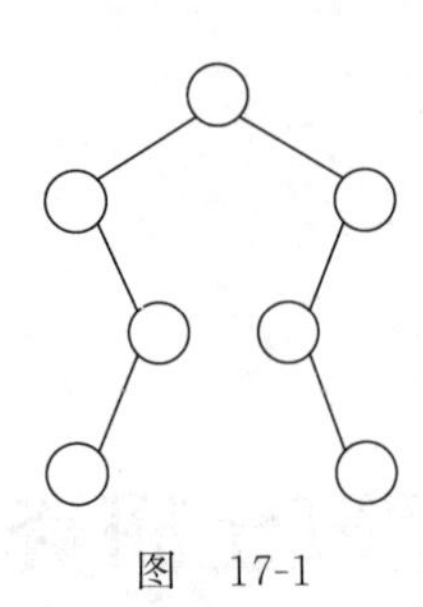

图 17-1

A. c　　　　B. d　　　　C. f　　　　D. g

6. 已知字符集{a,b,c,d,e,f,g,h},若各字符的哈夫曼编码依次是 0100,10,0000,0101,001,011,11,0001,则编码序列 0100011001001011110101 的译码结果是(　　)。

A. a c g a b f h　　B. a d b a g b b　　C. a f b e a g d　　D. a f e e f g d

7. 已知无向图 G 含有 16 条边,其中度为 4 的顶点个数为 3,度为 3 的顶点个数为 4,其他顶点的度均小于 3。图 G 所含的顶点个数至少是(　　)。

A. 10　　B. 11　　C. 13　　D. 15

8. 下列二叉树中,可能成为折半查找判定树(不含外部节点)的是(　　)。

A.　　B.

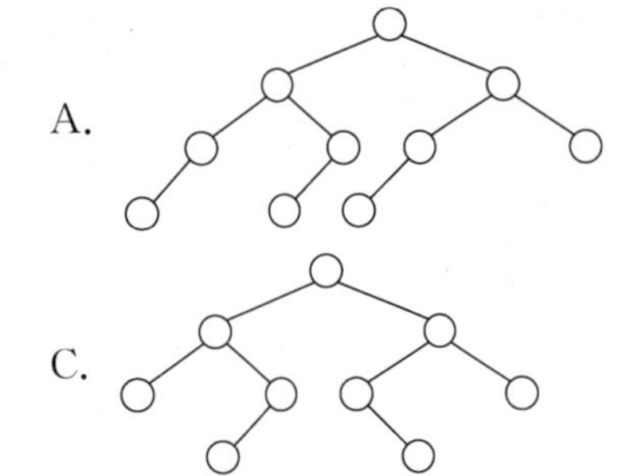

C.　　D.

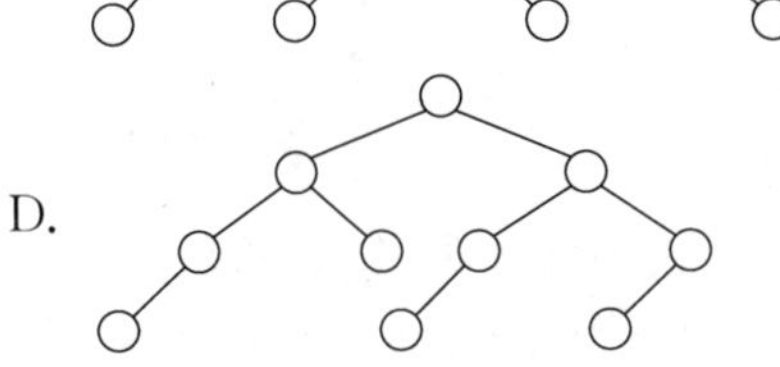

9. 下列应用中,适合使用 B+树的是(　　)。

A. 编译器中的词法分析　　B. 关系数据库系统中的索引

C. 网络中的路由表快速查找　　D. 操作系统的磁盘空闲块管理

10. 在内部排序时,若选择了归并排序而没有选择插入排序,则可能的理由是(　　)。

Ⅰ. 归并排序的程序代码更短

Ⅱ. 归并排序的占用空间更少

Ⅲ. 归并排序的运行效率更高

A. 仅Ⅱ　　B. 仅Ⅲ　　C. 仅Ⅰ、Ⅱ　　D. 仅Ⅰ、Ⅲ

11. 下列排序方法中,若将顺序存储更换为链式存储,则算法的时间效率会降低的是(　　)。

Ⅰ. 插入排序　　Ⅱ. 选择排序　　Ⅲ. 起泡排序

Ⅳ. 希尔排序　　Ⅴ. 堆排序

A. 仅Ⅰ、Ⅱ　　B. 仅Ⅱ、Ⅲ　　C. 仅Ⅲ、Ⅳ　　D. 仅Ⅳ、Ⅴ

12. 假定计算机 M1 和 M2 具有相同的指令集体系结构(ISA),主频分别为 1.5GHz 和 1.2GHz。在 M1 和 M2 上运行某基准程序 P,平均 CPⅠ分别为 2 和 1,则程序 P 在 M1

和 M2 上运行时间的比值是(　　)。

A. 0.4　　B. 0.625　　C. 1.6　　D. 2.5

13. 某计算机主存按字节编址,由 4 个 64M×8 位的 DRAM 芯片采用交叉编址方式构成,并与宽度为 32 位的存储器总线相连,主存每次最多读写 32 位数据。若 double 型变量 x 的主存地址为 804001AH,则读取 x 需要的存储周期数是(　　)。

A. 1　　B. 2　　C. 3　　D. 4

14. 某 C 语言程序段如下:

```
for(i = 0; i <= 9; i++){
    temp = 1;
    for(j = 0; j <= i; j++)temp * = aj];
    sum += temp;
}
```

下列关于数组 a 的访问局部性的描述中,正确的是(　　)。

A. 时间局部性和空间局部性皆有

B. 无时间局部性,有空间局部性

C. 有时间局部性,无空间局部性

D. 时间局部性和空间局部性皆无

15. 下列寻址方式中,最适合按下标顺序访问一维数组元素的是(　　)。

A. 相对寻址　　B. 寄存器寻址　　C. 直接寻址　　D. 变址寻址

16. 某计算机按字节编址,指令字长固定且只有两种指令格式,其中三地址指令 29 条,二地址指令 107 条,每个地址字段为 6 位,则指令字长至少应该是(　　)。

A. 24 位　　B. 26 位　　C. 28 位　　D. 32 位

17. 下列关于超标量流水线特性的叙述中,正确的是(　　)。

Ⅰ. 能缩短流水线功能段的处理时间

Ⅱ. 能在一个时钟周期内同时发射多条指令

Ⅲ. 能结合动态调度技术提高指令执行并行性

A. 仅Ⅱ　　B. 仅Ⅰ、Ⅲ　　C. 仅Ⅱ、Ⅲ　　D. Ⅰ、Ⅱ和Ⅲ

18. 下列关于主存储器(MM)和控制存储器(CS)的叙述中,错误的是(　　)。

A. MM 在 CPU 外,CS 在 CPU 内

B. MM 按地址访问,CS 按内容访问

C. MM 存储指令和数据,CS 存储微指令

D. MM 用 RAM 和 ROM 实现,CS 用 ROM 实现

19. 下列关于指令流水线数据通路的叙述中,错误的是(　　)。

A. 包含生成控制信号的控制部件

B. 包含算术逻辑运算部件(ALU)

C. 包含通用寄存器组和取指部件

D. 由组合逻辑电路和时序逻辑电路组合而成

20. 下列关于多总线结构的叙述中，错误的是(　　)。

A. 靠近 CPU 的总线速度较快　　B. 存储器总线可支持突发传送方式

C. 总线之间须通过桥接器相连　　D. PCI-Express×16 采用并行传输方式

21. I/O 指令实现的数据传送通常发生在(　　)。

A. I/O 设备和 I/O 端口之间　　B. 通用寄存器和 I/O 设备之间

C. I/O 端口和 I/O 端口之间　　D. 通用寄存器和 I/O 端口之间

22. 下列关于多重中断系统的叙述中，错误的是(　　)。

A. 在一条指令执行结束时响应中断

B. 中断处理期间 CPU 处于关中断状态

C. 中断请求的产生与当前指令的执行无关

D. CPU 通过采样中断请求信号检测中断请求

23. 假设 4 个作业到达系统的时刻和运行时间如表 17-1 所示。

表　17-1

作　　业	到达时刻 t	运动时间
J_1	0	3
J_2	1	3
J_3	1	2
J_4	3	1

系统在 $t=2$ 时开始作业调度。若分别采用先来先服务和短作业优先调度算法，则选中的作业分别是(　　)。

A. J_2、J_3　　B. J_1、J_4　　C. J_2、J_4　　D. J_1、J_3

24. 执行系统调用的过程包括如下主要操作：

① 返回用户态　　② 执行陷入(trap)指令

③ 传递系统调用参数　　④ 执行相应的服务程序

正确的执行顺序是(　　)。

A. ②→③→①→④　　B. ②→④→③→①

C. ③→②→④→①　　D. ③→④→②→①

25. 某计算机按字节编址，其动态分区内存管理采用最佳适应算法，每次分配和回收内存后都对空闲分区链重新排序。当前空闲分区信息如表 17-2 所示。

表　17-2

分区起始地址	20K	500K	1 000K	200K
分区大小	40KB	80KB	100KB	200KB

回收起始地址为 60K、大小为 140KB 的分区后，系统中空闲分区的数量、空闲分区链第一个分区的起始地址和大小分别是(　　)。

A. 3、20K、380KB　　B. 3、500K、80KB

C. 4、20K、180KB　　D. 4、500K、80KB

26. 某文件系统的簇和磁盘扇区大小分别为 1KB 和 512B。若一个文件的大小为 1 026B，则系统分配给该文件的磁盘空间大小是(　　)。

A. 1 026B　　B. 1 536B　　C. 1 538B　　D. 2 048B

27. 下列有关基于时间片的进程调度的叙述中，错误的是(　　)。

A. 时间片越短，进程切换的次数越多，系统开销也越大

B. 当前进程的时间片用完后，该进程状态由执行态变为阻塞态

C. 时钟中断发生后，系统会修改当前进程在时间片内的剩余时间

D. 影响时间片大小的主要因素包括响应时间、系统开销和进程数量等

28. 与单道程序系统相比，多道程序系统的优点是(　　)。

Ⅰ. CPU 利用率高　　Ⅱ. 系统开销小　　Ⅲ. 系统吞吐量大　　Ⅳ. I/O 设备利用率高

A. 仅Ⅰ、Ⅲ　　B. 仅Ⅰ、Ⅳ　　C. 仅Ⅱ、Ⅲ　　D. 仅Ⅰ、Ⅲ、Ⅳ

29. 下列选项中，磁盘逻辑格式化程序所做的工作是(　　)。

Ⅰ. 对磁盘进行分区

Ⅱ. 建立文件系统的根目录

Ⅲ. 确定磁盘扇区校验码所占位数

Ⅳ. 对保存空闲磁盘块信息的数据结构进行初始化

A. 仅Ⅱ　　B. 仅Ⅱ、Ⅳ　　C. 仅Ⅲ、Ⅳ　　D. 仅Ⅰ、Ⅱ、Ⅳ

30. 某文件系统中，针对每个文件，用户类别分为 4 类：安全管理员、文件主、文件主的伙伴、其他用户；访问权限分为 5 种：完全控制、执行、修改、读取、写入。若文件控制块中用二进制位串表示文件权限，为表示不同类别用户对一个文件的访问权限，则描述文件权限的位数至少应为(　　)。

A. 5　　B. 9　　C. 12　　D. 20

31. 若文件 f1 的硬链接为 f2，两个进程分别打开 f1 和 f2，获得对应的文件描述符为 fd1 和 fd2，则下列叙述中，正确的是(　　)。

Ⅰ. f1 和 f2 的读写指针位置保持相同

Ⅱ. f1 和 f2 共享同一个内存索引节点

Ⅲ. fd1 和 fd2 分别指向各自的用户打开文件表中的一项

A. 仅Ⅲ　　B. 仅Ⅱ、Ⅲ　　C. 仅Ⅰ、Ⅱ　　D. Ⅰ、Ⅱ和Ⅲ

32. 系统将数据从磁盘读到内存的过程包括以下操作：

① DMA 控制器发出中断请求

② 初始化 DMA 控制器并启动磁盘

③ 从磁盘传输一块数据到内存缓冲区

④ 执行"DMA 结束"中断服务程序

正确的执行顺序是(　　)。

A. ③→①→②→④　　B. ②→③→①→④

C. ②→①→③→④　　D. ①→②→④→③

33. 假设 OSI 参考模型的应用层欲发送 400B 的数据(无拆分)，除物理层和应用层之外，其

他各层在封装 PDU 时均引入 20B 的额外开销，则应用层数据传输效率约为（　　）。

A. 80%　　B. 83%　　C. 87%　　D. 91%

34. 若信道在无噪声情况下的极限数据传输速率不小于信噪比为 30dB 条件下的极限数据传输速率，则信号状态数至少是（　　）。

A. 4　　B. 8　　C. 16　　D. 32

35. 在图 17-2 所示的网络中，若主机 H 发送一个封装访问 Internet 的 IP 分组的 IEEE 802.11 数据帧 F，则帧 F 的地址 1、地址 2 和地址 3 分别是（　　）。

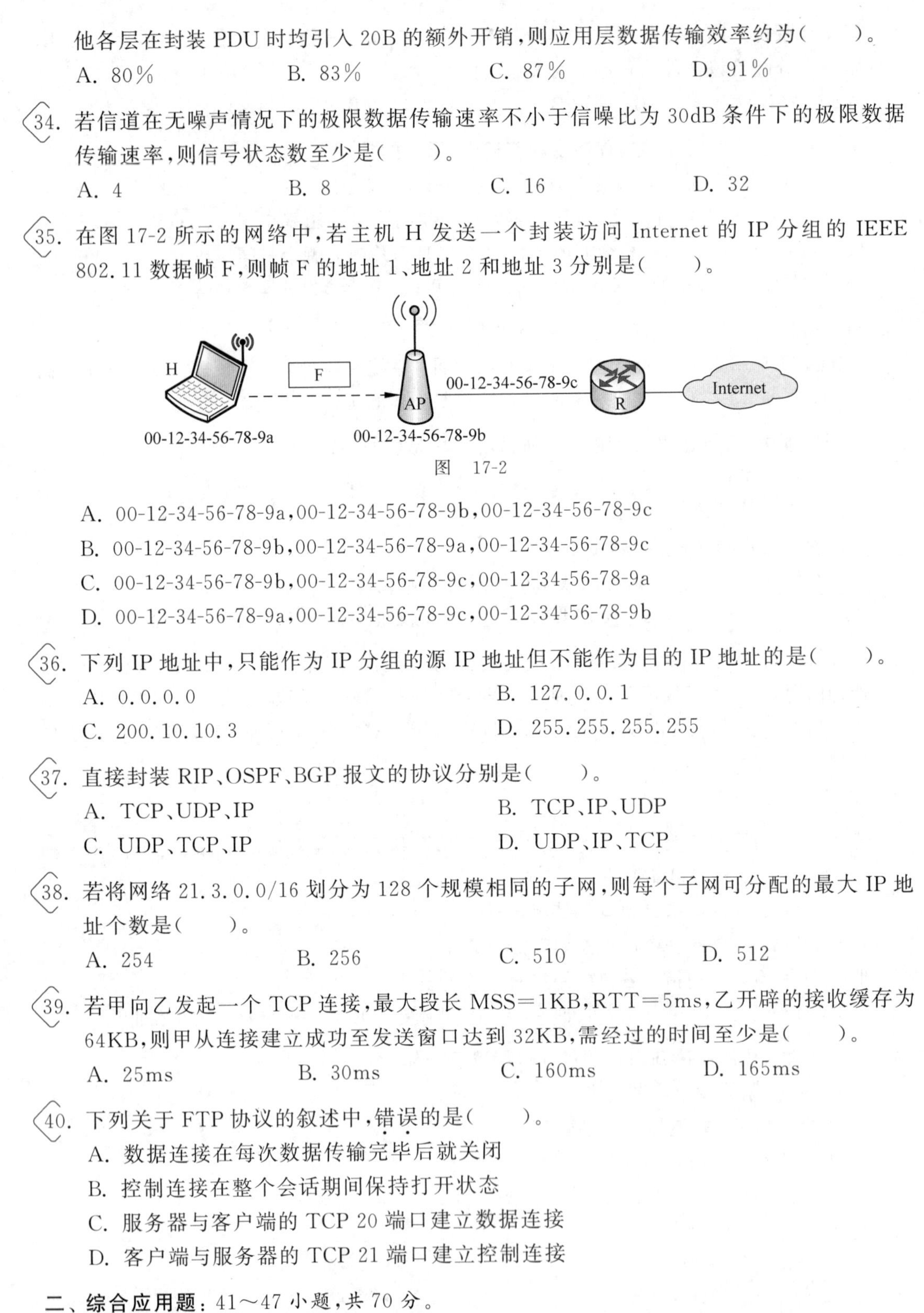

图 17-2

A. 00-12-34-56-78-9a，00-12-34-56-78-9b，00-12-34-56-78-9c

B. 00-12-34-56-78-9b，00-12-34-56-78-9a，00-12-34-56-78-9c

C. 00-12-34-56-78-9b，00-12-34-56-78-9c，00-12-34-56-78-9a

D. 00-12-34-56-78-9a，00-12-34-56-78-9c，00-12-34-56-78-9b

36. 下列 IP 地址中，只能作为 IP 分组的源 IP 地址但不能作为目的 IP 地址的是（　　）。

A. 0.0.0.0　　B. 127.0.0.1

C. 200.10.10.3　　D. 255.255.255.255

37. 直接封装 RIP、OSPF、BGP 报文的协议分别是（　　）。

A. TCP、UDP、IP　　B. TCP、IP、UDP

C. UDP、TCP、IP　　D. UDP、IP、TCP

38. 若将网络 21.3.0.0/16 划分为 128 个规模相同的子网，则每个子网可分配的最大 IP 地址个数是（　　）。

A. 254　　B. 256　　C. 510　　D. 512

39. 若甲向乙发起一个 TCP 连接，最大段长 MSS=1KB，RTT=5ms，乙开辟的接收缓存为 64KB，则甲从连接建立成功至发送窗口达到 32KB，需经过的时间至少是（　　）。

A. 25ms　　B. 30ms　　C. 160ms　　D. 165ms

40. 下列关于 FTP 协议的叙述中，**错误**的是（　　）。

A. 数据连接在每次数据传输完毕后就关闭

B. 控制连接在整个会话期间保持打开状态

C. 服务器与客户端的 TCP 20 端口建立数据连接

D. 客户端与服务器的 TCP 21 端口建立控制连接

二、综合应用题：41～47 小题，共 70 分。

41. （15 分）请设计一个算法，将给定的表达式树（二叉树）转换为等价的中缀表达式（通过括号反映操作符的计算次序）并输出。例如，当图 17-3 的两棵表达式树作为算法的输入时：

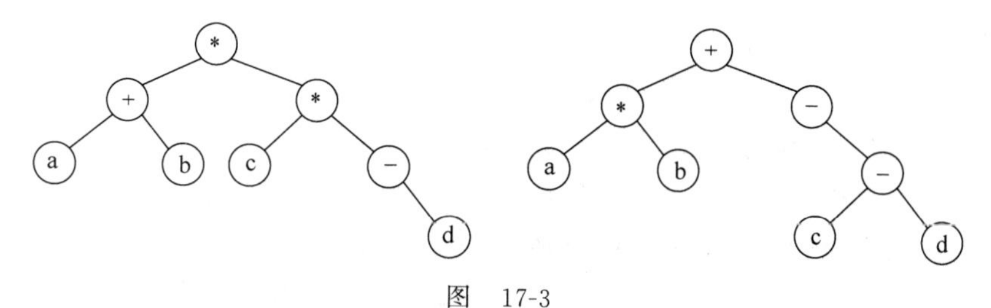

图　17-3

输出的等价中缀表达式分别为(a+b)*(c*(−d))和(a*b)+(−(c−d))。

二叉树节点定义如下：

```
typedef struct node {
    char data[10];      //存储操作数或操作符
    struct node * left, * right;
}BTree;
```

要求：

(1) 给出算法的基本设计思想。

(2) 根据设计思想，采用 C 或 C++语言描述算法，关键之处给出注释。

42. (8 分) 使用 Prim(普里姆)算法求带权连通图的最小(代价)生成树(MST)。请回答下列问题。

(1) 对图 G(见图 17-4)，从顶点 A 开始求 G 的 MST，依次给出按算法选出的边。

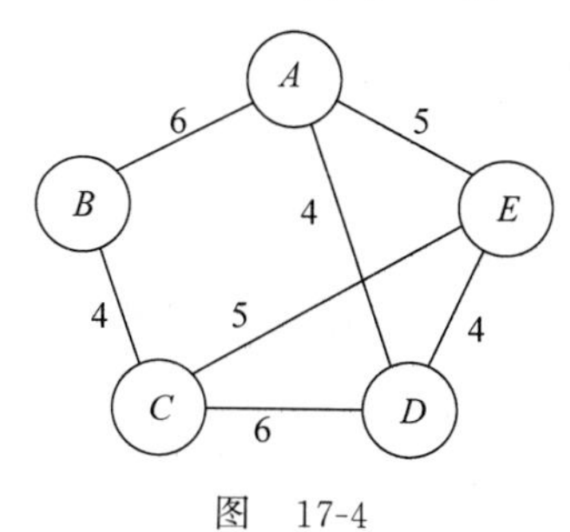

图　17-4

(2) 图 G 的 MST 是唯一的吗？

(3) 对任意的带权连通图，满足什么条件时，其 MST 是唯一的？

43. (13 分) 已知 $f(n)=\sum_{i=0}^{n}2^i=2^{n+1}-1=\overbrace{11\cdots1}^{(n-1)\text{位}}\text{B}$，计算 $f(n)$ 的 C 语言函数 f1 如下：

```
int f1(unsigned n){
        int sum = 1, power = 1;
        for(unsigned i = 0; i <= n - 1; i++){
          power * = 2;
          sum += power;
        }
        return sum ;
}
```

将 f1 中的 int 都改为 float,可得到计算 $f(n)$的另一个函数 f2。假设 unsigned 和 int 型数据都占 32 位,float 采用 IEEE 754 单精度标准。

请回答下列问题。

(1) 当 $n=0$ 时,f1 会出现死循环,为什么?若将 f1 中的变量 i 和 n 都定义为 int 型,则 f1 是否还会出现死循环?为什么?

(2) f1(23)和 f2(23)的返回值是否相等?机器数各是什么(用十六进制表示)?

(3) f1(24)和 f2(24)的返回值分别为 33 554 431 和 33 554 432.0,为什么不相等?

(4) $f(31)=2^{32}-1$,而 f1(31)的返回值却为-1,为什么?若使 f1(n)的返回值与 f(n)相等,则最大的 n 是多少?

(5) f2(127)的机器数为 7F80 0000H,对应的值是什么?若使 f2(n)的结果不溢出,则最大的 n 是多少?若使 f2(n)的结果精确(无舍入),则最大的 n 是多少?

44. (10 分) 在按字节编址的计算机 M 上,题 43 中 f1 的部分源程序(阴影部分)与对应的机器级代码(包括指令的虚拟地址)如图 17-5 所示:

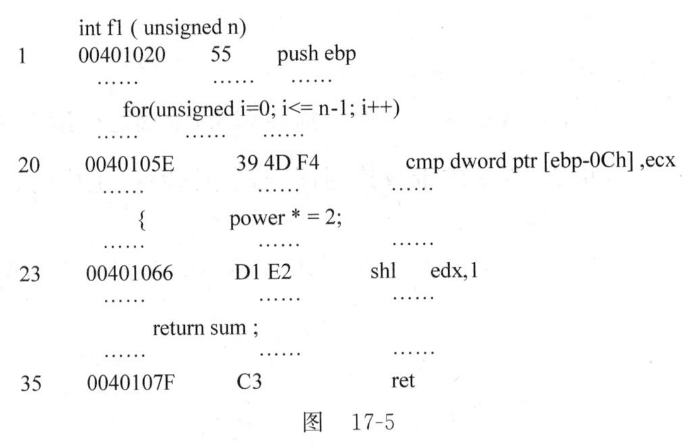
```
        int f1 ( unsigned n)
1       00401020      55         push ebp
          ......     ......      ......
           for(unsigned i=0; i<= n-1; i++)
          ......     ......      ......
20      0040105E      39 4D F4          cmp dword ptr [ebp-0Ch] ,ecx
          ......          ......         ......
              {              power * = 2;
          ......          ......         ......
23      00401066      D1 E2          shl     edx,1
          ......          ......         ......
              return sum ;
          ......          ......         ......
35      0040107F      C3             ret
```

图 17-5

其中,机器级代码行包括行号、虚拟地址、机器指令和汇编指令。

请回答下列问题。

(1) 计算机 M 是 RISC 还是 CISC?为什么?

(2) f1 的机器指令代码共占多少字节?要求给出计算过程。

(3) 第 20 条指令 cmp 通过 i 减 $n-1$ 实现对 i 和 $n-1$ 的比较。执行 f1(0)过程中,当 $i=0$ 时,cmp 指令执行后,进/借位标志 CF 的内容是什么?要求给出计算过程。

(4) 第 23 条指令 shl 通过左移操作实现了 power * 2 运算,在 f2 中能否也用 shl 指令实现 power * 2?为什么?

45. (7 分) 假定题 44 给出的计算机 M 采用二级分页虚拟存储管理方式,虚拟地址格式如下:

页目录号(10 位)	页表索引(10 位)	页内偏移量(12 位)

请针对题 43 的函数 f1 和题 44 中的机器指令代码,回答下列问题。

(1) 函数 f1 的机器指令代码占多少页?

（2）取第1条指令（push ebp）时，若在进行地址变换的过程中需要访问内存中的页目录和页表，则会分别访问它们各自的第几个表项（编号从0开始）？

（3）M的I/O采用中断控制方式。若进程P在调用f1之前通过scanf()获取n的值，则在执行scanf()的过程中，进程P的状态会如何变化？CPU是否会进入内核态？

46.（8分）某进程中有3个并发执行的线程thread1、thread2和thread3，其伪代码如下所示。

```
// 复数的结构类型定义
typedef struct
}
    float   a;
    float   b;
} cnum;
cnum x, y, z; // 全局变量

// 计算两个复数之和
cnum add(cnum p , cnum q)
{
    cnum s;
    s.a=p.a+q. a;
    s.b=p.b+q. b;
    return   s;
}
```

```
thread1
{
    cnum w;
    w=add(x, y);
    ……
}

thread2
}
    cnum w;
    w=add(y, z);
    ……
}
```

```
thread3
{
    cnum w;
    w.a=1;
    w.b=1;
    z=add(z, w);
    y=add(y, w);
    ……
}
```

请添加必要的信号量和P、V（或wait()、signal()）操作，要求确保线程互斥访问临界资源，并且最大程度地并发执行。

47.（9分）甲乙双方均采用后退N帧协议（GBN）进行持续的双向数据传输，且双方始终采用捎带确认，帧长均为1 000B。$S_{x,y}$和$R_{x,y}$分别表示甲方和乙方发送的数据帧，其中：x是发送序号；y是确认序号（表示希望接收对方的下一帧序号）；数据帧的发送序号和确认序号字段均为3bit。信道传输速率为100Mbit/s，RTT＝0.96ms。图17-6给出了甲方发送数据帧和接收数据帧的两种场景，其中t_0为初始时刻，此时甲方的发送和确认序号均为0，t_1时刻甲方有足够多的数据待发送。

请回答下列问题。

（1）对于图17-6(a)，t_0时刻到t_1时刻期间，甲方可以断定乙方已正确接收的数据帧数是多少？正确接收的是哪几个帧（请用$S_{x,y}$形式给出）？

（2）对于图17-6(a)，从t_1时刻起，甲方在不出现超时且未收到乙方新的数据帧之前，最多还可以发送多少个数据帧？其中第一个帧和最后一个帧分别是哪个（请用$S_{x,y}$形式给出）？

（3）对于图17-6(b)，从t_1时刻起，甲方在不出现新的超时且未收到乙方新的数据帧之前，需要重发多少个数据帧？重发的第一个帧是哪个（请用$S_{x,y}$形式给出）？

（4）甲方可以达到的最大信道利用率是多少？

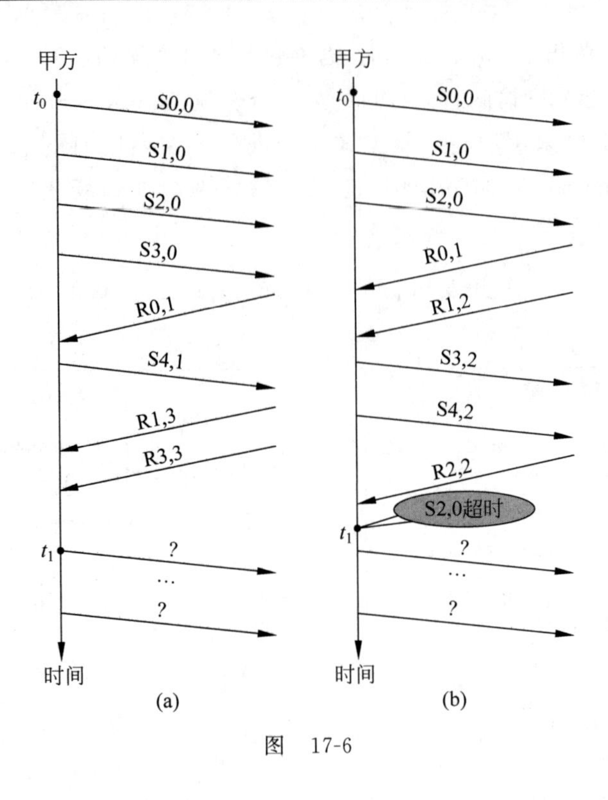
甲方
t_0
S0,0
S1,0
S2,0
S3,0
R0,1
S4,1
R1,3
R3,3
t_1
?
…
?
时间
(a)
甲方
t_0
S0,0
S1,0
S2,0
R0,1
R1,2
S3,2
S4,2
R2,2
S2,0超时
t_1
?
…
?
时间
(b)

图 17-6

2017年全国硕士研究生招生考试计算机学科专业基础试题参考答案及解析

一、单项选择题参考答案速查

题号	1	2	3	4	5	6	7	8	9	10
答案	B	C	A	B	B	D	B	A	B	B
题号	11	12	13	14	15	16	17	18	19	20
答案	D	C	C	A	D	A	C	B	A	D
题号	21	22	23	24	25	26	27	28	29	30
答案	D	B	D	C	B	D	B	D	B	D
题号	31	32	33	34	35	36	37	38	39	40
答案	B	B	A	D	B	A	D	C	A	C

二、单项选择题考点、解析及答案

1. **【考点】**数据结构；绪论；算法时间复杂度。

【解析】本题考查的是时间复杂度，时间复杂度是指执行算法所需要的计算工作量。

"sum+=++i;"相当于"++i; sum=sum+i;"。进行到第 k 趟循环，sum=(1+k)*k/2。显然需要进行 $O(n^{1/2})$ 趟循环，因此这也是该函数的时间复杂度。

【答案】故此题答案为 B。

2. **【考点】**数据结构；栈、队列和数组；栈和队列的基本概念。

【解析】本题考查的是栈，栈(stack)又名堆栈，它是一种运算受限的线性表。

Ⅰ的反例：计算斐波那契数列迭代实现只需要一个循环即可实现。Ⅲ的反例：入栈序列为 1、2，进行如下操作 PUSH、PUSH、POP、POP，出栈次序为 2、1；进行如下操作 PUSH、POP、PUSH、POP，出栈次序为 1、2。Ⅳ的反例：栈是一种受限的线性表，只允许在一端进行操作。因此Ⅱ正确。

【答案】故此题答案为 C。

3. **【考点】**数据结构；栈、队列和数组；特殊矩阵的压缩存储。

【解析】本题考查的是压缩存储稀疏矩阵，稀疏矩阵的压缩存储方法：(1)三元组顺序表；(2)行逻辑联接的顺序表；(3)十字链表。

三元组表的节点存储了行 row、列 col、值 value 三种信息，是主要用来存储稀疏矩阵的一种数据结构。十字链表将行单链表和列单链表结合起来存储稀疏矩阵。邻接矩阵空间复杂度达 $O(n^2)$，不适于存储稀疏矩阵。二叉链表又名左孩子右兄弟表示法，可用于表示树或森林。

【答案】故此题答案为 A。

4. **【考点】**数据结构；树与二叉树；二叉树的定义及其主要特性。

【解析】先序序列是先父节点，接着左子树，然后右子树。中序序列是先左子树，接着父节点，然后右子树，递归进行。如果所有非叶节点只有右子树，先序序列和中序序列都是先父节点，然后右子树，递归进行。

【答案】故此题答案为 B。

5. **【考点】**数据结构；树与二叉树；二叉树的定义及其主要特性。

【解析】解答本题考生须知后序序列是先左子树，接着右子树，最后父节点，递归进行。

根节点左子树的叶节点首先被访问，它是 e。接下来是它的父节点 a，然后是 a 的父节点 c。接着访问根节点的右子树。它的叶节点 b 首先被访问，然后是 b 的父节点 d，再者是 d 的父节点 g。最后是根节点 f。因此 d 与 a 同层，见图 18-1。

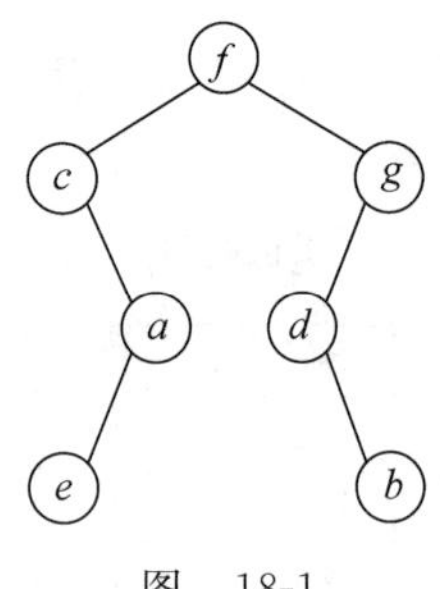

图 18-1

【答案】故此题答案为 B。

6. **【考点】**数据结构；树与二叉树的应用；哈夫曼树和哈夫曼编码。

【解析】本题考查的是哈夫曼编码(Huffman Coding)，又称霍夫曼编码，是一种编码方式，哈夫曼编码是可变字长编码(VLC)的一种。Huffman 于 1952 年提出一种编码方法，该方法完全依据字符出现概率来构造异字头的平均长度最短的码字，有时称之为最佳编码，一般就叫作 Huffman 编码。

哈夫曼编码是前用编码，各个编码的前缀各不相同，因此直接拿编码序列与哈夫曼编码一一对比即可。序列可分隔为 0100 011 001 001 011 11 0101. 译码结果是 a f e e f g d。

【答案】故此题答案为 D。

7. **【考点】**数据结构；图；图的基本概念；无向图。

【解析】考生须知无向图边数的两倍等于各顶点度数的总和。

本题由其他顶点的度均小于 3，可以设它们的度都为 2。设它们的数量是 x，可列出方程 $4\times3+3\times4+2x=16\times2$，解得 $x=3$。$4+3+3=11$。

【答案】故此题答案为 B。

8. **【考点】**数据结构；查找；树形查找；二叉搜索树。

【解析】解答本题考生须了解折半查找判定树实际上是一棵二叉排序树，它的中序序列是一个有序序列。可以在树节点上依次填上相应的元素，符合折半查找规则的树即是所求。

B 选项，4、5 相加除 2 向上取整，7、8 相加除 2 向下取整，矛盾。C 选项，3、4 相加除 2 向上取整，6、7 相加除 2 向下取整，矛盾。D 选项。1、10 相加除 2 向下取整，6、7 相加除 2 向上取整，矛盾。选项 A 符合折半查找规则，因此正确。

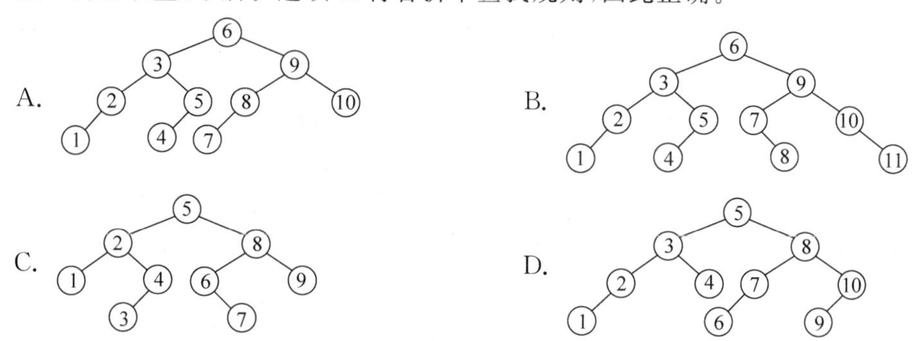

【答案】故此题答案为 A。

9. **【考点】**数据结构；查找；B 树及其基本操作、B＋树的基本概念。

【解析】本题考查的是 B＋树，B＋树是一种树数据结构，通常用于数据库和操作系统的文件系统中。B＋树的特点是能够保持数据稳定有序，其插入与修改拥有较稳定的对数时间复杂度。B＋树元素自底向上插入，这与二叉树恰好相反。

B＋树是应文件系统所需而产生的 B－树的变形，前者比后者更加适用于实际应用中的操作系统的文件索引和数据库索引，因为前者磁盘读写代价更低，查询效率更加稳定。编译器中的词法分析使用有穷自动机和语法树。网络中的路由表快速查找主要靠高速缓存、路由表压缩技术和快速查找算法。系统一般使用空闲空间链表管理磁盘空闲块。

【答案】故此题答案为 B。

10. **【考点】**数据结构；排序；二路归并排序。

【解析】本题考查的是归并排序，归并排序是建立在归并操作上的一种有效，稳定的排序算法，该算法是采用分治法的一个非常典型的应用。将已有序的子序列合并，得到完全有序的序列；即先使每个子序列有序，再使子序列段间有序。若将两个有序表合并成一个有序表，称为二路归并。

归并排序代码比选择插入排序更复杂，前者空间复杂度是 $O(n)$，后者是 $O(1)$。但是前者时间复杂度是 $O(n\log n)$，后者是 $O(n^2)$。

【答案】故此题答案为 B。

11. **【考点】**数据结构；插入排序；选择排序；起泡排序；希尔排序；堆排序；时间复杂度。

【解析】插入排序、选择排序、起泡排序原本时间复杂度是 $O(n^2)$，更换为链式存储后的时间复杂度还是 $O(n^2)$，希尔排序和堆排序都利用了顺序存储的随机访问特性，而链式存储不支持这种性质，所以时间复杂度会增加。

【答案】故此题答案为 D。

12. **【考点】**计算机组成原理；计算机系统概述；计算机性能指标；CPU 执行时间；CPI。

【解析】解答本题考生须知，运行时间＝指令数×CPI/主频。

本题 M1 的时间＝指令数×2/1.5，M2 的时间＝指令数×1/1.2，两者之比为(2/1.5)∶(1/1.2)＝1.6。

【答案】故此题答案为 C。

13. 【考点】计算机组成原理；存储器层次结构；主存储器；DRAM 芯片和内存条。

【解析】本题考查的是存储周期，存储周期指的是连续启动两次独立的存储器操作（例如连续两次读操作）所需间隔的最小时间。

由 4 个 DRAM 芯片采用交叉编址方式构成主存可知主存地址最低二位表示该字节存储的芯片编号。double 型变量占 64 位，8 字节。它的主存地址 804 001 AH 最低二位是 10，说明它从编号为 2 的芯片开始存储（编号从 0 开始）。一个存储周期可以对所有芯片各读取 1 字节，因此需要 3 轮。

【答案】故此题答案为 C。

14. 【考点】计算机组成原理；局部性原理；时间局部性；空间局部性。

【解析】本题考查的是时间局部性和空间局部性。时间局部性是一旦一条指令被执行，则在不久的将来它可能再次被执行。空间局部性是一旦一个存储单元被访问，那么它附近的存储单元也很快被访问。显然，这里的循环指令本身具有时间局部性，它对数组 a 的访问具有空间局部性。

【答案】故此题答案为 A。

15. 【考点】计算机组成原理；指令系统；寻址方式。

【解析】考生须了解，相对寻址：程序计数器内容加上指令形式地址是操作数有效地址。寄存器寻址：操作数在寄存器中，地址字段是操作数在通用寄存器编号。直接寻址：地址字段直接指出操作数内存地址。基址和变址寻址：基址寄存器内容加上指令形式地址。

在变址操作时，将计算机指令中的地址与变址寄存器中的地址相加，得到有效地址，指令提供数组首地址，由变址寄存器来定位数据中的各元素。所以它最适合按下标顺序访问一维数组元素。

【答案】故此题答案为 D。

16. 【考点】计算机组成原理；指令系统；指令格式；指令字长。

【解析】本题考查的是指令字长，指令字长是指机器指令中二进制代码的总位数。指令字长取决于从操作码的长度、操作数地址的长度和操作数地址的个数。不同的指令的字长是不同的。

三地址指令有 29 条，所以它的操作码至少为 5 位。以 5 位进行计算，它剩余 32－29＝3 种操作码给二地址。而二地址另外多了 6 位给操作码，因此它的数量最大达 3×64＝192。所以指令字长最少为 23 位，因为计算机按字节编址，需要是 8 的倍数，所以指令字长至少应该是 24 位。

【答案】故此题答案为 A。

17. 【考点】计算机组成原理；中央处理器；指令流水线；超标量和动态流水线的基本概念。

【解析】超标量是指在 CPU 中有一条以上的流水线，并且每个时钟周期内可以完成一条以上的指令，其实质是以空间换时间。Ⅰ错误，它不影响流水线功能段的处理时间；Ⅱ、Ⅲ正确。

【答案】故此题答案为 C。

18. **【考点】**计算机组成原理；存储器层次结构；主存储器；中央处理器；控制器的功能和工作原理。

【解析】解答本题考生须知，主存储器就是我们通常说的主存，在 CPU 外，存储指令和数据，由 RAM 和 ROM 实现。控制存储器用来存放实现指令系统的所有微指令，是一种只读型存储器，机器运行时只读不写，在 CPU 的控制器内。CS 按照微指令的地址访问。

【答案】故此题答案为 B。

19. **【考点】**计算机组成原理；指令流水线；指令流水线的基本概念。

【解析】考生须知，五阶段流水线可分为取指(IF)、译码/取数(ID)、执行(EXC)、存储器读(MEM)、写回(Write Back)。数字系统中，各个子系统通过数据总线连接形成的数据传送路径称为数据通路，包括程序计数器、算术逻辑运算部件、通用寄存器组、取指部件等，不包括控制部件。

【答案】故此题答案为 A。

20. **【考点】**计算机组成原理；总线和输入/输出系统；总线；总线的组成及性能指标。

【解析】本题考查的是多总线结构，多总线结构用速率高的总线连接高速设备，用速率低的总线连接低速设备。

一般来说，CPU 是计算机的核心，是计算机中速度最快的设备之一，所以选项 A 正确。突发传送方式把多个数据单元作为一个独立传输处理，从而最大化设备的吞吐量。现实中一般用支持突发传送方式的总线提高存储器的读写效率，选项 B 正确。各总线通过桥接器相连，后者起流量交换作用。PCI-Express 总线都采用串行数据包传输数据。

【答案】故此题答案为 D。

21. **【考点】**计算机组成原理；总线和输入/输出系统；I/O 接口(I/O 控制器)。

【解析】考生须了解，I/O 端口又称 I/O 接口，是 CPU 与设备之间的交接面。由于主机和 I/O 设备的工作方式和工作速度有很大差异，I/O 端口就应运而生。

在执行一条指令时，CPU 使用地址总线选择所请求的 I/O 端口，使用数据总线在 CPU 寄存器和端口之间传输数据。

【答案】故此题答案为 D。

22. **【考点】**计算机组成原理；总线和输入/输出系统；I/O 方式；程序中断方式；多重中断和中断屏蔽的概念。

【解析】考生须知，多重中断是指在处理某个中断事件时 CPU 又响应了一个中断事件，也称中断嵌套。

多重中断系统在保护被中断进程现场时关中断，执行中断处理程序时开中断，选项 B 错误。CPU 一般在一条指令执行结束的阶段采样中断请求信号，查看是否存在中断请求，然后决定是否响应中断，选项 A、D 正确。中断请求般来自 CPU 以外的事件，异常一般发生在 CPU 内部。

【答案】故此题答案为 B。

23.【考点】操作系统；CPU 调度与上下文切换；典型调度算法；先来先服务调度算法。

【解析】本题考查的是先来先服务和短作业优先调度算法。先来先服务的调度算法的基本思路：最简单的调度算法，既可以用于作业调度，也可以用于程序调度，当作业调度中采用该算法时，系统将按照作业到达的先后次序来进行调度，优先从后备队列中，选择一个或多个位于队列头部的作业，把它们调入内存，分配所需资源、创建进程，然后放入“就绪队列”，直到该进程运行到完成或发生某事件堵塞后，进程调度程序才将处理机分配给其他进程。而短作业优先调度算法是以作业的长度来计算优先级，作业越短，其优先级越高。作业的长短是作业所要求的运行时间来衡量的。

先来先服务调度算法是作业来得越早，优先级越高，因此会选择 J1。短作业优先调度算法是作业运行时间越短，优先级越高，因此会选择 J3。

【答案】故此题答案为 D。

24.【考点】操作系统；操作系统基础；程序运行环境；系统调用。

【解析】执行系统调用的过程是这样的，正在运行的进程先传递系统调用参数，然后由陷入指令负责将用户态转化为内核态，并将返回地址压入堆栈以备后用，接下来 CPU 执行相应的内核态服务程序，最后返回用户态。

【答案】故此题答案为 C。

25.【考点】操作系统；内存管理；内存管理基础；内存管理的基本概念。

【解析】回收起始地址为 60K、大小为 140KB 的分区时，它与表中第一个分区和第四个分区合并，成为起始地址为 20K、大小为 380KB 的分区，剩余 3 个空闲分区。在回收内存后，算法会对空闲分区链按分区大小由小到大进行排序，表中的第二个分区排第一。

【答案】故此题答案为 B。

26.【考点】操作系统；文件管理；文件系统；输入/输出(I/O)管理外存管理；磁盘。

【解析】解答此题考生须知，硬盘读写是以扇区为基本单位，系统分配磁盘空间以簇为基本单位。

绝大多数操作系统为改善磁盘访问时间，以簇为单位进行空间分配，因为 1KB＝1 024B，又 1 024B＜1 026B＜2 048B，则系统分配给该文件的磁盘空间大小为 2 048B。

【答案】故此题答案为 D。

27.【考点】操作系统；进程管理；进程/线程的状态与转换。

【解析】进程切换带来系统开销，切换次数越多，开销越大，选项 A 正确。当前进程的时间片用完后它的状态由执行态变为就绪态，选项 B 错误。时钟中断是系统中特定的周期性时钟节拍。操作系统通过它来确定时间间隔，实现时间的延时和任务的超时，选项 C 正确。现代操作系统为了保证性能最优，通常根据响应时间、系统开销、进程数量、进程运行时间、进程切换开销等因素确定时间片大小。

【答案】故此题答案为 B。

28.【考点】操作系统；操作系统基础；操作系统发展历程；多道程序系统。

【解析】本题考查的是多道程序系统，多道程序系统是在计算机内存中同时存放几道相互独立的程序，使它们在管理程序控制之下，相互穿插的运行。

多道程序系统通过组织作业(编码或数据)使 CPU 总有一个作业可执行,从而提高了 CPU 的利用率、系统吞吐量和 I/O 设备利用率,Ⅰ、Ⅲ、Ⅳ是优点。但系统要付出额外的开销来组织作业和切换作业,Ⅱ错误。

【答案】故此题答案为 D。

29. **【考点】**操作系统;输入/输出管理;外存管理;磁盘;分区。

【解析】一个新的磁盘是一个空白板,必须分成扇区以便磁盘控制器能读和写,这个过程称为低级格式化(或物理格式化)。低级格式化为磁盘的每个扇区采用特别的数据结构,包括校验码,Ⅲ错误。为了使用磁盘存储文件,操作系统还需要将其数据结构记录在磁盘上这分为两步,第一步是将磁盘分为由一个或多个柱面组成的分区,每个分区可以作为一个独立的磁盘,Ⅰ错误。在分区之后,第二步是逻辑格式化(创建文件系统)。在这一步,操作系统将初始的文件系统数据结构存储到磁盘上,这些数据结构包括空内和已分配的空间及一个初始为空的目录,Ⅱ、Ⅳ正确。

【答案】故此题答案为 B。

30. **【考点】**操作系统;文件管理;文件系统;文件的操作。

【解析】解答此题考生可以把用户访问权限抽象为一个矩阵,行代表用户,列代表访问权限。这个矩阵有 4 行 5 列,1 代表 true,0 代表 false,所以需要 20 位。

【答案】故此题答案为 D。

31. **【考点】**操作系统;文件管理;目录;硬链接和软链接。

【解析】考生须知,硬链接指通过索引节点进行连接,一个文件在物理存储器上有一个索引节点号。存在多个文件名指向同一个索引节点,Ⅱ正确。两个进程各自维护自己的文件描述符,Ⅲ正确,Ⅰ错误。

【答案】故此题答案为 B。

32. **【考点】**操作系统;输入/输出(I/O)管理;I/O 管理基础;I/O 控制方式;DMA 方式。

【解析】在开始 DMA 传输时,主机向内存写入 DMA 命令块,向 DMA 控制器写入该命令块的地址,启动 I/O 设备。然后,CPU 继续其他工作,DMA 控制器则继续下去直接操作内存总线,将地址放到总线上开始传输。当整个传输完成后,DMA 控制器中断 CPU。因此执行顺序 2,3,1,4。

【答案】故此题答案为 B。

33. **【考点】**计算机网络;计算机网络概述;计算机网络体系结构;ISO/OSI 参考模型和 TCP/IP 模型。

【解析】考生须知,OSI 参考模型共 7 层,除去物理层和应用层,剩五层。它们会向 PDU 引入 20B×5=100B 的额外开销。应用层是顶层,所以它的数据传输效率为 400B/500B=80%。

【答案】故此题答案为 A。

34. **【考点】**计算机网络;物理层;通信基础;奈奎斯特定理与香农定理。

【解析】解答本题时,考生可用奈奎斯特采样定理计算无噪声情况下的极限数据传输速率,用香农第二定理计算有噪信道极限数据传输速率。奈奎斯特定理又称奈氏准则,它指出在理想低通(没有噪声、带宽有限)的信道,极限码元传输率为 $2W$ 波特,其中 W 是理想低通信道的带宽,单位为 Hz。若用 V 表示每个码元离散电平的数目(码元的离散电平数目是指有多少种不同的码元,则极限数据率为:理想低通信道下的极限数据传输率$=2W\log_2 V$(单位为 bit/s)。香农定理给出了带宽受限且有高斯白噪声干扰的信道的极限数据传输率,当用此速率进行传输时,可以做到不产生误差。香农定理定义为:信道的极限数据传输率$=W\log_2(1+S/N)$(单位为 bit/s)。

由题意可知,$2W\log_2(N)\geqslant W\log_2(1+S/N)$,$W$ 是信道带宽,N 是信号状态数,S/N 是信噪比,将数据代入计算可得 $N\geqslant 32$,答案选 D。使用功率表示时:SNR(dB)$=10\log_{10}(S/N)$。

【答案】故此题答案为 D。

35.【考点】计算机网络;数据链路层;局域网;IEEE 802.11 无线局域网。

【解析】考生须知,IEE 802.11 数据帧有四种子类型,分别是 IBSS、From AP、To AP、WDS。

这里的数据帧 F 是从笔记本计算机发送往访问接入点(AP),所以属于 To AP 子类型。这种帧地址 1 是 RA(BSSID),地址 2 是 SA,地址 3 是 DA。RA 是 Receiver Address 的缩写,BSSID 是 basic service set identifier 的缩写,SA 是 source address 的缩写,DA 是 destination address 的缩写。因此地址 1 是 AP 的 MAC,地址 2 是 H 的 MAC,地址 3 是 R 的 MAC。

【答案】故此题答案为 B。

36.【考点】计算机网络;网络层;IPv4;IPv4 地址与 NAT。

【解析】根据 RFC 文档描述,0.0.0.0/32 可以作为本主机在本网络上的源地址。127.0.0.1 是回送地址,以它为目的 IP 地址的数据将被立即返回到本机。200.10.10.3 是 C 类 IP 地址 255.255.255.255 是广播地址。

【答案】故此题答案为 A。

37.【考点】计算机网络;网络层;路由协议。

【解析】RIP 是一种分布式的基于距离矢量的路由选择协议,通过广播 UDP 报文来交换路由信息。OSPF 是一个内部网关协议,不使用传输协议,如 UDP 或 TCP,而是直接用 IP 包封装它的数据。BGP 是一个外部网关协议,用 TCP 封装它的数据。

【答案】故此题答案为 D。

38.【考点】计算机网络;网络层;IPv4;子网划分、路由聚集、子网掩码与 CIDR。

【解析】本题考查的是子网划分,子网划分是通过借用 IP 地址的若干位主机位来充当子网地址从而将原网络划分为若干子网而实现的。

这个网络有 16 位的主机号,平均分成 128 个规模相同的子网,每位个子网有 7 位的子网号,9 位主机号。除去一个网络地址和广播地址,可分配的最大 IP 地址个数是 29－2＝512－2＝510。

【答案】故此题答案为 C。

39.【考点】计算机网络;传输层;TCP;TCP 拥塞控制。

【解析】本题考查的是慢开始算法，慢开始算法是用于控制网络流量的算法。

按照慢开始算法，发送窗口＝min{拥塞窗口，接收窗口}，初始的拥塞窗口为最大报文段长度 1KB。每经过一个 RTT，拥塞窗口翻倍，因此需至至少经过 5 个 RTT，发送窗口才能达到 32KB。

【答案】故此题答案为 A。

40. 【考点】计算机网络；应用层；FTP；控制连接与数据连接。

【解析】本题考查的是 FTP，FTP 是 TCP/IP 组中的协议之一。FTP 包括两个组成部分，其一为 FTP 服务器，其二为 FTP 客户端。其中 FTP 服务器用来存储文件，用户可以使用 FTP 客户端通过 FTP 协议访问位于 FTP 服务器上的资源。在开发网站的时候，通常利用 FTP 协议把网页或程序传到 Web 服务器上。此外，由于 FTP 传输效率非常高，在网络上传输大的文件时，一般也采用该协议。

FTP 使用控制连接和数据连接，控制连接存在于整个 FTP 会话过程中，数据连接在每次文件传输时才建立，传输结束就关闭，选项 A 和 B 是正确的。默认情况下 FTP 协议使用 TCP20 端口进行数据连接，TCP21 端口进行控制连接。但是是否使用 TCP20 端口建立数据连接与传输模式有关，主动方式使用 TCP20 端口，被动方式由服务器和客户端自行协商决定，选项 C 错，选项 D 对。

【答案】故此题答案为 C。

二、综合应用题考点、解析

41. 【考点】数据结构；树与二叉树；二叉树的遍历；C 或 C++语言。

【解析】本题是将给定的表达式树转换为等价的中缀表达式并输出，两个小题的问题依次推进，难度逐步增加，属于区分度较好、难度适中的综合应用题。需要考生(1)按要求描述算法的思想；(2)给出 C 或 C++语言描述的算法并给出关键之处的注释。具体解析如下：

(1) 算法的基本设计思想。

表达式树的中序序列加上必要的括号即为等价的中缀表达式。可以基于二叉树的中序遍历策略得到所需的表达式。

表达式树中分支节点所对应的子表达式的计算次序，由该分支节点所处的位置决定。为得到正确的中缀表达式，需要在生成遍历序列的同时，在适当位置增加必要的括号。显然，表达式的最外层(对应根节点)及操作数(对应叶节点)不需要添加括号。

(2) 算法实现。

```
void BtreeToE(BTree * root){
 BtreeToExp(root,1);                                    //根的高度为 1
}
void BtreeToExp(BTree * root, int deep){
  if(root = = NULL) return;
  else if(root -> left == NULL && root -> right == NULL)  //若为叶节点
     printf(" % s",root -> data);                        //输出操作数
  else {
     if(deep > 1) printf("(");                          //若有子表达式则加 1 层括号
     BtreeToExp(root -> left,deep + 1);
```

```
        printf("%c", root->data);                          //输出操作符
        BtreeToExp(root->right, deep+1);
        if(deep>1) printf(")");                              //若有子表达式则加1层括号
    }
}
```

42. **【考点】**数据结构；图；图的基本应用；最小生成树；Prim 算法。

【解析】本题主要考查 Prim 算法，是图论中的一种算法，可在加权连通图里搜索最小生成树。意即由此算法搜索到的边子集所构成的树中，不但包括了连通图里的所有顶点，且其所有边的权值之和亦为最小。对应的 3 小题具体解答如下。

(1) Prim 算法属于贪心策略。算法从一个任意的顶点开始，一直长大到覆盖图中所有顶点为止。算法每一步在连接树集合 S 中顶点和其他顶点的边中，选择一条使得树的总权重增加最小的边加入集合 S。当算法终止时，S 就是最小生成树。

① S 中顶点为 A，候选边为(A,D)、(A,B)、(A,E)，选择(A,D)加入 S。

② S 中顶点为 A、D，候选边为(A,B)、(A,E)、(D,E)、(C,D)，选择(D,E)，加入 S。

③ S 中顶点为 A、D、E，候选边为(A,B)、(C,D)、(C,E)，选择(C,E)加入 S。

④ S 中顶点为 A、D、E、C，候选边为(A,B)、(B,C)，选择(B,C)加入 S。

⑤ S 就是最小生成树。

依次选出的边为：

(A,D)，(D,E)，(C,E)，(B,C)

(2) 图 G 的 MST 是唯一的。(2 分)第一小题的最小生成树包括了图中权值最小的四条边，其他边都比这四条边大，所以此图的 MST 唯一。

(3) 当带权连通图的任意一个环中所包含的边的权值均不相同时，其 MST 是唯一的。

43. **【考点】**计算机组成原理；数据表示与运算；数制与编码。

【解析】本题考查的内容涵盖了计算机组成原理多个章节的内容，还涉及了其他知识，综合程度很高，区分度极高，较好的考查了学生综合运用知识的能力。本题解答如下。

(1) 由于 i 和 n 是 unsigned 型，故"i<=n−1"是无符号数比较，$n=0$ 时，$n-1$ 的机器数为全 1，值是 $2^{32}-1$，为 unsigned 型可表示的最大数，条件"i<=n−1"永真，因此出现死循环。

若 i 和 n 改为 int 类型，则不会出现死循环。

因为"i<=n−1"是带符号整数比较，$n=0$ 时，$n-1$ 的值是 -1，当 $i=0$ 时条件"i<=n−1"不成立，此时退出 for 循环。

(2) f1(23)与 f2(23)的返回值相等。$f(23)=2^{23+1}-1=2^{24}-1$，它的二进制形式是 24 个 1。int 占 32 位，没有溢出。float 有 1 个符号位，8 个指数位，23 个底数位，23 个底数位可以表示 24 位的底数。所以两者返回值相等。

f1(23)的机器数是 00FF FFFFH。

f2(23)的机器数是 4B7F FFFFH。

显而易见前者是 24 个 1，即 $0000\ 0000\ 1111\ 1111\ 1111\ 1111\ 1111\ 1111_{(2)}$，后者符号位是 0，指数位为 $23+127_{(10)}=1001\ 0110_{(2)}$，底数位是 111 1111 1111 1111

$1111\ 1111_{(2)}$。

(3) 当 $n=24$ 时,f(24)=1 1111 1111 1111 1111 1111 1111 B,而 float 型数只有 24 位有效位,舍入后数值增大,所以 f2(24)比 f1(24)大 1。

(4) 显然 f(31)已超出了 int 型数据的表示范围,用 f1(31)实现时得到的机器数为 32 个 1,作为 int 型数解释时其值为−1,即 f1(31)的返回值为−1。

因为 int 型最大可表示数是 0 后面加 31 个 1,故使 f1(n)的返回值与 f(n)相等的最大 n 值是 30。

(5) IEEE 754 标准用"阶码全 1、尾数全 0"表示无穷大。f2 返回值为 float 型,机器数 7F80 0000H 对应的值是 $+\infty$。

当 $n=126$ 时,$f(126)=2^{127}-1=1.1\cdots1\times2^{126}$,对应阶码为 127+126=253,尾数部分舍入后阶码加 1,最终阶码为 254,是 IEEE 754 单精度格式表示的最大阶码。故使 f2 结果不溢出的最大 n 值为 126。

当 $n=23$ 时,f(23)为 24 位 1,float 型数有 24 位有效位,所以不需舍入,结果精确。故使 f2 获得精确结果的最大 n 值为 23。

44. **【考点】**计算机组成原理;指令系统;CISC 和 RISC 的基本概念;数据的表示和运算。

【解析】本题考查的内容涵盖了计算机组成原理多个章节的内容,还涉及了其他知识,综合程度较高,区分度较高,较好的考查了考生综合运用知识的能力。本题解答如下。

(1) M 为 CISC。M 的指令长短不一,不符合 RISC 指令系统特点。

(2) f1 的机器代码占 96B。

因为 f1 的第一条指令"push ebp"所在的虚拟地址为 0040 1020H,最后一条指令"ret"所在的虚拟地址为 0040 107FH,所以,f1 的机器指令代码长度为 0040 107FH−0040 1020H+1=60H=96 字节。

(3) CF=1。

cmp 指令实现 i 与 $n-1$ 的比较功能,进行的是减法运算。在执行 f1(0)过程中,$n=0$,当 $i=0$ 时,i=0000 0000H,并且 $n-1$=FFFF FFFFH。因此,当执行第 20 条指令时,在补码加/减运算器中执行"0 减 FFFF FFFFH"的操作,即 0000 0000H+0000 0000H+1=0000 0001H,此时,进位输出 $C=0$,减法运算时的借位标志 CF=$\oplus$1=1。

(4) f2 中不能用 shl 指令实现 power * 2。

因为 shl 指令用来将一个整数的所有有效数位作为一个整体左移;而 f2 中的变量 power 是 float 型,其机器数中不包含最高有效数位,但包含了阶码部分,将其作为一个整体左移时并不能实现"乘 2"的功能,因而 f2 中不能用 shl 指令实现 power * 2。浮点数运算比整型运算要复杂,耗时也较长。

45. **【考点】**计算机组成原理;存储器层次结构;虚拟存储器;页式虚拟存储器;页表;地址变换;总线和输入/输出系统;I/O 方式;程序中断方式。

【解析】本题考查的内容有机器指令代码,页表,页目录,CPU 状态等,具体解析如下:

(1) 函数 f1 的代码段中所有指令的虚拟地址的高 20 位相同,因此 f1 的机器指令代码在一页中,仅占用 1 页。页目录号用于寻找页目录的表项,该表项包含页表的位置。页表索引用于寻找页表的表项，该表项包含页的位置。

(2) push ebp 指令的虚拟地址的最高 10 位(页目录号)为 00 0000 0001，中间 10 位(页表索引)为 00 0000 0001，所以，取该指令时访问了页目录的第 1 个表项，在对应的页表中访问了第 1 个表项。

(3) 在执行 scanf()的过程中，进程 P 因等待输入而从执行态变为阻塞态。输入结束时，P 被中断处理程序唤醒，变为就绪态。P 被调度程序调度，变为运行态。CPU 状态会从用户态变为内核态。

46. **【考点】**操作系统；进程管理；进程与线程；同步与互斥。

【解析】本题主要考查的是同步与互斥，具体解析如下：

先找出线程对在各个变量上的互斥、并发关系。如果是一读一写或两个都是写，那么这就是互斥关系。每一个互斥关系都需要一个信号量进行调节。

```
semaphore mutex_y1 = 1; //mutex_y1 用于 thread1 与 thread3 对变量 y 的互斥访问。
semaphore mutex_y2 = 1; //mutex_y2 用于 thread2 与 thread3 对变量 y 的互斥访问。
semaphore mutex_z = 1;  //mutex_z 用于变量 z 的互斥访问。
```

互斥代码如下：(5 分)

<table>
<tr>
<td><pre>thread1
{
  cnum w   ;
  wait(mutex_y1) ;
  w=add(x, y)   ;
  signal(mutex_y1) ;
  ……
}</pre></td>
<td><pre>thread 2
{
  cnum w   ;
  wait(mutex_y 2)   ;
  wait(mutex_z)   ;
  w=add(y, z)   ;
  signal(mutex_z)   ;
  signal(mutex_y2)   ;
  ……
}</pre></td>
<td><pre>thread 3
{
  cnum w ;
  w.a=1 ;
  w.b=1 ;
  wait(mutex_z) ; z=add(z ,
  w) ; signal(mutex_z) ;
  wait(mutex_y1) ;
  wait(mutex_y2) ;
  y=add(y , w) ;
  signal(mutex_y1) ;
  signal(mutex_y2) ;
  ……
}</pre></td>
</tr>
</table>

47. **【考点】**计算机网络；数据链路层；流量控制与可靠传输机制；后退 N 帧协议(GBN)；信道利用率。

【解析】本题主要考查数据帧，所谓数据帧，就是数据链路层的协议数据单元，它包括三部分：帧头，数据部分，帧尾。其中，帧头和帧尾包含一些必要的控制信息，比如同步信息、地址信息、差错控制信息等；数据部分则包含网络层传下来的数据，比如 IP 数据包，等等。本题解答如下。

(1) t_0 时刻到 t_1 时刻期间，甲方可以断定乙方已正确接收了 3 个数据帧，分别是 $S_{0,0}$、$S_{1,0}$、$S_{2,0}$。$R_{3,3}$ 说明乙发送的数据帧确认号是 3，即希望甲发送序号 3 的数据帧，说明乙已经接收了序号为 0～2 的数据帧。

(2) 从 t_1 时刻起，甲方最多还可以发送 5 个数据帧，其中第一个帧是 $S_{5,2}$，最后一个数据帧是 $S_{1,2}$。发送序号 3 位，有 8 个序号。在 GBN 协议中，序号个数≥发送窗口+1，所以这里发送窗口最大为 7。此时已发送了 $S_{3,0}$ 和 $S_{4,1}$，所以最多还可以发送 5 个帧。

(3) 甲方需要重发 3 个数据帧，重发的第一个帧是 $S_{2,3}$。在 GBN 协议中，接收方

发送了 N 帧后，检测出错，则需要发送出错帧及其之后的帧。$S_{2,0}$ 超时，所以重发的第一帧是 S_2。已收到乙的 R_2 帧，所以确认号应为 3。

（4）甲方可以达到的最大信道利用率是：

$$\frac{7\times\frac{8\times1\,000}{100\times10^6}}{0.96\times10^{-3}+2\times\frac{8\times1\,000}{100\times10^6}}\times100\%=50\%$$

U＝发送数据的时间/从开始发送第一帧到收到第一个确认帧的时间＝$N\times$Td/(Td＋RTT＋Ta)。

U 是信道利用率，N 是发送窗口的最大值，Td 是发送一数据帧的时间，RTT 是往返时间，Ta 是发送一确认帧的时间。这里采用捎带确认，Td＝Ta。

2018年全国硕士研究生招生考试 计算机学科专业基础试题

一、单项选择题：1～40小题，每小题2分，共80分。下列每题给出的四个选项中，只有一个选项是最符合题目要求的。

1. 若栈 S_1 中保存整数，栈 S_2 中保存运算符，函数 $F(\ )$ 依次执行下述各步操作：

   (1) 从 S_1 中依次弹出两个操作数 a 和 b；

   (2) 从 S_2 中弹出一个运算符 op；

   (3) 执行相应的运算 b op a；

   (4) 将运算结果压入 S_1 中。

   假定 S_1 中的操作数依次是5,8,3,2(2在栈顶)，S_2 中的运算符依次是 *，-，+(+在栈顶)。调用3次 $F(\ )$ 后，S_1 栈顶保存的值是(　　)。

   A. -15　　B. 15　　C. -20　　D. 20

2. 现有队列 Q 与栈 S，初始时 Q 中的元素依次是1,2,3,4,5,6(1在队头)，S 为空。若仅允许下列3种操作：①出队并输出出队元素；②出队并将出队元素入栈；③出栈并输出出栈元素，则不能得到的输出序列是(　　)。

   A. 1,2,5,6,4,3　　B. 2,3,4,5,6,1

   C. 3,4,5,6,1,2　　D. 6,5,4,3,2,1

3. 设有一个12×12的对称矩阵 $\boldsymbol{M}$，将其上三角部分的元素 $m_{i,j}(1\leqslant i\leqslant j\leqslant 12)$ 按行优先存入C语言的一维数组 N 中，元素 $m_{6,6}$ 在 N 中的下标是(　　)。

   A. 50　　B. 51　　C. 55　　D. 66

4. 设一棵非空完全二叉树 T 的所有叶节点均位于同一层，且每个非叶节点都有2个子节点。若 T 有 k 个叶节点，则 T 的节点总数是(　　)。

   A. $2k-1$　　B. $2k$　　C. k^2　　D. 2^k-1

5. 已知字符集{a,b,c,d,e,f}，若各字符出现的次数分别为6,3,8,2,10,4，则对应字符集中各字符的哈夫曼编码可能是(　　)。

   A. 00,1011,01,1010,11,100　　B. 00,100,110,000,0010,01

C. 10,1011,11,0011,00,010　　　　D. 0011,10,11,0010,01,000

6. 已知二叉排序树如图 19-1 所示，元素之间应满足的大小关系是(　　)。

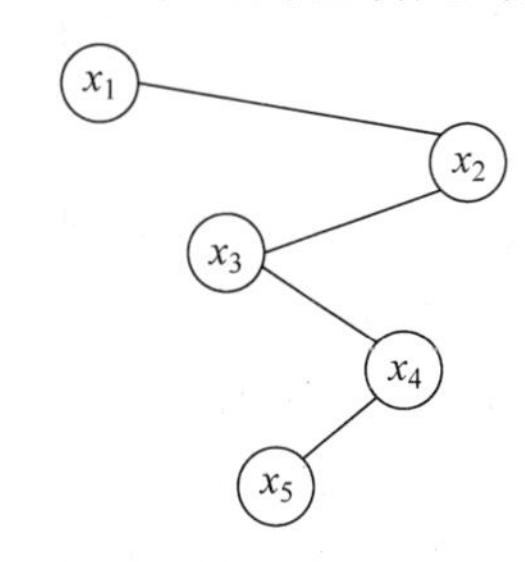

图　19-1

A. $x_1<x_2<x_5$　　B. $x_1<x_4<x_5$　　C. $x_3<x_5<x_4$　　D. $x_4<x_3<x_5$

7. 下列选项中，不是图 19-2 中有向图的拓扑序列的是(　　)。

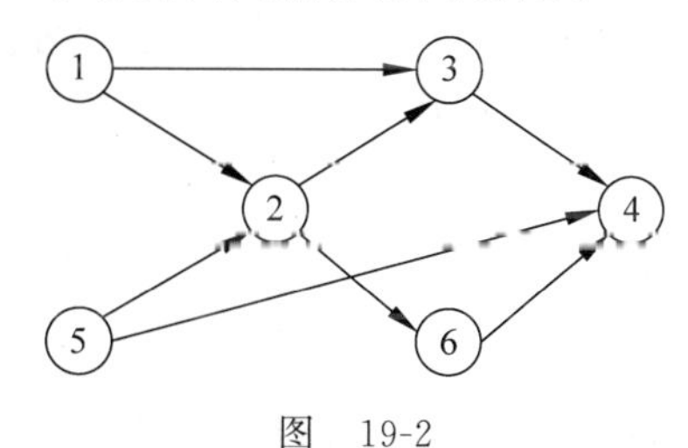

图　19-2

A. 1,5,2,3,6,4　　　　B. 5,1,2,6,3,4

C. 5,1,2,3,6,4　　　　D. 5,2,1,6,3,4

8. 高度为 5 的 3 阶 B 树含有的关键字个数至少是(　　)。

A. 15　　B. 31　　C. 62　　D. 242

9. 现有长度为 7、初始为空的散列表 HT，散列函数 H(k)=k % 7，用线性探测再散列法解决冲突。将关键字 22,43,15 依次插入 HT 后，查找成功的平均查找长度是(　　)。

A. 1.5　　B. 1.6　　C. 2　　D. 3

10. 对初始数据序列(8,3,9,11,2,1,4,7,5,10,6)进行希尔排序。若第一趟排序结果为(1,3,7,5,2,6,4,9,11,10,8)，第二趟排序结果为(1,2,6,4,3,7,5,8,11,10,9)，则两趟排序采用的增量(间隔)依次是(　　)。

A. 3,1　　B. 3,2　　C. 5,2　　D. 5,3

11. 在将数据序列(6,1,5,9,8,4,7)建成大根堆时，正确的序列变化过程是(　　)。

A. 6,1,7,9,8,4,5→6,9,7,1,8,4,5→9,6,7,1,8,4,5→9,8,7,1,6,4,5

B. 6,9,5,1,8,4,7→6,9,7,1,8,4,5→9,6,7,1,8,4,5→9,8,7,1,6,4,5

C. 6,9,5,1,8,4,7→ 9,6,5,1,8,4,7→9,6,7,1,8,4,5→9,8,7,1,6,4,5

D. 6,1,7,9,8,4,5→ 7,1,6,9,8,4,5→ 7,9,6,1,8,4,5→9,7,6,1,8,4,5→9,8,6,1,7,4,5

12. 冯・诺依曼结构计算机中数据采用二进制编码表示，其主要原因是(　　)。

Ⅰ. 二进制的运算规则简单

Ⅱ. 制造两个稳态的物理器件较容易

Ⅲ. 便于用逻辑门电路实现算术运算

A. 仅Ⅰ、Ⅱ　　B. 仅Ⅰ、Ⅲ　　C. 仅Ⅱ、Ⅲ　　D. Ⅰ、Ⅱ和Ⅲ

13. 假定带符号整数采用补码表示,若 int 型变量 x 和 y 的机器数分别是 FFFF FFDFH 和 0000 0041H,则 x、y 的值以及 $x-y$ 的机器数分别是(　　)。

A. $x=-65$,$y=41$,$x-y$ 的机器数溢出

B. $x=-33$,$y=65$,$x-y$ 的机器数为 FFFF FF9DH

C. $x=-33$,$y=65$,$x-y$ 的机器数为 FFFF FF9EH

D. $x=-65$,$y=41$,$x-y$ 的机器数为 FFFF FF96H

14. IEEE 754 单精度浮点格式表示的数中,最小的规格化正数是(　　)。

A. 1.0×2^{-126}　　B. 1.0×2^{-127}　　C. 1.0×2^{-128}　　D. 1.0×2^{-149}

15. 某 32 位计算机按字节编址,采用小端(Little Endian)方式。若语令"int i=0;"对应指令的机器代码为"C7 45 FC 00 00 00 00",则语句"int i=-64;"对应指令的机器代码是(　　)。

A. C7 45 FC C0 FF FF FF　　B. C7 45 FC 0C FF FF FF

C. C7 45 FC FF FF FF C0　　D. C7 45 FC FF FF FF 0C

16. 整数 x 的机器数为 1101 1000,分别对 x 进行逻辑右移 1 位和算术右移 1 位操作,得到的机器数各是(　　)。

A. 1110 1100、1110 1100　　B. 0110 1100、1110 1100

C. 1110 1100、0110 1100　　D. 0110 1100、0110 1100

17. 假定 DRAM 芯片中存储阵列的行数为 r、列数为 c,对于一个 2K×1 位的 DRAM 芯片,为保证其地址引脚数最少,并尽量减少刷新开销,则 r、c 的取值分别是(　　)。

A. 2 048、1　　B. 64、32　　C. 32、64　　D. 1、2 048

18. 按字节编址的计算机中,某 double 型数组 A 的首地址为 2000H,使用变址寻址和循环结构访问数组 A,保存数组下标的变址寄存器初值为 0,每次循环取一个数组元素,其偏移地址为变址值乘以 sizeof(double),取完后变址寄存器内容自动加 1。若某次循环所取元素的地址为 2100H,则进入该次循环时变址寄存器的内容是(　　)。

A. 25　　B. 32　　C. 64　　D. 100

19. 减法指令"sub R1,R2,R3"的功能为"(R1)−(R2)→R3",该指令执行后将生成进位/借位标志 CF 和溢出标志 OF。若(R1)=FFFF FFFFH,(R2)=FFFF FFF0H,则该减法指令执行后,CF 与 OF 分别为(　　)。

A. CF=0,OF=0　　B. CF=1,OF=0

C. CF=0,OF=1　　D. CF=1,OF=1

20. 若某计算机最复杂指令的执行需要完成 5 个子功能,分别由功能部件 A~E 实现,各功能部件所需时间分别为 80ps、50ps、50ps、70ps 和 50ps,采用流水线方式执行指令,流水段寄存器延时为 20ps,则 CPU 时钟周期至少为(　　)。

A. 60ps　　B. 70ps　　C. 80ps　　D. 100ps

21. 下列选项中,可提高同步总线数据传输率的是(　　)。

Ⅰ. 增加总线宽度　　Ⅱ. 提高总线工作频率

Ⅲ. 支持突发传输　　Ⅳ. 采用地址/数据线复用

A. 仅Ⅰ、Ⅱ　　B. 仅Ⅰ、Ⅱ、Ⅲ　　C. 仅Ⅲ、Ⅳ　　D. Ⅰ、Ⅱ、Ⅲ和Ⅳ

22. 下列关于外部I/O中断的叙述中,正确的是(　　)。

A. 中断控制器按所接收中断请求的先后次序进行中断优先级排队

B. CPU响应中断时,通过执行中断隐指令完成通用寄存器的保护

C. CPU只有在处于中断允许状态时,才能响应外部设备的中断请求

D. 有中断请求时,CPU立即暂停当前指令执行,转去执行中断服务程序

23. 下列关于多任务操作系统的叙述中,正确的是(　　)。

Ⅰ. 具有并发和并行的特点

Ⅱ. 需要实现对共享资源的保护

Ⅲ. 需要运行在多CPU的硬件平台上

A. 仅Ⅰ　　B. 仅Ⅱ　　C. 仅Ⅰ、Ⅱ　　D. Ⅰ、Ⅱ、Ⅲ

24. 某系统采用基于优先权的非抢占式进程调度策略,完成一次进程调度和进程切换的系统时间开销为1μs。在T时刻就绪队列中有3个进程P1、P2和P3,其在就绪队列中的等待时间、需要的CPU时间和优先权如表19-1所示。

表　19-1

进程	等待时间	需要的CPU时间	优先权
P1	30μs	12μs	10
P2	15μs	24μs	30
P3	18μs	36μs	20

若优先权值大的进程优先获得CPU,从T时刻起系统开始进程调度,则系统的平均周转时间为(　　)。

A. 54μs　　B. 73μs　　C. 74μs　　D. 75μs

25. 属于同一进程的两个线程thread1和thread2并发执行,共享初值为0的全局变量 x。thread1和thread2实现对全局变量 x 加1的机器级代码描述如下。

thread1	thread2
mov R1, x　　// (x) →R1	mov R2, x　　// (x) →R2
inc　R1　　// (R1) +1 →R1	inc　R2　　// (R2) +1 →R2
mov x,R1　　// (R1) →x	mov x,R2　　// (R2) →x

在所有可能的指令执行序列中,使 x 的值为2的序列个数是(　　)。

A. 1　　B. 2　　C. 3　　D. 4

26. 假设系统中有4个同类资源,进程P1、P2和P3需要的资源数分别为4、3和1,P1、P2和P3已申请到的资源数分别为2、1和0,则执行安全性检测算法的结果是(　　)。

A. 不存在安全序列,系统处于不安全状态

B. 存在多个安全序列,系统处于安全状态

C. 存在唯一安全序列P3、P1、P2,系统处于安全状态

D. 存在唯一安全序列P3、P2、P1,系统处于安全状态

27. 下列选项中,可能导致当前进程P阻塞的事件是(　　)。

Ⅰ. 进程P申请临界资源

Ⅱ. 进程P从磁盘读数据

Ⅲ. 系统将CPU分配给高优先权的进程

A. 仅Ⅰ　　B. 仅Ⅱ　　C. 仅Ⅰ、Ⅱ　　D. Ⅰ、Ⅱ、Ⅲ

28. 若x是管程内的条件变量,则当进程执行x.wait()时所做的工作是(　　)。

A. 实现对变量x的互斥访问

B. 唤醒一个在x上阻塞的进程

C. 根据x的值判断该进程是否进入阻塞状态

D. 阻塞该进程,并将之插入x的阻塞队列中

29. 当定时器产生时钟中断后,由时钟中断服务程序更新的部分内容是(　　)。

Ⅰ. 内核中时钟变量的值

Ⅱ. 当前进程占用CPU的时间

Ⅲ. 当前进程在时间片内的剩余执行时间

A. 仅Ⅰ、Ⅱ　　B. 仅Ⅱ、Ⅲ　　C. 仅Ⅰ、Ⅲ　　D. Ⅰ、Ⅱ、Ⅲ

30. 系统总是访问磁盘的某个磁道而不响应对其他磁道的访问请求,这种现象称为磁臂粘着。下列磁盘调度算法中,不会导致磁臂粘着的是(　　)。

A. 先来先服务(FCFS)　　B. 最短寻道时间优先(SSTF)

C. 扫描算法(SCAN)　　D. 循环扫描算法(CSCAN)

31. 下列优化方法中,可以提高文件访问速度的是(　　)。

Ⅰ. 提前读　　Ⅱ. 为文件分配连续的簇

Ⅲ. 延迟写　　Ⅳ. 采用磁盘高速缓存

A. 仅Ⅰ、Ⅱ　　B. 仅Ⅱ、Ⅲ

C. 仅Ⅰ、Ⅲ、Ⅳ　　D. Ⅰ、Ⅱ、Ⅲ、Ⅳ

32. 在下列同步机制中,可以实现让权等待的是(　　)。

A. Peterson方法　　B. swap指令

C. 信号量方法　　D. TestAndSet指令

33. 下列TCP/IP应用层协议中,可以使用传输层无连接服务的是(　　)。

A. FTP　　B. DNS　　C. SMTP　　D. HTTP

34. 下列选项中,不属于物理层接口规范定义范畴的是(　　)。

A. 接口形状　　B. 引脚功能　　C. 物理地址　　D. 信号电平

35. IEEE 802.11 无线局域网的 MAC 协议 CSMA/CA 进行信道预约的方法是(　　)。

A. 发送确认帧　　B. 采用二进制指数退避

C. 使用多个 MAC 地址　　D. 交换 RTS 与 CTS 帧

36. 主机甲采用停-等协议向主机乙发送数据，数据传输速率是 3kbit/s，单向传播延时是 200ms，忽略确认帧的传输延时。当信道利用率等于 40%时，数据帧的长度为(　　)。

A. 240bit　　B. 400bit　　C. 480bit　　D. 800bit

37. 路由器 R 通过以太网交换机 S1 和 S2 连接两个网络，R 的接口、主机 H1 和 H2 的 IP 地址与 MAC 地址如图 19-3 所示。若 H1 向 H2 发送 1 个 IP 分组 P，则 H1 发出的封装 P 的以太网帧的目的 MAC 地址、H2 收到的封装 P 的以太网帧的源 MAC 地址分别是(　　)。

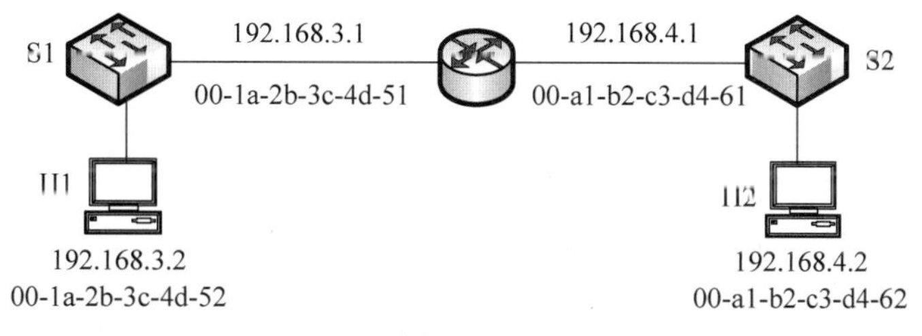

图　19-3

A. 00-a1-b2-c3-d4-62、00-a1-2b-3c-4d-52

B. 00-a1-b2-c3-d4-62、00-a1-b2-c3-d4-61

C. 00-1a-2b-3c-4d-51、00-1a-2b-3c-4d-52

D. 00-1a-2b-3c-4d-51、00-a1-b2-c3-d4-61

38. 某路由表中有转发接口相同的 4 条路由表项，其目的网络地址分别为 35.230.32.0/21、35.230.40.0/21、35.230.48.0/21 和 35.230.56.0/21，将该 4 条路由聚合后的目的网络地址为(　　)。

A. 35.230.0.0/19　　B. 35.230.0.0/20

C. 35.230.32.0/19　　D. 35.230.32.0/20

39. UDP 协议实现分用(demultiplexing)时所依据的头部字段是(　　)。

A. 源端口号　　B. 目的端口号　　C. 长度　　D. 校验和

40. 无须转换即可由 SMTP 协议直接传输的内容是(　　)。

A. JPEG 图像　　B. MPEG 视频　　C. EXE 文件　　D. ASCII 文本

二、综合应用题：41～47 小题，共 70 分。

41. (13 分) 给定一个含 $n(n\geqslant 1)$个整数的数组，请设计一个在时间上尽可能高效的算法，找出数组中未出现的最小正整数。例如，数组{−5,3,2,3}中未出现的最小正整数是 1；数组{1,2,3}中未出现的最小正整数是 4。要求：

(1) 给出算法的基本设计思想。

(2) 根据设计思想,采用C或C++语言描述算法,关键之处给出注释。

(3) 说明你所设计算法的时间复杂度和空间复杂度。

42. (12分) 拟建设一个光通信骨干网络连通BJ、CS、XA、QD、JN、NJ、TL和WH等8个城市,图19-4中无向边上的权值表示两个城市间备选光缆的铺设费用。

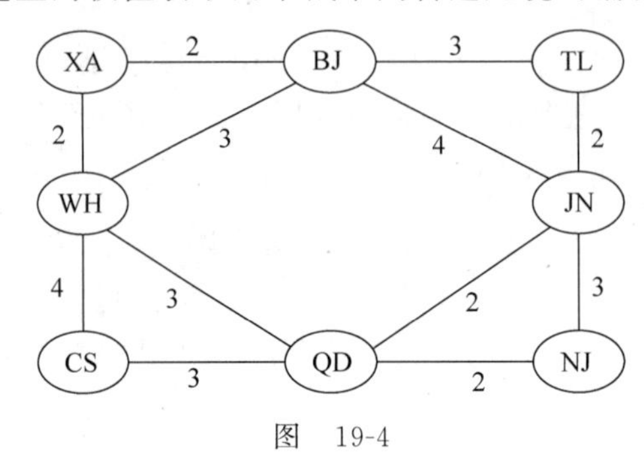

图 19-4

请回答下列问题。

(1) 仅从铺设费用角度出发,给出所有可能的最经济的光缆铺设方案(用带权图表示),并计算相应方案的总费用。

(2) 图19-4可采用图的哪一种存储结构?给出求解问题(1)所使用的算法名称。

(3) 假设每个城市采用一个路由器按(1)中得到的最经济方案组网,主机H1直接连接在TL的路由器上,主机H2直接连接在BJ的路由器上。若H1向H2发送一个TTL=5的IP分组,则H2是否可以收到该IP分组?

43. (8分) 假定计算机的主频为500MHz,CPI为4。现有设备A和B,其数据传输率分别为2MB/s和40MB/s,对应I/O接口中各有一个32位数据缓冲寄存器。请回答下列问题,要求给出计算过程。

(1) 若设备A采用定时查询I/O方式,每次输入/输出都至少执行10条指令。设备A最多间隔多长时间查询一次才能不丢失数据?CPU用于设备A输入/输出的时间占CPU总时间的百分比至少是多少?

(2) 在中断I/O方式下,若每次中断响应和中断处理的总时钟周期数至少为400,则设备B能否采用中断I/O方式?为什么?

(3) 若设备B采用DMA方式,每次DMA传送的数据块大小1 000B,CPU用于DMA预处理和后处理的总时钟周期数为500,则CPU用于设备B输入/输出的时间占CPU总时间的百分比最多是多少?

44. (15分) 某计算机采用页式虚拟存储管理方式,按字节编址。CPU进行存储访问的过程如图19-5所示。

根据图19-5回答下列问题。

(1) 主存物理地址占多少位?

(2) TLB采用什么映射方式?TLB用SRAM还是DRAM实现?

(3) Cache采用什么映射方式?若Cache采用LRU替换算法和回写(Write Back)策略,则Cache每行中除数据(Data)、Tag和有效位外,还应有哪些附加位?Cache总

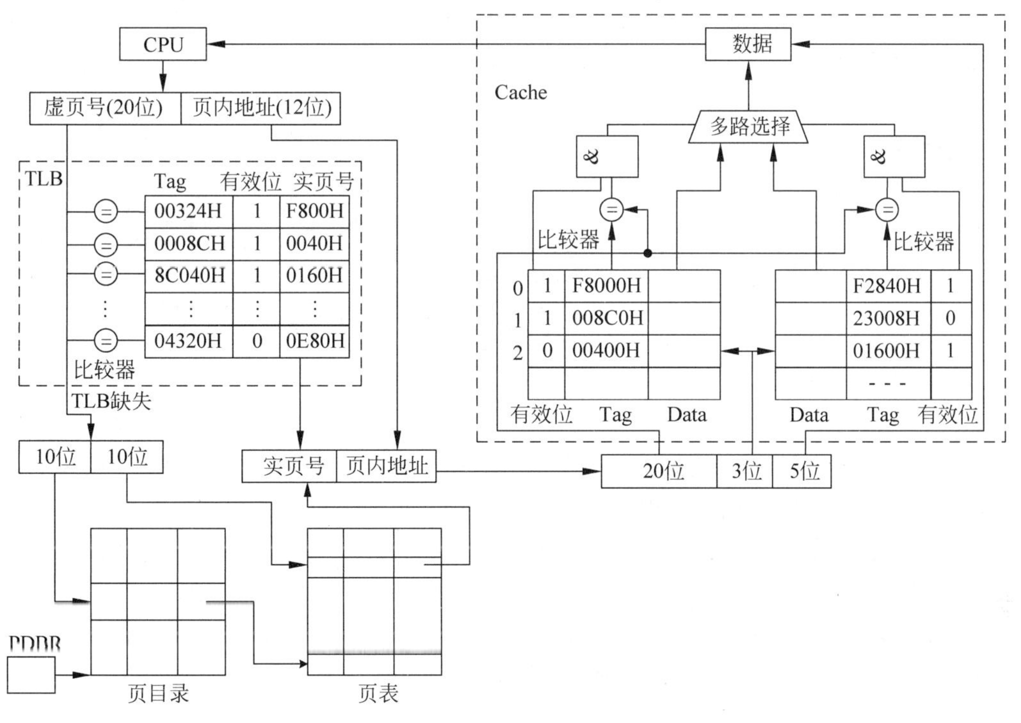

图　19-5

容量是多少？Cache中有效位的作用是什么？

(4) 若CPU给出的虚拟地址为0008 C040H，则对应的物理地址是多少？是否在Cache中命中？说明理由，若CPU给出的虚拟地址为0007 C260H，则该地址所在主存块映射到的Cache组号是多少？

45. (8分) 请根据图19-5给出的虚拟存储管理方式，回答下列问题。

(1) 某虚拟地址对应的页目录号为6，在相应的页表中对应的页号为6，页内偏移量为8，该虚拟地址的十六进制表示是什么？

(2) 寄存器PDBR用于保存当前进程的页目录起始地址，该地址是物理地址还是虚拟地址？进程切换时，PDBR的内容是否会变化？说明理由。同一进程的线程切换时，PDBR的内容是否会变化？说明理由。

(3) 为了支持改进型CLOCK置换算法，需要在页表项中设置哪些字段？

46. (7分) 某文件系统采用索引节点存放文件的属性和地址信息，簇大小为4KB。每个文件索引节点占64B，有11个地址项，其中直接地址项8个，一级、二级和三级间接地址项各1个，每个地址项长度为4B。请回答下列问题。

(1) 该文件系统能支持的最大文件长度是多少？(给出计算表达式即可)

(2) 文件系统用1M($1M=2^{20}$)个簇存放文件索引节点，用512M个簇存放文件数据。若一个图像文件的大小为5 600B，则该文件系统最多能存放多少个这样的图像文件？

(3) 若文件F1的大小为6KB，文件F2的大小为40KB，则该文系统获取F1和F2最后一个簇的簇号需要的时间是否相同？为什么？

47. (7分) 某公司网络如图19-6所示。IP地址空间192.168.1.0/24被均分给销售部和技术部两个子网，并已分别为部分主机和路由器接口分配了IP地址，销售部子网的MTU=1 500B，技术部子网的MTU=800B。

请回答下列问题。

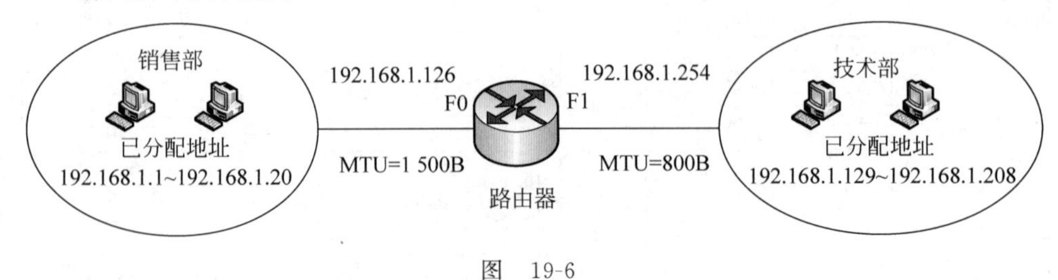

图 19-6

(1) 销售部子网的广播地址是什么？技术部子网的子网地址是什么？若每个主机仅分配一个IP地址，则技术部子网还可以连接多少台主机？

(2) 假设主机192.168.1.1向主机192.168.1.208发送一个总长度为1 500B的IP分组，IP分组的头部长度为20B，路由器在通过接口F1转发该IP分组时进行了分片。若分片时尽可能分为最大片，则一个最大IP分片封装数据有多少字节？至少需要分为几个分片？每个分片的片偏移量是多少？

2018年全国硕士研究生招生考试计算机学科专业基础试题参考答案及解析

一、单项选择题参考答案速查

题号	1	2	3	4	5	6	7	8	9	10
答案	B	C	A	A	A	C	D	B	C	D
题号	11	12	13	14	15	16	17	18	19	20
答案	A	D	C	A	A	B	C	B	A	D
题号	21	22	23	24	25	26	27	28	29	30
答案	B	C	C	D	B	A	C	D	D	A
题号	31	32	33	34	35	36	37	38	39	40
答案	D	C	B	C	D	D	D	C	B	D

二、单项选择题考点、解析及答案

1. **【考点】**数据结构；栈、队列和数组；栈和队列的基本概念。

【解析】第一次调用：①从 S_1 中弹出 2 和 3；②从 S_2 中弹出＋；③执行 3＋2＝5；④将 5 压入 S_1 中。第一次调用结束后 S_1 中剩余 5,8,5(5 在栈顶),S_2 中剩余 *,－(－在栈顶)。

第二次调用：①从 S_1 中弹出 5 和 8；②从 S_2 中弹出－；③执行 8－5＝3；④将 3 压入 S_1 中,第二次调用结束后 S_1 中剩余 5,3(3 在栈顶),S_2 中剩余 *。

第三次调用：①从 S_1 中弹出 3 和 5；②从 S_2 中弹出 *；③执行 5×3＝15；④将 15 压入 S_1 中,第三次调用结束后 S_1 中仅剩余 15(栈顶)。S_2 为空。

【答案】故此题答案为 B。

2. **【考点】**数据结构；栈、队列和数组；栈和队列的基本概念。

【解析】考生须知栈是一种操作受限的线性表,所遵循的进出原则是“先进后出”,而队列是“先进先出”。

A 的操作顺序：①①②②①①③③。

B 的操作顺序：②①①①①①③。

D 的操作顺序：②②②②②①③③③③③。

对于 C：首先输出 3,说明 1 和 2 必须先依次入栈,而此后 2 肯定比 1 先输出,因此无法得到 1,2 的输出顺序。

【答案】故此题答案为 C。

3. 【考点】数据结构；栈、队列和数组；多维数组的存储。

【解析】数组 N 的下标从 0 开始，第一个元素 $m_{1,1}$ 对应存入 n_0，矩阵 $\boldsymbol{M}$ 的第一行有 12 个元素，第二行有 11 个，第三行有 10 个，第四行有 9 个，第五行有 8 个，所以 $m_{6,6}$ 是第 $12+11+10+9+8+1=51$ 个元素，下标应为 50。

【答案】故此题答案为 A。

4. 【考点】数据结构；树与二叉树；二叉树的定义及其主要特性。

【解析】考生须知非叶节点的度均为 2，且所有叶节点都位于同一层的完全二叉树就是满二叉树。

对于一棵高度为 h 的满二叉树（空树 $h=0$），其最后一层全部是叶节点，数量为 2^{h-1}，总节点数为 2^h-1。因此当 $2^{h-1}=k$ 时，可以得到 $2^{h-}1=2k-1$。

【答案】故此题答案为 A。

5. 【考点】数据结构；树与二叉树；树与二叉树的应用；哈夫曼树和哈夫曼编码。

【解析】本题考查的是哈夫曼编码。哈夫曼编码是一种字符编码方式，是可变长编码的一种，1952 年提出，依据字符在文件中出现的频率来建立一个用 0,1 串表示各字符，使平均每个字符的码长最短的最优表现形式。

构造一棵符合题意的哈夫曼树，如图 20-1 所示。

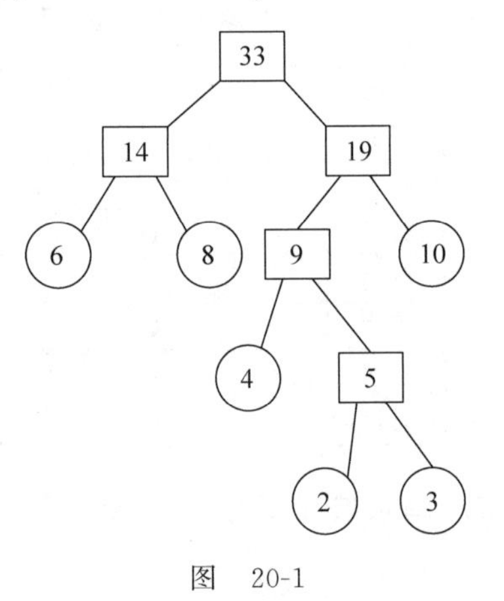

图 20-1

由此可知，左子树为 0，右子树为 1。

【答案】故此题答案为 A。

6. 【考点】数据结构；树与二叉树；二叉树的遍历。

【解析】本题考查二叉排序树，其定义为一棵空树，或者是具有下列性质的二叉树：

(1) 若左子树不空，则左子树上所有节点的值均小于它的根节点的值；

(2) 若右子树不空，则右子树上所有节点的值均大于它的根节点的值；

(3) 左、右子树也分别为二叉排序树；

根据二叉排序树的性质：中序遍历(LNR)得到的是一个递增序列。图中二叉排序树中序遍历为 x_1, x_3, x_5, x_4, x_2，可知 $x_3 < x_5 < x_4$。

【答案】故此题答案为 C。

7. 【考点】数据结构；图；图的基本应用；拓扑排序。

【解析】本题考查的是拓扑序列。拓扑序列是顶点活动网中将活动按发生的先后次序进行的一种排列。拓扑排序，是对一个有向无环图(Directed Acyclic Graph, DAG) G 进行拓扑排序，是将 G 中所有顶点排成一个线性序列，使得图中任意一对顶点 u 和 v，若边 $(u,v)\in E(G)$，则 u 在线性序列中出现在 v 之前。通常，这样的线性序列称为满足拓扑次序的序列，简称拓扑序列。

拓扑排序每次选取入度为 0 的节点输出，经观察不难发现拓扑序列前两位一定是 1 和 5 或 5 和 1(因为只有 1 和 5 的入度均为 0，且其他节点都不满足仅有 1 或仅有 5 作为前驱)。因此 D 显然错误。

【答案】故此题答案为 D。

8.【考点】数据结构；树与二叉树；森林；树的存储结构。

【解析】本题考查 m 阶 B 树的基本性质如下：

根节点以外的非叶节点最少含有 $\lceil m/2 \rceil - 1$ 个关键字，代入 $m=3$ 得，到每个非叶节点中最少包含 1 个关键字，而根节点含有 1 个关键字，因此所有非叶节点都有 2 个孩子，此时其树结构与 $h=5$ 的满二叉树相同，可求得关键字最少为 31 个。

【答案】故此题答案为 B。

9.【考点】数据结构；查找；散列表。

【解析】考生解答本题需了解计算散列表的查找成功和查找不成功的平均查找长度的技巧(线性探测法和链地址法)：

① 查找成功时的比较次数是基于关键字计算的；查找不成功时的比较次数是基于 Hash 函数计算得到的地址计算的。

② 查找成功的计算只有一种情况；查找不成功的计算有两种情况，关键是看题目中是否含有(只将与关键字的比较计算在内)。若没有，查找过程中遇到空位置，则证明查找失败；若有，则查找过程中只需比较关键字即可。

需要注意的是，① 查找成功是除关键字的个数；② 查找不成功是除 mod 后的数值。

根据题意，得到的 HT 如下：

0	1	2	3	4	5	6
	22	43	15			

$ASL_{成功}=(1+2+3)/3=2$。

【答案】故此题答案为 C。

10.【考点】数据结构；排序；希尔排序(Shell Sort)。

【解析】本题考查的是希尔排序，它通过比较相距一定间隔的元素来进行，各趟比较所用的距离随着算法的进行而减小，直到只比较相邻元素的最后一趟排序为止。

第一趟分组：8,1,6；3,4；9,7；11,5；2,10；间隔为 5，排序后组内递增。第二趟分组：1,5,4,10；3,2,9,8；7,6,11；间隔为 3，排序后组内递增。

【答案】故此题答案为 D。

11.【考点】数据结构；排序；堆排序。

【解析】本题考查建堆的基本知识，主要思路为如果当前节点比它的父节点大，就把它们交换位置。同时子节点来到父节点的位置，直到它小于或等于父节点就停止循环。

堆的调整方法，从序列末尾开始向前遍历，变换过程如 A 选项所示。

【答案】故此题答案为 A。

12.【考点】计算机组成原理；计算机系统概述；冯·诺依曼结构。

【解析】本题考查的是冯·诺依曼结构。冯·诺依曼结构也称普林斯顿结构，是一种将程序指令存储器和数据存储器合并在一起的存储器结构。程序指令存储地址和数据存储地址指向同一个存储器的不同物理位置，因此程序指令和数据的宽度相同。

对于Ⅰ，二进制由于只有0和1两种数值，运算规则较简单，都是通过ALU部件转换成加法运算；对于Ⅱ，二进制只需要高电平和低电平两种状态就可以表示，这样的物理器件很容易制造；对于Ⅲ，二进制与逻辑量相吻合。二进制的0和1正好与逻辑量的"真"和"假"相对应。因此用二进制数表示二值逻辑十分自然，采用逻辑门电路很容易实现运算。

【答案】故此题答案为D。

13. 【考点】计算机组成原理；数据的表示与运算；数制与编码。

【解析】考生解答此题须知补码转换成原码的规则：负数符号位不变，数值位取反加1；正数补码等于原码。

两个机器数对应的原码是$[x]_{补}=80000021H$，对应的数值是-33，$[y]_{原}=[y]_{补}=00000041H=65$，排除A、D选项。$x-y$直接利用补码减法准则，$[x]_{补}-[y]_{补}=[x]_{补}+[-y]_{补}$，$-y$的补码是连同符号位取反加1，最终减法变成加法，得出结果为FFFFFF9EH。

【答案】故此题答案为C。

14. 【考点】计算机组成原理；数据的表示和运算；浮点数的表示和运算。

【解析】本题考查的是数IEEE 754单精度浮点数。IEEE 754标准提供了四项精度规范，其中最常用的是单精度浮点类型和双精度浮点类型，单精度浮点类型在内存中占32位，双精度浮点类型在内存中占64位，所以我们通常提到的32位浮点类型或者单精度浮点类型一般是指32位单精度浮点类型，双精度浮点类型也同理。

IEEE 754单精度浮点数的符号位、阶码位、尾数位(省去正数位1)所占的位数分别是1、8、23位。最小正数，数符位取0，移码的取值范围是1～254，取1，得阶码值$1-127=-126$，(127为我们规定的偏置值)，尾数取全0，最终推出最小规格化正数为A选项。

【答案】故此题答案为A。

15. 【考点】计算机组成原理；指令系统；数据的对齐和大/小端存放方式。

【解析】解答本题考生须知，按字节编址，采用小端方式，低位的数据存储在低地址位、高位的数据存储在高地址位，并且按照一个字节相对不变的顺序存储。

由题意知机器代码的地址是递减的，存储0的位数是32位，那么我们只需要把-64的补码按字节存储在其中即可，而-64表示成32位的十六进制数是FFFFFF C0，根据小端方式的特点，高字节存储在低地址，就是选C0 FF FF FF。

【答案】故此题答案为A。

16. 【考点】计算机组成原理；数据的表示和运算；整数的表示和运算。

【解析】解答本题考生须熟知，逻辑移位：左移和右移空位都补0，并且所有数字参与移动。算术移位：符号位不参与移动，右移空位补符号位，左移空位补0。

【答案】故此题答案为B。

17.【考点】计算机组成原理；存储器层次结构；半导体随机存取存储器；DRAM 存储器。

【解析】由题意，首先根据 DRAM 采用的是行列地址线复用技术，我们尽量选用行列差值不要太大的。对于 B、C 选项，地址线只需 6 根（取行或列所需地址线的最大值），轻松排除 A、D 选项。其次，为了减小刷新开销，而 DRAM 一般是按行刷新的，所以应选行数值较少的。

【答案】故此题答案为 C。

18.【考点】计算机组成原理；指令系统；寻址方式。

【解析】解答本题考生须知变址寻址的公式 EA＝(IX)＋A，则(IX)＝2100H－2000H＝100H＝256，sizeof(double)＝8（双精度浮点数用 8 字节表示），因此数组的下标为 256/8＝32。

【答案】故此题答案为 B。

19.【考点】计算机组成原理；数据的表示和运算；运算方法和运算电路；加/减运算。

【解析】本题考查减法指令，其可以对整型或是实型的数据进行减法运算，格式与加法类似。

$[x]_{补}-[y]_{补}=[x]_{补}+[-y]_{补}$，$[-R2]_{补}=00000010H$ 很明显 $[R1]_{补}+[-R2]_{补}$ 的最高位进位和符号位进位都是 1（当最高位进位和符号位进位的值不相同时才产生溢出），可以判断溢出标志 OF 为 0。同时，减法操作只需判断借位标志，R1 大于 R2，所以借位标志为 0。

【答案】故此题答案为 A。

20.【考点】计算机组成原理；中央处理器(CPU)；指令流水线；指令流水线的基本实现。

【解析】考生须知，指令流水线的每个流水段时间单位为时钟周期。

题中指令流水线的指令需要用到 A～E 五个部件，所以每个流水段时间应取：最大部件时间 80ps，此外还有寄存器延时为 20ps。因此 CPU 时钟周期至少是 100ps。

【答案】故此题答案为 D。

21.【考点】计算机组成原理；总线和输入/输出系统；总线的组成及性能指标。

【解析】本题考查的是总线的数据传输率，指的是单位时间内总线上传输数据的位数。

总线数据传输率＝总线工作频率×（总线宽度/8），所以Ⅰ和Ⅱ会影响总线数据传输率。采用突发传输方式（也称猝发传输），在一个总线周期内传输存储地址连续的多个数据字，从而提高了传输效率。采用地址/数据线复用只是减少了线的数量，节省了成本，并不能提高传输率。

【答案】故此题答案为 B。

22.【考点】计算机组成原理；总线和输入/输出系统；I/O 方式；程序中断方式。

【解析】本题考查的是外部 I/O 中断。外中断是指来自处理器和内存以外的部件引起的中断，包括 I/O 设备发出的 I/O 中断、外部信号中断（如用户按 Esc 键），以及各种定时器引起的时钟中断等。

中断优先级由屏蔽字决定，而不是根据请求的先后次序，因此选项 A 错误。中断隐指令完成的工作有：(1)关中断；(2)保存断点；(3)引出中断服务程序，通用寄存器的保护由中断服务程序完成，选项 B 错误。中断允许状态即开中断后，才能响应中断请求，选项 C 正确。有中断请求时，先要由中断隐指令完成中断前程序的状态保存，选项 D 错误。

【答案】故此题答案为 C。

23. 【考点】操作系统；操作系统基础；操作系统发展历程。

【解析】本题考查的是多任务操作系统。所谓多道程序设计是指允许多个程序同时进入一个计算机系统的主存储器并运行这些程序的方法。这种多道程序系统也称为多任务操作系统。

多任务操作系统可以在同一时间内运行多个应用程序，故 Ⅰ 正确。多个任务必须互斥地访问共享资源，为达到这一目标必须对共享资源进行必要的保护，故 Ⅱ 正确。现代操作系统都是多任务的(主要特点是并发和并行)，多 CPU 并非是多任务操作系统的必备硬件，但 CPU 可运行多任务，Ⅲ 错误。综上所述，Ⅰ、Ⅱ 正确，Ⅲ 错误。

【答案】故此题答案为 C。

24. 【考点】操作系统；进程管理；CPU 调度与上下文切换。

【解析】解答本题考生须知，平均周转时间＝(作业 1 的周转时间＋…＋作业 n 的周转时间)/n。

进程运行的顺序为 P2、P3、P1，P2 的周转时间为 $(15+1+24)\mu s=40\mu s$，P3 的周转时间为 $(18+1+24+1+36)\mu s=80\mu s$，P1 的周转时间为 $(30+1+24+1+36+1+12)\mu s=105\mu s$，系统的平均周转时间为 $75\mu s$。

【答案】故此题答案为 D。

25. 【考点】操作系统；进程管理；同步与互斥。

【解析】本题考查的是进程互斥，所谓进程互斥，指的是对某个系统资源，一个进程正在使用它，另外一个想用它的进程就必须等待，而不能同时使用。进程互斥是多道程序系统中进程间存在的一种源于资源共享的制约关系，也称间接制约关系，主要是由被共享资源的使用性质所决定的。

仔细阅读两个线程代码可知，thread1 和 thread2 均是对 x 进行加 1 操作，x 初始值为 0，若要使得最终 $x=2$，只有先执行 thread1 再执行 thread2，或先执行 thread2 再执行 thread1，故只有 2 种可能。

【答案】故此题答案为 B。

26. 【考点】操作系统；进程管理；进程与线程；进程/线程的状态与转换。

【解析】此时可用资源数为 1，即使 P3 可以获得并运行，但 P1 和 P2 无法获得足够资源而永远等待。

【答案】故此题答案为 A。

27. 【考点】操作系统；进程管理；进程与线程；进程与线程的组织与控制。

【解析】本题考查的是阻塞，阻塞是进程调度的关键一环，指的是进程在等待某事件(如接收到网络数据)发生之前的等待状态。

Ⅰ、Ⅱ 都是申请资源的，容易发生阻塞，Ⅲ 只会让进程进入就绪队列，等高优先级的进程退出 CPU 后 P 仍可获得 CPU。

【答案】 故此题答案为 C。

28. **【考点】** 操作系统；进程管理；同步与互斥；条件变量。

【解析】 考生须知"条件变量"是管程内部说明和使用的一种特殊变量，其作用类似于信号量机制中的"信号量"，都是用于实现进程同步的。需要注意的是，在同一时刻，管程中只能有一个进程在执行。

如果进程 A 执行了 x. wait()操作，那么该进程会阻塞，并挂到条件变量 x 对应的阻塞队列上。这样，管程的使用权被释放，就可以有另一个进程进入管程。如果进程 B 执行 x. signal()操作，那么会唤醒对应的阻塞队列队头进程。在 Pascal 语言的管程中，规定只有一个进程要离开管程时才能调用 signal()操作。

【答案】 故此题答案为 D。

29. **【考点】** 操作系统；程序运行环境；中断和异常的处理。

【解析】 解答本题考生须了解时钟中断的主要工作是处理和时间有关的信息以及决定是否执行调度程序，和时间有关的所有信息，包括系统时间、进程的时间片、延时、使用 CPU 的时间、各种定时器，故Ⅰ、Ⅱ、Ⅲ均正确。

【答案】 故此题答案为 D。

30. **【考点】** 操作系统；进程管理；CPU 调度与上下文切换；典型调度算法。

【解析】 本题考查的是磁盘调度算法，磁盘调度在多道程序设计的计算机系统中，各个进程可能会不断提出不同的对磁盘进行读/写操作的请求。由于有时候这些进程的发送请求的速度比磁盘响应的还要快，因此我们有必要为每个磁盘设备建立一个等待队列，常用的磁盘调度算法有以下四种：先来先服务(FCFS)算法、最短寻道时间优先(SSTF)算法、扫描(SCAN)算法、循环扫描(CSCAN)算法。

当系统总是持续出现某个磁道的访问请求时，均持续满足最短寻道时间优先、扫描算法和循环扫描算法的访问条件，会一直服务该访问请求。因此，先来先服务按照请求次序进行调度比较公平。

【答案】 故此题答案为 A。

31. **【考点】** 操作系统基础；外存管理；磁盘。

【解析】 Ⅱ和Ⅳ显然均能提高文件访问速度。对于Ⅰ，提前读是指在读当前盘块时，将下一个可能要访问的盘块数据读入缓冲区，以便需要时直接从缓冲区中读取，提高了文件的访问速度。对于Ⅲ，延迟写是先将写数据写入缓冲区，并置上"延迟写"标志，以备不久之后访问，当缓冲区需要再次被分配出去时才将缓冲区数据写入磁盘，减少了访问磁盘的次数，提高了文件的访问速度，Ⅲ也正确。

【答案】 故此题答案为 D。

32. **【考点】** 操作系统；进程管理；同步与互斥的基本概念。

【解析】 考生须知让权等待指的是：当进程不能进入自己的临界区时，应立即释放处理机，以免进程陷入"忙等"状态。(受惠的是其他进程)。

硬件方法实现进程同步时不能实现让权等待，故 B、D 错误，Peterson 算法满足有限等待但不满足让权等待，故A错误；记录型信号量由于引入阻塞机制，消除了不让权等待的情况，故C正确。

【答案】 故此题答案为C。

33. **【考点】** 计算机网络；传输层；TCP；应用层；FTP；SMTP；HTTP；DNS。

【解析】 考生须知，UDP提供无连接服务，直接将信息发送到网络中，尽力向目的地传送。执行速度快，实时性好，适用于DNS等。

FTP用来传输文件，SMTP用来发送电子邮件，HTTP用来传输网页文件，它们都对可靠性的要求较高，因此都用传输层有连接的TCP服务。无连接UDP服务效率更高、开销小，DNS在传输层采用无连接的UDP服务。

【答案】 故此题答案为B。

34. **【考点】** 计算机网络；物理层；传输介质；物理层接口的特性。

【解析】 解答本题考生须知物理层包含以下四种接口特性：

(1) 机械特性：指明接口所用接线器的形状和尺寸、引脚数目和排列、固定和锁定装置等。

常见的各种规格的接插件都有严格的标准化的规定。

(2) 电气特性：指明在接口电缆的各条线上出现的电压的范围。

(3) 功能特性：指明某条线上出现的某一电平的电压的意义。

(4) 过程特性(规程特性)：指明对于不同功能的各种可能事件的出现顺序。

物理地址又称硬件地址或MAC地址，属于数据链路层，不要被其名称中的"物理"二字误导认为物理地址属于物理层。

【答案】 故此题答案为C。

35. **【考点】** 计算机网络；数据链路层；介质访问控制；随机访问；CSMA/CA协议。

【解析】 考生须知，为了更好地解决隐蔽站带来的碰撞问题，802.11允许要发送数据的站对信道进行预约。具体的做法如下：

A在向B发送数据帧之前，先发送一个短的控制帧，叫作请求发送(Request to Send，RTS)，它包括源地址、目的地址和这次通信(包括相应的确认帧)所需的持续时间。当然，A在发送RTS帧之前，必须先监听信道。若信道空闲，则等待一段时间DIFS后，才能够发送RTS帧。若B正确收到A发来的RTS帧，且媒体空闲，则等待一段时间SIFS后，就向A发送一个叫作允许发送(Clear to Send，CTS)的控制帧，它也包括这次通信所需的持续时间。A收到CTS帧后，再等待一段时间SIFS后，就可发送数据帧。若B正确收到了A发来的数据帧，在等待一段时间SIFS后，就向A发送确认帧ACK。

【答案】 故此题答案为D。

36. **【考点】** 计算机网络；数据链路层；介质访问控制；信道划分。

【解析】 设数据帧长度为$x$bit，则信道利用率$=(x\text{bit}\div 3\text{kbit/s})\div((x\text{bit}\div 3\text{kbit/s})+200\text{ms}+200\text{ms})=40\%$，解得$x=800$。

【答案】 故此题答案为D。

37. **【考点】** 计算机网络；网络层；网络层的功能；路由与转发；数据链路层；局域网。

【解析】本题考查以太网帧在传输过程中有关其内部 MAC 地址和 IP 地址的变化情况：源 IP 地址和目的 IP 地址不会产生变化；源 MAC 地址和目的 MAC 地址逐网络(或逐链路)都发生变化。H1 把封装有 IP 分组 P(IP 分组 P 首部中的源 IP 地址为 192.168.3.2，目的 IP 地址为 192.168.3.1)的以太网帧发送给路由器 R，帧首部中的目的 MAC 地址为 00-1a-2b-3c-4d-51，源 MAC 地址为 00-1a-2b-3c-4d-52；路由器 R 收到该帧后进行查表转发，其中 IP 首部中的 IP 地址不变，但帧首部中的 MAC 地址都要变化，目的 MAC 地址变化为 00-a1-b2-c3 d4-62，源 MAC 地址变化为 00-1a-2b-3c-4d-61。

【答案】故此题答案为 D。

38. 【考点】计算机网络；网络层；IPV4；子网划分、路由聚集、子网掩码与 CIDR。

【解析】本题考查路由聚合技术。将多个目的网络地址聚合为一个目的网络地址的方法是“找共同前缀”。

【答案】故此题答案为 C。

39. 【考点】计算机网络；传输层；传输层的功能；UDP。

【解析】考生须知，传输层分用的定义是：接收方的传输层剥去报文首部后，能把这些数据正确交付到目的进程。选项 C 和 D 显然不符。端口号是传输服务访问点(TSAP)，用来标识主机中的应用进程。对于选项 A 和 B，源端口号是在需要对方回信时选用，不需要时可用全 0。目的端口号是在终点交付报文时使用到，符合题意。

【答案】故此题答案为 B。

40. 【考点】计算机网络；传输层；电子邮件；SMTP 与 POP3。

【解析】考生须知，SMTP 本来就是为传送 ASCII 码而不是传送二进制数据设计的。

【答案】故此题答案为 D。

三、综合应用题考点、解析

41. 【考点】数据结构；空间复杂度；时间复杂度；C 或 C++语言。

【解析】本题是找出数组中未出现的最小正整数问题，三个小题的问题依次推进，难度逐步增加，属于区分度较好、难度适中的综合应用题。需要考生：(1)按要求描述算法的思想；(2)给出 C 或 C++语言描述的算法并给出关键处的注释；(3)分析给出算法的时间复杂度与空间复杂度。具体解析如下：

(1) 题目要求算法时间上尽可能高效，因此采用空间换时间的办法。分配一个用于标记的数组 B[n]，用来记录 A 中是否出现了 1～n 中的正整数，B[0]对应正整数 1，B[$n-1$]对应正整数 n，初始化 B 中全部为 0。由于 A 中含有 n 个整数，因此可能返回的值是 1～$n+1$，当 A 中 n 个数恰好为 1～n 时返回 $n+1$。当数组 A 中出现了小于或等于 0 或者大于 n 的值时，会导致 1～n 中出现空余位置，返回结果必然在 1～n 中，因此对于 A 中出现了小于或等于 0 或者大于 n 的值可以不采取任何操作。经过以上分析可以得出算法流程：从 A[0]开始遍历 A，若 0<A[i]<=n，则令 B[A[i]−1]=1；否则不做操作。对 A 遍历结束后，开始遍历数组 B，若能查找到第一个满足 B[i]==0 的下标 i，返回 $i+1$ 即为结果，此时说明 A 中未出现的最小正整数在 1～n 之间。若 B[i]全部不为 0，返回 $i+1$(跳出循环时 $i=n$，$i+1$ 等于 $n+1$)，此时说明 A 中未出现的最

小正整数是 $n+1$。

（2）

```
int findMissMin(int A[ ],int n){
    int i, * B;                                    //标记数组
    B = (int * )malloc(sizeof(int) * n);           //分配空间
    memset(B,0,sizeof(int) * n);                   //赋初值为 0
    for(i = 0;i < n; i + t)
        if(A[ i]> 0&&A[ i]< = n)                   //若 A[i]的值介于 1～n,则标记数组 B
            B[A[ i - 1] = 1;
    for(i = 0; i < n; i++)                         //扫描数组 B,找到目标值
        if(B[ i] == 0) break;
    return i + 1;                                  //返回结果
}
```

（3）时间复杂度：遍历 A 一次，遍历 B 一次，两次循环内操作步骤为 $O(1)$ 量级，因此时间复杂度为 $O(n)$。空间复杂度：额外分配了 B[n]，空间复杂度为 $O(n)$。

42. **【考点】**数据结构；图；图的基本应用；最小生成树；图的存储及基本操作；计算机网络；网络层；IP 分组。

【解析】本题(1)小题为了求解最经济的方案，可以把问题抽象为求无向带权图的最小生成树；(2)小题考查图的存储；(3)小题考查 IP 分组的问题。具体解析如下：

（1）可以采用手动 Prim 算法或 Kruskal 算法作图。注意本题最小生成树有两种构造，如图 20-2 所示。

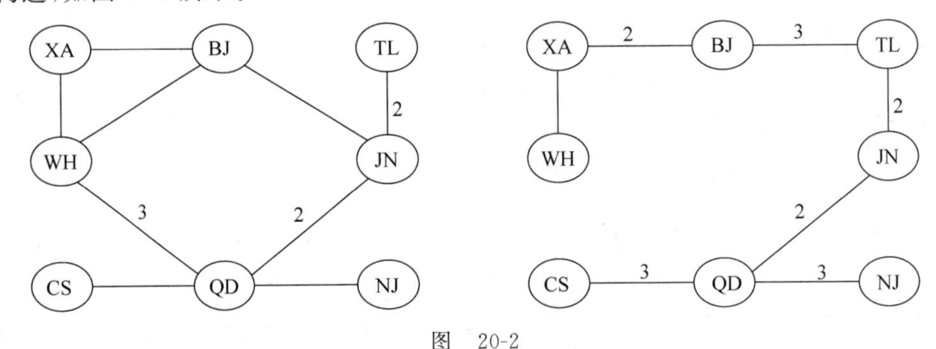

图　20-2

方案的总费用为 16。

（2）存储题中的图可以采用邻接矩阵(或邻接表)。构造最小生成树采用 Prim 算法(或 Kruskal 算法)。

（3）TTL＝5，即 IP 分组的生存时间(最大传递距离)为 5，方案 1 中 TL 和 BJ 的距离过远，TTL＝5 不足以让 IP 分组从 H1 传送到 H2，因此 H2 不能收到 IP 分组。而方案 2 中 TL 和 BJ 邻近，H2 可以收到 IP 分组。

43. **【考点】**计算机组成原理；I/O 方式；程序中断方式；DMA 方式；计算机系统概述；计算机性能指标；CPU 时钟周期。

【解析】本题三小题分别从 I/O 控制方式、中断方式及 DMA 方式三方面进行考查。具体解析如下：

（1）程序定时向缓存端口查询数据，由于缓存端口大小有限，必须在传输完端口大

小的数据时访问端口，以防止部分数据没有被及时读取而丢失。设备A准备32位数据所用时间为4B/2MB=2μs，所以最多每隔2μs必须查询一次，每秒的查询次数至少是1s/2μs=5×10^5，每秒CPU用于设备A输入/输出的时间至少为$5\times10^5\times10\times4=2\times10^7$个时钟周期，占整个CPU时间的百分比至少是$2\times10^7/5\times10^8=4\%$。

(2) 中断响应和中断处理的时间为$400\times(1/5\times10^8)=0.8\mu s$，这时只需判断设备B准备32位数据要多久，如果准备数据的时间小于中断响应和中断处理的时间，那么数据就会被刷新、造成丢失。经过计算，设B准备32位数据所用时间为4B/40MB=0.1μs，因此，设备B不适合采用中断I/O方式。

(3) 在DMA方式中，只有预处理和后处理需要CPU处理，数据的传送过程是由DMA控制。设备B每秒的DMA次数最多为40MB/1 000B=40 000，CPU用于设备B输入/输出的时间最多为$40\,000\times500=2\times10^7$个时钟周期，占CPU总时间的百分比最多为$2\times10^7/5\times10^8=4\%$。

44. **【考点】**计算机组成原理；存储器层次结构；虚拟存储器；页式虚拟存储器；TLB；SRAM；高速缓冲存储器；Cache中主存块的替换算法。

【解析】本题需要考生理解页式虚拟存储管理方式，TLB，Cache与主存的映射方式，尤其是组相联映射方式。本题的解答如下。

(1) 物理地址由实页号和页内地址拼接，因此其位数为16+12=28；或直接可得20+3+5=28。

(2) TLB采用全相联映射，可以把页表内容调入任一块空TLB项中，TLB中每项都有一个比较器，没有映射规则，只要空闲就行。TLB采用静态随机存取存储器(SRAM)，读写速度快，但成本高，多用于容量较小的高速缓冲存储器。

(3) 图19-5中可以看到，Cache中每组有两行，故采用2路组相联映射方式。因为是2路组相联并采用LRU替换算法，所以每行(或每组)需要1位LRU位；因为采用回写策略，所以每行有1位修改位(脏位)，根据脏位判断数据是否被更新，如果脏位为1，则需要写回内存。28位物理地址中Tag字段占20位，组索引字段占3位，块内偏移地址占5位，故Cache共有$2^3=8$组，每组2行，每行有$2^5=32$B；故Cache总容量为$8\times2\times(20+1+1+1+32\times8)=4\,464$位=558字节。

Cache中有效位用来指出所在Cache行中的信息是否有效。

(4) 虚拟地址分为两部分：虚页号、页内地址；物理地址分为两部分：实页号、页内地址。利用虚拟地址的虚页号部分去查找TLB表(缺失时从页表调入)，将实页号取出后和虚拟地址的页内地址拼接，就形成了物理地址。虚页号008CH恰好在TLB表中对应实页号0040H(有效位为1，说明存在)，虚拟地址的后3位为页内地址040H，则对应的物理地址是0040040H。物理地址为0040040H，其中高20位00400H为标志字段，低5位00000B为块内偏移量，中间3位010B为组号2，因此将00400H与Cache中的第2组两行中的标志字段同时比较，可以看出，虽然有一个Cache行中的标志字段与00400H相等，但对应的有效位为0，而另一Cache行的标志字段与00400H不相等，故访问Cache不命中。因为物理地址的低12位与虚拟地址低12位相同，即为0010 0110 0000B。根据物理地址的结构，物理地址的后8位0110 0000B的前3位011B是组号，因此该地址所在的主存映射到Cache组号为3。

45. 【考点】计算机组成原理；数据的表示和运算；数制与编码；操作系统；进程管理；进程/线程的状态与转换；内存管理；虚拟内存管理；页置换算法。

【解析】本题考查的内容包括：(1)虚拟地址的十六进制表示；(2)进程切换时，PDBR的内容是否会变化，同一进程的线程切换时，PDBR的内容是否会变化；(3)改进型CLOCK置换算法是否需要设置访问字段。本题对应的3小题具体解答如下。

(1) 由图19-5可知，地址总长度为32位，高20位为虚页号，低12位为页内地址。且虚页号高10位为页目录号，低10位为页号。展开成二进制则表示为0000 0001 1000 0000 0110 0000 0000 1000 B，故十六进制表示为0180 6008H。

(2) PDBR为页目录基址地址寄存器(Page-Directory Base Register)，其存储页目录表物理内存基地址。进程切换时，PDBR的内容会变化；同一进程的线程切换时，PDBR的内容不会变化。每个进程的地址空间、页目录和PDBR的内容存在一一对应的关系。进程切换时，地址空间发生了变化，对应的页目录及其起始地址也相应变化，因此需要用进程切换后当前进程的页目录起始地址刷新PDBR。同一进程中的线程共享该进程的地址空间，其线程发生切换时，地址空间不变，线程使用的页目录不变，因此PDBR的内容也不变。

(3) 改进型CLOCK置换算法需要用到使用位和修改位，故需要设置访问字段(使用位)和修改字段(脏位)。

46. 【考点】操作系统；文件管理；文件系统。

【解析】本题分别考查文件系统支持的最大文件长度，最多能存放多少个图像文件，以及文件系统获取两个文件最后一个簇的簇号需要的时间是否相同三方面的问题，本题对应的3小题具体解答如下。

(1) 簇大小为4KB，每个地址项长度为4B，故每簇有4KB/4B＝1 024个地址项。最大文件的物理块数可达$8+1\times1\,024+1\times1\,024^2+1\times1\,024^3$，每个物理块(簇)大小为4KB，故最大文件长度为$(8+1\times1\,024+1\times1\,024^2+1\times1\,024^3)\times4$KB＝32KB＋4MB＋4GB＋4TB。

(2) 文件索引节点总个数为1M×4KB/64B＝64M，5 600B的文件占2个簇，512M个簇可存放的文件总个数为512M/2＝256M。可表示的文件总个数受限于文件索引节点总个数，故能存储64M个大小为5 600B的图像文件。

(3) 文件F1大小为6KB＜4KB×8＝32KB，故获取文件F1的最后一个簇的簇号只需要访问索引节点的直接地址项。文件F2大小为40KB，4KB×8＜40KB＜4KB×8＋4KB×1 024，故获取F2的最后一个簇的簇号还需要读一级索引表。综上，需要的时间不相同。

47. 【考点】计算机网络；网络层；IPv4；子网划分、路由聚集、子网掩码与CIDR；网络层；路由与转发。

【解析】本题主要考查广播地址，子网地址，IP分片几个方面，具体解析如下：

(1) 广播地址是网络地址中主机号全1的地址(主机号全0的地址，代表网络本身)。销售部和技术部均分配了192.168.1.0/24的IP地址空间，IP地址的前24位为子网的网络号。于是在后8位中划分部门的子网，选择前1位作为部门子网的网络号。令销售部子网的网络号为 0，技术部子网的网络号为 1，则技术部子网的完整地址为 192.168.1.128；令销售部子网的主机号全 1，可以得到该部门的广播地址为 192.168.1.127。每个主机仅分配一个 IP 地址，计算目前还可以分配的主机数，用技术部可以分配的主机数，减去已分配的主机数，技术部总共可以分配计算机主机数为 $2^7-2=126$（减去全 0 和全 1 的主机号）。已经分配了 208－129＋1＝80 个，此外还有 1 个 IP 地址分配给了路由器的端口（192.168.1.254），因此还可以分配 126－80－1＝45（台）。

（2）判断分片的大小，需要考虑各个网段的 MTU，而且注意分片的数据长度必须是 8B 的整数倍。由题可知，在技术部子网内，MTU＝800B，IP 分组头部长 20B，最大 IP 分片封装数据的字节数为 $\lfloor(800-20)/8\rfloor\times 8=776$。至少需要的分片数为 $\lceil(1\,500-20)/776\rceil=2$。第 1 个分片的偏移量 0；第 2 个分片的偏移量为 776/8＝97。

2019年全国硕士研究生招生考试计算机学科专业基础试题

一、**单项选择题**：1～40 小题，每小题 2 分，共 80 分。下列每题给出的四个选项中，只有一个选项是最符合题目要求的。

1. 设 n 是描述问题规模的非负整数，下列程序段的时间复杂度是(　　)。

```
x = 0;
while(n >= (x + 1) * (x + 1))
    x = x + 1;
```

A. $O(\log n)$　　B. $O(n^{1/2})$　　C. $O(n)$　　D. $O(n^2)$

2. 若将一棵树 T 转化为对应的二叉树 BT，则下列对 BT 的遍历中，其遍历序列与 T 的后根遍历序列相同的是(　　)。

A. 先序遍历　　B. 中序遍历　　C. 后序遍历　　D. 按层遍历

3. 对 n 个互不相同的符号进行哈夫曼编码。若生成的哈夫曼树共有 115 个节点，则 n 的值是(　　)。

A. 56　　B. 57　　C. 58　　D. 60

4. 在任意一棵非空平衡二叉树(AVL 树)T_1 中，删除某节点 v 之后形成平衡二叉树 T_2，再将 v 插入 T_2 形成平衡二叉树 T_3。下列关于 T_1 与 T_3 的叙述中，正确的是(　　)。

Ⅰ. 若 v 是 T_1 的叶节点，则 T_1 与 T_3 可能不相同

Ⅱ. 若 v 不是 T_1 的叶节点，则 T_1 与 T_3 一定不相同

Ⅲ. 若 v 不是 T_1 的叶节点，则 T_1 与 T_3 一定相同

A. 仅Ⅰ　　B. 仅Ⅱ　　C. 仅Ⅰ、Ⅱ　　D. 仅Ⅰ、Ⅲ

5. 图 21-1 所示的 AOE 网表示一项包含 8 个活动的工程活动 d 的最早开始时间和最迟开始时间分别是(　　)。

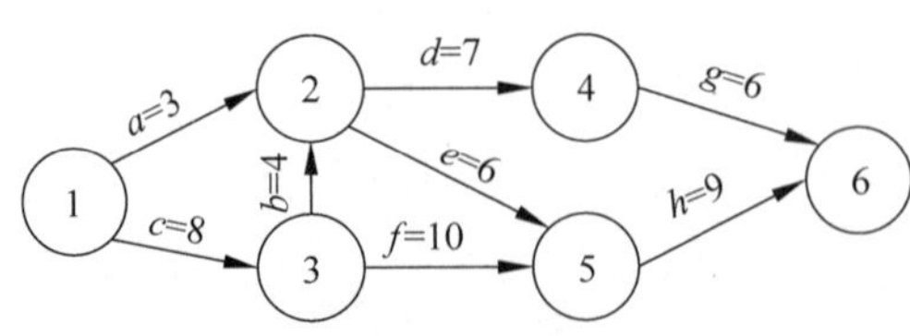

图　21-1

A. 3和7　　B. 12和12　　C. 12和14　　D. 15和15

6. 用有向无环图描述表达式(x+y)*((x+y)/x)，需要的顶点个数至少是(　　)。

A. 5　　B. 6　　C. 8　　D. 9

7. 选择一个排序算法时，除算法的时空效率外，下列因素中，还需要考虑的是(　　)。

Ⅰ. 数据的规模　　Ⅱ. 数据的存储方式

Ⅲ. 算法的稳定性　　Ⅳ. 数据的初始状态

A. 仅Ⅲ　　B. 仅Ⅰ、Ⅱ　　C. 仅Ⅱ、Ⅲ、Ⅳ　　D. Ⅰ、Ⅱ、Ⅲ、Ⅳ

8. 现有长度为11且初始为空的散列表HT，散列函数是H(key)= key%7，采用线性探查(线性探测再散列)法解决冲突，将关键字序列87,40,30,6,11,22,98,20依次插入到HT后，HT查找失败的平均查找长度是(　　)。

A. 4　　B. 5.25　　C. 6　　D. 6.29

9. 设主串 T="abaabaabcabaabc"，模式串 S="abaabc"，采用KMP算法进行模式匹配，到匹配成功时为止，在匹配过程中进行的单个字符间的比较次数是(　　)。

A. 9　　B. 10　　C. 12　　D. 15

10. 排序过程中，对尚未确定最终位置的所有元素进行一遍处理称为一"趟"。下列序列中，不可能是快速排序第二趟结果的是(　　)。

A. 5,2,16,12,28,60,32,72　　B. 2,16,5,28,12,60,32,72

C. 2,12,16,5,28,32,72,60　　D. 5,2,12,28,16,32,72,60

11. 设外存上有120个初始归并段，进行12路归并时，为实现最佳归并，需要补充的虚段个数是(　　)。

A. 1　　B. 2　　C. 3　　D. 4

12. 下列关于冯·诺依曼结构计算机基本思想的叙述中，错误的是(　　)。

A. 程序的功能都通过中央处理器执行指令实现

B. 指令和数据都用二进制表示，形式上无差别

C. 指令按地址访问，数据都在指令中直接给出

D. 程序执行前，指令和数据需预先存放在存储器中

13. 考虑以下C语言代码：

```
unsiqned short usi = 65535;
short si = usi;
```

执行上述程序段后，si的值是(　　)。

A. −1　　B. −32 767　　C. −32 768　　D. −65 535

14. 下列关于缺页处理的叙述中，错误的是(　　)。

A. 缺页是在地址转换时CPU检测到的一种异常

B. 缺页处理由操作系统提供的缺页处理程序来完成

C. 缺页处理程序根据页故障地址从外存读入所缺失的页

D. 缺页处理完成后回到发生缺页的指令的下一条指令执行

15. 某计算机采用大端方式，按字节编址。某指令中操作数的机器数为 1234 FF00H，该操作数采用基址寻址方式，形式地址（用补码表示）为 FF12H，基址寄存器内容为 F000 0000H，则该操作数的 LSB（最低有效字节）所在的地址是（　　）。

A. F000 FF12H　　B. F000 FF15H

C. EFFF FF12H　　D. EFFF FF15H

16. 下列有关处理器时钟脉冲信号的叙述中，错误的是（　　）。

A. 时钟脉冲信号由机器脉冲源发出的脉冲信号经整形和分频后形成

B. 时钟脉冲信号的宽度称为时钟周期，时钟周期的倒数为机器主频

C. 时钟周期以相邻状态单元间组合逻辑电路的最大延迟为基准确定

D. 处理器总是在每来一个时钟脉冲信号时就开始执行一条新的指令

17. 某指令功能为 R[r2]←R[r1]＋M[R[r0]]，其两个源操作数分别采用寄存器、寄存器间接寻址方式。对于下列给定部件，该指令在取数及执行过程中需要用到的是（　　）。

Ⅰ. 通用寄存器组（GPRs）　　Ⅱ. 算术逻辑单元（ALU）

Ⅲ. 存储器（Memory）　　Ⅳ. 指令译码器（ID）

A. 仅Ⅰ、Ⅱ　　B. 仅Ⅰ、Ⅱ、Ⅲ　　C. 仅Ⅱ、Ⅲ、Ⅳ　　D. 仅Ⅰ、Ⅲ、Ⅳ

18. 在采用“取指、译码/取数、执行、访存、写回”5 段流水线的处理器中，执行如下指令序列，其中 s0、s1、s2、s3 和 t2 表示寄存器编号。

```
I1: add s2,s1,s0        //R[s2]←R[s1] + R[s0]
I2: load s3,0(t2)       //R[s3]←M[R[t2] + 0]
I3: add s2,s2 s3        //R[s2]←R[s2] + R[s3]
I4: store s2,0(t2)      //M[R[t2] + 0]←R[s2]
```

下列指令对中，不存在数据冒险的是（　　）。

A. I1 和 I3　　B. I2 和 I3　　C. I2 和 I4　　D. I3 和 I4

19. 假定一台计算机采用 3 通道存储器总线，配套的内存条型号为 DDR3-1333，即内存条所接插的存储器总线的工作频率为 1 333MHz、总线宽度为 64 位，则存储器总线的总带宽大约是（　　）。

A. 10.66GB/s　　B. 32GB/s　　C. 64GB/s　　D. 96GB/s

20. 下列关于磁盘存储器的叙述中，错误的是（　　）。

A. 磁盘的格式化容量比非格式化容量小

B. 扇区中包含数据、地址和校验等信息

C. 磁盘存储器的最小读写单位为 1 字节

D. 磁盘存储器由磁盘控制器、磁盘驱动器和盘片组成

21. 某设备以中断方式与 CPU 进行数据交换，CPU 主频为 1GHz，设备接口中的数据缓冲寄存器为 32 位，设备的数据传输率为 50kB/s。若每次中断开销（包括中断响应和中断处理）为 1 000 个时钟周期，则 CPU 用于该设备输入/输出的时间占整个 CPU 时间的百分比最多是（　　）。

A. 1.25%　　B. 2.5%　　C. 5%　　D. 12.5%

22. 下列关于 DMA 方式的叙述中，正确的是（　　）。

Ⅰ. DMA 传送前由设备驱动程序设置传送参数

Ⅱ. 数据传送前由 DMA 控制器请求总线使用权

Ⅲ. 数据传送由 DMA 控制器直接控制总线完成

Ⅳ. DMA 传送结束后的处理由中断服务程序完成

A. 仅Ⅰ、Ⅱ　　B. 仅Ⅰ、Ⅱ、Ⅳ　　C. 仅Ⅱ、Ⅲ、Ⅳ　　D. Ⅰ、Ⅱ、Ⅲ、Ⅳ

23. 下列关于线程的描述中，错误的是（　　）。

A. 内核级线程的调度由操作系统完成

B. 操作系统为每个用户级线程建立一个线程控制块

C. 用户级线程间的切换比内核级线程间的切换效率高

D. 用户级线程可以在不支持内核级线程的操作系统上实现

24. 下列选项中，可能将进程唤醒的事件是（　　）。

Ⅰ. I/O 结束　　Ⅱ. 某进程退出临界区

Ⅲ. 当前进程的时间片用完

A. 仅Ⅰ　　B. 仅Ⅲ　　C. 仅Ⅰ、Ⅱ　　D. Ⅰ、Ⅱ、Ⅲ

25. 下列关于系统调用的叙述中，正确的是（　　）。

Ⅰ. 在执行系统调用服务程序的过程中，CPU 处于内核态

Ⅱ. 操作系统通过提供系统调用避免用户程序直接访问外设

Ⅲ. 不同的操作系统为应用程序提供了统一的系统调用接口

Ⅳ. 系统调用是操作系统内核为应用程序提供服务的接口

A. 仅Ⅰ、Ⅳ　　B. 仅Ⅱ、Ⅲ　　C. 仅Ⅰ、Ⅱ、Ⅳ　　D. 仅Ⅰ、Ⅲ、Ⅳ

26. 下列选项中，可用于文件系统管理空闲磁盘块的数据结构是（　　）。

Ⅰ. 位图　　Ⅱ. 索引节点

Ⅲ. 空闲磁盘块链　　Ⅳ. 文件分配表（FAT）

A. 仅Ⅰ、Ⅱ　　B. 仅Ⅰ、Ⅲ、Ⅳ　　C. 仅Ⅰ、Ⅲ　　D. 仅Ⅱ、Ⅲ、Ⅳ

27. 系统采用二级反馈队列调度算法进行进程调度。就绪队列 Q_1 采用时间片轮转调度算法，时间片为 10ms；就绪队列 Q_2 采用短进程优先调度算法；系统优先调度 Q_1 队列中的进程，当 Q_1 为空时系统才会调度 Q_2 中的进程；新创建的进程首先进入 Q_1；Q_1 中的进程执行一个时间片后，若未结束，则转入 Q_2。若当前 Q_1、Q_2 为空，系统依次创建进程 P_1、P_2 后即开始进程调度 P_1、P_2 需要的 CPU 时间分别为 30ms 和 20ms，则进程 P_1、P_2 在系统中的平均等待时间为（　　）。

A. 25ms　　B. 20ms　　C. 15ms　　D. 10ms

28. 在分段存储管理系统中，用共享段表描述所有被共享的段。若进程 P_1 和 P_2 共享段 S，下列叙述中，错误的是（　　）。

A. 在物理内存中仅保存一份段 S 的内容

B. 段 S 在 P_1 和 P_2 中应该具有相同的段号

C. P_1 和 P_2 共享段 S 在共享段表中的段表项

D. P_1 和 P_2 都不再使用段 S 时才回收段 S 所占的内存空间

29. 某系统采用 LRU 页置换算法和局部置换策略，若系统为进程 P 预分配了 4 个页框，进程 P 访问页号的序列为 0,1,2,7,0,5,3,5,0,2,7,6，则进程访问上述页的过程中，产生页置换的总次数是(　　)。

A. 3　　B. 4　　C. 5　　D. 6

30. 下列关于死锁的叙述中，正确的是(　　)。

Ⅰ. 可以通过剥夺进程资源解除死锁

Ⅱ. 死锁的预防方法能确保系统不发生死锁

Ⅲ. 银行家算法可以判断系统是否处于死锁状态

Ⅳ. 当系统出现死锁时，必然有两个或两个以上的进程处于阻塞态

A. 仅Ⅱ、Ⅲ　　B. 仅Ⅰ、Ⅱ、Ⅳ　　C. 仅Ⅰ、Ⅱ、Ⅲ　　D. 仅Ⅰ、Ⅲ、Ⅳ

31. 某计算机主存按字节编址，采用二级分页存储管理，地址结构如下所示。

页目录号(10 位)	页号(10 位)	页内偏移(12 位)

虚拟地址 2050 1225H 对应的页目录号、页号分别是(　　)。

A. 081H、101H　　B. 081H、401H　　C. 201H、101H　　D. 201H、401H

32. 在下列动态分区分配算法中，最容易产生内存碎片的是(　　)。

A. 首次适应算法　　B. 最坏适应算法

C. 最佳适应算法　　D. 循环首次适应算法

33. OSI 参考模型的第 5 层(自下而上)完成的主要功能是(　　)。

A. 差错控制　　B. 路由选择　　C. 会话管理　　D. 数据表示转换

34. 100BaseT 快速以太网使用的导向传输介质是(　　)。

A. 双绞线　　B. 单模光纤　　C. 多模光纤　　D. 同轴电缆

35. 对于滑动窗口协议，如果分组序号采用 3 比特编号，发送窗口大小为 5，则接收窗口最大是(　　)。

A. 2　　B. 3　　C. 4　　D. 5

36. 假设一个采用 CSMA/CD 协议的 100Mbit/s 局域网，最小帧长是 128B，则在一个冲突域内两个站点之间的单向传播延时最多是(　　)。

A. 2.56μs　　B. 5.12μs　　C. 10.24μs　　D. 20.48μs

37. 若将 101.200.16.0/20 划分为 5 个子网，则可能的最小子网的可分配 IP 地址数是(　　)。

A. 126　　B. 254　　C. 510　　D. 1 022

38. 某客户通过一个 TCP 连接向服务器发送数据的部分过程如图 21-2 所示。客户在 t_0 时刻第一次收到确认序列号 ack_seq=100 的段，并发送序列号 seq=100 的段，但发生丢失。若 TCP 支持快速重传，则客户重新发送 seq=100 段的时刻是(　　)。

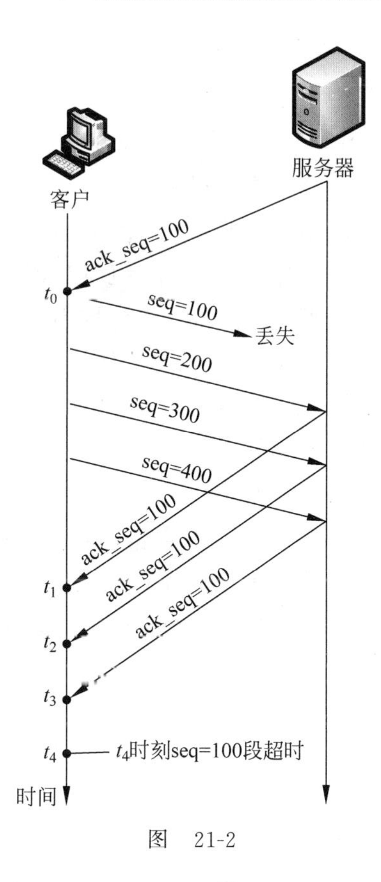

图　21-2

A. t_1　　B. t_2　　C. t_3　　D. t_4

39. 若主机甲主动发起一个与主机乙的 TCP 连接，甲、乙选择的初始序列号分别为 2 018 和 2 046，则第三次握手 TCP 段的确认序列号是(　　)。

A. 2 018　　B. 2 019　　C. 2 046　　D. 2 047

40. 下列关于网络应用模型的叙述中，错误的是(　　)。

A. 在 P2P 模型中，节点之间具有对等关系

B. 在客户/服务器(C/S)模型中，客户与客户之间可以直接通信

C. 在 C/S 模型中，主动发起通信的是客户，被动通信的是服务器

D. 在向多用户分发一个文件时，P2P 模型通常比 C/S 模型所需时间短

二、综合应用题：第 41～47 小题，共 70 分。

41. (13 分) 设线性表 $L=(a_1,a_2,a_3,\cdots,a_{n-2},a_{n-1},a_n)$采用带头节点的单链表保存，链表中节点定义如下：

```
typedef struct node
{   int data;
    struct node * next;
}NODE;
```

请设计一个空间复杂度为 $O(1)$且时间上尽可能高效的算法，重新排列 L 中的各节点，得到线性表 $L'=(a_1,a_n,a_2,a_{n-1},a_3,a_{n-2},\cdots)$。

要求：

(1) 给出算法的基本设计思想。

(2) 根据设计思想，采用 C 或 C++语言描述算法，关键之处给出注释。

(3) 说明你所设计的算法的时间复杂度。

42. (10 分) 请设计一个队列，要求满足：①初始时队列为空；②入队时，允许增加队列占用空间；③出队后，出队元素所占用的空间可重复使用，即整个队列所占用的空间只增不减；④入队操作和出队操作的时间复杂度始终保持为 $O(1)$。请回答下列问题。

(1) 该队列应该选择链式存储结构，还是顺序存储结构？

(2) 画出队列的初始状态，并给出判断队空和队满的条件。

(3) 画出第一个元素入队后的队列状态。

(4) 给出入队操作和出队操作的基本过程。

43. (8 分) 有 $n(n \geqslant 3)$位哲学家围坐在一张圆桌边，每位哲学家交替地就餐和思考。在圆桌中心有 $m(m \geqslant 1)$个碗，每两位哲学家之间有 1 根筷子。每位哲学家必须取到一个碗和两侧的筷子之后，才能就餐，进餐完毕，将碗和筷子放回原位，并继续思考。为使尽可能多的哲学家同时就餐，且防止出现死锁现象，请使用信号量的 P、V 操作(wait()、signal()操作)描述上述过程中的互斥与同步，并说明所用信号量及初值的含义。

44. (7 分) 某计算机系统中的磁盘有 300 个柱面，每个柱面有 10 个磁道，每个磁道有 200 个扇区，扇区大小为 512B。文件系统的每个簇包含 2 个扇区。请回答下列问题：

(1) 磁盘的容量是多少？

(2) 假设磁头在 85 号柱面上，此时有 4 个磁盘访问请求，簇号分别为 100 260、60 005、101 660 和 110 560。若采用最短寻道时间优先(SSTF)调度算法，则系统访问簇的先后次序是什么？

(3) 第 100 530 簇在磁盘上的物理地址是什么？将簇号转换成磁盘物理地址的过程是由 I/O 系统的什么程序完成的？

45. (16 分) 已知 $f(n)=n!=n\times(n-1)\times(n-2)\times\cdots\times2\times1$，计算 $f(n)$的 C 语言函数 f1 的源程序(阴影部分)及其在 32 位计算机 M 上的部分机器级代码如下：

```
int     f1(int n){
1       00401000      55              push ebp
        …             …               …
        if(n>1)
11      100401018     83 7D 08 01     cmp dword ptr [ebp+8],1
12      0040101C      7E 17           jle f1+35h (00401035)
          return n*f1(n-1);
13      0040101E      8B 45 08        mov eax, dword ptr [ebp+8]
14      00401021      83 E8 01        sub eax, 1
15      00401024      50              push eax
16      00401025      E8 D6 FF FF FF  call f1 ( 00401000)
        …             …               …
19      00401030      0F AF C1        imul eax, ecx
20      00401033      EB 05           jmp f1+3Ah (0040103a)
        clse return 1;
21      00401035      B8 01 00 00 00  mov eax,1
```

```
}
        …                   …                  …
26      00401040            3B EC              cmp ebp, esp
        …                   …                  …
30      0040104A            C3                 ret
```

其中,机器级代码行包括行号、虚拟地址、机器指令和汇编指令,计算机 M 按字节编址,int 型数据占 32 位。请回答下列问题。

(1) 计算 f(10)需要调用函数 f1 多少次?执行哪条指令会递归调用 f1?

(2) 上述代码中,哪条指令是条件转移指令?哪几条指令一定会使程序跳转执行?

(3) 根据第 16 行 call 指令,第 17 行指令的虚拟地址应是多少?已知第 16 行 call 指令采用相对寻址方式,该指令中的偏移量应是多少(给出计算过程)?已知第 16 行 call 指令的后 4 字节为偏移量,M 采用大端还是小端方式?

(4) f(13)=6 227 020 800,但 f1(13)的返回值为 1 932 053 504,为什么两者不相等?要使 f1(13)能返回正确的结果,应如何修改 f1 源程序?

(5) 第 19 行 imul 指令(带符号整数乘)的功能是 R[eax]←R[eax]×R[ecx],当乘法器输出的高、低 32 位乘积之间满足什么条件时,溢出标志 OF=1?要使 CPU 在发生溢出时转异常处理,编译器应在 imul 指令后加一条什么指令?

46. (7 分) 对于题 45,若计算机 M 的主存地址为 32 位,采用分页存储管理方式,页大小为 4KB,则第 1 行 push 指令和第 30 行 ret 指令是否在同一页中(说明理由)?若指令 Cache 有 64 行,采用 4 路组相联映射方式,主存块大小为 64B,则 32 位主存地址中,哪几位表示块内地址?哪几位表示 Cache 组号?哪几位表示标记(tag)信息?读取第 16 行 call 指令时,只可能在指令 Cache 的哪一组中命中(说明理由)?

47. (9 分) 某网络拓扑如图 21-3 所示,其中 R 为路由器,主机 H1～ H4 的 IP 地址配置以及 R 的各接口 IP 地址配置如图中所示。现有若干台以太网交换机(无 VLAN 功能)和路由器两类网络互连设备可供选择。

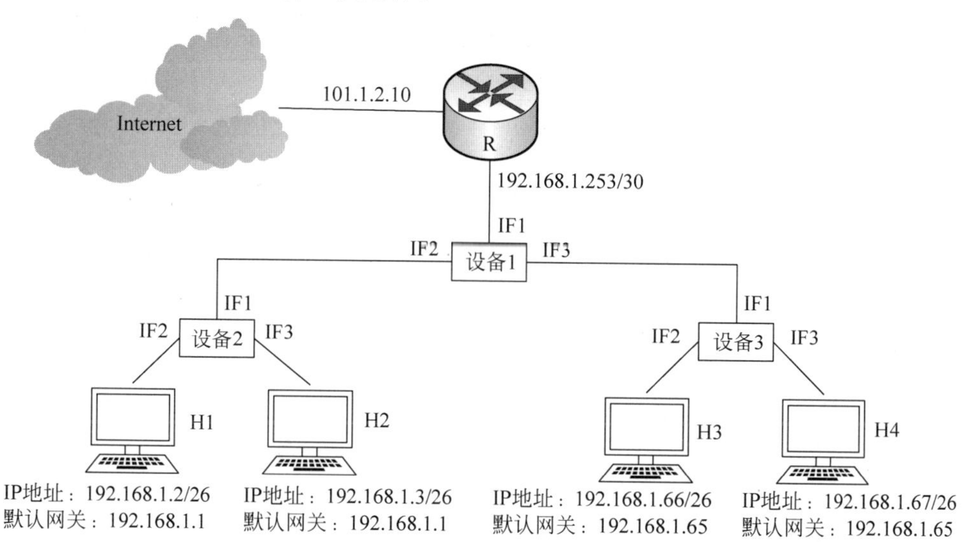

图　21-3

请回答下列问题。

(1) 设备 1、设备 2 和设备 3 分别应选择什么类型网络设备?

(2) 设备 1、设备 2 和设备 3 中,哪几个设备的接口需要配置 IP 地址?并为对应的接口配置正确的 IP 地址。

(3) 为确保主机 H1~H4 能够访问 Internet,R 需要提供什么服务?

(4) 若主机 H3 发送一个目的地址为 192.168.1.127 的 IP 数据报,网络中哪几个主机会接收该数据报?

2019年全国硕士研究生招生考试计算机学科专业基础试题参考答案及解析

一、单项选择题参考答案速查

题号	1	2	3	4	5	6	7	8	9	10
答案	B	B	C	A	C	A	D	C	B	D
题号	11	12	13	14	15	16	17	18	19	20
答案	B	C	A	D	D	D	B	C	B	C
题号	21	22	23	24	25	26	27	28	29	30
答案	A	D	B	C	C	B	C	B	C	B
题号	31	32	33	34	35	36	37	38	39	40
答案	A	C	C	A	B	B	B	C	D	B

二、单项选择题考点、解析及答案

1. **【考点】**数据结构；绪论；算法时间复杂度。

【解析】本题考查对算法时间复杂度的定义与计算。while 循环内的基本语句为 $x=x+1$；假设基本语句一共执行了 t 次，此时均满足 $n\geqslant(x+1)^2$，但 while 的条件判断在第 $t+1$ 次时不为真。

由于 x 的初值为 0，因此基本语句执行第 t 次时 x 的值为 $t-1$(此时满足 $n\geqslant t^2$)。

基本语句执行 t 次后退出 while 循环时必须满足的条件为 $t^2>n$(若不满足此条件，则不会退出循环)，即 $t>n^{1/2}$。因此，该程序的时间复杂度为 $O(n^{1/2})$。

【答案】故此题答案为 B。

2. **【考点】**数据结构；树与二叉树；树(或森林)转换为二叉树；树的遍历；二叉树的遍历。

【解析】考生在复习时要注意以下术语的不同说法：(1)关于树的遍历，先序遍历也可以称为先根遍历或前根遍历，后序遍历也可以称为后根遍历；一定要注意树中不存在中序(根)遍历；(2)关于二叉树的遍历，通常称为先序遍历、中序遍历和后序遍历，但也可以称为前根遍历或先根遍历、中根遍历和后根遍历。

考生在复习时除了要理解上述知识点，还应记住以下关于树的遍历序列与对应二叉树的遍历序列之间具有的对应关系的经典结论以便快速答题。即树的先根遍历访问顺序与其对应的二叉树的先序遍历顺序相同。树的后根遍历访问顺序与其对应的二叉树的中序遍历顺序相同。

【答案】故此题答案为B。

3. 【考点】数据结构；树与二叉树；哈夫曼树；哈夫曼编码。

【解析】本题考查哈夫曼树的性质，考生在复习时还要注意哈夫曼树有时也被称为赫夫曼树。

根据哈夫曼树的性质：一棵具有 n 个叶节点的哈夫曼树共有 $2n-1$ 个节点(其中有 $n-1$ 个分支节点)。故 n 个符号构造的哈夫曼树中有 n 个叶节点和 $n-1$ 个分支节点，即总节点数 $2n-1=115$，解得 $n=58$。

【答案】故此题答案为C。

4. 【考点】数据结构；查找；树形查找；平衡二叉树。

【解析】本题考查学生对平衡二叉树删除节点后失衡调整的策略掌握情况。考生在复习时应深刻理解并记忆失衡后的调整策略，而在解释这一单项选择题时只要能在草稿纸上画出每个选项的例子即可作答，另外，对于单项选择题，也可以结合排除法，上述答题技巧请考生务必掌握，这样答题可以事半功倍。

如图22-1所示在AVL树 T_1 中删除节点4后，调整为 T_2，然后再插入4形成 T_3，此时 T_1 和 T_3 不相同。

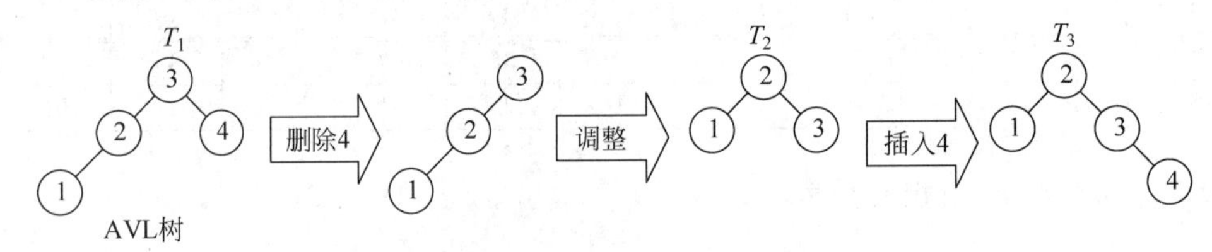

图 22-1

但若删除 T_1 的节点1后，AVL树不失衡，故无须调整，再次插入1后形成的 T_3 与 T_1 相同，见图22-2。

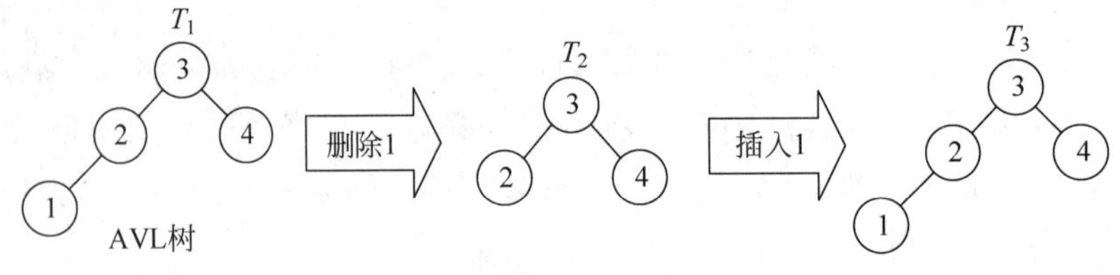

图 22-2

综上，故Ⅰ正确。事实上，T_1 和 T_3 是否相同取决于两方面：(1)删除的 v 是否为叶节点；(2)删除 v 后AVL树是否失衡。

若在AVL树 T_1 中删除的 v 是叶子节点且删除 v 后AVL树不失衡，则无须调整，再插入 v 后得到的AVL树 T_3，那么 T_1 和 T_3 是相同的；否则 T_1 和 T_3 不一定相同。

若删除AVL树 T_1 中的非叶节点和再次插入该节点的操作都没有致使 T_1 失去平衡，但后者却使它从删除前的非叶节点变成了插入后的叶节点，这样 T_1 和 T_3 显然不同。如图22-3所示先删除2再插入2，T_1 和 T_3 是不相同的。据此，Ⅲ错误。

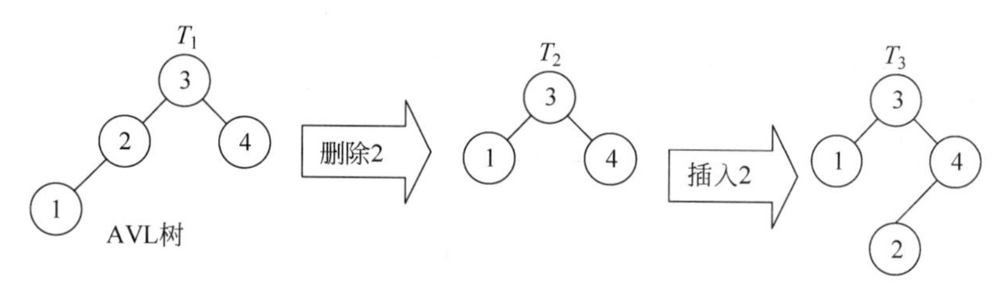

图　22-3

若删除 AVL 树 T_1 中的非叶节点或再次插入该节点的操作使 T_1 失去平衡，经过调整后 T_1 和 T_3 有可能相同。如图 22-4 所示删除节点 3 后再次插入之，经过调整后的 AVL 树 T_3 与 T_1 相同。

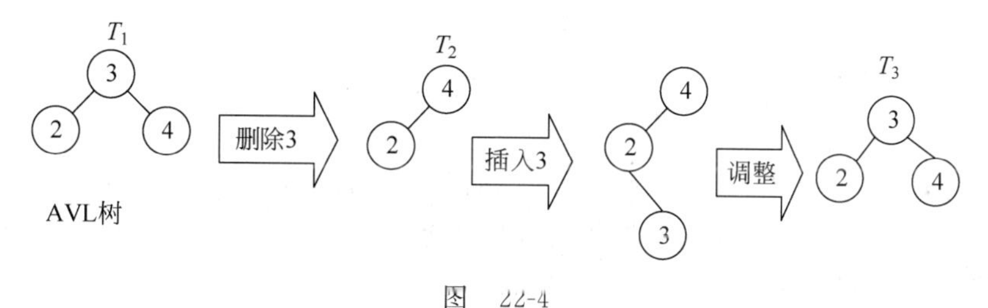

图　22-4

据此，Ⅱ错误。

综上所述，Ⅱ和Ⅲ错误，仅Ⅰ正确。

【答案】故此题答案为 A。

5. **【考点】**数据结构；图；图的基本应用；关键路径；AOE；最早开始时间；最迟开始时间。

【解析】图的基本应用几乎可以说是每年都考，关键路径是图的典型应用，有很多术语需要理解并记住。解答此题需要知道活动的最早开始时间和最迟开始时间的求法。

活动 d 的最早开始时间等于该活动弧起点所表示的事件最早发生时间，活动 d 的最早开始时间等于事件 2 的最早发生时间 $\max\{a, b+c\}=\max\{3,12\}=12$。

活动 d 的最迟开始时间等于该活动弧终点所表示的事件的最迟发生时间与该活动所需时间之差，先算出图中关键路径长度为 27，那么事件 4 的最迟发生时间为 $\min\{27-g\}=\min\{27-6\}=21$，活动 d 的最迟开始时间为 $21-d=21-7=14$。

路径长度最长的路径被称为关键路径。本题对应的 AOE 网的事件最早发生时间 ve(j)和最迟发生时间 vl(j)如表 22-1 所示。

表　22-1

事　件	1	2	3	4	5	6
最早发生时间 ve(j)	0	12	8	19	18	27
最迟发生时间 vl(j)	0	12	8	21	18	27

活动的最早开始时间 $e(i)$、活动的最迟开始时间 $l(i)$和两者的差值 $l(i)-e(i)$如表 22-2 所示。

表 22-2

活　　动	a	b	c	d	e	f	g	h
最早开始时间 $e(i)$	0	8	0	12	12	8	19	18
最迟开始时间 $l(i)$	9	8	0	14	12	8	21	18
两者的差值 $l(i)-e(i)$	9	0	0	2	0	0	3	0

根据上述计算可知，该图的关键活动为 b,c,e,f,h。它们构成两条关键路径：(1,3,2,5,6)和(1,3,5,6)，如图 22-5 虚线所示。

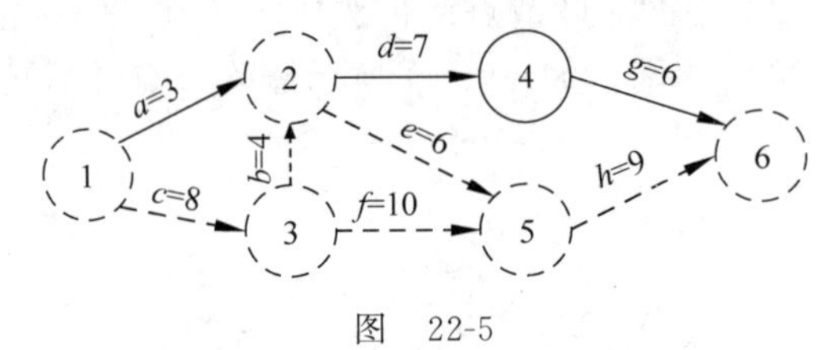

图　22-5

此外，考生还该注意活动的最早开始时间和事件的最早发生时间的关系，以及活动的最迟开始时间和事件的最迟发生时间的关系。

【答案】故此题答案为 C。

6. **【考点】**图；图的基本应用；拓扑排序；有向无环图；DAG。

【解析】解答本题时，考生该知道有向无环图的定义（一个无环的有向图）、英文全称(Directed Acycline Graph)和简称(DAG 图)。

本题较为简单，先将表达式转换成有向二叉树，然后发现有些顶点是重复的，故可以通过去除重复的顶点进一步节省存储空间，将有向二叉树去重转换成有向无环图。图 22-6 展示了这一过程。

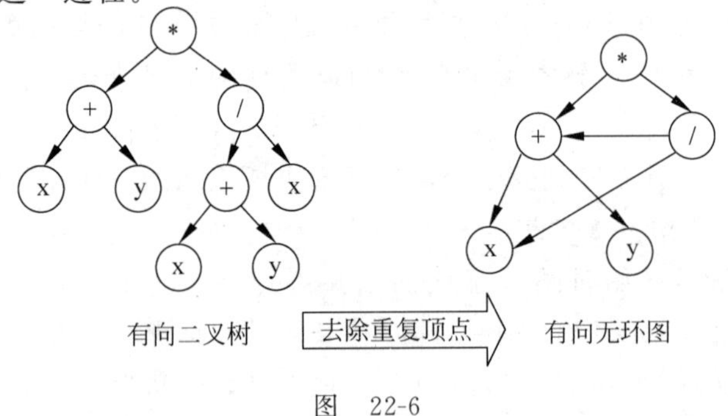

图　22-6

【答案】由图可知此题答案为 A。

7. **【考点】**数据结构；排序；影响算法的因素。

【解析】对于Ⅰ，数据的规模是选择排序算法，如图 22-7(a)所示。

对于Ⅱ，数据的存储方式也是选择排序算法要考虑的，如图 22-7(b)所示。

对于Ⅲ，算法的稳定性也是选择排序算法，因为若按次关键字进行排序时，排序方法是否稳定有时就很重要。常用的排序算法稳定性如图 22-8 所示。

对于Ⅳ，数据的初始状态也是选择排序算法要考虑的，如当数据基本有序时，直接插入排序是最佳的方法；又如当数据的初始状态为正序时，冒(起)泡排序只需进行一

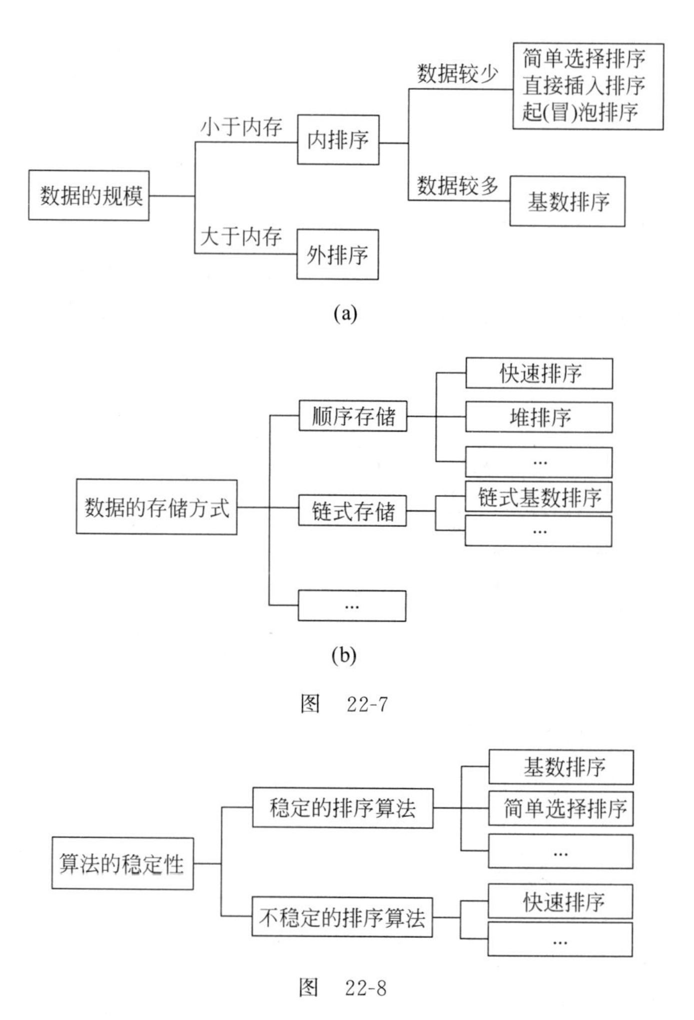

(a)

(b)

图　22-7

图　22-8

趟，且只比较不移动记录，但该算法总的时间复杂度为 $O(n)$。

【答案】故此题答案为 D。

8. 【考点】数据结构；查找；散列表；平均查找长度。

【解析】散列表是查找中的难点，考生在复习时要理解并记忆常用的散列函数，如直接定址法，平方取中法和数字分析法等，处理冲突的方法如开放定址法(线性探测再散列，二次探测再散列和伪随机数序列)。

本题使用的是线性探测再散列法解决冲突，表 22-3 为关键字序列{87,40,30,6,11,22,98,20}根据散列函数计算后的散列地址。

表　22-3

散列地址	0	1	2	3	4	5	6	7	8
关键字	98	22	30	87	11	40	6	20	

已知散列函数是 H(key)＝key %7，故 H(key)的取值为 0,1,2,3,4,5,6。对于计算出地址为 0 的关键字来说，需要比较完散列地址 0～8 对应的关键字后才能确定该关键字不在表中，即比较 9 次；同理，对于计算出地址为 1 的关键字来说，需要比较完散列地址 1～8 对应的关键字后才能确定该关键字不在表中，以此类推……对于计算出地址为 6 的

关键字来说,需要比较完散列地址 6～8 对应的关键字后才能确定该关键字不在表中。故

$$ASL_{失败}=(9+8+7+6+5+4+3)/7=6$$

【答案】故此题答案为 C。

9. **【考点】**数据结构；查找；字符串模式匹配；KMP。

【解析】字符串模式匹配中的 KMP 算法一定要掌握,考生要会手工求模式串的 next 值。假设位序是从 0 开始(与 C 语言的数组下标对应),则模式串 $S=$"abaabc"的 next 值如表 22-4。

表 22-4

i	0	1	2	3	4	5
模式串 S	a	b	a	a	b	c
Next[i]	−1	0	0	1	1	2

根据 KMP 算法,第 1 趟连续比较 6 次,第 2 趟连续比较 4 次,即单个字符总共比较 10 次,如图 22-9 所示。

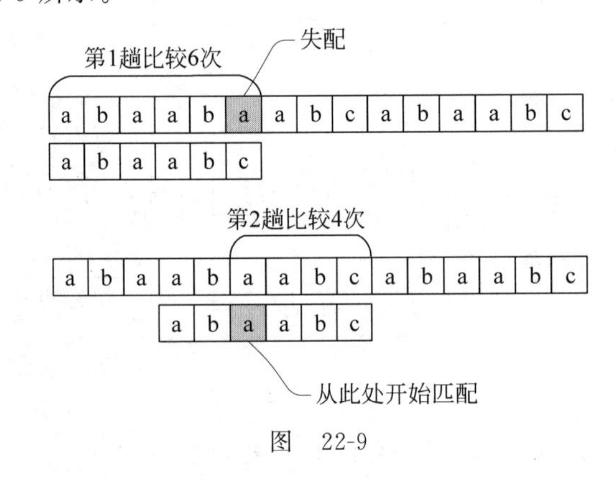

图 22-9

【答案】故此题答案为 B。

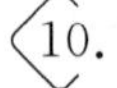10. **【考点】**数据结构；排序；快速排序；趟。

【解析】考生想要正确解答本题,不但需要理解快速排序的过程,还要理解题目中的"一趟"。若要求最终序列为正序(升序),则一趟快速排序之后,枢轴之前的元素均小于枢轴元素,枢轴之后的元素均大于枢轴元素。因此,快速排序的两趟结果都必定有合理的枢轴元素。

如图 22-10,对于选项 A 和 B 第 1 趟排序的枢轴元素为最后一个元素 72,故第 2 趟排序的枢轴元素只需要一个,分别为 28 和 2；对于 C 第 1 趟排序的枢轴元素为第一个元素 2,故第 2 趟排序的枢轴元素也只需要一个,为 28 或 32；但对于 D 第 1 趟排序的枢轴元素为 12 或 32,前者将所有元素分为{5,2}和{28,16,32,72,60}两段,故第 2 趟排序的枢轴元素需要在这两段中分别再找出两个枢轴元素,但事实上无法找到符合要求的两个枢轴元素；后者将所有元素分为{5,2,12,28,16}和{72,60}两段,同理也无法找到符合要求的两个枢轴元素。

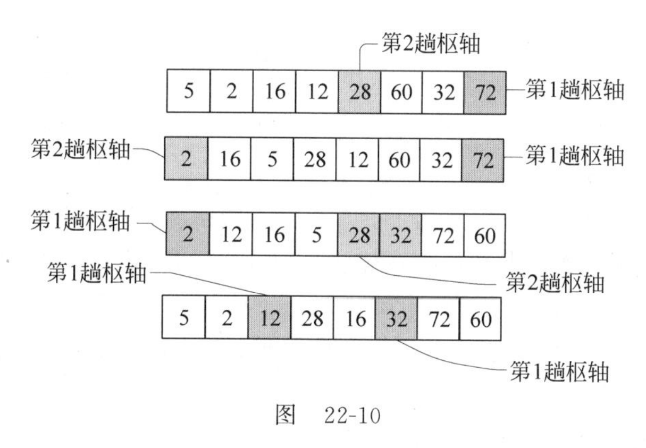

图　22-10

【答案】故此题答案为 D。

11. 【考点】数据结构；排序；外部排序；多路平衡归并。

【解析】参照 2 路归并树，可知在 12 路归并树中只存在度为 0 和度为 12 的节点，假设度为 0 的节点数、度为 12 的节点数和要补充的节点数分别为 n_0，n_{12}，n，则有

$$n_0 = 120 + n \qquad \text{（式 1）}$$

$$n_0 = (12-1)n_{12} + 1 \qquad \text{（式 2）}$$

联合（式 1）和（式 2），可知

$$(12-1)n_{12} + 1 = 120 + n$$

解得 $n_{12} = (120-1+n)/(12-1)$

由于 n_{12} 是整数，因此 n 是满足上式的最小整数，即 $n=2$

【答案】故此题答案为 B。

12. 【考点】计算机组成原理；计算机系统概述；冯·诺依曼结构。

【解析】本题属于基本概念，考生复习时只需要记住就能正确回答此题。

在冯·诺依曼结构计算机基本思想中，计算机的功能部件包括输入设备、输出设备、存储器、运算器和控制器，由于运算器和控制器联系十分紧密，往往集成在同一芯片上，故将两者统称为中央处理器，程序的功能都是通过中央处理器执行指令。故 A 正确。

指令和数据都是以同等地位存放于存储器内，并可以按地址寻访。故 B 和 D 正确，C 错误。

【答案】故此题答案为 C。

13. 【考点】计算机组成原理；数据的表示与运算；整数的表示与运算。

【解析】无论是整数还是浮点数的表示和运算，考生都必须掌握。unsigned short 类型为无符号短整型，长度为 2 字节，因此 usi 转化为二进制数字 1111 1111 1111 1111。short 类型为短整型，长度为 2 字节，在采用补码的机器上，si 的二进制代码为 1111 1111 1111 1111，故值为－1。

【答案】故此题答案为 A。

14. 【考点】计算机组成原理/操作系统；高速缓冲存储器/内存管理；虚拟存储器；请求页式管理。

【解析】本题严格来说是操作系统课程的内容，但计算机组成原理课程中也会提及，具

体的内容通常由授课教师把握。

请求分页系统是建立在基本分页系统之上，增加了请求调页和页面置换功能，实现时系统必须提供一定的硬件支持，如一定容量的内存和外存，请求页表机制、缺页中断机构以及地址变换机构。

在请求分页系统中，每当要访问的页面不在内存中时，CPU 检测到异常（故 A 正确），便会产生缺页中断，请求操作系统将所缺的页调入内存。缺页处理由缺页中断处理程序完成（故 B 正确），根据发生缺页故障的地址从外存读入所缺失的页（故 C 正确），缺页处理完成后回到发生缺页的指令继续执行，而不是回到发生缺页的下一条指令执行（故 D 是错误的）。

考生作答此题时务必看清楚此题是选错误的。

【答案】故此题答案为 D。

15. **【考点】**计算机组成原理；指令系统；寻址方式；大端方式；字节编址；LSB；MSB。

【解析】考生首先要知道本题中的一系列术语的含义，如大端方式，基址寻址方式，LSB 等；其次还要知道内存地址是无符号数。

操作数采用基址寻址方式，其有效地址 EA＝(BR)＋A。基址寄存器 BR 的内容为 F0000000H，形式地址用补码表示为 FF12H，即 1111 1111 0001 0010B（为负数），对应的原码为 0000 0000 1110 1110（为负数－00EEH），因此有效地址为 EA＝F000 0000H＋(－00EEH)＝EFFF FF12H 由于计算机采用大端方式编址，即数据的高位在存储器的低地址端。机器数一共占 4 字节，该操作数的 LSB 所在的地址是 EFFF FF12H＋3＝EFFF FF15H，加 3 的原因如图 22-11 所示。

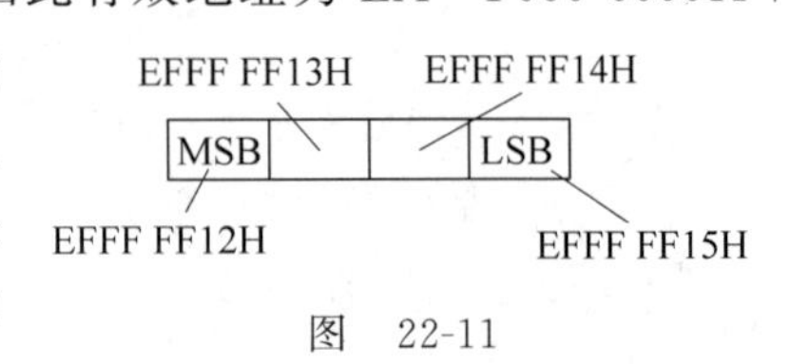

图 22-11

【答案】故此题答案为 D。

16. **【考点】**计算机组成原理；中央处理器(CPU)；CPU 的功能和基本结构；指令周期；时钟周期；机器周期。

【解析】考生在复习时一定要理解上述基本概念。(1)指令周期是指 CPU 每取出并执行一条指令所需的全部时间，即 CPU 完成一条指令的时间。指令周期由若干个机器周期来表示，一个机器周期又包含若干时钟周期；(2)机器周期也称为 CPU 周期。在计算机中，为了便于管理，常把一条指令的执行过程划分为若干个阶段（如取指阶段、译码阶段和执行阶段等），每一阶段完成一个基本操作。通常把完成一个基本操作所需要的时间称为机器周期；(3)时钟周期是指时钟脉冲信号的宽度，它是 CPU 工作的最小时间单位。时钟周期的倒数为机器主频（故 A 正确）。时钟脉冲信号是由机器脉冲源发出的脉冲信号经整形和分频后形成的（故 B 正确），时钟周期以相邻状态单元间组合逻辑电路的最大延迟为基准确定（故 C 正确）。

注意：只有在理想情况下的流水线 CPU 中才可能实现每个时钟周期开始执行一条新指令。

【答案】故此题答案为 D。

17. **【考点】**计算机组成原理；指令系统；寻址方式。

【解析】该指令的两个源操作数分别采用寄存器、寄存器间接寻址方式，故在取数阶段需要用到通用寄存器组(GPRs)和存储器(Memory)；在执行阶段，两个源操作数相加需要用到算术逻辑单元(ALU)。而指令译码器(ID)用于对操作码字段进行译码，向控制器提供特定的操作信号，在取数及执行阶段用不到。

【答案】故此题答案为B。

18.【考点】计算机组成原理；中央处理器；指令执行过程；指令流水线。

【解析】考生需要理解指令流水的概念。在采用"取指、译码/取数、执行、访存、写回"的5段流水线的处理器中，执行如下指令序列的过程表22-5所示。

表　22-5

指　　令	1	2	3	4	5	6	7
I1：add s2,s1,s0	取指	译码/取数	执行	访存	写回		
I2：load s3,0(t2)		取指	译码/取数	执行	访存	写回	
I3：add s2,s2,s3			取指				译码/取数
I4：store s2,0(t2)							取指
指　　令	**8**	**9**	**10**	**11**	**12**	**13**	**14**
I1：add s2,s1,s0							
I2：load s3,0(t2)							
I3：add s2,s2,s3	执行	访存	写回				
I4：store s2,0(t2)				译码/取数	执行	访存	写回

数据冒险即数据相关，指在程序中存在必须等前一条指令执行完才能执行后一条指令的情况，此时这两条指令即为数据相关。其中I1和I3、I2和I3、I3和I4均发生了写后读相关，只有I2和I4不存在数据冒险，所以答案选C。

【答案】故此题答案为C。

19.【考点】计算机组成原理；总线和输入/输出系统；总线；总线的组成及性能指标。

【解析】由题设可知计算机采用3通道存储器总线，内存条所接插的存储器总线的工作频率为1 333MHz(1秒内传送1 333M次数据)、总线宽度为64位，即单条总线工作一次可传输8字节，因此存储器总线的总带宽可计算如下。

$$总带宽=3\times 8\times 1\ 333\text{MB/s}\approx 32\text{GB/s}$$

【答案】故此题答案为B。

20.【考点】计算机组成原理/操作系统；存储器层次结构/输入输出管理；外部存储器/外存管理；磁盘存储器/磁盘。

【解析】本题也可以认为是操作系统课程中的输入输出管理部分的内容。考生对磁盘存储器的基本概念一定要掌握。

磁盘存储器通常由磁盘(盘片)、磁盘驱动器(或称磁盘机)和磁盘控制器构成(故D正确)。在对磁盘进行格式化时，按照所使用的操作系统存储数据的要求，通常将磁盘分成扇区，每个扇区前面写上地址标志、地址、校验码、同步码等信息(因此数据写在扇区中，故B正确，C错误)，以便存取时寻址使用。同时，为了防止转速变化引起首尾重叠，在扇区尾部还留有一定字节的空隙。它们均需占用一些存储空间。因此，磁盘的格式化容量要比未格式化容量小 10%～20%(故 A 正确)。两者的计算方法分别如下。

格式化容量=扇区字节数×每道扇区数×每面磁道数×面数。

非格式化容量=记录面数×(每面的磁道数×内圆周长×最大位密度)

【答案】故此题答案为 C。

21. **【考点】**计算机组成原理；中央处理器(CPU)；总线和输入/输出系统；I/O 方式；程序中断方式。

【解析】因为设备接口中的数据缓冲寄存器为 32 位,即一次中断可以传输 4B(=32bit/8)数据,设备数据传输率为 50kB/s,共需要 12.5k(=(50kB/s)/4B)次中断。

每次中断开销为 1 000 个时钟周期,CPU 主频为 1GHz,则 CPU 用于该设备输入/输出的时间占整个 CPU 时间的百分比最多是：

$$(12.5\times 1\,000)/1\text{GHz}\times 100\% = 12.5\times 1\,000/1\,000\,000\times 100\%$$
$$= 12.5/1\,000\times 100\% = 1.25\%$$

【答案】故此题答案为 A。

22. **【考点】**计算机组成原理；总线和输入/输出系统；I/O 方式；DMA 方式。

【解析】用户程序通常不能直接和 DMA 打交道,而是通过使用设备设备驱动程序提供的一组标准接口,来实现对设备的各种具体操作(这些操作显然包括传送前由设备驱动程序设置传送参数,故Ⅰ正确)。

一个完整的 DMA 传输过程必须经过 DMA 请求、DMA 响应、DMA 传输、DMA 结束 4 个阶段。

(1) 在 DMA 请求阶段,CPU 对 DMA 控制器初始化,并向 I/O 接口发出操作命令,提出 DMA 请求。这一阶段即对应Ⅱ,即数据传送前由 DMA 控制器请求总线使用权。

(2) 在 DMA 响应阶段,DMA 控制器对 DMA 请求判别优先级及屏蔽,向总线裁决逻辑提出总线请求。

(3) 在 DMA 传输阶段,DMA 控制器获得总线控制权后,CPU 即刻挂起或只执行内部操作,由 DMA 控制器输出读写命令,直接控制 RAM 与 I/O 接口进行 DMA 传输。在 DMA 控制器的控制下,在存储器和外部设备之间直接进行数据传送,在传送过程中不需要中央处理器的参与,仅开始时需提供要传送的数据的起始位置和数据长度。这一阶段即对应Ⅲ,即数据传送由 DMA 控制器直接控制总线完成。

(4) 在 DMA 结束阶段,当完成规定的成批数据传送后,DMA 控制器即释放总线控制权,并向 I/O 接口发出结束信号。当 I/O 接口收到结束信号后,一方面停止 I/O 设备的工作,另一方面向 CPU 提出中断请求,并执行一段检查本次 DMA 传输操作正确性的代码。最后,带着本次操作结果及状态继续执行原来的程序。这一阶段即对应Ⅳ,即 DMA 传送结束后的处理由中断服务程序完成。

综合所述,Ⅰ,Ⅱ,Ⅲ,Ⅳ均正确。

【答案】故此题答案为 D。

23. **【考点】**操作系统；进程管理；进程与线程；线程的实现。

【解析】本题考查的是线程的基本概念及用户级线程和内核级线程。

内核级线程的调度是由操作系统完成的，操作系统为进程及其内部的每个线程维护上下文信息，应用程序没有进行线程管理的代码，只有一个操作系统提供的接口供其使用。即A选项正确。

在多线程模型中，用户级线程和内核级线程的连接方式分为一对一、多对一、多对多，"操作系统为每个用户线程建立一个线程控制块"属于一对一的连接方式，多对一和多对多的连接方式没有为用户级线程建立一个线程控制块，即选项B错误。

用户级线程的切换在用户空间进行，而内核级线程的切换需要操作系统进行调度，故前者效率更高，即C选项正确。

用户级线程的管理工作可以只在用户空间中进行，可以在不支持内核级线程的操作系统上实现，即D选项正确。

【答案】故此题答案为B。

24. **【考点】**操作系统；进程管理；进程的控制；进程阻塞与唤醒。

【解析】考生需要了解有以下几类事件会引起进程阻塞或进程唤醒。

（1）向系统请求共享资源失败；例如，一个进程请求使用打印机，而系统已经将所有打印机都分配给了其他进程，已经没有打印机可以分配，这时请求进程只能被阻塞；仅当有打印出可分配时，才会唤醒该进程。

（2）等待某种操作完成。例如，进程启动了某一输入设备，若仅当该输入设备完成输入后进程才能继续执行，则启动该设备后，进程便自动进入阻塞状态，待输入完成后再唤醒该进程。

（3）新数据尚未到达。例如，进程A用于数据输入，进程B用于处理输出的数据，若进程A数据还未输入完毕，则进程B阻塞；一旦A进程的数据输入结束，便可唤醒B。

（4）等待新任务的到达。例如，在网络环境中的发送进程，已有数据包全部发送完成之后，在无新数据包发送之前，则阻塞自身，待新数据包到达时才会唤醒自身。

I/O结束后，等待其结束而被阻塞的有关进程就会被唤醒，故Ⅰ正确；某进程退出临界区后，之前因需要进入该临界区而被阻塞的有关进程就会被唤醒，故Ⅱ正确；当前进程的时间片用完后进入就绪队列等待被重新调度，当前优先级最高的进程将获得CPU变为执行态，故Ⅲ错误。

【答案】故此题答案为C。

25. **【考点】**操作系统；操作系统基础；程序运行环境；系统调用。

【解析】系统调用的调用程序运行在用户态，而被调用程序运行在内核态。这是系统调用的特点之一，故在执行系统调用服务程序的过程中，CPU处于内核态，即Ⅰ正确。

设备管理类系统调用主要用于实现申请设备、释放设备、设备I/O重定向、获得和设置设备属性等功能。通过这一类系统调用，可以避免用户程序直接访问外设，即Ⅱ正确。

现在所有的通用操作系统都提供了许多系统调用，但它们所提供的系统调用会有一定的差异。故Ⅲ错误，即不同的操作系统没有为应用程序提供统一的系统调用接口。

系统调用是操作系统专门为用户程序设置的，是用户程序取得操作系统服务的唯一途径。故Ⅳ正确，即系统调用是操作系统内核为应用程序提供服务的接口。

【答案】故此题答案为C。

26. **【考点】**操作系统；文件管理；文件系统；外存空闲空间管理方法。

【解析】常用的文件存储空间管理方法有空闲区表法、空闲链表法(包括空闲盘块链和空闲盘区链，故Ⅲ正确)、位示图法(故Ⅰ正确)和成组链接法等。

文件分配表(FAT)的表项与物理磁盘块一一对应，并且可以用特殊的数字来标识该块的状态。比如用－1表示文件的最后一块，用－2表示某一磁盘块为空。由于FAT既记录了各块的先后链接关系，又标记了空闲的磁盘块，故可以用于对文件存储空间进行管理，Ⅳ正确。

索引节点存储了文件描述信息，属于文件目录管理部分的内容。它是操作系统为了实现文件名与文件信息分开而设计的数据结构，故Ⅱ错误。

综上所述，故仅Ⅰ，Ⅲ，Ⅳ正确，Ⅱ错误。

【答案】此题答案为B。

27. **【考点】**操作系统；进程管理；CPU调度与上下文切换；典型的调度算法；多级反馈队列调度算法。

【解析】考生该对典型的调度算法熟练掌握，如先来先服务，短作业(短进程、短线程)优先调度算法，时间片轮转调度算法，优先级调度算法，高响应比优先调度算法，多级反馈队列调度算法。

如图22-12所示，依题意，进行P_1和P_2执行过程如下：(1)进程P_1创建后，进入采用时间片轮转调度算法的队列Q_1，执行完一个时间片(10ms)后，转入队列Q_2；(2)进程P_2创建后，进入采用时间片轮转调度算法的队列Q_2，执行完一个时间片(10ms)后，也转入队列Q_2；(3)由于Q_2采用短进程优先调度算法，此时进程P_2还需要10ms的CPU时间，而P_1还需要20ms的CPU时间，所以P_2会被优先调度执行，10ms后P_2执行结束；(4)进程P_1被调度执行，20ms后P_1执行结束。

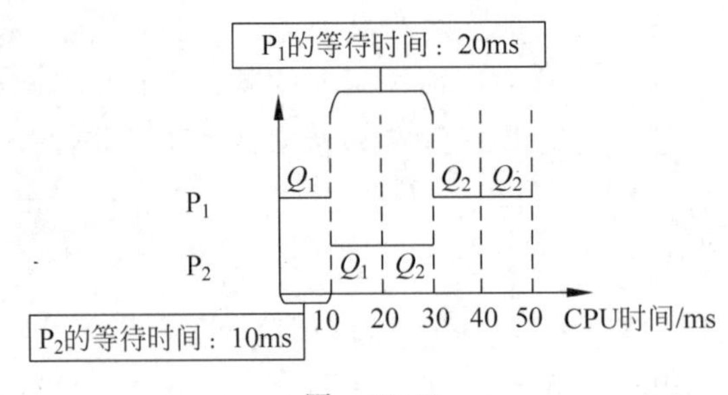

图 22-12

平均等待时间＝(P_1的等待时间＋P_2的等待时间)/2＝(20ms＋10ms)/2＝15ms。

【答案】故此题答案为C。

28. **【考点】**操作系统；内存管理；段式管理；共享段；分段存储管理系统；分段存储管理方式。

【解析】本题考查的是内存管理中的分段存储管理方式，考生在复习时除了熟练掌握上述考点对应的内容，如分段的原因，分段的原理及分段的优点和缺点。易于实现段的共享是分段系统一个极为突出的优点，即允许若干个进程共享一个或多个分段，且对段的保护也简单易行。

在分段系统中，由于进程 P_1 和 P_2 共享段 S，而段的共享是通过这两个进程段表中的相应表项指向被共享的段的同一个物理副本来实现的，故在物理内存中仅保存一份段 S 的内容，即 A 选项是正确的，此时进程 P_1 和 P_2 共享段 S 在共享段表中的段表项，即 C 选项是正确的。

由于进程 P_1 和 P_2 使用段 S 的位置可能不同，故在进行 P_1 和 P_2 中的段号可能不同(注意：不是一定不同)，即 B 选项是错误的；

由于段 S 被进程 P_1 和 P_2 共享，故在删除段 S 之前必须确保没有任何进程在使用它，即在此题中 P_1 和 P_2 都不再使用段 S 时才回收段 S 所占的内存空间，D 选项是正确的。

【答案】综上所述，本题选 B。

29. **【考点】**操作系统；内存管理；页面置换算法；最近最久未使用(LRU)。

【解析】本题考查的是页面置换算法 LRU 和局部置换策略，考生在复习时除了要理解上述考点，还该全面掌握最佳页面置换算法、先进先出页面置换算法、最少使用页面置换算法和 Clock 页面置换算法。

LRU 算法每次执行页面置换时，均将最近最久未使用的页面换出。进程 P 访问上述页面(0,1,2,7,0,5,3,5,0,2,7,6)的过程中产生页面置换的情况如表 22-6。

表　22-6

页框	0	1	2	7	0	5	3	5	0	2	7	6
1	0	0	0	0	0	0	0	0	0	0	0	0
2		1	1	1	1	5	5	5	5	5	5	6
3			2	2	2	2	3	3	3	3	7	7
4				7	7	7	7	7	7	2	2	2
是否缺页	是	是	是	是	否	是	是	否	否	是	是	是

如表中页面置换的情况所示，前面 4 次缺页但并未换页。进程 P 访问页面产生缺页并进行页面置换一共有 5 次，分别为：(1)进程 P 访问页面 5 时，将最久未被访问的页面 1 替换出来；(2)进程 P 访问页面 3 时，将最久未被访问的页面 3 替换出来；(3)进程 P 访问页面 2 时，将最久未被访问的页面 7 替换出来；(4)进程 P 访问页面 7 时，将最久未被访问的页面 7 替换出来；(5)直到最后一次访问页面 6，将页面 5 替换出来。

【答案】故此题答案为 C。

30. **【考点】**操作系统；进程与线程；进程的状态与转换；进程控制；死锁；死锁预防；死锁避免；死锁检测和解除。

【解析】死锁是十分重要的概念，产生死锁必须同时具备 4 个条件：(1)互斥；(2)请求和保持；(3)不可抢占；(4)循环等待。死锁的处理方法有(1)预防死锁；(2)避免死锁；(3)检测死锁；(4)解除死锁。

在本题中，对于Ⅰ，就是操作系统通过剥夺某个(些)进程的资源并将这些资源分配给已经处于阻塞状态的进程，从而解除死锁，即Ⅰ正确。

预防死锁是死锁的处理方法之一，该方法是通过设置某些限制条件，去破坏产生死锁的4个必要条件中的一个或几个来预防死锁。故对于Ⅱ，死锁的预防方法能确保系统不发生死锁，即Ⅱ正确。

银行家算法是由迪杰斯特拉(Dijkstra)提出的最具有代表性的避免死锁的算法。该算法原本为银行系统设计，这也是其名字的由来。银行家算法会在给进程分配资源之前先计算确定资源是否足够分配给该进程，并判断若将这些资源分配给该进程是否会导致系统进入不安全状态。仅当不会导致系统进入不安全状态，才将资源分配给该进程，否则让该进程等待。即银行家算法能帮助系统避免死锁，但无法判断系统是否处于死锁状态，即Ⅲ错误。

当且仅当某一状态的资源分配图是不可完全简化的，则认为该状态为死锁状态。当系统出现死锁时，其资源分配图因循环等待而出现环，故不可完全简化。因此，当系统出现死锁时，必然有两个或两个以上的进程处于阻塞态，即Ⅳ正确。

综上所述，仅Ⅰ、Ⅱ和Ⅳ正确。

【答案】故此题答案为B。

31. **【考点】**操作系统；内存管理；内存管理基础；非连续分配管理方式；分页管理方式。

【解析】考生在解答此题时关键是要理解二级分页存储管理的地址结构，包括10位的页目录号、10位的页号和12位的页内偏移。将题目中给定的虚拟地址2050 1225H转化为二进制地址，如图22-13所示，把页目录号和页号转换为十六进制分别对应081H，101H。

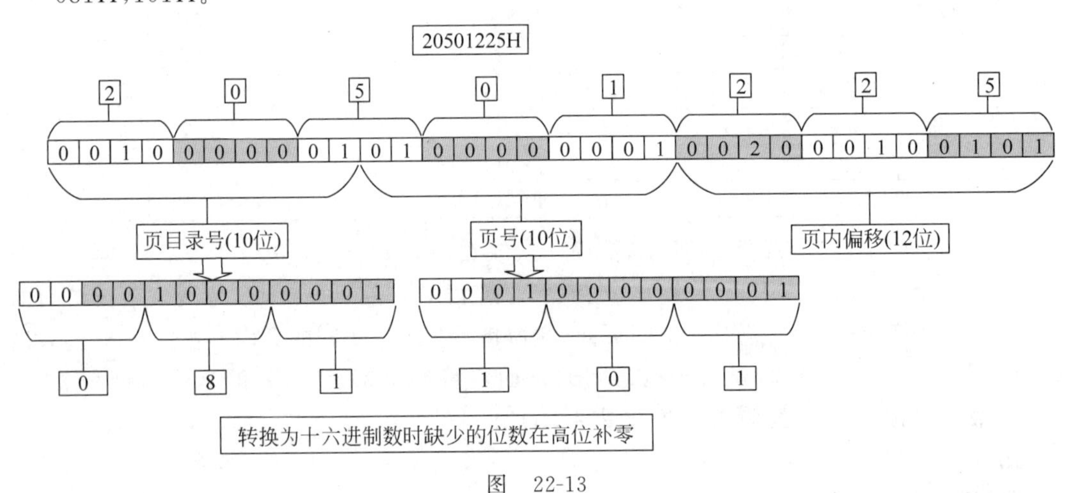

图 22-13

【答案】故此题答案为A。

32. **【考点】**操作系统；内存管理；内存管理基础；连续分配管理方式。

【解析】本题考查的是动态分区分配算法中基于顺序搜索的动态分区分配算法。常用的分区分配算法按分区检索方式可以分为顺序分配算法和索引分配算法。基于顺序搜索的动态分区分配算法有首次适应算法、循环首次适应算法、最佳适应算法和最坏适应算法等；基于索引搜索的动态分区分配算法有快速适应算法、伙伴系统和哈希算法等。

最佳适应算法总是匹配与当前大小要求最接近的空闲分区，但是大多数情况下空闲分区的大小不可能完全和当前要求的大小相等，几乎每次分配内存都会产生很小的难以利用的内存块，所以最佳适应算法很容易产生最多的内存碎片。

首次适应算法容易在低址部分留下很多碎片；循环首次适应算法会使大的空闲分区较为缺乏；最坏适应法产生碎片的概率最小，对小作业有利。

【答案】故此题答案为 C。

33. **【考点】**计算机网络；计算机网络体系结构；计算机网络体系结构与参考模型；ISO/OSI 参考模型和 TCP/IP 模型；自下而上。

【解析】本题考查的是 OSI 参考模型，易混淆的概念是 TCP/IP 模型及绝大部分教材中采用的五层协议。如图 22-14 所示，OSI 参考模型自下而上的第 5 层为会话层。

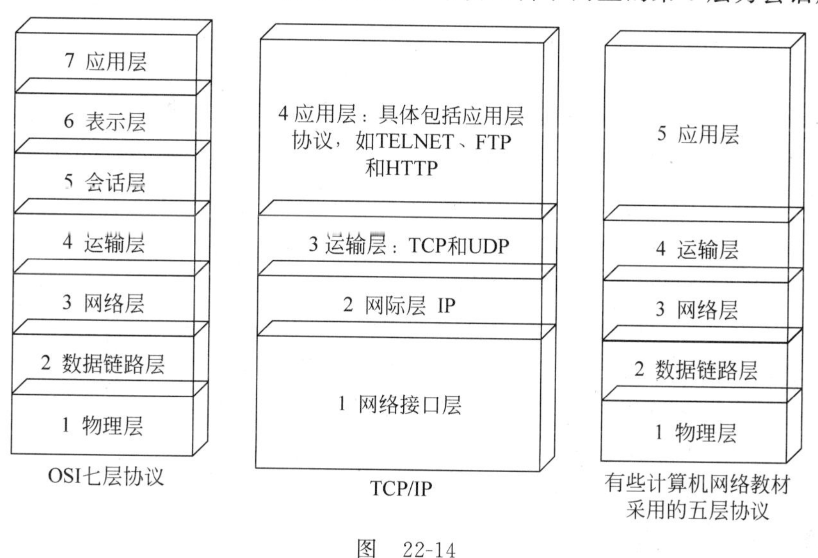

图　22-14

在传统的五层协议中，应用层通过应用进程间的交互来完成特定网络应用；运输层负责向两台主机中进程之间的通信提供通用的数据传输服务；网络层为分组交换网上的不同主机提供通信服务；数据链路层将网络层的 IP 数据报组装成由帧，在相邻节点间的链路上传送；物理层传送比特位数据及相关的电气特性；

在 OSI 七层协议中，会话层的主要功能是管理和协调不同主机上各种进程之间的通信，即负责建立、管理和终止应用程序之间的会话；表示层为异种机通信提供一种公共语言，以便能进行互操作。

【答案】故此题答案为 C。

34. **【考点】**计算机网络；物理层；数据链路层；传输介质；双绞线、同轴电缆、光纤与无线传输介质；局域网；以太网和 IEEE 802.3。

【解析】高速以太网包括 IEEE 802.3u(100BaseT)、IEEE 802.3z(1 000BaseT)、IEEE 802.3ae(10GBase-SR、10GBase-LR 和 10GBase-ER)、IEEE 802.3ak(10GBase-CX4)和 IEEE 802.3an(10GBase-T)。

本题考查的是 100Base-T 快速以太网使用的导向传输介质是什么，考生首先要知道 100BaseT 是在双绞线上传送 100Mbit/s 基带信号的星形拓扑以太网，它仍使用

IEEE 802.3 的 CSMA/CD 协议，又称为快速以太网(Fast Ethernet)。

IEEE 于 1995 年将 100Base-T 快速以太网定为正式标准，代号 IEEE 802.3u。100Base-T 的网络速率是 10Base-T 的十倍，即 100Mbit/s。Base 是指 Baseband 的缩写，表示使用基带传输，没有进行调制和频分复用。T 表示 Twisted pair cable，即双绞线。

100Mbit/s 以及网的物理标准还有 100Base-T4 和 100Base-FX，其中前者采用的是 4 对 3 类非屏蔽(Unshielded Twisted Pair，UTP)双绞线，后者采用光纤(F 表示 fibre)作为传输介质。

【答案】故此题答案为 A。

35. **【考点】**计算机网络；数据链路层；流量控制与可靠传输机制；流量控制、可靠传输与滑动窗口机制；停止-等待协议；后退 N 帧协议；选择重传协议。

【解析】滑动窗口协议以基于分组的数据传输协议为特征。因此该协议适用于对按顺序传送分组的可靠性要求较高的环境。

本题考查的是在滑动窗口协议中发送窗口和接收窗口的限制。

在停止等待协议(Stop-and-Wait)中，接受方的窗口和发送方的窗口大小都是 1，所以也叫 1 比特滑动窗口协议。发送方每次只能发送一个数据包，并且必须等待这个数据包的 ACK，才能发送下一个数据包。

在回退 n 步协议(Go-Back-N)中，发送方的窗口大小为 n，接受方的窗口仍然为 1。

在选择重传协议(Selective Repeat)，发送方的窗口大于 1，接受方的窗口大于 1，同时必须保持发送方的窗口＋发送方的窗口$\leqslant 2^n$，接受方的窗口大小不应超过发送窗口大小，即接收窗口大小$\leqslant 2^{(n-1)}$。

本题，分组序号采用 3 比特编号，发送窗口大小为 5，故接收窗口大小$\leqslant 3$。

【答案】故此题答案为 B。

36. **【考点】**计算机网络；数据链路层；介质访问控制；随机访问；CSMA/CD 协议；冲突域；传播延时。

【解析】考生想要正确解答此题，必须深刻理解 Carrier Sense Multiple Access with Collision Detection(CSMA/CD，带冲突检测的载波侦听多路访问协议)。在 CSMA/CD 中，所有数据帧都必须要大于一个最小帧长，这个最小帧长等于总线传播时延乘以数据传输速率乘以 2。本题中假设最小帧长为 128B，数据传输速率为 100Mbit/s，即 12.5MB/s。

128B＝总线传播时延×数据传输速率×2＝总线传播时延×12.5MB/s×2

解得总线传播延时为 5.12μs。

【答案】故此题答案为 B。

37. **【考点】**计算机网络；网络层；IPv4；子网划分、路由聚集、子网掩码与 CIDR。

【解析】此题考查对子网划分的认识。在 1987 年，RFC1009 就指明了在一个划分子网的网络中可同时使用几个不同的子网掩码，使用变长子网掩码 VLSM(Variable Length Subnet Mask)可提高 IP 地址资源利用率。在此基础上又提出无分类编址方法，即 Classless Inter-Domain Routing(CIDR，无分类域间路由选择)。

本题中给出的 101.200.16.0/20 是 CIDR 的斜线记法，斜线“/”后的 20 代表网络前缀。将其划分为 5 个子网，欲求最小子网可分配的 IP 地址数，则不能采用平均分配的方法，而是需要使其他子网可分配的 IP 地址数尽可能的大。即需要用变长子网划分的方法。5 个子网划分及 IP 地址的范围和数量，具体如表 22-7。

表　22-7

子网	子网划分	地址范围	IP 地址数量
子网 1	101.200.00010000.00000001～101.200.00010111.11111110	101.200.16.1/21～101.200.23.254/21	2 046
子网 2	101.200.00011000.00000001～101.200.00011011.11111110	101.200.24.1/22～101.200.27.254/22	1 022
子网 3	101.200.00011100.00000001～101.200.00011101.11111110	101.200.28.1/23～101.200.29.254/23	510
子网 4	101.200.00011110.00000001～101.200.00011110.11111110	101.200.30.1/24～101.200.30.254/24	254
子网 5	101.200.00011111.00000001～101.200.00011111.11111110	101.200.31.1/24～101.200.31.254/24	254

【答案】故此题答案为 B。

38. **【考点】**计算机网络；传输层；TCP；TCP 连接管理；TCP 流量控制与拥塞控制；快速重传算法。

【解析】本题考查对快速重传算法的理解。根据 2009 年 9 月公布的 RFC5681，TCP 拥塞控制方法包括慢开始（Slow-Start）、拥塞避免（Congestion Avoidance）、快速重传（Fast Retransmit）和快速恢复（Fast Recovery）。其中快速重传的算法规定，发送方只要一连收到 3 个重复确认，就知道接收方确实没有收到相应的报文段，应当立即进行重传。

本题中从 t_1 时刻到 t_3 时刻客户一连收到三次来自服务器的 ack_seq=100 的段，因此在 t_3 时刻，客户认为 seq=100 的段已经发生丢失，执行快速重传算法，即客户在 t_3 时刻重新发送 seq=100 段。

【答案】故此题答案为 C。

39. **【考点】**计算机网络；传输层；TCP；TCP 连接管理。

【解析】在 TCP 连接管理中，包括连接建立、数据传送和连接释放。TCP 连接建立时需要在客户和服务器之间交换三个 TCP 报文段。第 3 次握手时客户发出的确认序列号应为第 2 次握手时服务器发出的序列号加 1，第 2 次握手时服务器发出的确认序列号应为第 1 次握手时客户发出的序列号加 1。

在本题中，甲在第 1 次握手时发出 2 018，那么乙在第 2 次握手时确认 2 019，同时发送 2 046，甲在第 3 次握手时确认 2 047。

【答案】故此题答案为 D。

40. **【考点】**计算机网络；应用层；网络应用模型；客户/服务器模型；P2P 模型。

【解析】本题考查的是对网络应用模型的理解。

对于 P2P 模型，每个节点的权利和义务是对等的，故选项 A 正确；在客户/服务器

(C/S)模型中,客户是服务的发起方,服务器被动地接受客户的请求,客户之间不能直接通信,故选项 B 错误,选项 C 正确;在向多用户分发一个文件时,与 C/S 模型相比,P2P 模型可以将任务分配到各个节点上,大大缩短了处理时间,提高了系统的效率。故选项 D 正确。

【答案】故此题答案为 B。

三、综合应用题考点、解析及小结

41. **【考点】**数据结构;线性表;带头节点的单链表;空间复杂度;时间复杂度;C 或 C++ 语言。

【解析】本题是线性表中带头节点的单链表的排列应用问题,三个小题的问题依次推进,难度逐步增加,属于区分度较好、难度适中的综合应用题。需要考生(1)按要求描述算法的思想;(2)给出 C 或 C++语言描述的算法并给出关键之处的注释,同时还要求该算法的空间复杂度为 O(1);(3)分析给出算法的时间复杂度。具体解析如下:

(1) 考生该仔细观察 $L=(a_1,a_2,a_3,\cdots,a_{n-2},a_{n-1},a_n)$ 和 $L'=(a_1,a_n,a_2,a_{n-1},a_3,a_{n-2},\cdots)$,可以发现 L' 中的元素依次是 L 中的第一个元素,L 中的倒数第一个元素,L 中的第二个元素,L 中的倒数第 2 个元素……以此类推,直到 L 中的元素全部均存入 L' 中。由于题目要求空间复杂度为 $O(1)$,因此需将 L 的后半段原地逆置以方便从 L 的表尾获取节点。

基于上述分析,算法的基本设计思想:算法分 3 步完成。第 1 步,采用两个指针交替前行,找到单链表的中间节点;第 2 步,将单链表的后半段节点原地逆置;第 3 步,从单链表前后两段中依次各取一个节点,按要求重排。

(2) 算法实现:

```
void change_list( NODE * h)
{
    NODE * p = NULL, * q = NULL, * r = NULL, * 3 = NULL;
    p = q = h;
    while ( q -> next ! = NULL )          //寻找中间节点
    {
        p = p -> next;                    // p 走一步
        q = q -> next;
        if ( q -> next ! = NULL)
            q = q -> next ;               //q 走两步
    }
    q = p -> next;                        // p 所指节点为中间节点,q 为后半段链表的首节点
    p -> next = NULL;
    while (q ! = NULL)                    //将链表后半段逆置
    {
        r = q -> next;
        q -> next = p -> next;
        p -> next = q;
        q = r;
    }
    s = h -> next;                        //s 指向前半段的第一个数据节点,即插入点
    q = - p -> next;                      //q 指向后半段的第一个数据节点
    p -> next = NULL;
    while ( q != NULL)                    //将链表后半段的节点插入到指定位置
    {
```

```
            r = q->next;                //r指向后半段的下一个节点
            q->next = s->next;          //将q所指节点插入到s所指节点之后
            s->next = q;
            s = q->next;                //s指向前半段的下一个插入点
            q=r;
        }
    }
```

(3) 算法的时间复杂度：该算法的时间复杂度为 $O(n)$。

【小结】本题的算法思想主要涉及链式列表的原地逆置和链式列表的合并。对于寻找链式列表的中间节点，应优先考虑双指针法，即设置双指针 p 和 q，每次指针 p 走一步，指针 q 走两步。

42. **【考点】**数据结构；队列；队列的基本操作(如初始化，判空，入队，出队)；队列的存储结构；时间复杂度。

【解析】本题是队列的存储结构与基本操作方面的应用问题，四个小题分别从存储结构的选取和基本操作实现两方面进行考查。需要考生对链式存储结构和顺序存储结构的优劣，判断队空和队满的条件，执行入队和出队操作时元素的状态有较为深刻的认识，此外，本题还考查了时间复杂度。具体解析如下：

(1) 由于题目要求入队时允许增加队列占用空间(链表队列满足)，出队后空间可重复使用且空间只增不减(即可设计成一个首尾相连的循环单链表)，还要求入队和出队操作的时间复杂度均为 $O(1)$(链表队列满足)，综上所述，该队列应该选择链式存储结构(两段式单向循环链表)，队头指针为 front，队尾指针为 rear。

(2) 循环链式队列实现时判断队空和队满有很多种方法，在本题中可以考虑浪费一个存储单元来辅助判断之。对于出队的节点空间可以重复使用，入队时也可以动态增加空间。初始时，创建只有一个空闲节点的两段式单向循环链表，头指针 front 与尾指针 rear 均指向空闲节点，如图 22-15 所示。

队空的判定条件：front==rear。

队满的判定条件：front==rear->next。

(3) 插入第一个元素后的队列状态如图 22-16 所示。

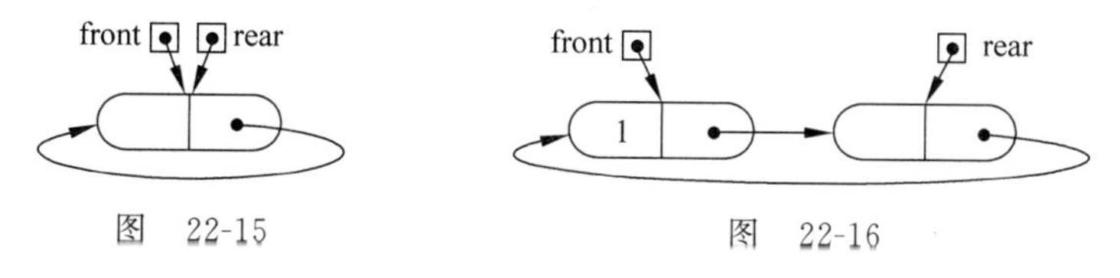

图　22-15　　　　图　22-16

(4) 操作的基本过程：

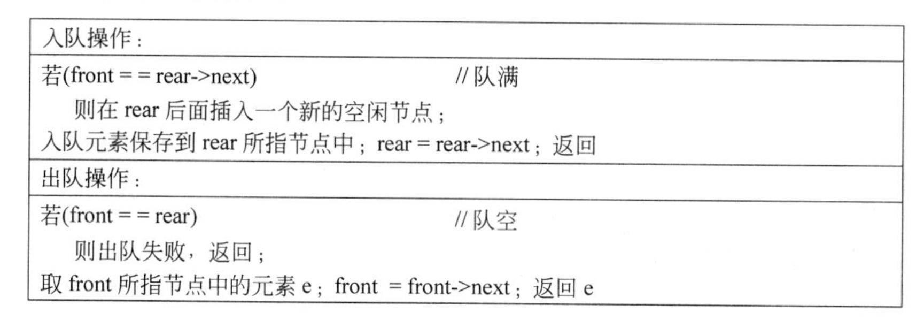

入队操作：
若(front = = rear->next)　　　　//队满 　　则在 rear 后面插入一个新的空闲节点； 入队元素保存到 rear 所指节点中；rear = rear->next；返回
出队操作：
若(front = = rear)　　　　//队空 　　则出队失败，返回； 取 front 所指节点中的元素 e；front = front->next；返回 e

【小结】本题主要考查队列的基础知识，对于顺序队列和链式队列，考生复习时一定要深刻理解和熟练掌握两者的异同和应用场景。两种存储结构的循环队列既是重点，也是难点，判断队满和队空是基本的知识点，通常有三种典型的算法思路：(1)浪费一个存储单元来区分队满和队空；(2)队列的结构体类型中增加表示队列中数据元素个数的数据成员；(3)队列的结构体类型中增加标志位来区分队满和队空；一定要根据不同的应用场景选择不同的判断方法。

43. 【考点】操作系统；进程管理；进程同步与互斥；信号量；时间复杂度；P、V 操作(wait(). signal()操作)。

【解析】本题是经典同步问题之一的哲学家进餐的变种，属于进程同步与互斥的应用问题，使用互斥信号量可以解决。经典哲学家问题的解决思路是限制同时拿筷子的哲学家数量，从而保证在某一时刻至少有一名哲学家可以获得两根筷子并顺利进餐。本题可以使用碗来避免死锁：

(1) 当碗的数量 m 小于哲学家的数量 n 时，可以令碗的资源量为 m，这样可以保证不会出现所有哲学家都拿着一根筷子而无限等待另一根筷子进而产生的死锁；

(2) 当碗的数量 m 大于哲学家的数量时，则可以令碗的资源量为 $n-1$，从而保证最多只可能有 $n-1$ 个哲学家同时进餐。

综合上述两种情况可知，碗的资源量为 $\min\{n-1, m\}$。在使用 PV 操作时，由于碗的资源量能限制哲学家取筷子，所以先对碗的资源量进行 P 操作，再对左右两边的两根筷子进行 P 操作。

使用信号量的 P、V 操作(wait(). signal()操作)描述上述过程中的互斥与同步如下，其中所用信号量及初值的含义见注释。

```
//信号量
semaphore bowl;                          //用于协调哲学家对碗的使用
semaphore chopsticks[n];                 //用于协调哲学家对筷子的使用
for( int i = 0; i < n; i++)
chopsticks[ i ] . value - 1;             //设置两个哲学家之间筷子的数量
bowl.value = min( n - 1,m );             //bowl.value ≤n - 1,确保不死锁

CoBegin
while ( True ) {                         //哲学家 i 的程序
  思考;
  P( bowl ) ;                            //取碗
  P( chopsticks[ i ]);                   //取左边筷子
  P( chopsticks[(i + 1)MOD n]);          //取右边筷子
  就餐;
  V( chopsticks[ i ]);
  V( chopsticks[(i + 1)MOD n]);
  V( bowl);
}
CoEnd
```

【小结】进程管理是操作系统课程的重点内容，其中进程的同步与互斥是难点内容。经典的同步问题如生产者-消费者问题、读者-作者问题、哲学家进餐等问题的解法在平时复习时就要做到了然于胸。

44. 【考点】操作系统；I/O 管理；外存管理；磁盘结构。

【解析】本题考查的内容包括：(1)磁盘容量的计算公式，对应的知识点为磁盘结构，要理解磁盘的柱面、磁道、扇区和簇与磁盘容量的关系；(2)SSTF 调度算法，对应的知识点为磁盘调度算法；(3)簇号与磁盘物理地址的转换。本题对应的 3 小题具体解答如下。

(1) 磁盘容量＝磁盘的柱面数×每个柱面的磁道数×每个磁道的扇区数×每个扇区的大小/1 024＝(300×10×200×512/1 024)KB＝3×10^5KB。

(2) 最短寻道时间优先(SSTF)调度算法选择调度处理的磁道是与当前磁头所在磁道距离最近的磁道，以使每次的寻找时间最短。题目假设磁头在 85 号柱面(根据计算可以知道每个柱面有 10 个磁道×200 个扇区/2 个扇区＝1 000 个簇，即 85 号柱面对应簇号为 85 000～85 999)上，故按 SSTF 调度算法该先访问离其最近的 100 260，然后再访问离 100 260 最近的 101 660，接着访问 101 660 最近的 110 560，最后访问离 110 560 最近的 60 005，故依次访问的簇是 100 260、101 660、110 560、60 005。

(3) 第 100 530 簇在磁盘上的物理地址由其所在的柱面号、磁头号、扇区号构成，现分别计算如下。

柱面号为⌊簇号/每个柱面上的簇数⌋＝⌊100 530/(10×200/2)⌋＝100。

磁头号为⌊(簇号%每个柱面上的簇数)/每个磁道的簇数⌋＝⌊(100 530 %(10×200/2))/(200/2)⌋＝5。

扇区号为扇区地址%每个磁道的扇区数＝(530×2)%200＝60。

将簇号转换成磁盘物理地址的过程由磁盘驱动程序完成。

【小结】事实上，在计算机组成原理课程中的存储器层次结构的外部存储器部分，也会涉及磁盘存储器的内容，所以若熟练掌握此部分的内容，也能正确无误地解答本题。

45. 【考点】计算机组成原理；指令系统；数据表示与运算；存储器层次结构。

【解析】本题考查的内容涵盖了计算机组成原理多个章节的内容，还涉及了其他知识，综合程度很高，区分度极高，较好地考查了学生综合运用知识的能力。本题解答如下。

(1) 计算 f(10)需要调用函数 f1 共 10 次执行第 16 行 call 指令会递归调用 f1。

(2) 第 12 行 jle 指令是条件转移指令。第 16 行 call 指令、第 20 行 jmp 指令、第 30 行 ret 指令一定会使程序跳转执行。

(3) 第 16 行 call 指令的下一条指令的地址为 0040 1025H＋5＝0040 102AH，故第 17 行指令的虚拟地址是 0040 102AH。call 指令采用相对寻址方式，即目标地址＝(PC)＋偏移量，call 指令的目标地址为 0040 1000H，所以偏移量＝目标地址－(PC)＝0040 1000H－0040 102AH＝FFFF FFD6H 根据第 16 行 call 指令的偏移量字段为 D6 FF FF FF，可确定 M 采用小端方式。

(4) 因为 f(13)＝6 227 020 800，大于 32 位 int 型数据可表示的最大值，因而 f1(13)的返回值是一个发生了溢出的结果。

为使 f1(13)能返回正确结果，可将函数 f1 的返回值类型改为 double(或 long long 或 long double 或 float)。

(5) 若乘积的高 33 位为非全 0 或非全 1，则 OF＝1。

编译器应该在 imul 指令后加一条“溢出自陷指令”，使得 CPU 自动查询溢出标志

OF,当 OF=1 时调出“溢出异常处理程序”。

【小结】本题的 5 个小题涉及内容包括：(1)递归调用；(2)条件转移指令；(3)相对寻址方式；(4)乘法器溢出处理；(5)汇编语言。故除了计算机组成原理之外,本题还涉及“C 语言程序设计”和“汇编语言程序设计”等课程的部分内容,对于跨考学生而言较难。

46. **【考点】**计算机组成原理；存储器层次结构；地址映射；组相联映射方式。

【解析】本题是继续针对上一题提出问题,需要考生理解分页存储管理方式,Cache 与主存的映射方式,尤其是组相联映射方式的实现。

本题的解答如下。

(1) 在题目给定的条件下,第 1 行指令和第 30 行指令的代码在同一页。理由如下。

因为页大小为 4KB,所以虚拟地址的高 20 位为虚拟页号。第 1 行指令和第 30 行指令的虚拟地址高 20 位都是 00401H,故两条指令在同一页中。

(2) 若指令 Cache 有 64 行,采用 4 路组相联映射方式,则 Cache 组数为 64 行/4 路=16 组,这表示 Cache 的组号共 4 位($16=2^4$)；又由于主存块大小为 64B,块内地址为 6 位($64=2^6$)；因此,在 32 位的主存地址划分中,低 6 位为块内地址、中间 4 位为组号(组索引)、高 22 位为标记。

(3) 读取第 16 行 call 指令时,只可能在指令 Cache 第 0 组中命中。理由如下。

因为页大小为 4KB($4KB=2^{12}$),所以虚拟地址和物理地址的最低 12 位完全相同,因而 call 指令虚拟地址 0040 1025H 中的 025H=0000 0010 0101B=00 0000 100101B 为物理地址的低 12 位,如图 22-17 所示,从低位算起,第 1~6 位为块内地址,7~10 位为组号,故对应 Cache 组号为 0。

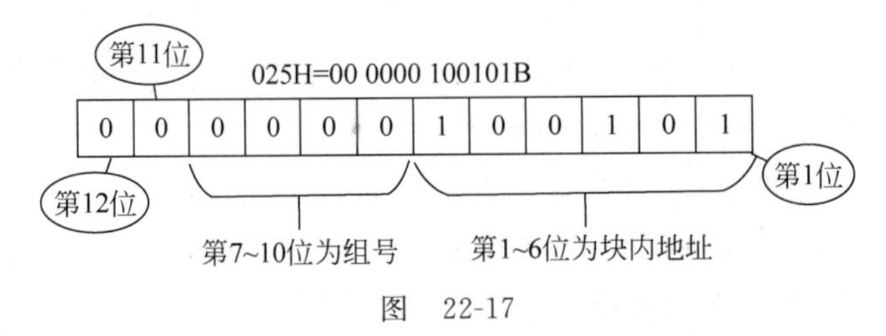

图 22-17

【小结】本题考查的组相联映射方式是组内采取全相联映射,组间采取直接映射,故考生必须先理解这两种地址映射方式。因此,本题综合程度较高,难度较大。操作系统课程中的内存管理部分也会涉及分布存储管理方面的知识,如虚拟地址和物理地址的转换、页面如何调入内存等。考生复习梳理知识点时可以将两者结合起来记忆。

47. **【考点】**计算机组网络；网络层；数据链路层；以太网；交换机；路由器；NAT。

【解析】解答此题时考生首先需要清楚：(1)无 VLAN 功能的以太网交换机连接的若干 LAN 仍然是一个网络,且在同一个广播域；(2)路由器可以连接不同的 LAN,WAN 或两者兼有,同时隔离广播域。

对于本题的第一小题,H1 的 IP 地址 192.168.1.2/26 和 H2 的 IP 地址 192.168.1.3/26 的网络前缀均为 192.168.1.0,可视为一个 LAN,由设备 2 连接；同理,H3 的 IP 地址 192.168.1.66/26 和 H4 的 IP 地址 192.168.1.67/26 的网络前缀均为 192.168.1.64,

也可视为一个 LAN，由设备 3 连接，故设备 2 和设备 3 为以太网交换机，设备 1 为路由器。

对于本题的第二小题，因为设备 1 为路由器，故其接口应配置 IP 地址。IF1 接口与路由器 R 相连，其相连接口的 IP 地址为 192.168.1.253/30，其中 192.168.1.253 对应二进制数为 11000000.10101000.00000001.11111101，前 30 位 11000000.10101000.00000001.111111 为设备 1 的 IF1 接口的网络前缀（由于 30－24＝6，故包含 11111101 的前 6 位 111111），最后 2 位只有 00，01，10 和 11 四种情况，其中 00 和 11 是保留地址，01 已经使用，只能为 10，故 IF1 接口的 IP 地址为 11000000.10101000.00000001.11111110，即 192.168.1.254。

从图 22-3 中可知，设备 2 和设备 3 所在 LAN 的默认网关分别为 192.168.1.1 和 192.168.1.65，网关的 IP 地址是具有路由功能的设备的 IP 地址，通常默认网关地址就是路由器中的 LAN 端口地址，故设备 1 的 IF2 接口的 IP 地址为 192.168.1.1，IF3 接口的 IP 地址为 192.168.1.65。

对于本题的第三小题，从图 22-3 中可知主机 H1～H4 均为私有 IP 地址（根据 RFC1918，私有 IP 地址包括三个大小不同的地址空间，分别是 1 个 A 类网络地址 10.0.0.0～10.255.255.255；16 个 B 类网络地址 172.16.0.0～172.31.255.255；256 个 C 类网络地址 192.168.0.0～192.168.255.255，可供不同规模的企业网或专用网使用），为确保主机 H1～H4 能够访问 Internet，R 需要提供网络地址转换服务，即 NAT（Network Address Translation）服务。

对于本题的第四小题，若主机 H3 发送一个目的地址为 192.168.1.127 的 IP 数据报，由于其主机号全为 1，为本网络的广播地址，故主机 H4 会接收到该数据报。如前所述，路由器可以隔离广播域，故 H1 和 H2 不会接收到该数据报。

综上所述，本题解答如下。

（1）设备 1：路由器，设备 2：以太网交换机，设备 3：以太网交换机。

（2）设备 1 的接口需要配置 IP 地址；设备 1 的 1F1、1F2 和 1F3 接口的 IP 地址分别是：192.168.1.254、192.168.1.1 和 192.168.1.65。

（3）R 需要提供 NAT 服务。

（4）主机 H4 会接收该数据报。

【小结】本题考查的知识涉及计算机网络课程的多个章节，如数据链路层、网络层和应用层，包括以太网路由器、交换机、IP 地址和 NAT 等具体知识点。本试题的综合程度较高，但难度适中。考生在复习计算机网络课程时要重视提高知识的综合运用能力。

2020年全国硕士研究生招生考试计算机学科专业基础试题

一、**单项选择题**：1～40 小题，每小题 2 分，共 80 分。下列每题给出的四个选项中，只有一个选项是最符合题目要求的。

1. 将一个 10×10 对称矩阵 $\boldsymbol{M}$ 的上三角部分的元素 $m_{i,j}$（$1\leqslant i\leqslant j\leqslant 10$）按列优先存入 C 语言的一维数组 N 中，元素 $m_{7,2}$ 在 N 中的下标是（　　）。

   A. 15　　B. 16　　C. 22　　D. 23

2. 对空栈 S 进行 Push 和 Pop 操作，入栈序列为 a,b,c,d,e，经过 Push，Push，Pop，Push，Pop，Push，Push，Pop 操作后得到的出栈序列是（　　）。

   A. b,a,c　　B. b,a,e　　C. b,c,a　　D. b,c,e

3. 对于任意一棵高度为 5 且有 10 个节点的二叉树，若采用顺序存储结构保存，每个节点占 1 个存储单元（仅存放节点的数据信息），则存放该二叉树需要的存储单元数量至少是（　　）。

   A. 31　　B. 16　　C. 15　　D. 10

4. 已知森林 F 及与之对应的二叉树 T，若 F 的先根遍历序列是 a,b,c,d,e,f，中根遍历序列是 b,a,d,f,e,c，则 T 的后根遍历序列是（　　）。

   A. b,a,d,f,e,c　　B. b,d,f,e,c,a

   C. b,f,e,d,c,a　　D. f,e,d,c,b,a

5. 下列给定的关键字输入序列中，不能生成如下二叉排序树的是（　　），见图 23-1。

   A. 4,5,2,1,3　　B. 4,5,1,2,3

   C. 4,2,5,3,1　　D. 4,2,1,3,5

图　23-1

6. 修改递归方式实现的图的深度优先搜索（DFS）算法，将输出（访问）顶点信息的语句移到退出递归前（即执行输出语句后立刻退出递归）。采用修改后的算法遍历有向无环图 G，若输出结果中包含 G 中的全部顶点，则输出的顶点序列是 G 的（　　）。

   A. 拓扑有序序列　　B. 逆拓扑有序序列

C. 广度优先搜索序列　　　　　　　　　　　　D. 深度优先搜索序列

7. 已知无向图 G 如图 23-2 所示，使用克鲁斯卡尔(Kruskal)算法求图 G 的最小生成树，加到最小生成树中的边依次是(　　)。

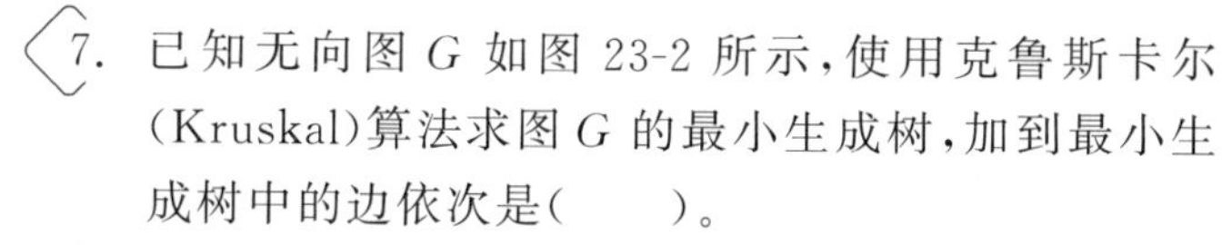

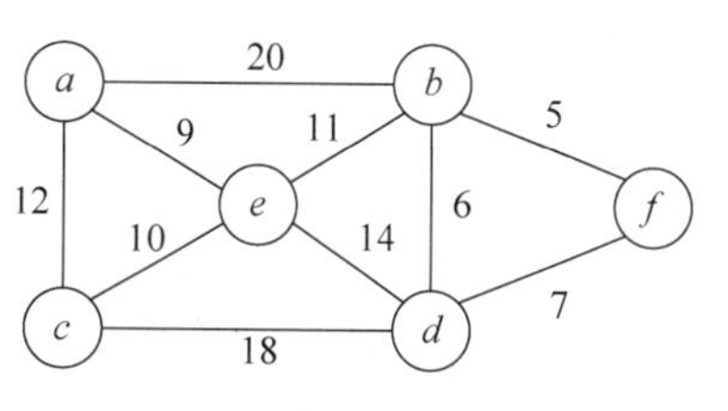

图　23-2

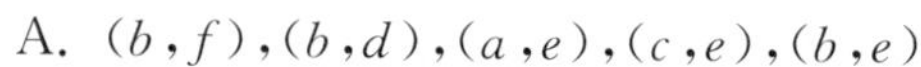

A. $(b,f),(b,d),(a,e),(c,e),(b,e)$

B. $(b,f),(b,d),(b,e),(a,e),(c,e)$

C. $(a,e),(b,e),(c,e),(b,d),(b,f)$

D. $(a,e),(c,e),(b,e),(b,f),(b,d)$

8. 若使用 AOE 网估算工程进度，则下列叙述中正确的是(　　)。

A. 关键路径是从原点到汇点边数最多的一条路径

B. 关键路径是从原点到汇点路径长度最长的路径

C. 增加任一关键活动的时间不会延长工程的工期

D. 缩短任一关键活动的时间将会缩短工程的工期

9. 下列关于大根堆(至少含 2 个元素)的叙述中，正确的是(　　)。

Ⅰ. 可以将堆看成一棵完全二叉树

Ⅱ. 可以采用顺序存储方式保存堆

Ⅲ. 可以将堆看成一棵二叉排序树

Ⅳ. 堆中的次大值一定在根的下一层

A. 仅Ⅰ、Ⅱ　　　　　　　　　　　　B. 仅Ⅱ、Ⅲ

C. 仅Ⅰ、Ⅱ和Ⅳ　　　　　　　　　　D. Ⅰ、Ⅲ和Ⅳ

10. 依次将关键字 5,6,9,13,8,2,12,15 插入初始为空的 4 阶 B 树后，根节点中包含的关键字是(　　)。

A. 8　　　　B. 6,9　　　　C. 8,13　　　　D. 9,12

11. 对大部分元素已有序的数组进行排序时，直接插入排序比简单选择排序效率更高，其原因是(　　)。

Ⅰ. 直接插入排序过程中元素之间的比较次数更少

Ⅱ. 直接插入排序过程中所需要的辅助空间更少

Ⅲ. 直接插入排序过程中元素的移动次数更少

A. 仅Ⅰ　　　　B. 仅Ⅲ　　　　C. 仅Ⅰ、Ⅱ　　　　D. Ⅰ、Ⅱ和Ⅲ

12. 下列给出的部件中，其位数(宽度)一定与机器字长相同的是(　　)。

Ⅰ. ALU　　　　Ⅱ. 指令寄存器　　　　Ⅲ. 通用寄存器　　　　Ⅳ. 浮点寄存器

A. 仅Ⅰ、Ⅱ　　　　B. 仅Ⅰ、Ⅲ　　　　C. 仅Ⅱ、Ⅲ　　　　D. 仅Ⅱ、Ⅲ、Ⅳ

13. 已知带符号整数用补码表示，float 型数据用 IEEE754 标准表示，假定变量 x 的类型只可能是 int 或 float，当 x 的机器数为 C800 0000H 时，x 的值可能是(　　)。

A. -7×2^{27}　　　　B. -2^{16}　　　　C. 2^{17}　　　　D. 25×2^{27}

14. 在按字节编址，采用小端方式的 32 位计算机中，按边界对齐方式为以下 C 语言结构型变量 a 分配存储空间。

```
Struct  record{
    short  x1;
    int    x2;
} a;
```

若 a 的首地址为 2020 FE00H，a 的成员变量 x2 的机器数为 1234 0000H，则其中 34H 所在存储单元的地址是(　　)。

A. 2020 FE03H　　B. 2020 FE04H　　C. 2020 FE05H　　D. 2020 FE06H

15. 下列关于 TLB 和 Cache 的叙述中，错误的是(　　)。

A. 命中率都与程序局部性有关　　B. 缺失后都需要去访问主存

C. 缺失处理都可以由硬件实现　　D. 都由 DRAM 存储器组成

16. 某计算机采用 16 位定长指令字格式，操作码位数和寻址方式位数固定，指令系统有 48 条指令，支持直接、间接、立即、相对 4 种寻址方式。单地址指令中，直接寻址方式的可寻址范围是(　　)。

A. 0～225　　B. 0～1023　　C. －128～127　　D. －512～511

17. 下列给出的处理器类型中，理想情况下，CPI 为 1 的是(　　)。

Ⅰ. 单周期 CPU　　Ⅱ. 多周期 CPU

Ⅲ. 基本流水线 CPU　　Ⅳ. 超标量流水线 CPU

A. 仅Ⅰ、Ⅱ　　B. 仅Ⅰ、Ⅲ　　C. 仅Ⅱ、Ⅳ　　D. 仅Ⅲ、Ⅳ

18. 下列关于"自陷"(Trap，也称陷阱)的叙述中，错误的是(　　)。

A. 自陷是通过陷阱指令预先设定的一类外部中断事件

B. 自陷可用于实现程序调试时的断点设置和单步跟踪

C. 自陷发生后 CPU 将转去执行操作系统内核相应程序

D. 自陷处理完成后返回到陷阱指令的下一条指令执行

19. QPI 总线是一种点对点全工同步串行总线，总线上的设备可同时接收和发送信息，每个方向可同时传输 20 位信息(16 位数据＋4 位校验位)，每个 QPI 数据包有 80 位信息，分 2 个时钟周期传送，每个时钟周期传递 2 次。因此，QPI 总线带宽为：每秒传送次数×2B×2。若 QPI 时钟频率为 2.4GHz，则总线带宽为(　　)。

A. 4.8GB/s　　B. 9.6GB/s　　C. 19.2GB/s　　D. 38.4GB/s

20. 下列事件中，属于外部中断事件的是(　　)。

Ⅰ. 访存时缺页　　Ⅱ. 定时器到时　　Ⅲ. 网络数据包到达

A. 仅Ⅰ、Ⅱ　　B. 仅Ⅰ、Ⅲ　　C. 仅Ⅱ、Ⅲ　　D. Ⅰ、Ⅱ和Ⅲ

21. 外部中断包括不可屏蔽中断(NMI)和可屏蔽中断，下列关于外部中断的叙述中，错误的是(　　)。

A. CPU 处于关中断状态时，也能响应 NMI 请求

B. 一旦可屏蔽中断请求信号有效，CPU 将立即响应

C. 不可屏蔽中断的优先级比可屏蔽中断的优先级高

D. 可通过中断屏蔽字改变可屏蔽中断的处理优先级

22. 若设备采用周期挪用DMA方式进行输入和输出，每次DMA传送的数据块大小为512字节，相应的I/O接口中有一个32位数数据缓冲寄存器。对于数据输入过程，下列叙述中，错误的是(　　)。

A. 每准备好32位数据，DMA控制器就发出一次总线请求

B. 相对于CPU，DMA控制器的总线使用权的优先级更高

C. 在整个数据块的传送过程中，CPU不可以访问主存储器

D. 数据块传送结束时，会产生“DMA传送结束”中断请求

23. 若多个进程共享同一个文件F，则下列叙述中，正确的是(　　)。

A. 各进程只能用“读”方式打开文件F

B. 在系统打开文件表中仅有一个表项包含F的属性

C. 各进程的用户打开文件表中关于F的表项内容相同

D. 进程关闭F时，系统删除F在系统打开文件表中的表项

24. 下列选项中，支持文件长度可变、随机访问的磁盘存储空间分配方式是(　　)。

A. 索引分配　B. 链接分配　C. 连续分配　D. 动态分区分配

25. 下列与中断相关的操作中，由操作系统完成的是(　　)。

Ⅰ. 保存被中断程序的中断点　Ⅱ. 提供中断服务

Ⅲ. 初始化中断矢量表　Ⅳ. 保存中断屏蔽字

A. 仅Ⅰ、Ⅱ　B. 仅Ⅰ、Ⅱ、Ⅳ　C. 仅Ⅲ、Ⅳ　D. 仅Ⅱ、Ⅲ、Ⅳ

26. 下列与进程调度有关的因素中，在设计多级反馈队列调度算法时需要考虑的是(　　)。

Ⅰ. 就绪队列的数量　Ⅱ. 就绪队列的优先级

Ⅲ. 各就绪队列的调度算法　Ⅳ. 进程在就绪队列间的迁移条件

A. 仅Ⅰ、Ⅱ　B. 仅Ⅲ、Ⅳ　C. 仅Ⅱ、Ⅲ、Ⅳ　D. Ⅰ、Ⅱ、Ⅲ和Ⅳ

27. 某系统中有A、B两类资源各6个，t时刻资源分配及需求情况如表23-1所示。

表　23-1

进程	A已分配数量	B已分配数量	A需求总量	B需求总量
P1	2	3	4	4
P2	2	1	3	1
P3	1	2	3	4

t时刻安全性检测结果是(　　)。

A. 存在安全序列P1、P2、P3　B. 存在安全序列P2、P1、P3

C. 存在安全序列P2、P3、P1　D. 不存在安全序列

28. 下列因素中，影响请求分页系统有效(平均)访存时间的是(　　)。

Ⅰ. 缺页率　Ⅱ. 磁盘读写时间

Ⅲ. 内存访问时间　Ⅳ. 执行缺页处理程序的CPU时间

A. 仅Ⅱ、Ⅲ　B. 仅Ⅰ、Ⅳ　C. 仅Ⅰ、Ⅲ、Ⅳ　D. Ⅰ、Ⅱ、Ⅲ和Ⅳ

29. 下列关于父进程与子进程的叙述中，错误的是(   )。
   A. 父进程与子进程可以并发执行
   B. 父进程与子进程共享虚拟地址空间
   C. 父进程与子进程有不同的进程控制块
   D. 父进程与子进程不能同时使用同一临界资源

30. 对于具备设备独立性的系统，下列叙述中，错误的是(   )。
   A. 可以使用文件名访问物理设备
   B. 用户程序使用逻辑设备名访问物理设备
   C. 需要建立逻辑设备与物理设备之间的映射关系
   D. 更换物理设备后必须修改访问该设备的应用程序

31. 某文件系统的目录项由文件名和索引节点号构成。若每个目录项长度为64字节，其中4字节存放索引节点号，60字节存放文件名。文件名由小写英文字母构成，则该文件系统能创建的文件数量的上限为(   )。
   A. 2^{26}　　B. 2^{32}　　C. 2^{60}　　D. 2^{64}

32. 下列准则中，实现临界区互斥机制必须遵循的是(   )。
   Ⅰ. 两个进程不能同时进入临界区
   Ⅱ. 允许进程访问空闲的临界资源
   Ⅲ. 进程等待进入临界区的时间是有限的
   Ⅳ. 不能进入临界区的执行态进程立即放弃CPU
   A. 仅Ⅰ、Ⅳ　　B. 仅Ⅰ、Ⅲ　　C. 仅Ⅰ、Ⅱ、Ⅲ　　D. 仅Ⅰ、Ⅲ、Ⅳ

33. 图23-3描述的协议要素是(   )。

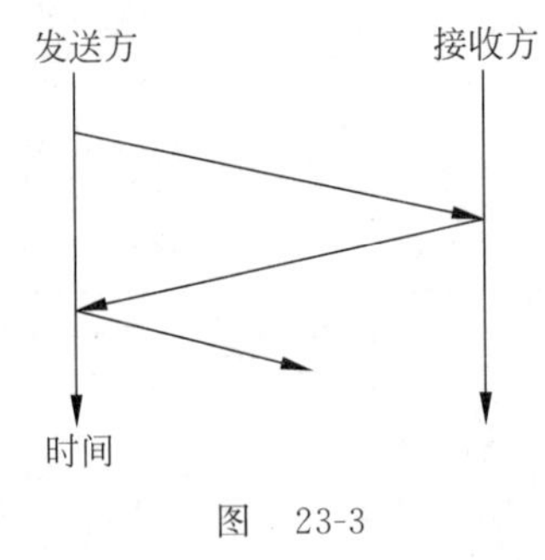

图　23-3

   Ⅰ. 语法　　Ⅱ. 语义　　Ⅲ. 时序
   A. 仅Ⅰ　　B. 仅Ⅱ　　C. 仅Ⅲ　　D. Ⅰ、Ⅱ和Ⅲ

34. 下列关于虚电路网络的叙述中，错误的是(   )。
   A. 可以确保数据分组传输顺序
   B. 需要为每条虚电路预分配带宽
   C. 建立虚电路时需要进行路由选择
   D. 依据虚电路号(VCID)进行数据分组转发

35. 图 23-4 所示的网络中，冲突域和广播域的个数分别是(　　)。

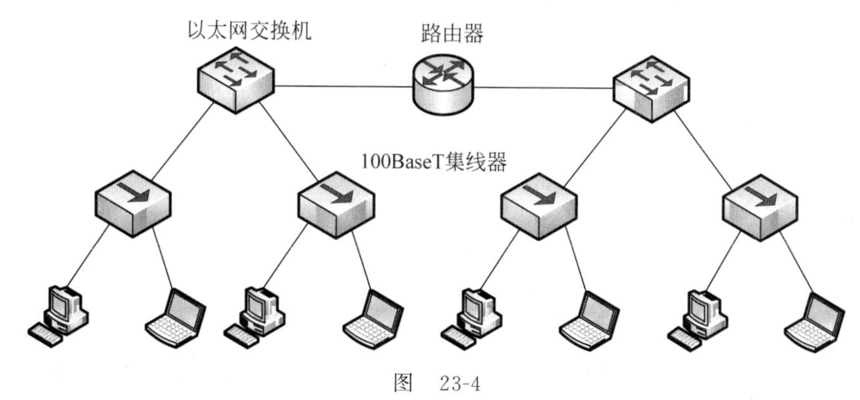

图　23-4

A. 2,2　　B. 2,4　　C. 4,2　　D. 4,4

36. 假设主机甲采用停-等协议向主机乙发送数据帧，数据帧长与确认帧长均为 1 000B，数据传输速率是 10kbit/s，单项传播延时是 200ms。则甲的最大信道利用率为(　　)。

A. 80%　　B. 66.7%　　C. 44.4%　　D. 40%

37. 某 IEEE 802.11 无线局域网中，主机 H 与 AP 之间发送或接收 CSMA/CA 帧的过程如图 23-5 所示。在 H 或 AP 发送帧前所等待的帧间间隔时间(IFS)中，最长的是(　　)。

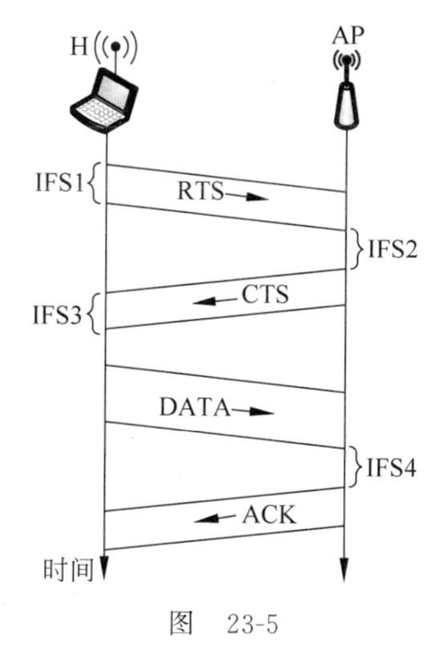

图　23-5

A. IFS1　　B. IFS2　　C. IFS3　　D. IFS4

38. 若主机甲与主机乙已建立一条 TCP 连接，最大段长(MSS)为 1KB，往返时间(RTT)为 2ms，则在不出现拥塞的前提下，拥塞窗口从 8KB 增长到 32KB 所需的最长时间是(　　)。

A. 4ms　　B. 8ms　　C. 24ms　　D. 48ms

39. 若主机甲与主机乙建立 TCP 连接时，发送的 SYN 段中的序号为 1 000，在断开连接时，甲发送给乙的 FIN 段中的序号为 5 001，则在无任何重传的情况下，甲向乙已经发送的应用层数据的字节数为(　　)。

A. 4 002　　B. 4 001　　C. 4 000　　D. 3 999

40. 假设图 23-6 所示网络中的本地域名服务器只提供递归查询服务,其他域名服务器均只提供迭代查询服务;局域网内主机访问 Internet 上各服务器的往返时间(RTT)均为 10ms,忽略其他各种时延。若主机 H 通过超链接 http://www.abc.com/index.html 请求浏览纯文本 Web 页 index.html,则从点击超链接开始到浏览器接收到 index.html 页面为止,所需的最短时间与最长时间分别是(　　)。

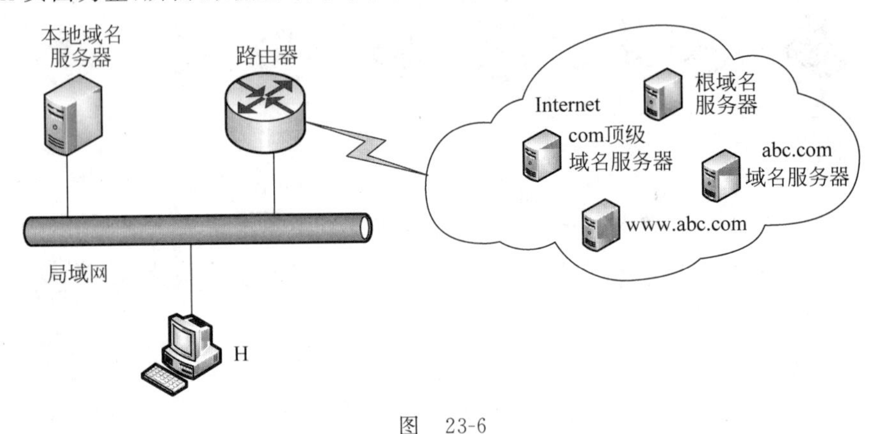

图　23-6

A. 10ms,40ms　　B. 10ms,50ms　　C. 20ms,40ms　　D. 20ms,50ms

二、综合应用题:41～47 小题,共 70 分。

41. (13 分) 定义三元组(a,b,c)(a,b,c 均为正数)的距离 $D=|a-b|+|b-c|+|c-a|$。给定 3 个非空整数集合 S1、S2 和 S3,按升序分别存储在 3 个数组中。请设计一个尽可能高效的算法,计算并输出所有可能的三元组(a,b,c)($a\in S1,b\in S2,c\in S3$)中的最小距离。例如 S1={−1,0,9},S2={−25,−10,10,11},S3={2,9,17,30,41},则最小距离为 2,相应的三元组为(9,10,9)。要求:

(1) 给出算法的基本设计思想。

(2) 根据设计思想,采用 C 或 C++语言描述算法,关键之处给出注释。

(3) 说明你所设计算法的时间复杂度和空间复杂度。

42. (10 分) 若任一个字符的编码都不是其他字符编码的前缀,则称这种编码具有前缀特性。现有某字符集(字符个数≥2)的不等长编码,每个字符的编码均为二进制的 0、1 序列,最长为 L 位,具有前缀特性。请回答下列问题:

(1) 哪种数据结构适宜保存上述具有前缀特性的不等长编码?

(2) 基于你所设计的数据结构,简述从 0/1 串到字符串的译码过程。

(3) 简述判定某字符集的不等长编码是否具有前缀特性的过程。

43. (13 分) 有实现 $x\times y$ 的两个 C 语言函数如下:

```
unsigned umul (unsigned x,unsigned y) { return x * y ; }
int imul (int x, int y) { return x  * y; }
```

假定某计算机 M 中 ALU 只能进行加减运算和逻辑运算。请回答下列问题。

(1) 若 M 的指令系统中没有乘法指令，但有加法、减法和位移等指令，则在 M 上也能实现上述两个函数中的乘法运算，为什么？

(2) 若 M 的指令系统中有乘法指令，则基于 ALU、位移器、寄存器以及相应控制逻辑实现乘法指令时，控制逻辑的作用是什么？

(3) 针对以下三种情况：(a)没有乘法指令；(b)有使用 ALU 和位移器实现的乘法指令；(c)有使用阵列乘法器实现的乘法指令，函数 umul()在哪种情况下执行时间最长？哪种情况下执行的时间最短？说明理由。

(4) n 位整数乘法指令可保存 $2n$ 位乘积，当仅取低 n 位作为乘积时，其结果可能会发生溢出。当 $n=32$、$x=2^{31}-1$、$y=2$ 时，带符号整数乘法指令和无符号整数乘法指令得到的 $x \times y$ 的 $2n$ 位乘积分别是什么(用十六进制表示)？此时函数 umul()和 imul()的返回结果是否溢出？对于无符号整数乘法运算，当仅取乘积的低 n 位作为乘法结果时，如何用 $2n$ 位乘积进行溢出判断？

44. (10 分) 假定主存地址为 32 位，按字节编址，指令 Cache 和数据 Cache 与主存之间均采用 8 路组相联映射方式，直写(Write Through)写策略和 LRU 替换算法，主存块大小为 64B，数据区容量各为 32KB。开始时 Cache 均为空。请回答下列问题。

(1) Cache 每一行中标记(Tag)、LRU 位各占几位？是否有修改位？

(2) 有如下 C 语言程序段：

```
for  (k = 0; k < 1024 ; k++)
s [k] = 2 * s [k];
```

若数组 s 及其变量 k 均为 int 型，int 型数据占 4B，变量 k 分配在寄存器中，数组 s 在主存中的起始地址为 0080 00C0H，则该程序段执行过程中，访问数组 s 的数据 Cache 缺失次数为多少？

(3) 若 CPU 最先开始的访问操作是读取主存单元 0001 003H 中的指令，简要说明从 Cache 中访问该指令的过程，包括 Cache 缺失处理过程。

45. (7 分) 现有 5 个操作 A、B、C、D 和 E，操作 C 必须在 A 和 B 完成后执行，操作 E 必须在 C 和 D 完成后执行，请使用信号量的 wait()、signal()操作(P、V 操作)描述上述操作之间的同步关系，并说明所用信号量及其初值。

46. (8 分) 某 32 位系统采用基于二级页表的请求分页存储管理方式，按字节编址，页目录项和页表项长度均为 4 字节，虚拟地址结构如下所示。

页目录号(10 位)	页号(10 位)	页内偏移量(12 位)

某 C 程序中数组 $a[1024][1024]$的起始虚拟地址为 1080 0000H，数组元素占 4 字节，该程序运行时，其进程的页目录起始物理地址为 0020 1000H，请回答下列问题。

(1) 数组元素 $a[1][2]$的虚拟地址是什么？对应的页目录号和页号分别是什么？对应的页目录项的物理地址是什么？若该目录项中存放的页框号为 00301H，则 $a[1][2]$所在页对应的页表项的物理地址是什么？

(2) 数组 a 在虚拟地址空间中所占区域是否必须连续？在物理地址空间中所占区

域是否必须连续？

（3）已知数组 a 按行优先方式存放，若对数组 a 分别按行遍历和按列遍历，则哪一种遍历方式的局部性更好？

47. （9 分）某校园网有两个局域网，通过路由器 R1、R2 和 R3 互联后接入 Internet，S1 和 S2 为以太网交换机。局域网采用静态 IP 地址配置，路由器部分接口以及各主机的 IP 地址如图 23-7 所示。

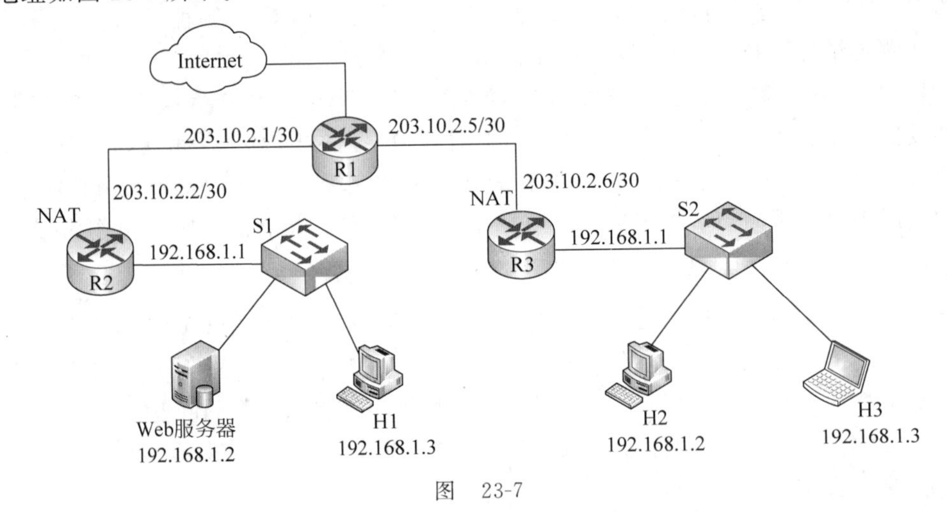

图 23-7

假设 NAT 转换表结构为：

外网		内网	
IP 地址	端口号	IP 地址	端口号

请回答下列问题：

（1）为使 H2 和 H3 能够访问 Web 服务器（使用默认端口号），需要进行什么配置？

（2）若 H2 主动访问 Web 服务器时，将 HTTP 请求报文封装到 IP 数据报 P 中发送，则 H2 发送 P 的源 P 地址和目的 IP 地址分别是什么？经过 R3 转发后，P 的源 IP 地址和目的 IP 地址分别是什么？经过 R2 转发后，P 的源 IP 地址和目的 IP 地址分别是什么？

2020年全国硕士研究生招生考试计算机学科专业基础试题参考答案及解析

一、单项选择题参考答案速查

题号	1	2	3	4	5	6	7	8	9	10
答案	C	D	A	C	B	B	A	B	C	B
题号	11	12	13	14	15	16	17	18	19	20
答案	A	B	A	D	D	A	B	A	C	C
题号	21	22	23	24	25	26	27	28	29	30
答案	B	C	B	A	D	D	B	D	B	D
题号	31	32	33	34	35	36	37	38	39	40
答案	B	C	C	B	C	D	A	D	C	D

二、单项选择题考点、解析及答案

1. **【考点】**数据结构；栈、队列和数组；多维数组的存储。

【解析】按上三角存储，$m_{7,2}$对应的是$m_{2,7}$，在它之前有：

第 1 列：1

第 2 列：2

……

第 6 列：6

第 7 列：1

前面一共 1+2+3+4+5+6+1 个元素，共 22 个元素，数组下标从 0 开始，故下标为$m_{2,7}$的数组下标为 22。

【答案】故此题答案为 C。

2. **【考点】**数据结构；栈、队列和数组；栈和队列的基本概念。

【解析】考生须知栈是一种操作受限的线性表，所遵循的进出原则是“先进后出”，基于这个原则可以引出一个问题，即出栈序列问题。

第一个 Pop 栈中状态为 a,b，Pop 出栈元素为 b，第二个 Pop 栈中状态为 a,c，Pop 出栈元素为 c，第三个 Pop 栈中状态为 a,d,e，Pop 出栈元素为 e，把序列连起来就是 b,c,e。

【答案】故此题答案为 D。

3. 【考点】数据结构；树与二叉树；二叉树；二叉树的顺序存储结构和链式存储结构。

【解析】本题考查二叉树的顺序存储结构，因为是顺序存储结构保存，所以需要的存储单元是给定高度的全部节点都要考虑。

由于题目明确说明只存储节点数据信息，所以采用顺序存储时要用数组的下标保存节点的父子关系，所以对于这棵二叉树存储的结果就是存储了一棵五层的满二叉树，五层的满二叉树节点个数为 1＋2＋4＋8＋16＝31，所以至少需要 31 个存储单元。

【答案】故此题答案为 A。

4. 【考点】数据结构；树与二叉树；树、森林；树和森林的遍历。

【解析】本题考查森林的后根遍历。森林的先根遍历对应它自己转换后二叉树的先序遍历，森林的后根遍历对应它自己转换后二叉树的中序遍历，所以先根和后根可以唯一确定森林转换后的二叉树，如图 24-1。

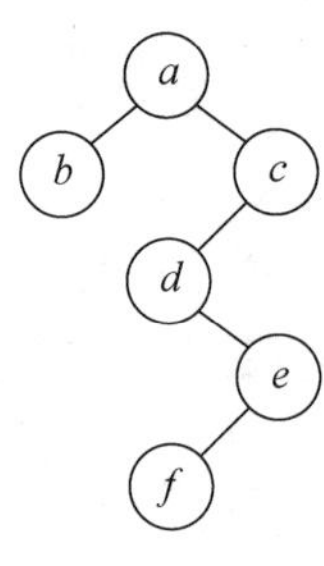

图 24-1

后序遍历为：b,f,e,d,c,a。

【答案】故此题答案为 C。

5. 【考点】数据结构；查找；树形查找；二叉搜索树。

【解析】本题考查二叉排序树，其定义为一棵空树，或者是具有下列性质的二叉树：

(1) 若左子树不空，则左子树上所有节点的值均小于它的根节点的值；

(2) 若右子树不空，则右子树上所有节点的值均大于它的根节点的值；

(3) 左、右子树也分别为二叉排序树；

在 4,5,1,2,3 中由于 1 先插入，所以 1 会成为 4 的左孩子，2 会成为 1 的右孩子，不能生成图中二叉树。

【答案】故此题答案为 B。

6. 【考点】数据结构；图；图的遍历；图的基本应用；拓扑排序。

【解析】本题考查逆拓扑排序。(1)从有向图中选择一个出度为 0 的顶点输出；(2)删除(1)中的顶点，并且删除指向该顶点的全部边；(3)重复上述两步，直到剩余的图中不存在出度为 0 的顶点为止。

这样得到的序列为逆拓扑序列。

题目已经限定有向无环图，假设从 a 节点出发开始深度遍历，那么这一次递归到最大深度，必然终止于某节点(记为 h 节点)，h 节点必然没有出度。此时 h 输出，程序栈退栈，回到 h 的前一个节点(记为 f)，如果 f 还有其他出度，那么此时要访问其他出度，直到每一个出度的分支都访问结束才能访问 f，这样来看，一个节点要被访问的前提必须是它的所有出度分支都要被访问，换句话说也就是等一个节点没有出度时才可以访问，这就是逆拓扑排序(每次删除的都是出度为零的节点)。

【答案】故此题答案为 B。

7. 【考点】数据结构；图；图的基本应用；最小(代价)生成树。

【解析】本题考查克鲁斯卡尔(Kruskal)算法,克鲁斯卡尔算法从另一途径求网的最小生成树。其基本思想是:假设连通网 $G=(V,E)$,令最小生成树的初始状态为只有 n 个顶点而无边的非连通图 $T=(V,\{\})$,概述图中每个顶点自成一个连通分量。在 E 中选择代价最小的边,若该边依附的顶点分别在 T 中不同的连通分量上,则将此边加入到 T 中;否则,舍去此边而选择下一条代价最小的边。以此类推,直至 T 中所有顶点构成一个连通分量为止。

先将所有边按权值排序,然后依次取权值最小的边但不能在图中形成环,此时取得权值序列为 5,6,此时 7 不能取因为形成了环,接下来取 9,10,11,按权值对应的边分别为(b,f),(b,d),(a,e),(c,e),(b,e)。

【答案】故此题答案为 A。

8. 【考点】数据结构;图;图的基本应用;关键路径。

【解析】A 应改为权值之和最大的路径,B 的最长就是指权值之和最大,C 增加关键活动一定会增加工期,D 减小任一关键活动不一定会缩短工期。

【答案】故此题答案为 B。

9. 【考点】数据结构;树与二叉树;大根堆。

【解析】本题考查的是大根堆,大根堆就是根节点是整棵树的最大值(根节点大于或等于左右子树的最大值),对于它的任意子树,根节点也是最大值。

Ⅲ错误,因为堆只要求根大于左右子树,并不要求左右子树有序。

【答案】故此题答案为 C。

10. 【考点】数据结构;查找;B 树及其基本操作。

【解析】本题考查 B 树及其基本操作,如下:

(1) 插入:

注意:如果插入前 B 树非空,那么插入位置一定在最底层中的某个非叶节点。

有前面讲的 B 树的特性可知,所有节点中关键字的个数 n 满足 $\lceil m/2 \rceil -1 \leqslant n \leqslant m-1$,若插入后的关键字的个数小于 m,则可直接插入。也就是每当插入一个节点后,都要检查节点内关键字的个数,看是否满足 B 树的条件。当插入节点的关键字个数大于 $m-1$,必须对节点进行分裂。

(2) 分裂:

从中间位置 $\lceil m/2 \rceil$ 将其中的关键字分为两部分,左边部分的关键字放在原节点中,右边部分放到新的节点中。中间位置 $\lceil m/2 \rceil$ 的节点插入有以下两种情况:

如果没有双亲节点,新建一个双亲节点,B 树的高度增加一层;

如果有双亲节点,将中间位置的节点插入到双亲节点中去,见图 24-2。

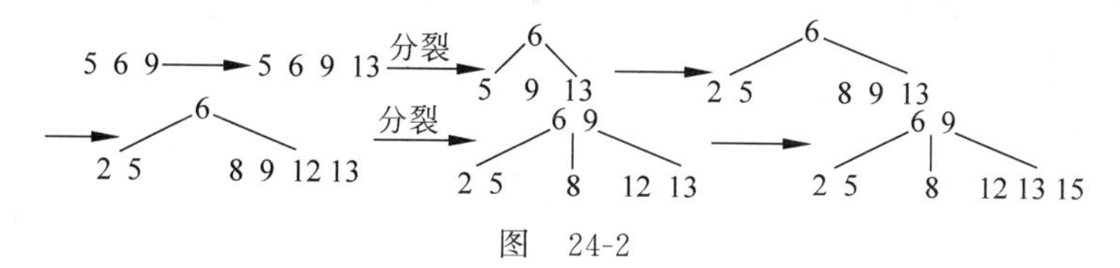

图　24-2

【答案】故此题答案为 B。

11. **【考点】**数据结构；排序；直接插入排序；简单选择排序。

【解析】本题考查直接插入排序，直接插入排序是一种最简单的排序方法，其基本操作是将一条记录插入到已排好的有序表中，从而得到一个新的、记录数量增1的有序表。

直接插入排序在有序数组上的比较次数为 $n-1$，简单选择排序的比较次数为：

$$1+2+\cdots+n-1=n(n-1)/2$$

Ⅱ，辅助空间都是 $O(1)$，没差别。

Ⅲ，因为本身已经有序，移动次数均为0。

【答案】故此题答案为A。

12. **【考点】**计算机组成原理；数据的表示和运算；运算方法和运算电路；加法器；算术逻辑部件(ALU)。

【解析】考生须知机器字长是指CPU内部用于整数运算的数据通路的宽度。CPU内部数据通路是指CPU内部的数据流经的路径及路径上的部件，主要是CPU内部进行数据运算、存储与传送的部件，这些部件的宽度基本上要一致才能互相匹配。

机器字长通常与CPU的寄存器位数、加法器有关。

【答案】故此题答案为B。

13. **【考点】**计算机组成原理；数据的表示和运算；整数的表示和运算；带符号整数的表示和运算。

【解析】展开1100 1000 0000 0000 0000 0000 0000 0000H，将其转换为对应的float或int。如果是float，尾数是隐藏了的最高位1，数符为1表示负数，阶码 $10010000=2^7+2^4=128+16$，减去偏置值127后等于17，为 -2^{17}；如果是int，带符号补码，为负数，数值部分取反加1，011 1000 0000 0000 0000 0000 0000 0000H，算出值为 -7×2^{27}。

【答案】故此题答案为A。

14. **【考点】**计算机组成原理；指令系统；寻址方式；小端方式。

【解析】考生解答本题须知，边界对齐是指编辑C++时在使用结构体指针，进行C#和C++的互相调用。边界对齐是一个大问题，因为边界对齐问题，结构体的成员并不是在内存一个挨着一个的排序。小端方式指的是，数据的低字节部分保存在低地址，数据的高字节部分保存在高地址，即低地址部分保存低字节数据。

根据按边界对齐和小端方式的定义，给出变量 a 的存放方式如下：

x1(LSB)	x2(MSB)	null	null
00H	00H	34H	12H

首地址为2020 FE00H，按字节编址，则34H所在单元地址为2020 FE00H+6=2020 FE06H。

【答案】故此题答案为D。

15. **【考点】**计算机组成原理；存储器层次结构；半导体随机存取存储器；DRAM存储器；高速缓冲存储器；TLB。

【解析】本题考查TLB和Cache。TLB是一个内存管理单元用于改进虚拟地址到物理地址转换速度的缓存。cache 是为了解决处理器与慢速 DRAM(慢速 DRAM 即内存)设备之间巨大的速度差异而出现的。

Cache 由 SRAM 组成。TLB 通常用相联存储器组成，也可以由 SRAM。DRAM 需要不断地刷新，性能较低。

【答案】故此题答案为 D。

16. **【考点】**计算机组成原理；指令系统；寻址方式。

【解析】本题考查直接寻址方式，直接寻址方式是指操作数在存储器中，操作数的有效地址(16 位偏移量)直接包含在指令中。操作数的地址是段寄存器 DS 或 ES 中的内容乘以 16 后，加上指令给出的 16 位地址偏移量。

48 条指令需要 6 位操作码字段，4 种寻址方式需要 2 位寻址特征位，故寻址范围为 0～255。注意，主存地址不能为负数。

【答案】故此题答案为 A。

17. **【考点】**计算机组成原理；计算机系统概述；计算机性能指标；CPI。

【解析】本题考查的是 CPI，指的是 CPU 每执行一条指令所需的时钟周期数。

多周期 CPU 指的是将整个 CPU 的执行过程分成几个阶段，每个阶段用一个时钟去完成，然后开始下一条指令的执行，而每种指令执行时所用的时钟数不尽相同，这就是所谓的多周期 CPU，Ⅱ错误。Ⅳ是通过增加功能部件实现的并行。在理想情况下，Ⅰ单周期 CPU，指令周期＝时钟周期；Ⅲ基本流水线 CPU，让每个时钟周期流出一条指令(执行完一条指令)。

【答案】故此题答案为 B。

18. **【考点】**计算机组成原理；中央处理器；异常和中断机制。

【解析】本题考查的是自陷，自陷表示通过处理器所拥有的软件指令、可预期地使处理器正在执行的程序的执行流程发生变化，以执行特定的程序。自陷是显式的事件，需要无条件地执行。

自陷是属于内中断。

【答案】故此题答案为 A。

19. **【考点】**计算机组成原理；总线和输入/输出系统；总线的组成及性能指标；总线带宽。

【解析】本题考查的是总线带宽，指的是总线在单位时间内可以传输的数据总数。

每个时钟周期传递 2 次，根据公式，2.4G×2×2×2B/s＝19.2GB/s，选 C。

考生需注意误区：公式里最后已经乘了 2 次了(全双工)，在求解时不需要再乘。

【答案】故此题答案为 C。

20. **【考点】**计算机组成原理；中央处理器；异常和中断机制。

【解析】Ⅰ，访存时缺页属于内中断；Ⅱ，外部中断，描述的是时钟中断；Ⅲ，外部中断，外部事件。

【答案】故此题答案为 C。

21. **【考点】**计算机组成原理；中央处理器；异常和中断机制。

【解析】本题考查的是外部中断，外部中断是单片机实时地处理外部事件的一种内部机制。当某种外部事件发生时，单片机的中断系统将迫使 CPU 暂停正在执行的程序，转而去进行中断事件的处理；中断处理完毕后。又返回被中断的程序处，继续执行下去。

本题容易误选 A。非屏蔽中断是一种硬件中断，此种中断通过不可屏蔽中断请求 NMI 控制，不受中断标志位 IF 的影响，即使在关中断（IF＝0）的情况下也会被影响。B 选项 CPU 响应中断需要满足 3 个条件。①中断源有中断请求；②CPU 允许中断及开中断；③一条指令执行完毕，且没有更紧迫的任务。

【答案】故此题答案为 B。

22. **【考点】**计算机组成原理；总线和输入/输出系统；I/O 方式；DMA 方式。

【解析】考生须知 DMA 是所有现代计算机的重要特色，它允许不同速度的硬件装置来沟通，而不需要依赖于 CPU 的大量中断负载。否则，CPU 需要从来源把每一片段的资料复制到暂存器，然后把它们再次写回到新的地方。在这段时间，CPU 对于其他的工作来说就无法使用。

周期挪用是指利用 CPU 不访问存储器的那些周期来实现 DMA 操作，此时 DMA 可以使用总线而不用通知 CPU 也不会妨碍 CPU 的工作。

【答案】故此题答案为 C。

23. **【考点】**操作系统；文件管理；文件；文件的操作。

【解析】考生须知对于多个进程打开同一文件的情况，每个进程都有它自己的文件表项（file 对象），其中有它自己的文件位移量，所以对于多个进程读同一文件都能正确工作。但是，当多个进程写同一文件时，则可能产生预期不到的结果。

对于 A，既可以是读的方式，也可以是写的方式，所以 A 错误。

对于 B，系统打开文件表整个系统只有一张，同一个文件打开多次只需要改变引用计数，不需要对应多项，所以 B 正确。

对于 C，用户进程的打开文件表关于同一个文件不一定相同，所以 C 错误。

对于 D，进程关闭文件时，文件的引用计数减少 1，引用计数变为 0 时才删除，所以 D 错误。

【答案】故此题答案为 B。

24. **【考点】**操作系统；输入/输出管理；外存管理；磁盘。

【解析】本题考查的是磁盘存储空间分配方式，磁盘空间分配的主要常用方法有三个：连续分配、链接分配和索引分配。

链接分配不能支持随机访问，B 错误。连续分配不支持可变文件长度，C 错误。动态分区分配是内存管理方式非磁盘空间管理方式，D 错误。

【答案】故此题答案为 A。

25. **【考点】**操作系统；操作系统基础；程序运行环境；中断和异常的处理。

【解析】本题考查的是中断，由于操作系统的管理工作（如进程切换、分配 I/O 设备）需要使用特权指令，因此 CPU 要从用户态转换为核心态。中断就可以使 CPU 从用户态转换为核心态，使操作系统获得计算机的控制权。因此，有了中断，才能实现多道程序并发执行。

中断的保存硬件和软件分别都要保存部分寄存器内容，硬件保存程序计数器

(PC)，操作系统保存程序状态字 PSW，不仅仅由操作系统单独完成，Ⅰ错误。

【答案】故此题答案为 D。

26. 【考点】操作系统；进程管理；CPU 调度与上下文切换；典型调度算法；多级反馈队列调度算法。

【解析】本题考查的是多级反馈队列调度算法，多级反馈队列调度算法既能使高优先级的作业得到响应又能使短作业(进程)迅速完成。

多级反馈队列调度需要综合考虑优先级数量、优先级之间的转换规则等，Ⅰ、Ⅱ、Ⅲ、Ⅳ均正确。

【答案】故此题答案为 D。

27. 【考点】操作系统；进程管理；进程与线程；进程/线程的状态与转换。

【解析】此道题作出需求矩阵 **NEED＝MAX－ALLOCATED** 即可

$$\mathbf{NEED} = \mathbf{MAX} - \mathbf{ALLOCATED}$$

$$\begin{matrix} & \begin{matrix} A & B \end{matrix} & & \begin{matrix} A & B \end{matrix} & & \begin{matrix} A & B \end{matrix} \\ = & \begin{bmatrix} 4 & 4 \\ 3 & 1 \\ 3 & 4 \end{bmatrix} & - & \begin{bmatrix} 2 & 3 \\ 2 & 1 \\ 1 & 2 \end{bmatrix} & = & \begin{bmatrix} 2 & 0 \\ 1 & 0 \\ 2 & 2 \end{bmatrix} \end{matrix}$$

同时，由 **ALLOCATED** 矩阵得知当前 AVAILABLE 为(1,0)。由需求矩阵可知，初始只能满足 P2 需求。P2 释放资源后 AVAILABLE 变为(4,1)。此时仅能满足 P1 需求，P1 释放后可以满足 P3。故得到顺序 P2→P1→P3，B 正确。

【答案】故此题答案为 B。

28. 【考点】操作系统；内存管理；虚拟内存管理；请求页式管理。

【解析】Ⅰ，影响缺页中断发生的频率；Ⅱ，影响访问慢表和访问目标物理地址的时间；Ⅲ和Ⅳ，影响缺页中断的处理时间。故Ⅰ，Ⅱ，Ⅲ，Ⅳ均正确。

【答案】故此题答案为 D。

29. 【考点】操作系统；进程管理；进程与线程；进程/线程的状态与转换。

【解析】本题考查的是父进程与子进程，父进程指已创建一个或多个子进程的进程，子进程指的是由另一进程所创建的进程。

父进程可以和子进程共享一部分共享资源，但是不和子进程共享虚拟地址空间，在创建子进程时，会为子进程分配空闲的进程描述符、唯一标识的 pid 等，B 错误。

【答案】故此题答案为 B。

30. 【考点】操作系统；输入/输出管理；I/O 管理基础；设备。

【解析】本题考查具有设备独立性的系统，具有设备独立性的系统中用户编写程序时使用的设备与实际使用的设备无关，亦即逻辑设备名是用户命名的，可以更改。

设备可以看作特殊文件，A 正确。B 为知识点，正确。访问设备的驱动程序与具体设备无关，D 错误。

【答案】故此题答案为 D。

31. 【考点】操作系统；文件管理；文件；文件元数据和索引节点。

【解析】解答本题考生须知，最多创建文件个数＝最多索引节点个数。

由题，索引节点占 4 字节，对应 32 位，最多可以表示 232 个文件，B 正确。

【答案】故此题答案为 B。

32.【考点】操作系统；进程管理；同步与互斥。

【解析】本题考查的是互斥。互斥：当线程处于临界区并访问共享资源时，其他线程将不会访问相同的共享资源。

Ⅰ，Ⅱ，Ⅲ分别符合互斥、空闲让进、有限等待的原则。不能立即进入临界区的进程。

可以选择等待部分时间，Ⅳ错误。故 C 正确。

【答案】故此题答案为 C。

33.【考点】计算机网络；计算机网络概述；计算机网络体系结构；计算机网络协议。

【解析】本题考查的是网络协议，网络协议主要由语义、语法和时序（大多数专业教材定义为同步）三部分组成，即协议三要素。

语义：规定通信双方彼此“讲什么”，规定所要完成的功能，如规定通信双方要发出什么控制信息，执行的动作和返回的应答。

语法：规定通信双方彼此“如何讲”，即规定传输数据的格式，如数据和控制信息的格式。

时序：或称同步，规定了信息交流的次序。由图可知发送方与接收方依次交换信息，体现了协议三要素中的时序要素。

【答案】故此题答案为 C。

34.【考点】计算机网络；网络层；虚电路网络。

【解析】本题考查的是虚电路网络，虚电路网络提供网络层连接服务，它在发送 Segment 之前提供一条从源主机到目的主机的逻辑连接（类似于电路的路径）。它采用了分组交换的方式，每个分组的传输利用已经建立的链路的全部宽带，源到目的路径经过的网络层设备共同完成虚电路功能。

虚电路服务需要有建立连接过程，每个分组使用短的虚电路号，属于同一条虚电路的分组按照同一路由进行转发，分组到达终点的顺序与发顺顺序相同，可以保证有序传输，不需要为每条虚电路预分配带宽。

【答案】故此题答案为 B。

35.【考点】计算机网络；网络层；网络层设备；数据链路层；数据链路层设备。

【解析】解答此题考生须知，网络层设备路由器可以隔离广播域和冲突域，链路层设备普通交换机只能隔离冲突域，物理层设备集线器、中继器既不能隔离冲突域也不能隔离广播域。

题中共有 2 个广播域，4 个冲突域。

【答案】故此题答案为 C。

36.【考点】计算机网络；数据链路层；介质访问控制；信道划分。

【解析】考生须知，在数据传输速率一定的条件下，信道利用率可以等同于发送数据的时间 /（发送数据的时间＋信道空闲的时间）。

发送数据帧和确认帧的时间分别为 800ms，800ms。发送周期为 $T=800+200+800+200=2\,000$ms。采用停止-等待协议，信道利用率为 800/2 000=40%。

【答案】故此题答案为 D。

37.【考点】计算机网络；数据链路层；局域网；IEEE 802.11 无线局域网。

【解析】考生须知，为了尽量避免碰撞，IEEE 802.11 规定，所有的站在完成发送后，必须再等待一段很短的时间（继续监听）才能发送下一帧。这段时间通称为帧间间隔 IFS（Inter Frame Space）。帧间间隔的长短取决于该站要发送的帧的类型。

IEEE802.11 推荐使用 3 种帧间隔（IFS），以便提供基于优先级的访问控制。DIFS（分布式协调 IFS）：最长的 IFS，优先级最低，用于异步帧竞争访问的时延。PIFS（点协调 IFS）：中等长度的 IFS，优先级居中，在 PCF 操作中使用。SIFS（短 IFS）：最短的 IFS，优先级最高，用于需要立即响应的操作。网络中的控制帧以及对所接收数据的确认帧都采用 SIFS 作为发送之前的等待时延。当节点要发送数据帧时，载波监听到信道空闲时，需等待 DIFS 后发送 RTS 预约信道，IFS1 对应的帧间隔 DIFS，时间最长，图 23-5 中 IFS2，IFS3，IFS4 对应 SIFS。

【答案】故此题答案为 A。

38.【考点】计算机网络；传输层；TCP；TCP 拥塞控制。

【解析】本题考查的是拥塞窗口，一个连贯的 TCP 双端只是网络最边缘的两台主机，它们不知道整个网络是如何工作的，因而它们不知道彼此之间的无效吞吐量。因而，它们必须找到一种办法来确定它，我们将其称之为拥塞窗口。

在不出现拥塞的前提下，拥塞窗口从 8KB 增长到 32KB 所需的最长时间（由于慢开始门限可以根据需求设置所以这里面为了求最长时间可以假定在慢开始门限小于或等于 8KB，这样由 8KB 到 32KB 的过程中都是加法增大），考虑拥塞窗口达到 8KB 时，以后的每个轮次拥塞窗口逐次加 1，需 $24\times2=48$(ms)后达到 32KB 大小。

【答案】故此题答案为 D。

39.【考点】计算机网络；传输层；TCP。

【解析】主机甲与主机乙建立 TCP 连接时发送的 SYN 段中的序号为 1 000，则在数据数据传输阶段所用序号起始为 1 001，在断开连接时，甲发送给乙的 FIN 段中的序号为 5 001，在无任何重传的情况下，甲向乙已经发送的应用层数据的字节数为 5 001−1 001=4 000。

【答案】故此题答案为 C。

40.【考点】计算机网络；应用层；域名服务器。

【解析】解答本题考生须知，忽略各种时延情况下，最短时间，即本地域名服务器存在域名与 IP 地址映射关系，最长时间即本地域名服务器不存在域名与 IP 地址映射关系。

在本题中，最短时间仅需主机向本地域名服务器递归查询一次 10ms，传送数据 10ms，最短时间共需 20ms；最长时间需向本地域名服务器递归查询一次后，迭代查询各级域名服务器 3 次，需 40ms，传送数据 10ms，最长时间共需 50ms。

【答案】故此题答案为 D。

三、综合应用题考点、解析

41. **【考点】**数据结构；栈、队列和数组；多维数组的存储；空间复杂度；时间复杂度；C 或 C++语言。

【解析】本题是三元组的最小距离问题，三个小题的问题依次推进，难度逐步增加，属于区分度较好、难度适中的综合应用题。需要考生：(1)按要求描述算法的思想；(2)给出 C 或 C++语言描述的算法并给出关键之处的注释；(3)分析给出算法的时间复杂度与空间复杂度。具体解析如下：

(1) 算法的基本设计思想。

① 使用 min 记录当前所有已处理过的三元组的最小距离，初值为 C 语言能表示的最大整数 INT_MAX；

② 若集合 S1、S2 和 S3 分别保存在数组 A、B、C 中。数组下标变量 $i=j=k=0$，当 $i<|S1|$ 且 $j<|S2|$ 且 $k<|S3|$ 时（$|S|$ 表示集合 S 中的元素个数），循环执行(a)～(c)：

(a) 计算($A[i]$,$B[j]$,$C[k]$)的距离 d；

(b) 若 $d<\min$，则 $\min=d$；

(c) 将 $A[i]$、$B[j]$、$C[k]$中的最小值的下标+1；

③ 输出 min，结束。

(2) 算法实现。

```
# include <limits.h>                                //定义最大整数 INT_MAX 的头文件
# include <math.h>                                  //abs()函数所在的头文件
# define xlsMin(x,y,z)(((x)<=(y))&&((x)<=(z)) //定义辅助计算的宏
int findMinofTrip(int A[], int n,int B[], int m,int C[]. int p){
  int i = 0, j = 0, k = 0, min = INT_MAX, dist;
//min 用于记录三元组最小距离,初值赋为 INT_MAX
  while(i < n&&j < m&&k < p&&min > 0){
      dist = abs(A[i] - B[j]) + abs(B[j] - C[k]) + abs(C[k] - A[i]);
      if(dist < min) min = dist;
      if(xIsMin(A[i],B[j],C[k])) i++;
      else if(xlsMin(B[j],C[k],A[i]))j++;
      else k++;
  }
  return min;
}
```

(3) 算法的时间复杂度和空间复杂度。

设 $n=(|S1|+|S2|+|S3|)$，参考答案的时间复杂度为 $O(n)$，空间复杂度为 $O(1)$。

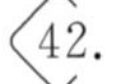
42. **【考点】**数据结构；树与二叉树；二叉树；二叉树的定义及其主要特性。

【解析】本题是用二叉树保存字符集中各字符的编码问题，三小题分别从数据结构的选取，译码过程和检测编码是否具有前缀特性三方面进行考查。具体解析如下：

(1) 使用一棵二叉树保存字符集中各字符的编码，每个编码对应于从根开始到达某叶节点的一条路径，路径长度等于编码位数，路径到达的叶节点中保存该编码对应的字符。

(2) 从左至右依次扫描 0/1 串中的各位。从根开始，根据串中当前位沿当前节点的左子指针或右子指针下移，直到移动到叶节点时为止。输出叶节点中保存的字符。

然后再从根开始重复这个过程。直到扫描到 0/1 串结束,译码完成。

(3) 二叉树既可用于保存各字符的编码,也可用于检测编码是否具有前缀特性。判定编码是否具有前缀特性的过程,同时也是构建二叉树的过程。初始时,二叉树中仅含有根节点,其左子指针和右子指针均为空。依次读入每个编码 C,建立/寻找从根开始对应于该编码的一条路径,过程如下:对每个编码,从左至右扫描 C 的各位,根据 C 当前位(0 或 1)沿节点的指针(左子指针或右子指针)向下移动。当遇到空指针时,创建新节点,让为空的指针指向该新节点并继续移动。沿指针移动过程中,可能遇到三种情况:

① 若遇到了叶节点(非根),则表明不具有前缀特性,返回;

② 若在处理 C 的所有位的过程中,均没有创建新节点,则表明不具有前缀特性,返回;

③ 若处理 C 的最后一个编码位时创建了新节点,则继续验证下一个编码。

若所有编码均通过验证,则编码具有前缀特性。

43. **【考点】**计算机组成原理;数据的表示和运算;运算方法和运算电路;乘/除运算;整数的表示和运算。

【解析】本题主要考查数据的表示和运算,考生需对乘法运算,带符号整数和无符号整数的运算较为熟悉,具体解析如下:

(1) 编译器可以将乘法运算转换为一个循环代码段,在循环代码段中通过比较、加法、移位等指令实现乘法运算。

(2) 控制逻辑的作用为:制循环次数,控制加法和移位操作。

(3) (a)最长,(c)最短。

对于(a),需要用循环代码段(即软件)实现乘法操作,因而需反复执行很多条指令,而每条指令都需要取指令、译码、取数、执行并保存结果,所以执行时间很长;对于(b)和(c),都只要用一条乘法指令实现乘法操作,不过,(b)中的乘法指令需要多个时钟周期才能完成,而(c)中的乘法指令可以在一个时钟周期内完成,所以(c)执行时间最短。

(4) 当 $n=32$、$x=2^{31}-1$、$y=2$ 时,带符号整数和无符号整数乘法指令得到的 64 位乘积都为 0000 0000 FFFF FFFEH。函数 imul 的结果溢出,而函数 umul 结果不溢出。对于无符号整数乘法,若乘积高 n 位全为 0,则不溢出,否则溢出。

44. **【考点】**计算机组成原理;存储器层次结构;高速缓冲存储器;Cache 中主存块的替换算法;Cache 写策略。

【解析】本题主要考查高速缓冲存储器,以及 Cache 缺失的问题,需要考生对此较为熟悉,具体解析如下:

(1) 主存块大小为 $64\text{B}=2^6$ 字节,故主存地址低 6 位为块内地址,Cache 组数为 $32\text{KB}/(64\text{B}\times8)=64=2^6$,故主存地址中间 6 位为 Cache 组号,主存地址中高 $32-6-6=20$ 位为标记,采用 8 路组相联映射,故每行中 LRU 位占 3 位,采用直写方式,故没有修改位。

(2) 因为数组 s 的起始地址最后 6 位全为 0,故 s 位于一个主存块开始处,占 1 024×

4B/64B＝64 个主存块；执行程序段过程中，每个主存块中的 64B/4B＝16 个数组元素依次读、写 1 次，因而对于每个主存块，总是第一次访问缺失，以后每次命中。综上，数组 s 的数据 Cache 访问缺失次数为 64 次。

(3) 0001 0003H＝0000 0000 0000 0001 0000 000000 000011B，根据主存地址划分可知，组索引为 0，故该地址所在主存块被映射到指令 Cache 第 0 组；因为 Cache 初始为空，所有 Cache 行的有效位均为 0，所以 Cache 访问缺失。此时，将该主存块取出后存入指令 Cache 第 0 组的任意一行，并将主存地址高 20 位(00010H)填入该行标记字段，设置有效位，修改 LRU 位，最后根据块内地址 000011B 从该行中取出相应内容。

45.【考点】操作系统；进程管理；同步与互斥。

【解析】本题主要考查的是同步与互斥，具体解析如下：

```
Semaphore SAC = 0;      //控制操作 A 和 C 的执行顺序
Semaphore SBC = 0;      //控制操作 B 和 C 的执行顺序
Semaphore SCE = 0;      //控制操作 C 和 E 的执行顺序
Semaphore SDE = 0;      //控制操作 D 和 E 的执行顺序
CoBegin
    Begin 操作 A; signal(S_AC); End
    Begin 操作 B; signal(S_BC); End
    Begin wait(S_AC); wait(S_BC); 操作 C; signal(S_CE); End
    Begin 操作 D; signal(S_DE); End
    Begin wait(S_CE); wait(S_DE); 操作 E; End
CoEnd
```

46.【考点】操作系统；内存管理；虚拟内存管理；请求页式管理；数据结构；栈、队列和数组。

【解析】本题考查的内容包括：(1)数组元素的虚拟地址及对应的页目录号和页号、对应的页目录项的物理地址及对应页表项的物理地址；(2)判断数组在虚拟地址空间中所占区域是否连续，在物理地址空间中所占区域是否连续；(3)判断数组按行遍历和按列遍历的局部性哪个更好。本题对应的 3 小题具体解答如下。

(1) 数组元素 $a[1][2]$ 的虚拟地址是 1080 0000H＋(1 024×1＋2)×4＝1080 1008H。

对应的页目录号为 042H，页号为 001H。对应的页目录项的物理地址是 0020 1000 H＋4×42H＝0020 1108H。对应页表项的物理地址是 00301H×1000H＋4×1H＝0030 1004H。

(2) 数组 a 在虚拟地址空间中所占区域必须连续，在物理地址空间中所占区域不必连续。

(3) 对数组 a 按行遍历局部性更好。

47.【考点】计算机网络；数据链路层；局域网；网络层；IPv4；IPv4 地址与 NAT；应用层；HTTP。

【解析】本题具体解析如下：

(1) 需要静态配置 R2 的 NAT，实现 NAT 穿透，具体配置为表 24-1。

表　24-1

外网		内网	
IP 地址	端口号	IP 地址	端口号
203.10.2.2	80	192.168.1.2	80

(2) H2 发送的 P 的源 IP 地址和目的 IP 地址分别是：192.168.1.2 和 203.10.2.2；R3 转发后，P 的源 IP 地址和目的 IP 地址分别是：203.10.2.6 和 203.10.2.2；R2 转发后，P 的源 IP 地址和目的 IP 地址分别是：203.10.2.6 和 192.168.1.2。

2021年全国硕士研究生招生考试 计算机学科专业基础试题

一、**单项选择题**：1～40 小题，每小题 2 分，共 80 分。下列每题给出的四个选项中，只有一个选项是最符合题目要求的。

1. 已知头指针 h 指向一个带头节点的非空单循环链表，节点结构为

data	next

其中 next 是指向直接后继节点的指针，p 是尾指针，q 是临时指针。现要删除该链表的第一个元素，正确的语句序列是(　　)。

A. h -> next=h -> next -> next; q=h-> next; free(q);

B. q=h -> next; h -> next=h -> next -> next; free(q);

C. q=h-> next; h -> next=q -> next; if(p !=q)p=h; free(q);

D. q=h-> next; h -> next=q-> next; if(p==q)p=h; free(q);

2. 已知初始为空的队列 Q 的一端仅能进行入队操作，另外一端既能进行入队操作又能进行出队操作。若 Q 的入队序列是 1,2,3,4,5，则不能得到的出队序列是(　　)。

A. 5,4,3,1,2　　B. 5,3,1,2,4　　C. 4,2,1,3,5　　D. 4,1,3,2,5

3. 已知二维数组 A 按行优先方式存储，每个元素占用 1 个存储单元。若元素 $A[0][0]$的存储地址是 100，$A[3][3]$的存储地址是 220，则元素 $A[5][5]$的存储地址是(　　)。

A. 295　　B. 300　　C. 301　　D. 306

4. 某森林厂对应的二叉树为 T，若 T 的先序遍历序列是 a,b,d,c,e,g,f，中序遍历序列是 b,d,a,e,g,c,f，则 F 中树的棵数是(　　)。

A. 1　　B. 2　　C. 3　　D. 4

5. 若某二叉树有 5 个叶节点，其权值分别为 10,12,16,21,30，则其最小的带权路径长度(WPL) 是(　　)。

A. 89　　B. 200　　C. 208　　D. 289

6. 给定平衡二叉树如图 25-1 所示，插入关键字 23 后，根中的关键字是(　　)。

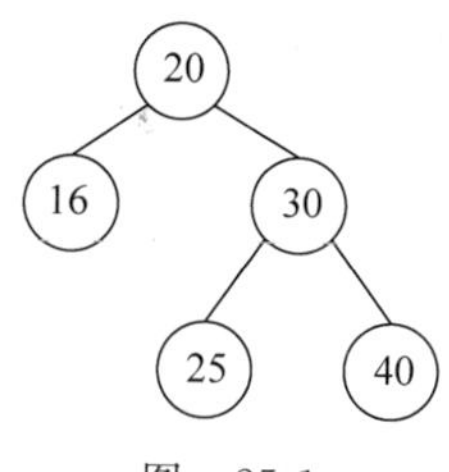

图　25-1

A. 16　　B. 20　　C. 23　　D. 25

7. 给定如图 25-2 有向图，该图的拓扑有序序列的个数是(　　)。

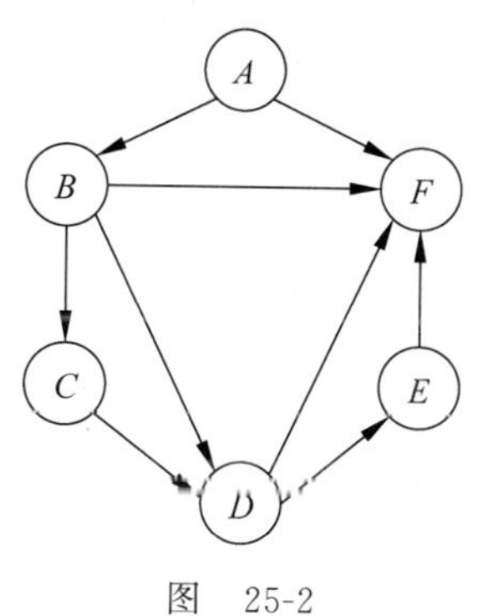

图　25-2

A. 1　　B. 2　　C. 3　　D. 4

8. 使用 Dijkstra 算法求图 25-3 中从顶点 1 到其余各顶点的最短路径，将当前找到的从顶点 1 到顶点 2,3,4,5 的最短路径长度保存在数组 dist 中，求出第二条最短路径后，dist 中的内容更新为(　　)。

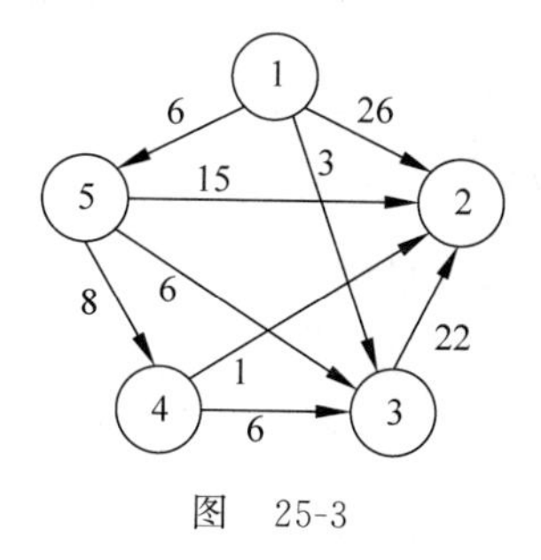

图　25-3

A. 26,3,14,6　　B. 25,3,14,6　　C. 21,3,14,6　　D. 15,3,14,6

9. 在一棵高度为 3 的 3 阶 B 树中，根为第 1 层，若第 2 层中有 4 个关键字，则该树的节点个数最多是(　　)。

A. 11　　B. 10　　C. 9　　D. 8

10. 设数组 S[]={93,946,372,9,146,151,301,485,236,327,43,892}，采用最低位优先(LSD)基数排序将 S 排列成升序序列。第 1 趟分配、收集后，元素 372 之前、之后紧邻的元素分别是(　　)。

A. 43,892　　B. 236,301　　C. 301,892　　D. 485,301

11. 将关键字 6,9,1,5,8,4,7 依次插入初始为空的大根堆 H 中,得到的 H 是(　　)。

A. 9,8,7,6,5,4,1　　B. 9,8,7,5,6,1,4

C. 9,8,7,5,6,4,1　　D. 9,6,7,5,8,4,1

12. 2017 年公布的全球超级计算机 TOP 500 排名中,我国"神威·太湖之光"超级计算机蝉联第一,其浮点运算速度为 93.014 6PFLOPS,说明该计算机每秒内完成的浮点操作次数约为(　　)。

A. 9.3×10^{13}次　　B. 9.3×10^{15}次　　C. 9.3 千万亿次　　D. 9.3 亿亿次

13. 已知带符号整数用补码表示,变量 x,y,z 的机器数分别为 FFFDH,FFDFH,7FFCH,下列结论中,正确的是(　　)。

A. 若 x,y 和 z 为无符号整数,则 $z<x<y$

B. 若 x,y 和 z 为无符号整数,则 $x<y<z$

C. 若 x,y 和 z 为带符号整数,则 $x<y<z$

D. 若 x,y 和 z 为带符号整数,则 $y<x<z$

14. 下列数值中,不能用 IEEE 754 浮点格式精确表示的是(　　)。

A. 1.2　　B. 1.25　　C. 2.0　　D. 2.5

15. 某计算机的存储器总线中有 24 位地址线和 32 位数据线,按字编址,字长为 32 位。如果 00 0000H～3FFFFFH 为 RAM 区,那么需要 512K×8 位的 RAM 芯片数为(　　)。

A. 8　　B. 16　　C. 32　　D. 64

16. 若计算机主存地址为 32 位,按字节编址,Cache 数据区大小为 32KB,主存块大小为 32B,采用直接映射方式和回写(Write Back)策略,则 Cache 行的位数至少是(　　)。

A. 275　　B. 274　　C. 258　　D. 257

17. 下列寄存器中,汇编语言程序员可见的是(　　)。

Ⅰ. 指令寄存器　　Ⅱ. 微指令寄存器　　Ⅲ. 基址寄存器　　Ⅳ. 标志/状态寄存器

A. 仅Ⅰ、Ⅱ　　B. 仅Ⅰ、Ⅳ　　C. 仅Ⅱ、Ⅳ　　D. 仅Ⅲ、Ⅳ

18. 下列关于数据通路的叙述中,错误的是(　　)。

A. 数据通路包含 ALU 等组合逻辑(操作)元件

B. 数据通路包含寄存器等时序逻辑(状态)元件

C. 数据通路不包含用于异常事件检测及响应的电路

D. 数据通路中的数据流动路径由控制信号进行控制

19. 下列关于总线的叙述中,错误的是(　　)。

A. 总线是在两个或多个部件之间进行数据交换的传输介质

B. 同步总线由时钟信号定时,时钟频率不一定等于工作频率

C. 异步总线由握手信号定时,一次握手过程完成一位数据交换

D. 突发(Burst)传送总线事务可以在总线上连续传送多个数据

20. 下列选项中，不属于 I/O 接口的是(　　)。

A. 磁盘驱动器　　B. 打印机适配器

C. 网络控制器　　D. 可编程中断控制器

21. 异常事件在当前指令执行过程中进行检测，中断请求则在当前指令执行后进行检测。下列事件中，相应处理程序执行后，必须回到当前指令重新执行的是(　　)。

A. 系统调用　　B. 页缺失

C. DMA 传送结束　　D. 打印机缺纸

22. 下列是关于多重中断系统中 CPU 响应中断的叙述，其中错误的是(　　)。

A. 仅在用户态(执行用户程序)下，CPU 才能检测和响应中断

B. CPU 只有在检测到中断请求信号后，才会进入中断响应周期

C. 进入中断响应周期时，CPU 一定处于中断允许(开中断)状态

D. 若 CPU 检测到中断请求信号，则一定存在未被屏蔽的中断源请求信号

23. 下列指令中，只能在内核态执行的是(　　)。

A. trap 指令　　B. I/O 指令　　C. 数据传送指令　　D. 设置断点指令

24. 下列操作中，操作系统在创建新进程时，必须完成的是(　　)。

Ⅰ. 申请空白的进程控制块　　Ⅱ. 初始化进程控制块

Ⅲ. 设置进程状态为执行态

A. 仅Ⅰ　　B. 仅Ⅰ、Ⅱ　　C. 仅Ⅰ、Ⅲ　　D. 仅Ⅱ、Ⅲ

25. 下列内核的数据结构或程序中，分时系统实现时间片轮转调度需要使用的是(　　)。

Ⅰ. 进程控制块　　Ⅱ. 时钟中断处理程序

Ⅲ. 进程就绪队列　　Ⅳ. 进程阻塞队列

A. 仅Ⅱ、Ⅲ　　B. 仅Ⅰ、Ⅳ　　C. 仅Ⅰ、Ⅱ、Ⅲ　　D. 仅Ⅰ、Ⅱ、Ⅳ

26. 某系统中磁盘的磁道数为 200(0～199)，磁头当前在 184 号磁道上。用户进程提出的磁盘访问请求对应的磁道号依次为 184，187，176，182，199。若采用最短寻道时间优先调度算法(SSTF)完成磁盘访问，则磁头移动的距离(磁道数)是(　　)。

A. 37　　B. 38　　C. 41　　D. 42

27. 下列事件中，可能引起进程调度程序执行的是(　　)。

Ⅰ. 中断处理结束　　Ⅱ. 进程阻塞

Ⅲ. 进程执行结束　　Ⅳ. 进程的时间片用完

A. 仅Ⅰ、Ⅲ　　B. 仅Ⅱ、Ⅳ　　C. 仅Ⅲ、Ⅳ　　D. Ⅰ、Ⅱ、Ⅲ和Ⅳ

28. 某请求分页存储系统的页大小为 4KB，按字节编址。系统给进程 P 分配 2 个固定的页框，并采用改进型 Clock 置换算法，进程 P 页表的部分内容如表 25-1 所示。

]

表 25-1

页号	页框号	存在位 1：存在，0：不存在	访问位 1：访问，0：未访问	修改位 1：修改，0：未修改
…	…	…	…	…
2	20H	0	0	0
3	60H	1	1	0
4	80H	1	1	1
…	…	…	…	…

若P访问虚拟地址为 02A01H 的存储单元，则经地址变换后得到的物理地址是(　　)。

A. 00A01H　　B. 20A01H　　C. 60A01H　　D. 80A01H

29. 在采用二级页表的分页系统中，CPU 页表基址寄存器中的内容是(　　)。

A. 当前进程的一级页表的起始虚拟地址

B. 当前进程的一级页表的起始物理地址

C. 当前进程的二级页表的起始虚拟地址

D. 当前进程的二级页表的起始物理地址

30. 若目录 dir 下有文件 file1，则为删除该文件内核不必完成的工作是(　　)。

A. 删除 file1 的快捷方式　　B. 释放 file1 的文件控制块

C. 释放 file1 占用的磁盘空间　　D. 删除目录 dir 中与 file1 对应的目录项

31. 若系统中有 $n(n\geqslant 2)$ 个进程，每个进程均需要使用某类临界资源 2 个，则系统不会发生死锁所需的该类资源总数至少是(　　)。

A. 2　　B. n　　C. $n+1$　　D. $2n$

32. 下列选项中，通过系统调用完成的操作是(　　)。

A. 页置换　　B. 进程调度　　C. 创建新进程　　D. 生成随机整数

33. 在 TCP/IP 参考模型中，由传输层相邻的下一层实现的主要功能是(　　)。

A. 对话管理　　B. 路由选择

C. 端到端报文段传输　　D. 节点到节点流量控制

34. 若图 25-4 为一段差分曼彻斯特编码信号波形，则其编码的二进制位串是(　　)。

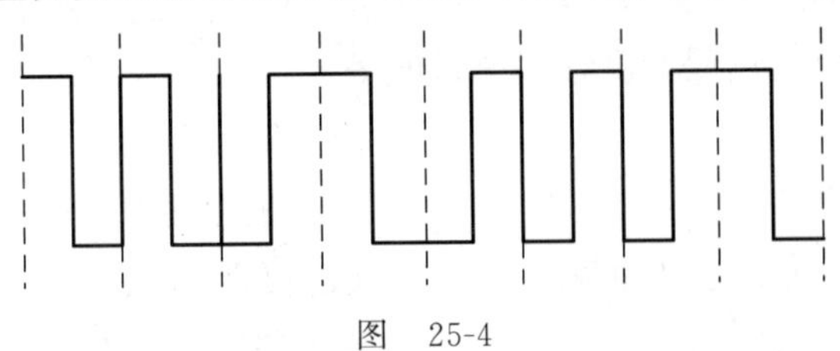

图 25-4

A. 1011 1001　　B. 1101 0001　　C. 0010 1110　　D. 1011 0110

35. 现将一个 IP 网络划分为 3 个子网，若其中一个子网是 192.168.9.128/26，则下列网络中，**不可能**是另外两个子网之一的是(　　)。

A. 192.168.9.0/25　　B. 192.168.9.0/26

C. 192.168.9.192/26　　D. 192.168.9.192/27

36. 若路由器向 MTU＝800B 的链路转发一个总长度为 1 580B 的 IP 数据报(首部长度为 20B)时，进行了分片，且每个分片尽可能大，则第 2 个分片的总长度字段和 MF 标志位的值分别是(　　)。

A. 796，0　　B. 796，1　　C. 800，0　　D. 800，1

37. 某网络中的所有路由器均采用距离矢量路由算法计算路由。若路由器 E 与邻居路由器 A，B，C 和 D 之间的直接链路距离分别是 8，10，12 和 6，且 E 收到邻居路由器的距离矢量如表 25-2 所示，则路由器 E 更新后的到达目的网络 Net1～Net4 的距离分别是(　　)。

表　25-2

目的网络	A 的距离矢量	B 的距离矢量	C 的距离矢量	D 的距离矢量
Net1	1	23	20	22
Net2	12	35	30	28
Net3	24	18	16	36
Net4	36	30	8	24

A. 9，10，12，6　　B. 9，10，28，20　　C. 9，20，12，20　　D. 9，20，28，20

38. 若客户首先向服务器发送 FIN 段请求断开 TCP 连接，则当客户收到服务器发送的 FIN 段并向服务器发送了 ACK 段后，客户的 TCP 状态转换为(　　)。

A. CLOSE_WAIT　　B. TIME_WAIT

C. FIN_WAIT_1　　D. FIN_WAIT_2

39. 若大小为 12B 的应用层数据分别通过 1 个 UDP 数据报和 1 个 TCP 段传输，则该 UDP 数据报和 TCP 段实现的有效载荷(应用层数据)最大传输效率分别是(　　)。

A. 37.5%，16.7%　　B. 37.5%，37.5%

C. 60.0%，16.7%　　D. 60.0%，37.5%

40. 设主机甲通过 TCP 向主机乙发送数据，部分过程如图 25-5 所示。甲在 t_0 时刻发送一个序号 seq＝501、封装 200B 数据的段，在 t_1 时刻收到乙发送的序号 seq＝601、确认序号 ack_seq＝501、接收窗口 rcvwnd＝500B 的段，则甲在未收到新的确认段之前，可以继续向乙发送的数据序号范围是(　　)。

A. 501～1 000　　B. 601～1 100

C. 701～1 000　　D. 801～1 100

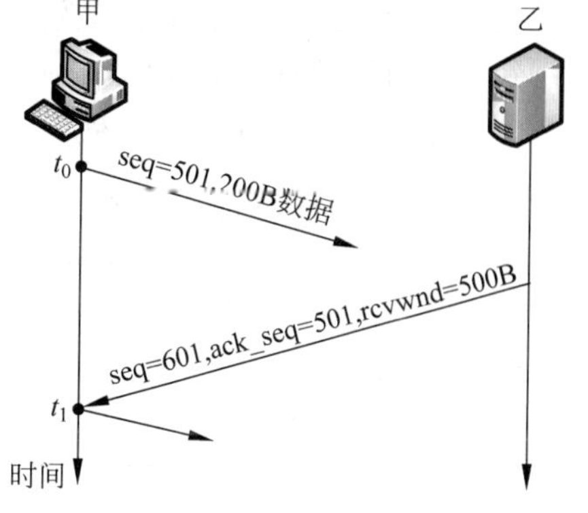

图　25-5

二、综合应用题：41～47 小题，共 70 分。

41. (15 分) 已知无向连通图 G 由顶点集 V 和边集 E 组成，$|E|>0$，当 G 中度为奇数的顶

点个数为不大于 2 的偶数时，G 存在包含所有边且长度为 $|E|$ 的路径(称为 EL 路径)。设图 G 采用邻接矩阵存储，类型定义如下：

```
typedef struct {                          //图的定义
    int numVertices, numEdges;            //图中实际的顶点数和边数
    char VerticesList[MAXV];              //顶点表。MAXV 为已定义常量
    int Edge[MAXV][MAXV];                 //邻接矩阵
} MGraph;
```

请设计算法 int IsExistEL(MGraph G)，判断 G 是否存在 EL 路径，若存在，则返回 1，否则返回 0。要求：

(1) 给出算法的基本设计思想。

(2) 根据设计思想，采用 C 或 C++ 语言描述算法，关键之处给出注释。

(3) 说明你所设计算法的时间复杂度和空间复杂度。

42. (8 分) 已知某排序算法如下：

```
void cmpCountSort(int a[], int b[], int n)
{
    int i, j, * count;
    count = (int * )malloc(sizeof(int) * n);  //C++语言: count = new int[n];
    for(i = 0; i < n;i++)     count[i] = 0;
    for(i = 0; i < n - 1;i++)
        for(j = i + 1;j < n; j++)
            if(a[i]< a[j])     count[j]++;
            else               count[i]++;
    for(i = 0; i < n;i++)      b[count[i]] = a[i];
    free (count) ;                            //C++语言:delete count;
}
```

请回答下列问题。

(1) 若有 int a [ ]={ 25,−10,25,10,11,19 },b[6];，则调用 cmpCountSort(a,b,6)后数组 b 中的内容是什么?

(2) 若 a 中含有 n 个元素，则算法执行过程中，元素之间的比较次数是多少?

(3) 该算法是稳定的吗? 若是，则阐述理由；否则，修改为稳定排序算法。

43. (15 分) 假定计算机 M 字长为 16 位，按字节编址，连接 CPU 和主存的系统总线中地址线为 20 位、数据线为 8 位，采用 16 位定长指令字，指令格式及其说明见图 25-6。

格式	6位	2位	2位	2位	4位	指令功能或指令类型说明
R型	000000	rs	rt	rd	op1	R[rd]←R[rs] op1 R[rt]
I型	op2	rs	rt	imm		含ALU运算、条件转移和访存操作3类指令
J型	op3	target				PC的低10位←target

图 25-6

其中，op1～op3 为操作码，rs，rt 和 rd 为通用寄存器编号，$R[r]$表示寄存器 r 的内容，imm 为立即数，target 为转移目标的形式地址。请回答下列问题。

（1）ALU 的宽度是多少位？可寻址主存空间大小为多少字节？指令寄存器、主存地址寄存器（MAR）和主存数据寄存器（MDR）分别应有多少位？

（2）R 型格式最多可定义多少种操作？I 型和 J 型格式总共最多可定义多少种操作？通用寄存器最多有多少个？

（3）假定 op1 为 0010 和 0011 时，分别表示带符号整数减法和带符号整数乘法指令，则指令 01B2H 的功能是什么（参考上述指令功能说明的格式进行描述）？若 1，2，3 号通用寄存器当前内容分别为 B052H，0008H，0020H，则分别执行指令 01B2H 和 01B3H 后，3 号通用寄存器内容各是什么？各自结果是否溢出？

（4）若采用 I 型格式的访存指令中 imm（偏移量）为带符号整数，则地址计算时应对 imm 进行零扩展还是符号扩展？

（5）无条件转移指令可以采用上述哪种指令格式？

44.（8 分）假设计算机 M 的主存地址为 24 位，按字节编址；采用分页存储管理方式，虚拟地址为 30 位，页大小为 4KB；TLB 采用 2 路组相联方式和 LRU 替换策略，共 8 组。请回答下列问题。

（1）虚拟地址中哪几位表示虚页号？哪几位表示页内地址？

（2）已知访问 TLB 时虚页号高位部分用作 TLB 标记，低位部分用作 TLB 组号，M 的虚拟地址中哪几位是 TLB 标记？哪几位是 TLB 组号？

（3）假设 TLB 初始时为空，访问的虚页号依次为 10，12，16，7，26，4，12 和 20，在此过程中，哪一个虚页号对应的 TLB 表项被替换？说明理由。

（4）若将 M 中的虚拟地址位数增加到 32 位，则 TLB 表项的位数增加几位？

45.（7 分）下表给出了整型信号量 S 的 wait() 和 signal。操作的功能描述，以及采用开/关中断指令实现信号量操作互斥的两种方法。

功能描述	方法1	方法2

Semaphore S;
wait(S){
while(S<=0);
S=S−1;
}
	Semaphore S;
	wait(S){
	关中断;
	while(S<=0);
	S=S-1;
	开中断;
	}
		Semaphore S;
		wait(S){
		关中断;
		while(S<=0);
		开中断;
		关中断;
		}
		S=S-1;
		开中断;
		}

signal(S){
S=S+1;
}
	signal(S){
	关中断;
	S=S+1;
	开中断;
	}
		signal(S){
		关中断;
		S=S+1;
		开中断;
		}

请回答下列问题。

(1) 为什么在 wait()和 signal()。操作中对信号量 S 的访问必须互斥执行?

(2) 分别说明方法 1 和方法 2 是否正确。若不正确,请说明理由。

(3) 用户程序能否使用开/关中断指令实现临界区互斥?为什么?

46. (8 分) 某计算机用硬盘作为启动盘,硬盘第一个扇区存放主引导记录,其中包含磁盘引导程序和分区表。磁盘引导程序用于选择要引导哪个分区的操作系统,分区表记录硬盘上各分区的位置等描述信息。硬盘被划分成若干个分区,每个分区的第一个扇区存放分区引导程序,用于引导该分区中的操作系统。系统采用多阶段引导方式,除了执行磁盘引导程序和分区引导程序外,还需要执行 ROM 中的引导程序。请回答下列问题。

(1) 系统启动过程中操作系统的初始化程序、分区引导程序、ROM 中的引导程序、磁盘引导程序的执行顺序是什么?

(2) 把硬盘制作为启动盘时,需要完成操作系统的安装、磁盘的物理格式化、逻辑格式化、对磁盘进行分区,执行这 4 个操作的正确顺序是什么?

(3) 磁盘扇区的划分和文件系统根目录的建立分别是在第(2)问的哪个操作中完成的?

47. (9 分) 某网络拓扑如图 25-7 所示,以太网交换机 S 通过路由器 R 与 Internet 互联。路由器部分接口、本地域名服务器、H1、H2 的 IP 地址和 MAC 地址如图中所示。在 t_0 时刻 H1 的 ARP 表和 S 的交换表均为空,H1 在此刻利用浏览器通过域名 www.abc.com 请求访问 Web 服务器,在 t_1 时刻($t_1 > t_0$)S 第一次收到了封装 HTTP 请求报文的以太网帧,假设从 t_0 到 t_1 期间网络未发生任何与此次 Web 访问无关的网络通信。

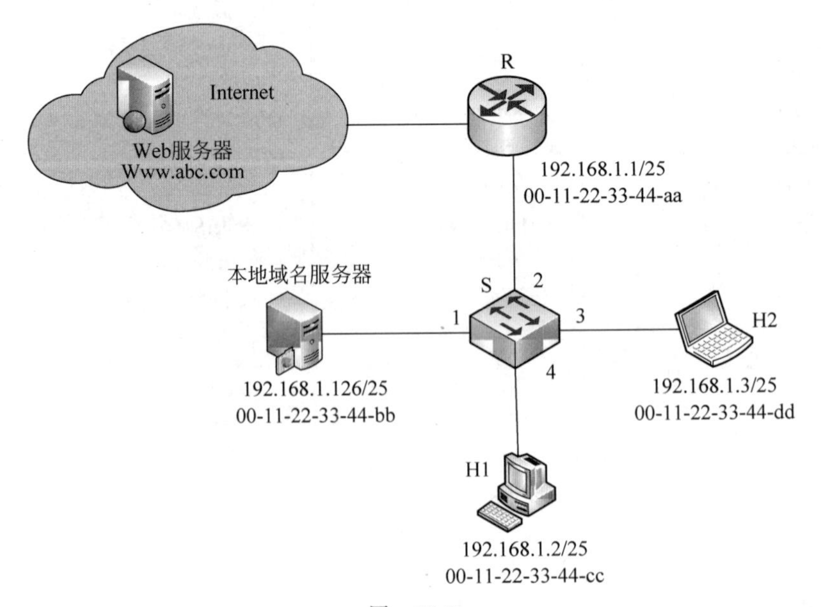

图 25-7

请回答下列问题。

(1) 从 t_0 到 t_1 期间，H1 除了 HTTP 之外还运行了哪个应用层协议？从应用层到数据链路层，该应用层协议报文是通过哪些协议进行逐层封装的？

(2) 若 S 的交换表结构为< MAC 地址，端口>，则 t_1 时刻 S 交换表的内容是什么？

(3) 从 t_0 到 t_1 期间，H2 至少会接收到几个与此次 Web 访问相关的帧？接收到的是什么帧？帧的目的 MAC 地址是什么？

第26章

2021年全国硕士研究生招生考试 计算机学科专业基础试题参考答案及解析

一、单项选择题参考答案速查

题号	1	2	3	4	5	6	7	8	9	10
答案	D	D	B	C	B	D	A	C	A	C
题号	11	12	13	14	15	16	17	18	19	20
答案	B	D	D	A	C	A	D	C	C	A
题号	21	22	23	24	25	26	27	28	29	30
答案	B	A	B	B	C	C	D	C	B	A
题号	31	32	33	34	35	36	37	38	39	40
答案	C	C	B	A	B	B	D	B	D	C

二、单项选择题考点、解析及答案

1. **【考点】**数据结构；线性表；线性表的实现；链式存储。

【解析】本题考查的是带头节点非空循环单链表，这是单链表的一种特殊形式，即将表尾指针直接指向表头节点而形成的，由于该循环单链表是非空的，这意味着删除操作必定能成功。

如图26-1所示，要删除带头节点的非空单循环链表中的第一个元素，就要先用临时指针 q 指向待删节点，q=h－> next；然后将 q 从链表中断开，h－> next=q－> next（这一步也可写成 h－> next=h－> next－> next）：此时要考虑一种特殊情况，若待删节点是链表的尾节点，即循环单链表中只有一个元素（p 和 q 指向同一个节点）。

如图26-2所示，则在删除后要将尾指针指向头节点，即 if(p==q)p=h；最后释放 q 节点即可。

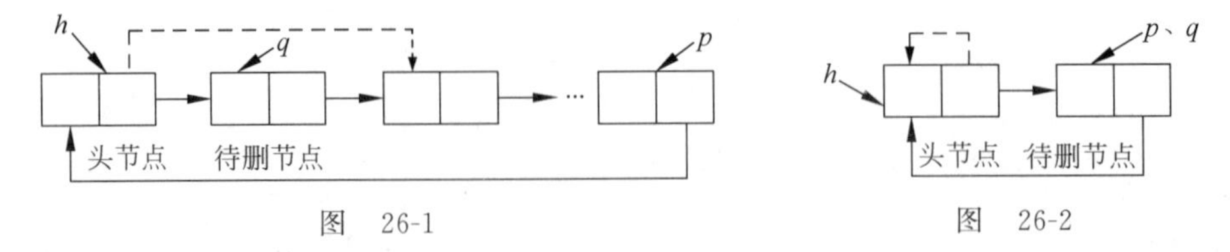

图 26-1　　图 26-2

【答案】故此题答案为D。

2. 【考点】数据结构；栈、队列和数组；栈和队列的基本概念。

【解析】本题考查的是输出受限的双端队列，这种队列的特点为在一端只能进行入队，在另一端可以出、入队。正常的双端队列则是可以在两端进行入队、出队的队列。

假设队列左端允许入队和出队，右端只能入队。

对于A，依次从右端入队1，2，再从左端入队3，4，5。

对于B，从右端入队1，2，然后从左端入队3，再从右端入队4，最后从左端入队5。

对于C，从左端入队1，2，然后从右端入队3，再从左端入队4，最后从右端入队5。

对于D，无法验证D的出队序列。

⇄ 54312 ←   ⇄ 53124 ←   ⇄ 42135 ←

A   B   C

本题还有另一种解法。队列两端都可以入队，入队结束后，队列中的序列(或逆序)可视为出队序列。由于入队序列是从小到大的顺序，因此左端入队的子序列满足从大到小的顺序，右端入队的子序列满足从小到大的顺序。A、B和C都满足这样特点，只有D不满足。

【答案】故此题答案为D。

3. 【考点】数据结构；栈、队列和数组；多维数组的存储。

【解析】本题考查的是二维数组按行存储的存储地址计算公式：元素的存储地址＝首地址＋(元素 A 行下标×二维数组 A 列元素×元素存储单元)＋(元素 A 列下标×元素存储单元)

二维数组 A 按行优先存储，每个元素占用1个存储单元，由A[0][0]和 A[3][3]的存储地址可知 A[3][3]是二维数组 A 中的第121个元素，假设二维数组 A 的每行有 n 个元素，则 $n\times3+4=121$，求得 $n=39$，故元素 A[5][5]的存储地址为 $100+39\times5+5=300$。

【答案】故此题答案为B。

4. 【考点】数据结构；树与二叉树；树、森林；森林与二叉树的转换。

【解析】本题考查的是森林转换成二叉树的规则：

(1) 将森林中的每棵树转换为二叉树；

(2) 将第一棵树的根作为转换后的二叉树的根，将第一棵树的左子树作为转换后二叉树根的左子树；

(3) 将第二棵树作为转换后二叉树的右子树；

(4) 将第三棵树作为转换后二叉树根的右子树的右子树；

由二叉树 T 的先序序列和中序序列可以构造出 T，如图26-3所示。由森林转化成二叉树的规则可知，森林中每棵树的根节点以右子树的方式相连，所以 T 中的节点 a、c、f 为 F 中树的根节点，森林 F 中有3棵树。

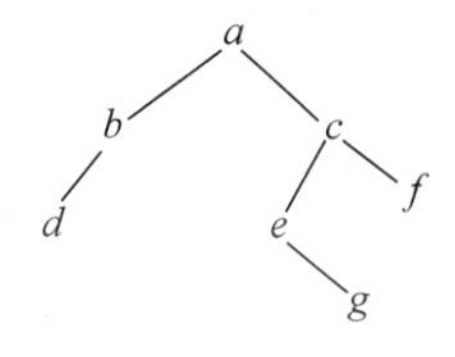

图　26-3

【答案】故此题答案为C。

5. 【考点】数据结构；树与二叉树；树与二叉树的应用；哈夫曼树和哈夫曼编码。

【解析】本题考查的是最小的带权路径长度，在权为 $w_1, w_2, \cdots, w_n$ 的 n 个叶子所构成的所有二叉树中，带权路径长度最小(即代价最小)的二叉树称为最优二叉树或哈夫曼树。

对于带权值的节点，构造出哈夫曼树的带权路径长度(WPL)最小，哈夫曼树的构造过程如图 26-4 所示。求得其 WPL=(10+12)×3+(30+16+21)×2=200。

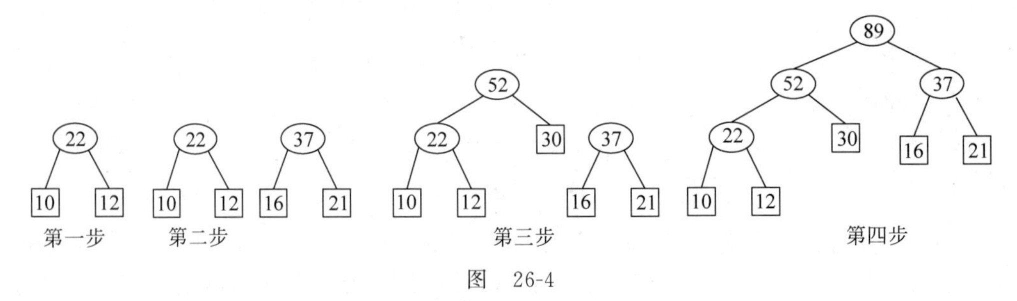

图 26-4

【答案】故此题答案为 B。

6. 【考点】数据结构；查找；树形查找；平衡二叉树。

【解析】本题考查平衡二叉树失衡调整的 RL 型调整，调整过程如下：以根节点的右孩子为中心向右进行旋转；以原根节点为中心，向右旋转；调整之后，原来根节点的右孩子的左孩子作为新的根节点。

关键字 23 的插入位置为 25 的左孩子，此时破坏了平衡的性质，需要对平衡二叉树进行调整。最小不平衡子树就是该树本身，插入位置在根节点的右子树的左子树上，因此需要进行 RL 旋转，RL 旋转过程如图 26-5 所示，旋转完成后根节点的关键字为 25。

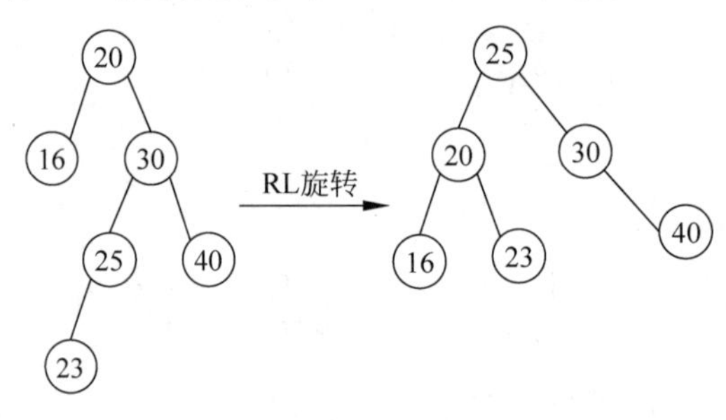

图 26-5

【答案】故此题答案为 D。

7. 【考点】数据结构；图；图的基本应用；拓扑排序。

【解析】本题主要考查求拓扑序列的过程。

求拓扑序列的过程如下：从图中选择无入边的节点，输出该节点并删除该节点的所有出边，重复上述过程，直至全部节点都已输出，求得拓扑序列 $ABCDEF$。每次输出一个节点并删除该节点的所有出边后，都发现仅有一个节点无入边，因此该拓扑序列唯一。

【答案】故此题答案为 A。

8. 【考点】数据结构；图；图的基本应用；最短路径。

【解析】本题主要考查 Dijkstra 算法，基本思想为：对图 $G(V,E)$ 设置集合 S，存放已被访问的顶点，然后每次从集合 $V-S$ 中选择与起点 s 的最短距离最小的一个顶点(记为 u)，访问并加入集合 S。之后，令顶点 u 为中介点，优化起点 s 与所有从 u 能到达的顶点 v 之间的最短距离。这样的操作执行 n 次(n 为顶点个数)，直到集合 S 已包含所有顶点。

在执行 Dijkstra 算法时，首先初始化 dist[]，若顶点 1 到顶点 $i(i=2,3,4,5)$ 有边，就初始化为边的权值；若无边，就初始化为∞；初始化顶点集 S 只含顶点 1。Dijkstra 算法每次选择一个到顶点 1 距离最近的顶点 j 加入顶点集 S，并判断由顶点 1 绕行顶点 j 后到任一顶点 k 是否距离更短，若距离更短(dist[j]+arcs[j][k]<dist[k])，则将 dist[x]更新为 dist[j]+arcs[j][k]；重复该过程，直至所有顶点都加入顶点集 S。数组 dist 的变化过程如图 26-6 所示，可知将第二个顶点 5 加入顶点集 S 后，数组 dist 更新为 21,3,14,6。

$$\text{dist}\{26,3,\infty,6\} \xrightarrow{\text{顶点3入}S} \{25,3,\infty,6\} \xrightarrow{\text{顶点5入}S} \{21,3,14,6\}$$

图　26-6

【答案】故此题答案为 C。

9. 【考点】数据结构；查找；B 树及其基本操作。

【解析】本题主要考查 B 树，其满足以下性质：

(1) 每个节点最多有 m 棵子树(即至多含 $m-1$ 个关键字)，并具有如下结构：n，P_0，K_1，P_1，K_2，P_2，…，K_n，P_n，其中，n 是节点内关键码的实际个数，$P_i(0\leqslant i\leqslant n<m)$是指向子树的指针，$K_i(1\leqslant i\leqslant n<m)$是关键码，且 $K_i<K_{i+1}(1\leqslant i<n)$。

(2) 根节点至少有两个子女；除根节点以外的所有节点至少有$\lceil m/2\rceil$个子女。

(3) 在子树 P_i 中的所有关键码都小于 K_{i+1}，且大于 K_i；在子树 P_n 中的所有关键码都大于 K_n。

(4) 所有失败节点都位于同一层，它们都是查找失败时查找指针到达的节点。所有失败节点都是空节点，指向它们的指针都为空。

在阶为 3 的 B 树中，每个节点至多含有 2 个关键字(至少 1 个)，至多有 3 棵子树。本题规定第二层有 4 个关键字，欲使 B 树的节点个数达到最多，则这 4 个关键字包含在 3 个节点中，B 树树形如图 26-7 所示，其中 $A,B,C,\cdots,M$ 表示关键字，最多有 11 个节点。

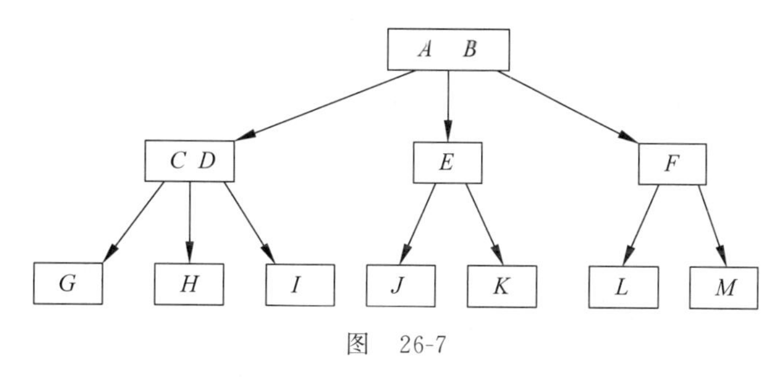

图　26-7

【答案】故此题答案为 A。

10.【考点】数据结构；排序；基数排序。

【解析】本题考查的是基数排序，其实现原理为：将所有待比较数值（自然数）统一为同样的数位长度，数位较短的数前面补零。然后，从最低位开始，依次进行一次排序。这样从最低位排序一直到最高位排序完成以后，数列就变成一个有序序列。

基数排序是一种稳定的排序方法。由于采用最低位优先（LSD）的基数排序，即第1趟对个位进行分配和收集的操作，因此第一趟分配和收集后的结果是{151，301，372，892，93，43，485，946，146，236，327，9}，元素372之前、之后紧邻的元素分别是301和892。

【答案】故此题答案为C。

11.【考点】数据结构；树与二叉树；大根堆。

【解析】本题主要考查建堆的过程，主要思路为：如果当前节点比它的父节点大，就把它们交换位置。同时子节点来到父节点的位置，直到它小于或等于父节点就停止循环。

要熟练掌握调整堆的方法，建堆的过程如图26-8所示。

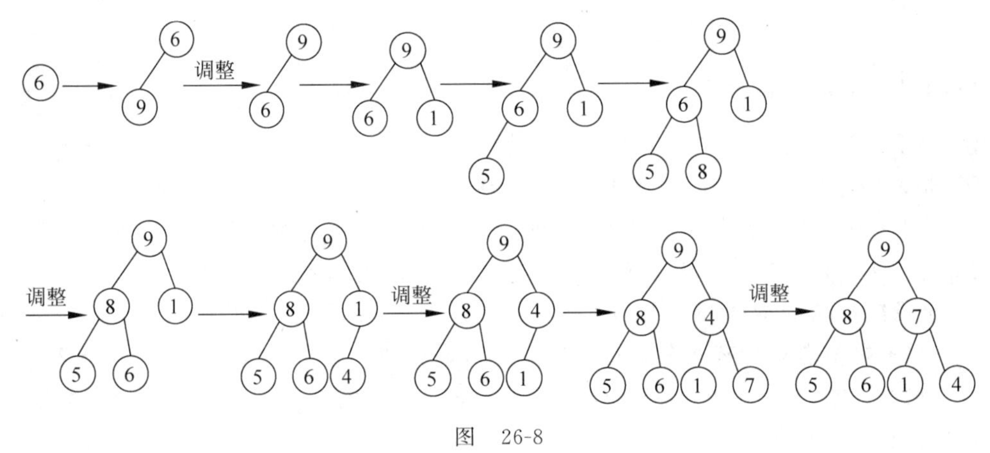

图 26-8

【答案】故此题答案为B。

12.【考点】计算机组成原理；数据的表示和运算；浮点数的表示和运算。

【解析】本题考查的是浮点运算，浮点运算是指浮点数参与的运算，这种运算通常伴随着因为无法精确表示而进行的近似或舍入。浮点运算是计算机编程中很重要的一部分。

PFLOPS＝每秒一千万亿（10^{15}）次浮点运算。故93.014 6PFLOPS≈每秒9.3×10^{6}次浮点运算，即每秒9.3亿亿次浮点运算。

【答案】故此题答案为D。

13.【考点】计算机组成原理；数据的表示和运算；整数的表示和运算。

【解析】本题考查的是带符号整数的运算。

若x，y和z均为无符号整数，则$x>y>z$，A和B错误。若x，y和z均为带符号整数，补码的最高位是符号位，0表示正数，1表示负数，因此z为正数，而x和y为负数。对于x和y的比较，数值位取反加1，可知$x=-3\text{H}$，$y=-21\text{H}$，故$x>y$。

【答案】故此题答案为D。

14. **【考点】**计算机组成原理；数据的表示和运算；浮点数的表示和运算；IEEE 754 标准。

【解析】本题考查的是 IEEE 754 浮点格式，IEEE 754 标准准确定义了单精度和双精度浮点格式，并为这两种基本格式分别定义了扩展格式，如下所示：

(1) 单精度浮点格式(32 位)。

(2) 双精度浮点格式(64 位)。

(3) 扩展单精度浮点格式(>=43 位，不常用)。

(4) 扩展双精度浮点格式(>=79 位，一般情况下，Intel x86 结构的计算机采用的是 80 位，而 SPARC 结构的计算机采用的是 128 位)。

本题可使用排除法。

选项 B：$1.25=1.01B\times 2^0$；

选项 C：$2.0=1.0B\times 2^1$；

选项 D：$2.5=1.01B\times 2^1$。

因此，选项 B、C 和 D 均可以用 IEEE 754 浮点格式精确表示。

选项 A 的十进制小数 1.2 转换成二进制的结果是无限循环小数 1.001100110011…，无法用精度有限的 IEEE 754 格式精确表示。

【答案】故此题答案为 A。

15. **【考点】**计算机组成原理；存储器层次结构；RAM 芯片。

【解析】000000～3FFFF，共有 $3FFFFFH-000000H+1H=400000H=2^{22}$ 个地址，按字编址，字长为 32 位(4B)，因此 RAM 区大小为 $2^{22}\times 4B=2^{22}\times 32bit$。每个 RAM 芯片的容量为 $512K\times 8bit=2^{19}\times 8bit$，所以需要 RAM 芯片的数量为 $(2^{22}\times 32bit)/(2^{19}\times 8bit)=32$。

【答案】故此题答案为 C。

16. **【考点】**计算机组成原理；存储器层次结构；高速缓冲存储器。

【解析】本题考查的是 Cache 总位数，Cache 总位数或总容量=标记项的总位数+数据块的总位数

标记项=有效位+脏位(全写法没有脏位，写回法有脏位)+替换控制位(有替换算法时)+标记位(与主存的高位相同)

Cache 数据区大小为 32KB，主存块的大小为 32B，那么 Cache 中共有 1K 个 Cache 行，物理地址中偏移量部分的长度为 5bit。因为采用直接映射方式，所以 1K 个 Cache 行映射到 1K 个分组，物理地址中组号部分的长度为 10bit. 32bit 的主存地址除去 5bit 的偏移量和 10bit 的组号后，还剩 17bit 的 tag 部分。又因为 Cache 采用回写法，所以 Cache 行的总位数应为 32B(数据位)+17bit(tag 位)+1bit(脏位)+1bit(有效位)=275bit。

【答案】故此题答案为 A。

17. **【考点】**计算机组成原理；中央处理器；CPU 的功能和基本结构；寄存器。

【解析】考生应知晓用户可见的寄存器有：通用寄存器组，程序状态字寄存器，程序计数器。用户不可见的寄存器有：存储器地址寄存器，存储器数据寄存器，指令寄存器。

而汇编程序员可见的寄存器有基址寄存器(用于实现多道程序设计，或者编制浮动

程序)和状态/标志寄存器、程序计数器(PC)及通用寄存器组；而MAR、MDR、IR是CPU的内部工作寄存器,对汇编程序员不可见。微指令寄存器属于微程序控制器的组成部分,它是硬件设计者的任务,对汇编程序员是透明的(即不可见的)。

【答案】故此题答案为D。

18. **【考点】**计算机组成原理；中央处理器；数据通路的功能和基本结构。

【解析】本题考查的是数据通路。指令执行过程中数据所经过的路径,包括路径上的部件,称为数据通路。

ALU、通用寄存器、状态寄存器、Cache、MMU、浮点运算逻辑、异常和中断处理逻辑等,都是指令执行过程中数据流经的部件,都属于数据通路的一部分。数据通路中的数据流动路径由控制部件控制,控制部件根据每条指令功能的不同,生成对数据通路的控制信号。

【答案】故此题答案为C。

19. **【考点】**计算机组成原理；总线和输入/输出系统；总线。

【解析】本题考查的是总线,总线是计算机各种功能部件之间传送信息的公共通信干线,它是由导线组成的传输线束,按照计算机所传输的信息种类,计算机的总线可以划分为数据总线、地址总线和控制总线,分别用来传输数据、数据地址和控制信号。

总线是在两个或多个设备之间进行通信的传输介质,A正确。

同步总线是指总线通信的双方采用同一个时钟信号,但是一次总线事务不一定在一个时钟周期内完成,即时钟频率不一定等于工作频率,B正确。

异步总线采用握手的方式进行通信,每次握手的过程完成一次通信,但一次通信往往会交换多位而非一位数据,C错误。

突发传送总线事务是指发送方在传输完地址后,连续进行若干次数据的发送,D正确。

【答案】故此题答案为C。

20. **【考点】**计算机组成原理；总线和输入/输出系统；I/O接口(I/O控制器)。

【解析】考生应了解计算机输入输出接口是CPU与外部设备之间交换信息的连接电路,它们通过总线与CPU相连,简称I/O接口。

I/O接口即I/O控制器,其功能是接收主机发送的I/O控制信号,并实现主机和外部设备之间的信息交换。磁盘驱动器是由磁头、磁盘和读写电路等组成的,也就是我们平常所说的磁盘本身,A错误。B、C和D均为I/O控制器。

【答案】故此题答案为A。

21. **【考点】**计算机组成原理；中央处理器；异常和中断机制。

【解析】本题考查是中断,大部分中断都是在一条指令执行完成后(中断周期)才被检测并处理,除了缺页中断和DMA请求。

DMA请求只请求总线的使用权,不影响当前指令的执行,不会导致被中断指令的重新执行；而缺页中断发生在取指或间址等指令执行过程之中,并且会阻塞整个指令。当缺页中断发生后,必须回到这条指令重新执行,以便重新访存。

【答案】故此题答案为B。

22.【考点】计算机组成原理；中央处理器；异常和中断机制。

【解析】本题考查的是中断，中断服务程序在内核态下执行，若只能在用户态下检测和响应中断，显然无法实现多重中断（中断嵌套）。

在多重中断中，CPU 只有在检测到中断请求信号后（中断处理优先级更低的中断请求信号是检测不到的），才会进入中断响应周期。进入中断响应周期时，说明此时 CPU 一定处于中断允许状态，否则无法响应该中断。如果所有中断源都被屏蔽（说明该中断处理优先级最高），则 CPU 不会检测到任何中断请求信号。

【答案】故此题答案为 A。

23.【考点】操作系统；操作系统基础；程序运行环境；内核模式。

【解析】考生须知在内核态下，CPU 可执行任何指令，在用户态下 CPU 只能执行非特权指令，而特权指令只能在内核态下执行。

常见的特权指令有：①有关对 I/O 设备操作的指令；②有关访问程序状态的指令；③存取特殊寄存器指令；④其他指令。A、C 和 D 都是提供给用户使用的指令，可以在用户态执行，只是可能会使 CPU 从用户态切换到内核态。

【答案】故此题答案为 B。

24.【考点】操作系统；进程管理；进程与线程。

【解析】本题考查的是进程管理，在现代操作系统中，进程管理是操作系统的功能之一，特别是多任务处理的状况下，这是必要的功能。操作系统将资源分配给各个进程，让进程间可以分享与交换信息，保护每个进程拥有的资源，不会被其他进程抢走，以及使进程间能够同步。

操作系统感知进程的唯一方式是通过进程控制块 PCB，所以创建一个新进程时就是为其申请一个空白的进程控制块，并初始化一些必要的进程信息，如初始化进程标志信息、初始化处理机状态信息、设置进程优先级等。Ⅰ、Ⅱ正确。创建一个进程时，一般会为其分配除 CPU 外的大多数资源，所以一般是将其设置为就绪态，让其等待调度程序的调度。

【答案】故此题答案为 B。

25.【考点】操作系统；进程管理；CPU 调度与上下文切换；调度的实现；调度程序。

【解析】本题考查的是时间片轮转调度，时间片轮转法主要用于分时系统中的进程调度。为了实现轮转调度，系统把所有就绪进程按先入先出的原则排成一个队列。新来的进程加到就绪队列末尾。每当执行进程调度时，进程调度程序总是选出就绪队列的队首进程，让它在 CPU 上运行一个时间片的时间。时间片是一个小的时间单位，通常为 10～100ms 数量级。当进程用完分给它的时间片后，系统的计时器发出时钟中断，调度程序便停止该进程的运行，把它放入就绪队列的末尾；然后，把 CPU 分给就绪队列的队首进程，同样也让它运行一个时间片，如此往复。

在分时系统的时间片轮转调度中，当系统检测到时钟中断时，会引出时钟中断处理程序，调度程序从就绪队列中选择一个进程为其分配时间片，并修改该进程的进程控制块中的进程状态等信息，同时将时间片用完的进程放入就绪队列或让其结束运行。Ⅰ、Ⅱ、Ⅲ正确。阻塞队列中的进程只有被唤醒进入就绪队列后，才能参与调度，所以该调度过程不使用阻塞队列。

【答案】故此题答案为 C。

26.【考点】操作系统；进程管理；CPU 调度与上下文切换；典型调度算法。

【解析】本题考查的是最短寻道时间优先算法，其主要思想为对输入的磁道首先进行非递减排序，然后判断当前磁头所在的磁道是否在将要寻找的磁道中，分别进行最短寻道时间计算。

最短寻道时间优先算法总是选择调度与当前磁头所在磁道距离最近的磁道。可以得出访问序列 184，182，187，176，199，从而求出移动距离之和是 0＋2＋5＋11＋23＝41。

【答案】故此题答案为 C。

27.【考点】操作系统；进程管理；CPU 调度与上下文切换；调度的实现；调度程序。

【解析】考生须知当有两个或多个进程通过处于就绪态时，CPU 需要选择执行的进程，完成该工作的称为调度程序。

在时间片调度算法中，中断处理结束后，系统检测当前进程的时间片是否用完，如果用完，则将其设为就绪态或让其结束运行，若就绪队列不空，则调度就绪队列的队首进程执行，I 可能。

当前进程阻塞时，将其放入阻塞队列，若就绪队列不空，则调度新进程执行，Ⅱ可能。

进程执行结束会导致当前进程释放 CPU，并从就绪队列中选择一个进程获得 CPU，Ⅲ可能。

进程时间片用完，会导致当前进程让出 CPU，同时选择就绪队列的队首进程获得 CPU，Ⅳ可能。

【答案】故此题答案为 D。

28.【考点】操作系统；内存管理；虚拟内存管理；页面置换算法；CLOCK 置换算法。

【解析】本题考查 CLOCK 算法。

时钟替换算法(CLOCK)，给每个页帧关联一个使用位。当该页第一次装入内存或者被重新访问到时，将使用位置为 1。每次需要替换时，查找使用位被置为 0 的第一个帧进行替换。在扫描过程中，如果碰到使用位为 1 的帧，将使用位置为 0，再继续扫描。如果所谓帧的使用位都为 0，则替换第一个帧。

页面大小为 4KB，低 12 位是页内偏移。虚拟地址为 02A01H，页号为 02H，02H 页对应的页表项中存在位为 0，进程 P 分配的页框固定为 2，且内存中已有两个页面存在。根据 CLOCK 算法，选择将 3 号页换出，将 2 号页放入 60H 页框，经过地址变换后得到的物理地址是 60A01H。

【答案】故此题答案为 C。

29.【考点】操作系统；内存管理；内存管理基础；页式管理。

【解析】在多级页表中，页表基址寄存器存放的是顶级页表的起始物理地址，故存放的是一级页表的起始物理地址。

【答案】故此题答案为 B。

30. 【考点】操作系统；文件管理；文件；文件的操作；删除。

【解析】本题考查文件的删除。删除一个文件时，会根据文件控制块回收相应的磁盘空间，将文件控制块回收，并删除目录中对应的目录项。

快捷方式属于文件共享中的软连接，本质上是创建了一个链接文件，其中存放的是访问该文件的路径，删除文件并不会导致文件的快捷方式被删除，正如在 Windows 上删除一个程序后，其快捷方式可能仍存在于桌面，但已无法打开。

【答案】故此题答案为 A。

31. 【考点】操作系统；进程管理；死锁。

【解析】本题考查的是死锁。死锁是指两个或两个以上的进程在执行过程中，由于竞争资源或者由于彼此通信而造成的一种阻塞的现象，若无外力作用，它们都将无法推进下去。此时称系统处于死锁状态或系统产生了死锁，这些永远在互相等待的进程称为死锁进程。

考虑极端情况，当临界资源数为 n 时，每个进程都拥有 1 个临界资源并等待另一个资源，会发生死锁。当临界资源数为 $n+1$ 时，则 n 个进程中至少有一个进程可以获得 2 个临界资源，顺利运行完后释放自己的临界资源，使得其他进程也能顺利运行，不会产生死锁。

【答案】故此题答案为 C。

32. 【考点】操作系统；操作系统基础；程序运行环境；CPU 运行模式；用户模式。

【解析】考生须知系统调用是由用户进程发起的，请求操作系统的服务。

对于 A，当内存中的空闲页框不够时，操作系统会将某些页面调出，并将要访问的页面调入，这个过程完全由操作系统完成，不涉及系统调用。

对于 B，进程调度完全由操作系统完成，无法通过系统调用完成。

对于 C，创建新进程可以通过系统调用来完成，如 Linux 中通过 fork 系统调用来创建子进程。

对于 D，生成随机数只需要普通的函数调用，不涉及请求操作系统的服务，如 C 语言中 random()函数。

【答案】故此题答案为 C。

33. 【考点】计算机网络；计算机网络概述；计算机网络体系结构；TCP/IP 模型。

【解析】本题考查的是 TCP/IP 模型，TCP/IP 模型是当今 IP 网络的基础，它将数据通信的任务划分成不同的功能层次，每一个层次有其所定义的功能，以及对应的协议。

TCP/IP 参考模型中传输层相邻的下一层是网际层。TCP/IP 的网际层使用一种尽力而为的服务，它将分组发往任何网络，并为之独立选择合适的路由，但不保证各个分组有序到达，B 正确。TCP/IP 认为可靠性是端到端的问题(传输层的功能)，因此它在网际层仅有无连接、不可靠的通信模式，无法完成节点到节点的流量控制(OSI 参考模型的网络层具有该功能)。对话管理和端到端的报文段传输均为传输层的功能。A、C 和 D 错误。

【答案】故此题答案为 B。

34. 【考点】计算机网络；数据链路层；局域网。

【解析】考生须知差分曼彻斯特编码常用于局域网传输，其规则是：若码元为1，则前半个码元的电平与上一码元的后半个码元的电平相同；若码元为0，则情形相反。差分曼彻斯特编码的特点在于，在每个时钟周期的起始处，跳变则说明该比特是0，不跳变则说明该比特是1。

根据图26-4，第1个码元的信号波形因缺乏上一码元的信号波形，无法判断是0还是1，但根据后面的信号波形，可以求出第2～8个码元为011 1001。

【答案】故此题答案为A。

35.【考点】计算机网络；网络层；IPv4；子网划分、路由聚集、子网掩码与CIDR。

【解析】本题考查的是子网划分，子网划分是通过借用IP地址的若干位主机位来充当子网地址从而将原网络划分为若干子网而实现的。

根据题意，将IP网络划分为3个子网。其中一个是192.168.9.128/26。可以简写成x.x.x.10/26（其中10是128的二进制1000 0000的前两位，因为26－24＝2）。

A选项可以简写成x.x.x.0/25；

B选项可以简写成x.x.x.00/26；

C选项可以简写成x.x.x.11/26；

D选项可以简写成x.x.x.110/27。

对于A和C，可以组成x.x.x.0/25、x.x.x.10/26、x.x.x.11/26这样3个互不重叠的子网。

对于D，可以组成x.x.x.10/26、x.x.x.110/27、x.x.x.111/27这样3个互不重叠的子网。

但对于B，要想将一个IP网络划分为几个互不重叠的子网，3个是不够的，至少需要划分为4个子网：x.x.x.00/26、x.x.x.01/26、x.x.x.10/26、x.x.x.11/26。

【答案】故此题答案为B。

36.【考点】计算机网络；网络层；分片。

【解析】本题考查是IP分片，因为路由器转发数据报时不同的链路能够容纳的数据报的大小不同，所以当数据报从大的链路通过路由器转发到小的链路上时，需要进行IP分片，也就是把数据报拆分，然后到最后的链路上再组合好。其中MTU代表最大传输单元，链路层MTU＝800B。IP分组首部长20B。片偏移以8字节为偏移单位，因此除最后一个分片，其他每个分片的数据部分长度都是8B的整数倍。所以，最大IP分片的数据部分长度为776B。总长度1 580B的IP数据报中，数据部分占1 560B，1 560B/776B＝2.01…，需要分成3片。故第2个分片的总长度字段为796，MF为1（表示还有后续的分片）。

【答案】故此题答案为B。

37.【考点】计算机网络；网络层；路由算法；距离-矢量路由算法。

【解析】本题考查的是距离矢量路由算法，它被距离矢量协议作为一个算法，如RIP、BGP、ISO IDRP等。使用这个算法的路由器知道与自己直接连接的邻居路由器的距离，还会定时与邻居路由器交换距离矢量表，从而计算出自己到其他路由器最新的最远和最近距离并更新路由表。

根据距离矢量路由算法，E 收到相邻路由器的距离矢量后，更新它的路由表：

(1) 若原路由表中没有目的网络，则把该项目添加到路由表中。

(2) 若发来的路由信息中有一条到达某个目的网络的路由，该路由与当前使用的路由相比，有较短的距离，则用经过发送路由信息的节点的新路由替换。

分析题意可知，E 与邻居路由器 A、B、C 和 D 之间的直接链路距离分别是 8，10，12 和 6。到达 Net1～Net4 没有直接链路，需要通过邻居路由器。从上述算法可知，E 到达目的网络一定是经过 A，B，C 和 D 中距离最小的。根据题中所给的距离信息，计算 E 经邻居路由器到达目的网络 Net1～Net4 的距离，如表 26-1 所示，选择到达每个目的网络距离的最短值。

表　26-1

目的网络	经过 A 需要的距离	经过 B 需要的距离	经过 C 需要的距离	经过 D 需要的距离
Net1	9	33	32	28
Net2	20	45	42	34
Net3	32	28	28	42
Net4	44	40	20	30

所以距离分别是 9，20，28，20。

【答案】故此题答案为 D。

38.【考点】计算机网络；传输层；TCP；TCP 连接管理。

【解析】本题考查的是 TCP 连接管理，TCP 是面向连接的传输层协议。TCP 连接的建立和释放是每一次面向连接的通信中必不可少的过程。因此 TCP 通信过程有 3 个阶段，即连接建立、数据传输和连接释放。

TCP 连接释放的过程如图 26-9 所示。当客户机收到服务器发送的 FIN 段并向服

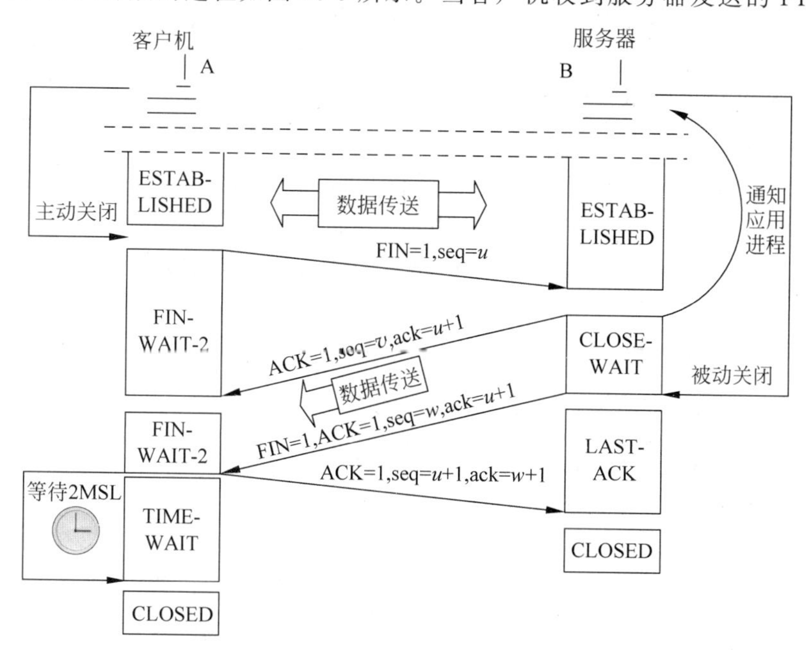

图　26-9

务器发送 ACK 段后，客户机的 TCP 状态变为 TIME_WAIT，此时 TCP 连接还未释放，必须经过时间等待计时器设置的时间 2MSL(最长报文段寿命)后，客户机才进入 CLOSED(连接关闭)状态。

【答案】故此题答案为 B。

39. **【考点】**计算机网络；传输层；UDP；UDP 数据报；TCP；TCP 段。

【解析】考生须知传输效率＝有效数据部分长度/总长度

应用层数据交给传输层时，放在报文段的数据部分。UDP 首部有 8B，TCP 首部最短有 20B。为了达到最大传输效率，通过 UDP 传输时，总长度为 20B，最大传输效率是 12B/20B＝60%。通过 TCP 传输时，总长度为 32B，最大传输效率是 12B/32B＝37.5%。

【答案】故此题答案为 D。

40. **【考点】**计算机网络；传输层；TCP；TCP 连接管理。

【解析】依题意，甲发送完 200B 报文后，继续发送的报文段中序号字段 seq＝701。由于乙告知接收窗口为 500，且甲未收到乙对 seq＝501 报文段的确认，那么甲还能发送的报文段字节数为 500－200＝300B，因此甲在未收到新的确认段之前，还能发送的数据序号范围是 701～1 000。

【答案】故此题答案为 C。

三、综合应用题考点、解析

41. **【考点】**数据结构；图；图的存储及基本操作；邻接矩阵；时间复杂度；空间复杂度；C 或 C++语言。

【解析】本题是判断无向连通图是否存在 EL 路径问题，三个小题的问题依次推进，难度逐步增加，属于区分度较好、难度适中的综合应用题。需要考生：①按要求描述算法的思想；②给出 C 或 C++语言描述的算法并给出关键之处的注释；③分析给出算法的时间复杂度与空间复杂度。具体解析如下：

(1) 算法的基本设计思想。

本算法题属于送分题，题干已经告诉我们算法的思想。对于采用邻接矩阵存储的无向图，在邻接矩阵的每一行(列)中，非零元素的个数为本行(列)对应顶点的度。可以依次计算连通图 G 中各顶点的度，并记录度为奇数的顶点个数，若个数为 0 或 2，则返回 1，否则返回 0。

(2) 算法实现。

```
int IsExistEL(MGraph G){
    //采用邻接矩阵存储,判断图是否存在 EL 路径
    int degree, i, j,count = 0;
    for(i = 0; i < G. numVertices;i++){
        degree = 0;
        for(j = 0;j < G.numVertices; j++)
            degree += G.Edge[i][j];              //依次计算各个顶点的度
        if (degree % 2!= 0)
            count++;                             //对度为奇数的顶点计数
    }
```

```
    if(count == o || count == 2)
        return 1;                           //存在 EL 路径,返回 1
    else
        return 0;                           //不存在 EL 路径,返回 0
}
```

算法需要遍历整个邻接矩阵,所以时间复杂度是 $O(n^2)$,空间复杂度是 $O(1)$。

42.【考点】数据结构;排序;计数排序;排序算法的分析与应用。

【解析】本题考查 cmpCountSort 算法,三小题分别从排序结果,比较次数和判断算法的稳定性三方面进行考查。具体解析如下:

cmpCountSort 算法基于计数排序的思想,对序列进行排序。cmpCountSort 算法遍历数组中的元素,count 数组记录比对应待排序数组元素下标大的元素个数,例如,count[1]=3 的意思是数组 a 中有 3 个元素比 a[1]大,即 a[1]是第 4 大元素,a[1]的正确位置应是 $b[3]$。

(1) 排序结果为 $b[6]=\{-10,10,11,19,25,25\}$。

(2) 由代码 for(i=0; i<n−1; i++)和 for(j=i+1; j<n; j++)可知,在循环过程中,每个元素都与它后面的所有元素比较一次(即所有元素都两两比较一次),比较次数之和为 $(n-1)+(n-2)+\cdots+1$,故总的比较次数是 $n(n-1)/2$。

(3) 不是。需要将程序中的 if 语句修改如下:

```
if(a[i]<=a[j]) count[j]++;
else count[i]++;
```

如果不加等号,两个相等的元素比较时,前面元素的 count 值会加 1,导致原序列中靠前的元素在排序后的序列中处于靠后的位置。

43.【考点】计算机组成原理;数据的表示和运算;运算方法和运算电路;基本运算部件;算术逻辑部件(ALU);整数的表示和运算;带符合整数的表示和运算。

【解析】本题主要考查算术逻辑部件(ALU)与寄存器,以及带符合整数的运算,具体解析如下:

(1) ALU 的宽度为 16 位,ALU 的宽度即 ALU 运算对象的宽度,通常与字长相同。地址线为 20 位,按字节编址,可寻址主存空间大小为 2^{20} 字节(或 1MB)。指令寄存器有 16 位,和单条指令长度相同。MAR 有 20 位,和地址线位数相同。MDR 有 8 位,和数据线宽度相同。

(2) R 型格式的操作码有 4 位,最多有 2^4(或 16)种操作。I 型和 J 型格式的操作码有 6 位,因为它们的操作码部分重叠,所以共享这 6 位的操作码空间,且前 6 位全 0 的编码已被 R 型格式占用,因此 I 和 J 型格式最多有 $2^8-1=63$ 种操作。从 R 型和 I 型格式的寄存器编号部分可知,只用 2 位对寄存器编码,因此通用寄存器最多有 4 个。

(3) 指令 01B2H=000000 01 10 11 0010B 为一条 R 型指令,操作码 0010 表示带符号整数减法指令,其功能为 $R[3]\leftarrow R[1]-R[2]$。执行指令 01B2H 后,$R[3]$=B052H−0008H=B04AH,结果未溢出。指令 01B3H=000000 01 10 11 0011B,操作码 0011 表

示带符号整数乘法指令，执行指令 01B3H 后，$R[3]=R[1]\times R[2]=$B052H×0008H=8290H，结果溢出。

(4) 在进行指令的跳转时，可能向前跳转，也可能向后跳转，偏移量是一个带符号整数，因此在地址计算时，应对 imm 进行符号扩展。

(5) 无条件转移指令可以采用 J 型格式，将 target 部分写入 PC 的低 10 位，完成跳转。

44. **【考点】**计算机组成原理；存储器层次结构；虚拟存储器；页式虚拟存储器；TLB。

【解析】本题主要考查的是 TLB，需要注意的是，对于本题的 TLB，需要采用处理 Cache 的方式求解，具体解析如下：

(1) 按字节编址，页面大小为 4KB=2^{12}B，页内地址为 12 位。虚拟地址中高 30－12=18 位表示虚页号，虚拟地址中低 12 位表示页内地址。

(2) TLB 采用 2 路组相联方式，共 8=2^3 组，用 3 位来标记组号。虚拟地址(或虚页号)中高 18－3=15 位为 TLB 标记，虚拟地址中随后 3 位(或虚页号中低 3 位)为 TLB 组号。

(3) 虚页号 4 对应的 TLB 表项被替换。因为虚页号与 TLB 组号的映射关系为 TLB 组号=虚页号 mod TLB 组数=虚页号 mod 8，因此，虚页号 10,12,16,7,26,4,12,20 映射到的 TLB 组号依次为 2,4,0,7,2,4,4,4。TLB 采用 2 路组相联方式，从上述映射到的 TLB 组号序列可以看出，只有映射到 4 号组的虚页号数量大于 2，相应虚页号依次是 12,4,12 和 20。根据 LRU 替换策略，当访问第 20 页时，虚页号 4 对应的 TLB 表项被替换出来。

(4) 虚拟地址位数增加到 32 位时，虚页号增加了 32－30=2 位，使得每个 TLB 表项中的标记字段增加 2 位，因此，每个 TLB 表项的位数增加 2 位。

45. **【考点】**操作系统；进程管理；同步与互斥。

【解析】本题主要考查的是同步与互斥，具体解析如下：

(1) 信号量 S 是能被多个进程共享的变量，多个进程都可通过 wait()和 signal()对 S 进行读、写操作。所以，wait()和 signal()操作中对 S 的访问必须是互斥的。

(2) 方法 1 错误。在 wait()中，当 $S\leqslant 0$ 时，关中断后，其他进程无法修改 S 的值，while 语句陷入死循环。方法 2 正确。方法 2 在循环体中有一个开中断操作，这样就可以使其他进程修改 S 的值，从而避免 while 语句陷入死循环。

(3) 用户程序不能使用开/关中断指令实现临界区互斥。因为开中断和关中断指令都是特权指令，不能在用户态下执行，只能在内核态下执行。

46. **【考点】**操作系统；输入/输出(I/O)管理；外存管理；磁盘；格式化；分区。

【解析】本题考查的内容包括：(1)系统启动过程中操作系统的执行顺序；(2)硬盘制作为启动盘时，需要完成的正确执行顺序；(3)磁盘扇区的划分和文件系统根目录的建立。

本题对应的 3 小题具体解答如下。

(1) 执行顺序依次是 ROM 中的引导程序、磁盘引导程序、分区引导程序、操作系统的初始化程序。启动系统时，首先运行 ROM 中的引导代码(Bootstrap)。为执行某个分区的操作系统的初始化程序，需要先执行磁盘引导程序以指示引导到哪个分区，然后执行该分区的引导程序，用于引导该分区的操作系统。

(2) 4 个操作的执行顺序依次是磁盘的物理格式化、对磁盘进行分区、逻辑格式化、操作系统的安装。磁盘只有通过分区和逻辑格式化后才能安装系统和存储信息。物理格式化(又称低级格式化，通常出厂时就已完成)的作用是为每个磁道划分扇区，安排扇区在磁道中的排列顺序，并对已损坏的磁道和扇区做“坏”标记等。随后将磁盘的整体存储空间划分为相互独立的多个分区(如 Windows 中划分 C 盘、D 盘等)，这些分区可以用作多种用途，如安装不同的操作系统和应用程序、存储文件等。然后进行逻辑格式化(又称高级格式化)，其作用是对扇区进行逻辑编号、建立逻辑盘的引导记录、文件分配表、文件目录表和数据区等。最后才是操作系统的安装。

(3) 由上述解析知，磁盘扇区的划分是在磁盘的物理格式化操作中完成的，文件系统根目录的建立是在逻辑格式化操作中完成的。

47. **【考点】**计算机网络；应用层；DNS 系统；传输层；UDP；UDP 数据报；数据链路层；CSMA/CD 协议；局域网；以太网与 IEEE 802.3；网络层；路由表与分组转发。

【解析】本题具体解析如下：

(1) 从 t_0 到 t_1 期间，除了 HTTP，H1 还运行了 DNS 应用层协议，以将域名转换为 IP 地址。DNS 运行在 UDP 之上，UDP 将应用层交下来的 DNS 报文添加首部后，向下交付给 IP 层，IP 层使用 IP 数据报进行封装，封装好后，向下交付给数据链路层，数据链路层使用 CSMA/CD 帧进行封装。因此，逐层封装关系如下：DNS 报文→UDP 数据报→IP 数据报→CSMA/CD 帧。

(2) t_0 时刻，H1 的 ARP 表和 S 的交换表为空。H1 利用浏览器通过域名请求访问 Web 服务器。由于要先解析域名，所以会发送 DNS 报文到本地域名服务器，查询该域名对应的 IP 地址，所以要先向本地域名服务器发送请求。ARP 表为空，所以需要先发送 ARP 请求分组，查询本地域名服务器对应的 MAC 地址。这些帧的目的 MAC 地址均是 FF-FF-FF-FF-FF-FF。S 接收到这个帧，在交换表中记录下 MAC 地址为 00-11-22-33-44-cc，位于端口 4，然后广播该帧。当本地域名服务器接收到 ARP 请求后，向 H1 发送响应 ARP 分组。S 接收到这个帧，在交换表中记录下 MAC 地址为 00-11-22-33-44-bb，位于端口 1，然后把该帧从端口 4 发送出去。

得到了域名对应的 IP 地址，发现不在本局域网中，需要通过路由表转发。

H1 的 ARP 表中并没有路由器对应的 MAC 地址，因此需要先发送 ARP 请求分组，查询路由器对应的 MAC 地址。这些帧的目的 MAC 地址均是 FF-FF-FF-FF-FF-FF。S 接收到这个帧，广播该帧。当路由器收到 ARP 请求后，向 H1 发送响应 ARP 分组。S 接收到这个帧，在交换表中记录下 MAC 地址为 00-11-22-33-44-aa，位于端口 2，然后把该帧从端口 4 发送出去。现在，H1 能把数据发送给路由器了。在整个过程中，并没有涉及 H2，H2 没有主动发送数据。所以 S 并不会记录下 H2 的 MAC 地址和端口，所以 S 在 t_1 时刻的交换表如表 26-2 所示。

表 26-2

MAC 地址	端　口
00-11-22-33-44-cc	4
00-11-22-33-44-bb	1
00-11-22-33-44-aa	2

(3) 由(2)的分析可知,H2 至少会接收到 2 个和此次 Web 访问相关的帧。接收到的均是封装 ARP 查询报文的以太网帧；这些帧的目的 MAC 地址均是 FF-FF-FF-FF-FF-FF。

2022年全国硕士研究生招生考试计算机学科专业基础试题

一、单项选择题：1～40小题，每小题2分，共80分。下列每题给出的四个选项中，只有一个选项是最符合题目要求的。

1. 下列程序段的时间复杂度是(　　)。

```
int sum = 0;
for(int i = 1;i < n; i * = 2)
    for(int j = 0;j < i ; j++)
        sum++;
```

A. $O(\log n)$　　B. $O(n)$　　C. $O(n\log n)$　　D. $O(n^2)$

2. 给定有限符号集 S，in 和 out 均为 S 中所有元素的任意排列。对于初始为空的栈 ST，下列叙述中，正确的是(　　)。

A. 若 in 是 ST 的入栈序列，则不能判断 out 是否为其可能的出栈序列

B. 若 out 是 ST 的出栈序列，则不能判断 in 是否为其可能的入栈序列

C. 若 in 是 ST 的入栈序列，out 是对应 in 的出栈序列，则 in 与 out 一定不同

D. 若 in 是 ST 的入栈序列，out 是对应 in 的出栈序列，则 in 与 out 可能互为倒序

3. 若节点 p 与 q 在二叉树 T 的中序遍历序列中相邻，且 p 在 q 之前，则下列 p 与 q 的关系中，不可能的是(　　)。

Ⅰ. q 是 p 的双亲　Ⅱ. q 是 p 的右兄弟　Ⅲ. q 是 p 的右孩子　Ⅳ. q 是 p 的双亲的双亲

A. 仅Ⅰ　　B. 仅Ⅲ　　C. 仅Ⅱ、Ⅲ　　D. 仅Ⅱ、Ⅳ

4. 若三叉树 T 中有244个节点(叶节点的高度为1)，则 T 的高度至少是(　　)。

A. 8　　B. 7　　C. 6　　D. 5

5. 对任意给定的含 $n(n>2)$ 个字符的有限集 S，用二叉树表示 S 的哈夫曼编码集和定长编码集，分别得到二叉树和 T_1 和 T_2。下列叙述中，正确的是(　　)。

A. T_1 与 T_2 的节点数相同

B. T_1 的高度大于 T_2 的高度

C. 出现频次不同的字符在 T_1 中处于不同的层

D. 出现频次不同的字符在 T_2 中处于相同的层

6. 对于无向图 $G=(V, E)$，下列选项中，正确的是(　　)。

A. 当 $|V|>|E|$ 时，G 一定是连通的

B. 当 $|V|<|E|$ 时，G 一定是连通的

C. 当 $|V|=|E|-1$ 时，G 一定是不连通的

D. 当 $|V|>|E|+1$ 时，G 一定是不连通的

7. 图 27-1 是一个有 10 个活动的 AOE 网，时间余量最大的活动是(　　)。

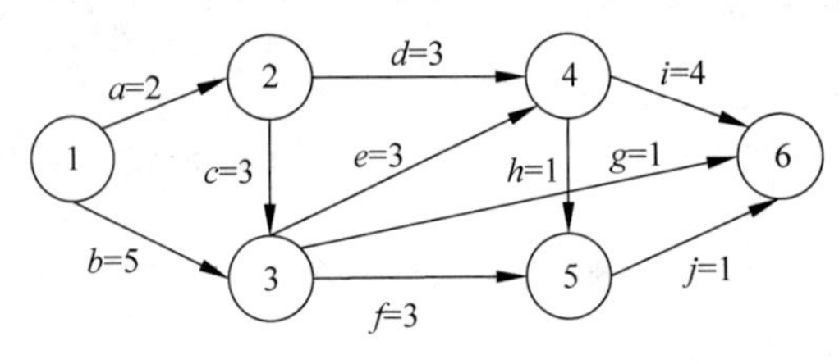

图　27-1

A. c　　B. g　　C. h　　D. j

8. 在图 27-2 所示的 5 阶 B 树 T 中，删除关键字 260 之后需要进行必要的调整，得到新的 B 树 T_1。下列选项中，不可能是 T_1 根节点中关键字序列的是(　　)。

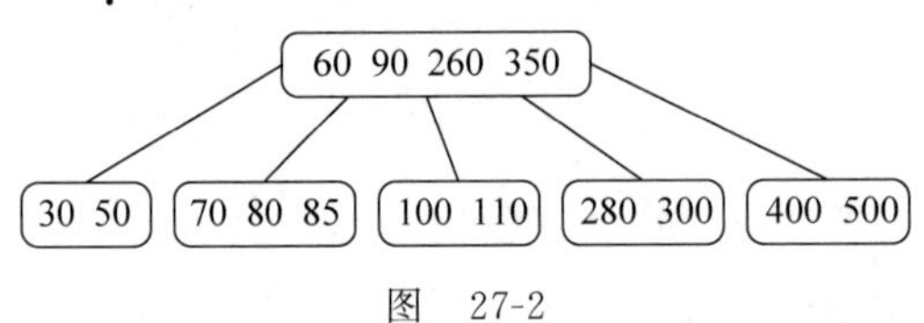

图　27-2

A. 60，90，280　　B. 60，90，350

C. 60，85，110，350　　D. 60，90，110，350

9. 下列因素中，影响散列(哈希)方法平均查找长度的是(　　)。

Ⅰ. 装填因子　　Ⅱ. 散列函数　　Ⅲ. 冲突解决策略

A. 仅Ⅰ、Ⅱ　　B. 仅Ⅰ、Ⅲ　　C. 仅Ⅱ、Ⅲ　　D. Ⅰ、Ⅱ、Ⅲ

10. 使用二路归并排序对含 n 个元素的数组 M 进行排序时，二路归并操作的功能是(　　)。

A. 将两个有序表合并为一个新的有序表

B. 将 M 划分为两部分，两部分的元素个数大致相等

C. 将 M 划分为 n 个部分，每个部分中仅含有一个元素

D. 将 M 划分为两部分，一部分元素的值均小于另一部分元素的值

11. 对数据进行排序时，若采用直接插入排序而不采用快速排序，则可能的原因是(　　)。

Ⅰ. 大部分元素已有序　　Ⅱ. 待排序元素数量很少

Ⅲ. 要求空间复杂度为 O(1)　　Ⅳ. 要求排序算法是稳定的

A. 仅Ⅰ、Ⅱ　　B. 仅Ⅲ、Ⅳ　　C. 仅Ⅰ、Ⅱ、Ⅳ　　D. Ⅰ、Ⅱ、Ⅲ、Ⅳ

12. 某计算机主频为 1GHz，程序 P 运行过程中，共执行了 10 000 条指令，其中，80%的指令执行平均需 1 个时钟周期，20%的指令执行平均需 10 个时钟周期。程序 P 的平均 CPI 和 CPU 执行时间分别是(　　)。

A. 2.8，28μs　　B. 28，28μs　　C. 2.8，28ms　　D. 28，28ms

13. 32 位补码所能表示的整数范围是(　　)。

A. $-2^{32} \sim 2^{31}-1$　　B. $-2^{31} \sim 2^{31}-1$

C. $-2^{32} \sim 2^{32}-1$　　D. $-2^{31} \sim 2^{32}-1$

14. −0.437 5 的 IEEE754 单精度浮点数表示为(　　)。

A. BEE0 0000H　　B. BF60 0000H　　C. BF70 0000H　　D. C0E0 0000H

15. 某计算机主存地址为 24 位，采用分页虚拟存储管理方式，虚拟地址空间大小为 4GB，页大小为 4KB，按字节编址。某进程的页表部分内容如表 27-1 所示。

表　27-1

虚页号	实页号(页框号)	存在位
82	024H	0
…	…	…
129	180H	1
130	018H	1

当 CPU 访问虚拟地址 0008 2840H 时，虚-实地址转换的结果是(　　)。

A. 得到主存地址 02 4840H　　B. 得到主存地址 18 0840H

C. 得到主存地址 01 8840H　　D. 检测到缺页异常

16. 若计算机主存地址为 32 位，按字节编址，Cache 数据区大小为 32KB，主存块大小为 64B，主存块大小为 64B，采用 8 路组相联映射方式，该 Cache 中比较器的个数和位数分别为(　　)。

A. 8，20　　B. 8，23　　C. 64，20　　D. 64，23

17. 某内存条包含 8 个 8 192×8 192×8 位的 DRAM 芯片，按字节编址，支持突发传送方式，对应存储器总线宽度为 64 位，每个 DRAM 芯片内有一个行缓冲区(Row Buffer)。下列关于该内存条的叙述中，不正确的是(　　)。

A. 内存条的容量为 512MB　　B. 采用多模块交叉编址方式

C. 芯片的地址引脚为 26 位　　D. 芯片内行缓冲有 8 192×8 位

18. 下列选项中，属于指令集体系结构(ISA)规定的内容是(　　)。

Ⅰ. 指令字格式和指令类型　　Ⅱ. CPU 的时钟周期

Ⅲ. 通用寄存器个数和位数　　Ⅳ. 加法器的进位方式

A. 仅Ⅰ、Ⅱ　　B. 仅Ⅰ、Ⅲ　　C. 仅Ⅱ、Ⅳ　　D. 仅Ⅰ、Ⅲ、Ⅳ

19. 设计某指令系统时，假设采用 16 位定长指令字格式，操作码使用扩展编码方式，地址码为 6 位，包含零地址、一地址和二地址 3 种格式的指令。若二地址指令有 12 条，一地址指令有 254 条，则零地址指令的条数最多为(　　)。

A. 0　　B. 2　　C. 64　　D. 128

20. 将高级语言源程序转换为可执行目标文件的主要过程是(　　)。

A. 预处理→编译→汇编→链接

B. 预处理→汇编→编译→链接

C. 预处理→编译→链接→汇编

D. 预处理→汇编→链接→编译

21. 下列关于中断 I/O 方式的叙述中，不正确的是(　　)。

A. 适用于键盘、针式打印机等字符型设备

B. 外设和主机之间的数据传送通过软件完成

C. 外设准备数据的时间应小于中断处理时间

D. 外设为某进程准备数据时 CPU 可运行其他进程

22. 下列关于并行处理技术的叙述中，不正确的是(　　)。

A. 多核处理器属于 MIMD 结构

B. 矢量处理器属于 SIMD 结构

C. 硬件多线程技术只可用于多核处理器

D. SMP 中所有处理器共享单一物理地址空间

23. 下列关于多道程序系统的叙述中，不正确的是(　　)。

A. 支持进程的并发执行　　B. 不必支持虚拟存储管理

C. 需要实现对共享资源的管理　　D. 进程数越多 CPU 利用率越高

24. 下列选项中，需要在操作系统进行初始化过程中创建的是(　　)。

A. 中断矢量表　　B. 文件系统的根目录

C. 硬盘分区表　　D. 文件系统的索引节点表

25. 进程 P0、P1、P2 和 P3 进入就绪队列的时刻、优级(值小优先越高)及 CPU 执行时间如表 27-2 所示。

表　27-2

进　　程	进入就绪队列的时刻	优　先　级	CPU 执行时间
P0	0ms	15	100ms
P1	10ms	20	60ms
P2	10ms	10	20ms
P3	15ms	6	10ms

若系统采用基于优先权的抢占式进程调度算法，则从 0ms 时刻开始调度，到 4 个进程都运行结束为止，发生进程调度的总次数为(　　)。

A. 6　　B. 7　　C. 6　　D. 7

26. 系统中有三个进程 P0、P1、P2 及三类资源 A、B、C。若某时刻系统分配资源的情况如表 27-3 所示，则此时系统中存在的安全序列的个数为(　　)。

表　27-3

进程	已分配资源数			尚需资源数			可用资源数		
	A	B	C	A	B	C	A	B	C
P0	2	0	1	0	2	1	1	3	2
P1	0	2	0	1	2	3			
P2	1	0	1	0	1	3			

A. 1　　B. 2　　C. 3　　D. 4

27. 下列关于 CPU 模式的叙述中,正确的是(　　)。
A. CPU 处于用户态时只能执行特权指令
B. CPU 处于内核态时只能执行特权指令
C. CPU 处于用户态时只能执行非特权指令
D. CPU 处于内核态时只能执行非特权指令

28. 下列事件或操作中,可能导致进程 P 由执行态变为阻塞态的是(　　)。
Ⅰ. 进程 P 读文件　　Ⅱ. 进程 P 的时间片用完
Ⅲ. 进程 P 申请外设　　Ⅳ. 进程 P 执行信号量的 wait()操作
A. 仅Ⅰ、Ⅳ　　B. 仅Ⅱ、Ⅲ　　C. 仅Ⅲ、Ⅳ　　D. 仅Ⅰ、Ⅲ、Ⅳ

29. 某进程访问的页 b 不在内存中,导致产生缺页异常,该缺页异常处理过程中不一定包含的操作是(　　)。
A. 淘汰内存中的页　　B. 建立页号与页框号的对应关系
C. 将页 b 从外存读入内存　　D. 修改页表中页 b 对应的存在位

30. 下列选项中,不会影响系统缺页率的是(　　)。
A. 页置换算法　　B. 工作集的大小　　C. 进程的数量　　D. 页缓冲队列的长度

31. 执行系统调用的过程涉及下列操作,其中由操作系统完成的是(　　)。
Ⅰ. 保存断点和程序状态字　　Ⅱ. 保存通用寄存器的内容
Ⅲ. 执行系统调用服务例程　　Ⅳ. 将 CPU 模式改为内核态
A. 仅Ⅰ、Ⅲ　　B. 仅Ⅱ、Ⅲ　　C. 仅Ⅱ、Ⅳ　　D. 仅Ⅱ、Ⅲ、Ⅳ

32. 下列关于驱动程序的叙述中,不正确的是(　　)。
A. 驱动程序与 I/O 控制方式无关
B. 初始化设备是由驱动程序控制完成的
C. 进程在执行驱动程序时可能进入阻塞态
D. 读/写设备的操作是由驱动程序控制完成的

33. 在 ISO/OSI 参考模型中,实现两个相邻节点间流量控制功能的是(　　)。
A. 物理层　　B. 数据链路层　　C. 网络层　　D. 传输层

34. 在一条带宽为 200kHz 的无噪声信道上,若采用 4 个幅值的 ASK 调制,则该信道的最大数据传输速率是(　　)。
A. 200kbit/s　　B. 400kbit/s　　C. 800kbit/s　　D. 1 600kbit/s

35. 若某主机的 IP 地址是 183.80.72.48，子网掩码是 255.255.192.0，则该主机所在网络的网络地址是(　　)。

A. 183.80.0.0　　B. 183.80.64.0　　C. 183.80.72.0　　D. 183.80.192.0

36. 图 27-3 所示网络中的主机 H 的子网掩码与默认网关分别是(　　)。

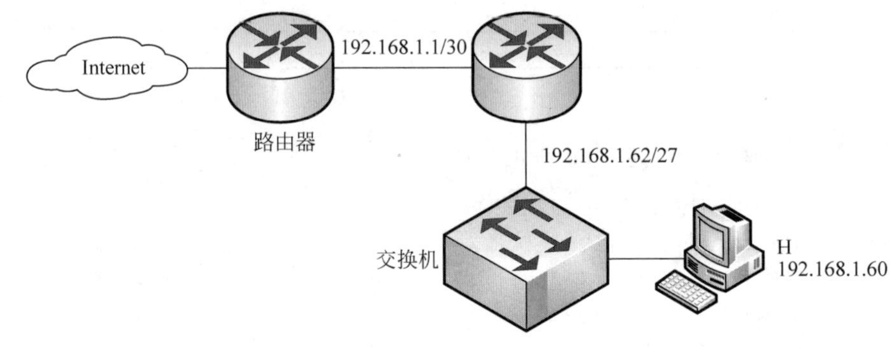

图　27-3

A. 255.255.255.192，192.168.1.1　　B. 255.255.255.192，192.168.1.62
C. 255.255.255.224，192.168.1.1　　D. 255.255.255.224，192.168.1.62

37. 在 SDN 网络体系结构中，SDN 控制器向数据平面的 SDN 交换机下发流表时所使用的接口是(　　)。

A. 东向接口　　B. 南向接口　　C. 西向接口　　D. 北向接口

38. 假设主机甲和主机乙已建立一个 TCP 连接，最大段长 MSS=1KB，甲一直有数据向乙发送，当甲的拥塞窗口为 16KB 时，计时器发生了超时，则甲的拥塞窗口再次增长到 16KB 所需要的时间至少是(　　)。

A. 4RTT　　B. 5RTT　　C. 11RTT　　D. 16RTT

39. 假设客户 C 和服务器 S 已建立一个 TCP 连接，通信往返时间 RTT=50ms，最长报文段寿命 MSL=800ms，数据传输结束主动请求断开连接。若从 C 主动向 S 发出 FIN 段时刻算起，则 C 和 S 进入 CLOSED 状态所需的时间至少分别是(　　)。

A. 850ms，50ms　　B. 1 650ms，50ms　　C. 850ms，75ms　　D. 1 650ms，75ms

40. 假设主机 H 通过 HTTP/I.1 请求浏览某 Web 服务器 S 上的 Web 页 news408.html，news408.html 引用了同目录下 1 个图像，news408.html 文件大小为 1MSS(最大段长)，图像文件大小为 3MSS，H 访问 S 的往返时间 RTT=10ms，忽略 HTTP 响应报文的首部开销和 TCP 段传输时延。若 H 已完成域名解析，则从 H 请求与 S 建立 TCP 连接时刻起，到接收到全部内容止，所需的时间至少是(　　)。

A. 30ms　　B. 40ms　　C. 50ms　　D. 60ms

二、综合应用题：41～47 小题，共 70 分。

41. (13 分) 已知非空二叉树 *T* 的节点值均为正整数，采用顺序存储方式保存，数据结构定义如下：

```
typedef struct {                              //MAX_SIZE 为已定义常量
```

```
    int SqBiTNode[MAX_SIZE];         //保存二叉树节点值的数组
    int ElemNum;                     //实际占用的数组元素个数
}SqBiTree:
```

T 中不存在的节点在数组 SqBiTNode 中用−1 表示。例如，对于图 27-4 所示的两棵非空二叉树 T_1 和 T_2，

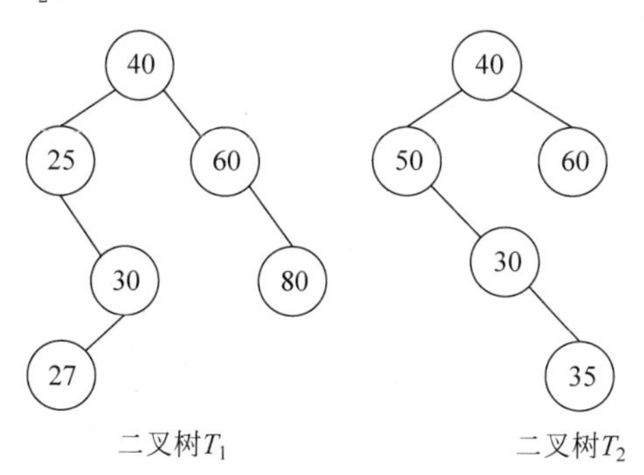

图　27-4

T_1 的存储结果如下：

T1. SqBiTNode											
40	25	60	−1	30	−1	80	−1	−1	27		

T1. ElemNum＝10

T_2 的存储结果如下：

T2. SqBiTNode											
40	50	60	−1	30	−1	−1	−1	−1	−1	−1	35

T2. ElemNum＝11

请设计一个尽可能高效的算法，判定一棵采用这种方式存储的二叉树是否为二叉搜索树，若是，则返回 true，否则，返回 false。要求：

(1) 给出算法的基本设计思想。

(2) 根据设计思想，采用 C 或 C++语言描述算法，关键之处给出注释。

42. (10 分) 现有 $n(n>100\ 000)$个数保存在一维数组 M 中，需要查找 M 中最小的 10 个数。请回答下列问题。

(1) 设计一个完成上述查找任务的算法，要求平均情况下的比较次数尽可能少，简述其算法思想(不需要程序实现)。

(2) 说明你所设计的算法平均情况下的时间复杂度和空间复杂度。

43. (15 分) 某 CPU 中部分数据通路如图 27-5 所示，其中，GPRs 为通用寄存器组；FR 为标志寄存器，用于存放 ALU 产生的标志信息；带箭头虚线表示控制信号，如控制信号 Read、Write 分别表示主存读、主存写，MDRin 表示内部总线上数据写入 MDR，MDRout 表示 MDR 的内容送内部总线。

请回答下列问题。

(1) 设 ALU 的输入端 A、B 及输出端 F 的最高位分别为 A_{15}、B_{15} 及 F_{15}，FR 中的符号标志和溢出标志分别为 SF 和 OF，则 SF 的逻辑表达式是什么？A 加 B、A 减 B 时 OF 的逻辑表达式分别是什么？要求逻辑表达式的输入变量为 A_{15}、B_{15} 及 F_{15}。

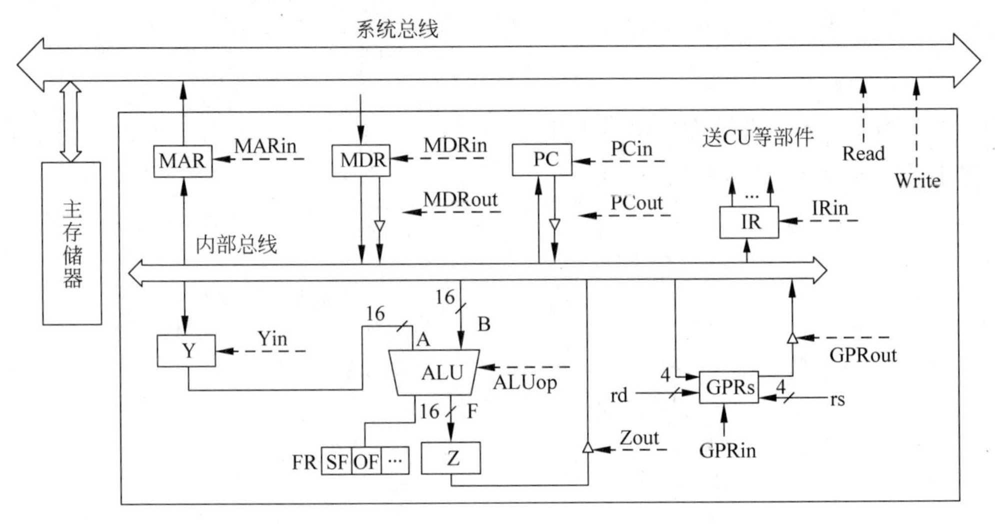

图 27-5

(2) 为什么要设置暂存器 Y 和 Z?

(3) 若 GPRs 的输入端 rs、rd 分别为所读、写的通用寄存器的编号,则 GPRs 中最多有多少个通用寄存器? rs 和 rd 来自图中的哪个寄存器? 已知 GPRs 内部有一个地址译码器和一个多路选择器,rd 应连接地址译码器还是多路选择器?

(4) 取指令阶段(不考虑 PC 增量操作)的控制信号序列是什么? 若从发出主存读命令到主存读出数据并传送到 MDR 共需 5 个时钟周期,则取指令阶段至少需要几个时钟周期?

(5) 图中控制信号由什么部件产生? 图中哪些寄存器的输出信号会连到该部件的输入端?

44. (8 分) 假设某磁盘驱动器中有 4 个双面盘片,每个盘面有 20 000 个磁道,每个磁道有 500 个扇区,每个扇区可记录 512 字节的数据,盘片转速为 7 200r/m(转/分),平均寻道时间为 5ms。请回答下列问题。

(1) 每个扇区包含数据及其地址信息,地址信息分为 3 个字段。这 3 个字段的名称各是什么? 对于该磁盘,各字段至少占多少位?

(2) 一个扇区的平均访问时间约为多少?

(3) 若采用周期挪用 DMA 方式进行磁盘与主机之间的数据传送,磁盘控制器中的数据缓冲区大小为 64 位,则在一个扇区读写过程中,DMA 控制器向 CPU 发送了多少次总线请求? 若 CPU 检测到 DMA 控制器的总线请求信号时也需要访问主存,则 DMA 控制器是否可以获得总线使用权? 为什么?

45. (7 分) 某文件系统的磁盘块大小为 4KB,目录项由文件名和索引节点号构成,每个索引节点占 256 字节,其中包含直接地址项 10 个,一级、二级和三级间接地址项各 1 个,每个地址项占 4 字节。该文件系统中子目录的结构如图 27-6(a)所示,stu 包含子目录 course 和文件 doc,course 子目录包含文件 course1 和 course2。各文件的文件名、索引节点号、占用磁盘块的块号如图 27-6(b)所示。

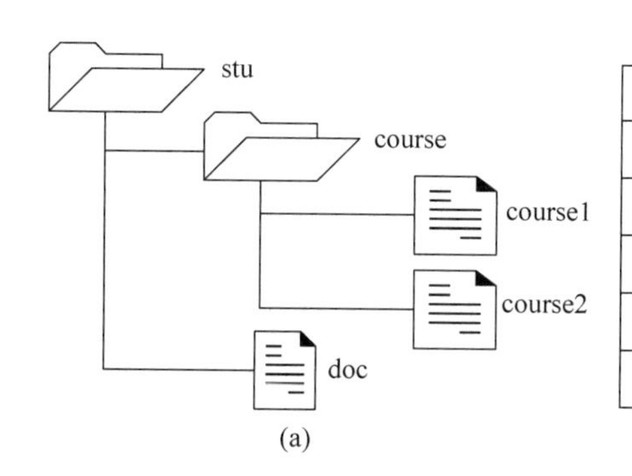

(a)

文件名	索引节点号	磁盘块号
stu	1	10
course	2	20
course1	10	30
course2	100	40
doc	10	x

(b)

图　27-6

请回答下列问题。

(1) 目录文件 stu 中每个目录项的内容是什么？

(2) 文件 doc 占用的磁盘块的块号 x 的值是多少？

(3) 若目录文件 course 的内容已在内存，则打开文件 course1 并将其读入内存，需要读几个磁盘块？说明理由。

(4) 若文件 course2 的大小增长到 6MB，则为了存取 course2 需要使用该文件索引节点的哪几级间接地址项？说明理由。

46. (8 分) 某进程的两个线程 T1 和 T2 并发执行 A、B、C、D、E 和 F 共 6 个操作，其中 T1 执行 A、E 和 F，T2 执行 B、C 和 D。图 27-7 表示上述 6 个操作的执行顺序所必须满足的约束：C 在 A 和 B 完成后执行，D 和 E 在 C 完成后执行，F 在 E 完成后执行。请使用信号量的 wait()、signal()操作描述 T1 和 T2 之间的同步关系，并说明所用信号量的作用及其初值。

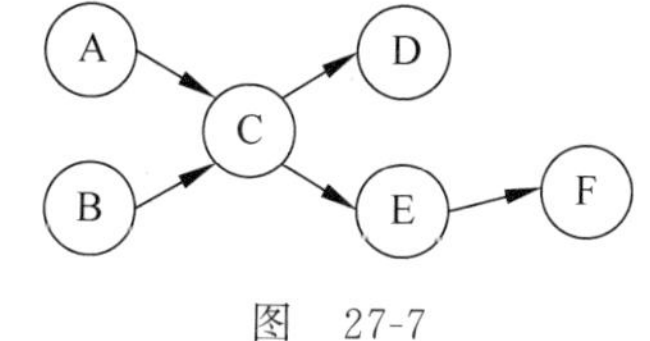

图　27-7

47. (9 分) 某网络拓扑如图 27-8 所示，R 为路由器，S 为以太网交换机，AP 是 802.11 接入点，路由器的 E0 接口和 DHCP 服务器的 IP 地址配置如图中所示；H1 与 H2 属于同一

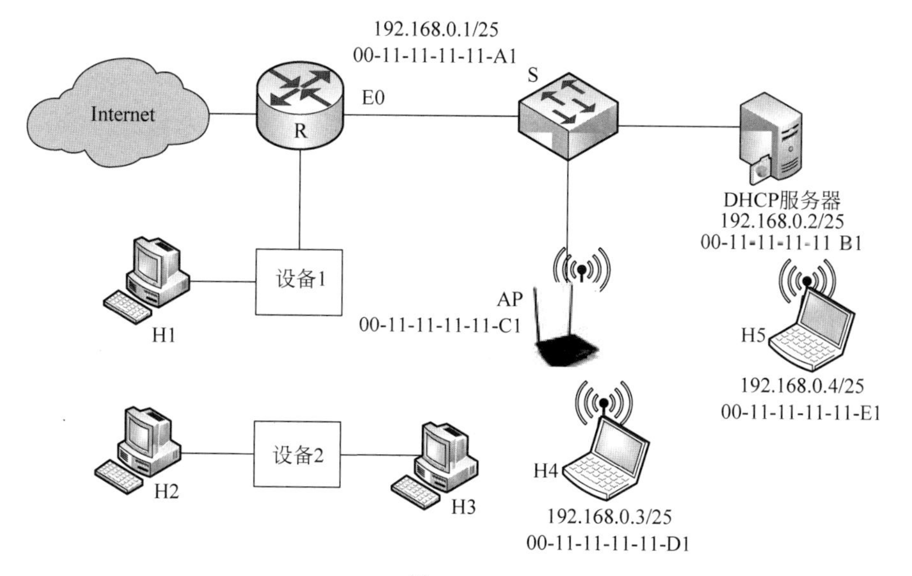

图　27-8

个广播域,但不属于同一个冲突域;和 H3 属于同一个冲突域;H4 和 H5 已经接入网络,并通过 DHCP 动态获取了 IP 地址。现有路由器、100Base-T 以太网交换机和 100Base-T 集线器三类设备若干台。

请回答下列问题。

(1) 设备 1 和设备 2 应该分别选择哪类设备?

(2) 若信号传播速度为 2×10^{8} m/s,以太网最小帧长为 64B,信号通过设备 2 时会产生额外的 1.51μs 的时间延迟,则 H2 与 H3 之间可以相距的最远距离是多少?

(3) 在 H4 通过 DHCP 动态获取 IP 地址过程中,H4 首先发送了 DHCP 报文 M,M 是哪种 DHCP 报文?路由器 E0 接口能否收到封装 M 的以太网帧?S 向 DHCP 服务器转发的封装 M 的以太网帧的目的 MAC 地址是什么?

(4) 若 H4 向 H5 发送一个 IP 分组 P,则 H5 收到的封装 P 的 802.11 帧的地址 1、地址 2 和地址 3 分别是什么?

2022年全国硕士研究生招生考试计算机学科专业基础试题参考答案及解析

一、单项选择题参考答案速查

题号	1	2	3	4	5	6	7	8	9	10
答案	B	D	B	C	D	D	B	D	D	A
题号	11	12	13	14	15	16	17	18	19	20
答案	D	A	B	A	C	A	C	B	D	A
题号	21	22	23	24	25	26	27	28	29	30
答案	C	C	D	A	C	B	C	D	A	D
题号	31	32	33	34	35	36	37	38	39	40
答案	B	A	B	C	B	D	B	C	D	B

二、单项选择题考点、解析及答案

1.【考点】数据结构；时间复杂度。

【解析】本题考查的是时间复杂度。sum++是基本语句，对于外循环的执行次数 m 可由 $i<n$ 和 i*=2 可得 $n=2^m$，既可计算出 $m=\log_2 n$，而对于内循环，一定要注意 $j<i$ 这个循环终止的条件，因此，sum++的语句频度为 $1+2+4+\cdots+2^m=1+\frac{2(1-2^m)}{1-2}=1+2^{m+1}-2=2n-1$，即基本语句的时间复杂度为 $O(n)$。

注意：如果内循环的终止条件修改为 $j<n$，则此题与2014年的真题完全一样。

【答案】故此题答案为B。

2.【考点】数据结构；栈、队列和数组；栈和队列的基本概念。

【解析】本题考查的栈的基本概念。已知入栈序列in，可以判断out是否为其可能的出栈序列，故A不正确；已知出栈序列out，可以判断in是否为其可能的出栈序列，故B不正确；入栈序列in和出栈序列out可以相同，也可以相反，故C不正确，D正确。图28-1展示了一个入栈序列

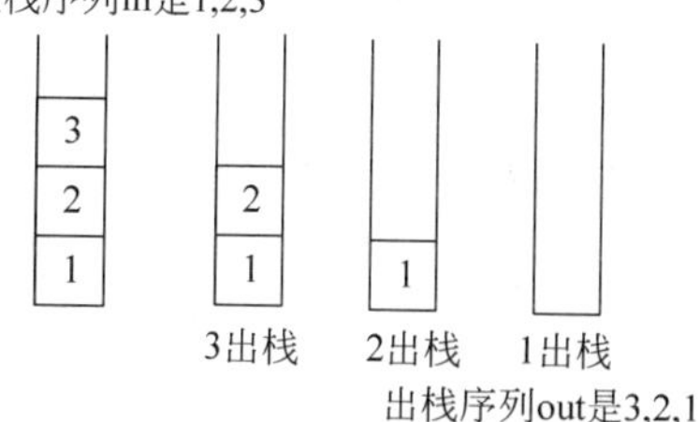

图 28-1

in 和出栈序列 out 互为倒序的例子。

注意：对于入栈序列和出栈序列的关系，考生该要清楚栈的数学性质(卡特兰数)：即 n 个不同的元素进栈，出栈的可能性有 $\frac{1}{n+1}C_{2n}^{n}$。

【答案】故此题答案为 D。

3. **【考点】**数据结构；树与二叉树；二叉树；二叉树的遍历；树与二叉树的应用。

【解析】本题考查的是二叉树的中序遍历。中序遍历也称为中根遍历，当二叉树不为空时，则中序遍历二叉树的左子树，再访问二叉树的根节点，最后中序遍历二叉树的右子树。

从图 28-2 中可以看出，只有当 q 是 p 的右兄弟时，p 和 q 有共同的根节点 R，此时中序遍历序列 p 和 q 无法相邻，因为遍历完左子树后要访问根节点，再访问右子树。

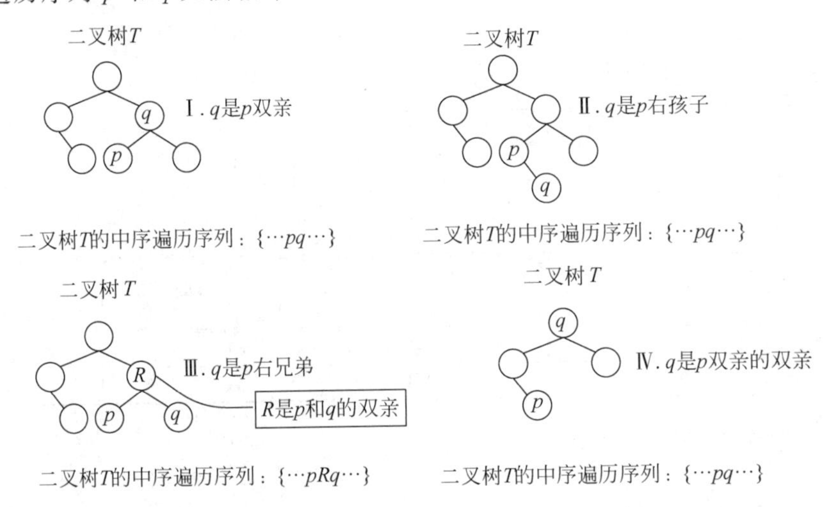

图 28-2

【答案】故此题答案为 B。

4. **【考点】**数据结构；树与二叉树；二叉树；二叉树的定义及其主要特性。

【解析】本题考查的是知识迁移能力，即将二叉树的特性迁移到三叉树上。本题求 T 的高度极小值，这意味此时 T 为满三叉树。高度 h 的满二叉树有节点数为 $3^0+3^1+3^2+\cdots+3^{h-1}=(3^h-1)/2$，即当 $h=5$ 时满三叉树的节点数为 $(3^5-1)/2=121$，而 $h=6$ 时满三叉树的节点数为 368，这意味着有 244 个节点的三叉树 T 的高度至少是 6。

【答案】故此题答案为 C。

5. **【考点】**数据结构；树与二叉树；树与二叉树的应用；哈夫曼树和哈夫曼编码。

【解析】本题考查的是最小的带权路径长度，在权为 $w_1,w_2,\cdots,w_n$ 的 n 个叶子所构成的所有二叉树中，带权路径长度最小(即代价最小)的二叉树称为最优二叉树或哈夫曼树。

从图 28-3 中可以看出，有限集 S 为{A,B,C,D}，T_1 和 T_2 的节点数相同，但 S 为{A,B,C}时，T_1 和 T_2 的节点数不同，故 A 不正确；有限集 S 为{A,B,C,D}，T_1 的高度大于 T_2 的高度，但 S 为{A,B,C}时，T_1 和 T_2 的高度相同，故 B 不正确；有限集 S 为{A,B,C,D}，字符 C 和 D 频次不同，但出现在相同的层，故 C 不正确；对于 T_2，频次不同的字符层次相同，故 D 正确。

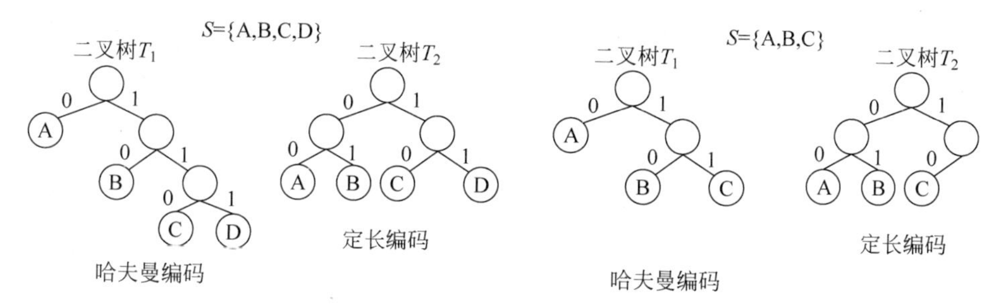

图　28-3

【答案】故此题答案为 D。

6.【考点】数据结构；图；图的基本概念。

【解析】本题考查无向图的连通判断。如果一个图有 n 个顶点和小于 $n-1$ 条边，则是非连通图；若多于 $n-1$ 条边，则必定有环。图 28-4 给出了选项 A、B、C 的反例和 D 的一个示例。

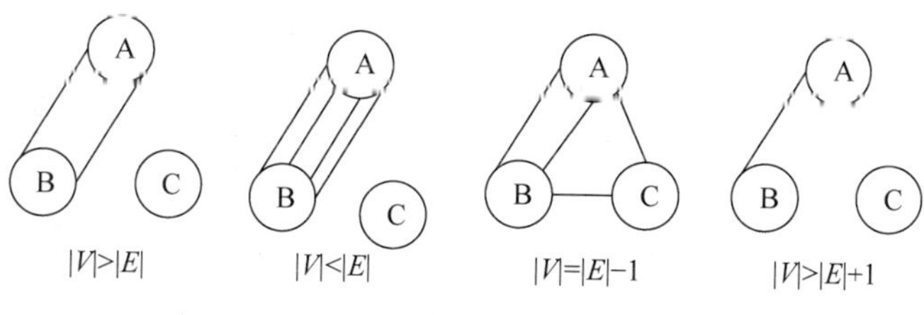

图　28-4

【答案】故此题答案为 D。

7.【考点】数据结构；图；图的基本应用；关键路径。

【解析】本题考查 AOE 网中时间余量最大的活动，实质为考查关键路径相关的知识点。解题思路该是先求出关键路径，然后再计算每个活动的时间余量，最后找出时间余量最大的活动。各顶点的最早和最迟发生时间、活动的最早和最迟开始时间、活动的时间余量如表 28-1 所示。

表　28-1

顶点	最早发生时间	最迟发生时间	活动	最早开始时间	最迟开始时间	活动的时间余量	备注
1	0	0	a	0	0	0	
2	2	2	b	0	0	0	
3	5	5	c	2	2	0	
4	8	8	d	2	5	3	
5	9	11	e	5	5	0	
6	12	12	f	5	8	3	
			g	5	11	6	最大
			h	8	10	2	
			i	8	8	0	
			j	9	11	2	

假定最早发生时间为 $\mathrm{ve}(j)$，最迟发生时间为 $\mathrm{vl}(j)$，活动 a_i 由弧 $<j,k>$ 表示，最早开始时间为 $e(i)$，最迟开始时间为 $l(i)$，其持续时间记为 $\mathrm{dut}(<j,k>)$，上表中的数据可按以下公式求得。

最早开始时间 $e(i)=\mathrm{ve}(j)$

最迟开始时间 $l(i)=\mathrm{vl}(k)-\mathrm{dut}(<j,k>)$

最早发生时间 $\mathrm{ve}(j)=\max\{\mathrm{ve}(i)+\mathrm{dut}(<i,j>)\}$

最迟发生时间 $\mathrm{vl}(i)=\min\{\mathrm{vl}(j)-\mathrm{dut}(<i,j>)\}$

【答案】故此题答案为 B。

8. **【考点】**数据结构；查找；B 树及其基本操作；B+树的基本概念。

【解析】本题主要考查的是 B 树根节点删除某一关键字之后的调整策略。图 28-5 所示为选项 A、B、C 和 D 对应的关键字序列为根节点时的情况，调整后的 T_1 关键字序列不可能为{60,90,110,350}，因为会产生只有一个关键字 100 的节点，这不符合 5 阶 B 树的定义。

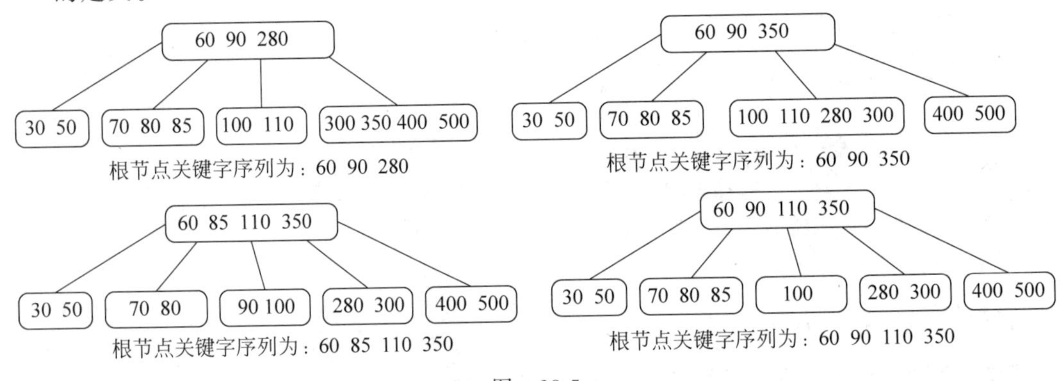

图 28-5

【答案】故此题答案为 D。

9. **【考点】**数据结构；查找；散列表。

【解析】本题考查散列表的概念。影响散列表平均查找长度的因素有散列函数(好的散列函数映像到地址集合中任何一个地址的概率相等，即均匀哈希函数)、装填因子(它等于哈希表中填入的记录数除以哈希表长，显然，填入的记录数越多，需要的比较的次数也越多)和冲突处理策略(线性探测再散列、随机探测再散列和链地址法处理冲突的平均查找长度不一样)，所以Ⅰ. 装填因子、Ⅱ. 散列函数和Ⅲ. 冲突处理策略均对散列(哈希)表平均查找长度有影响。

【答案】故此题答案为 D。

10. **【考点】**数据结构；排序；二路归并排序。

【解析】本题考查的是二路归并排序的定义，即将两个有序的子序列归并为一个有序序列(选项 A 正确)；二路归并排序不会把 M 划分为两个部分(选项 B 和 D 不正确)，更不会划分为 n 个部分(选项 C 不正确)，而是要将两个有序的子序列归并为一个有序序列(选项 B 不正确)。

【答案】故此题答案为 A。

11. 【考点】数据结构；排序；直接插入排序；快速排序；排序算法的分析与应用。

【解析】本题主要考查对不同排序算法的理解。直接插入排序是稳定的排序方法，它适合待排序记录数量较少或基本有序的情况下，空间复杂度为$O(1)$；快速排序是不稳定的排序方法，适合大量的待排序记录，空间复杂度至少为$O(\log_2 n)$；

【答案】故此题答案为D。

12. 【考点】计算机组成原理；计算机系统概述；计算机性能指标。

【解析】本题考查的是CPI和CPU执行时间。程序P执行需要的时钟周期数为$10\,000\times80\%\times1+20\%\times10)=28\,000$，CPU的执行时间＝时钟周期数/f＝28 000/1G＝28×10^{-6}s＝28μs，程序P的平均CPI＝程序执行所需时钟周期数/程序中所包含的指令条数＝28 000/10 000＝2.8。

【答案】故此题答案为A。

13. 【考点】计算机组成原理；数据的表示和运算；整数的表示和运算。

【解析】本题考查的是32位补码的整数范围。32位补码所表示的正数范围是00000000H～OFFFFFFFFh，负数范围是100000H～FFFFFFH，最大的正数是OFFFFFH，其对应的十进制真值为$2^{31}-1$；最小的负数为10000000H，其对应的十进制真值为-2^{31}。

【答案】故此题答案为B。

14. 【考点】计算机组成原理；数据的表示和运算；浮点数的表示和运算；浮点数的表示；IEEE 754标准。

【解析】$(-0.437\,5)_{10}=(-1)^1\times(0.0111)_2=(-1)^1\times(1.11)_2\times2^{-2}$，所以$S-1$，$M=(11000...00)_2$，$E=-2+127=125=(01111101)_2$，即−0.4375的IEEE754单精度浮点数格式为

$$(1011110111000...00)_2=(\text{BEE}00000)_{16}$$

注意：本题考查的是IEEE 754浮点格式，IEEE 754标准准确定义了单精度和双精度浮点格式，并为这两种基本格式分别定义了扩展格式。单精度浮点格式(32位)；双精度浮点格式(64位)；扩展单精度浮点格式(≥43位，不常用)；扩展双精度浮点格式(≥79位，一般情况下，Intel x86结构的计算机采用的是80位，而SPARC结构的计算机采用的是128位)。

【答案】故此题答案为A。

15. 【考点】计算机组成原理；存储器层次结构；虚拟存储器。

【解析】页大小为4KB，字节编址，所以页偏移字段的位数为12位；虚拟地址空间大小为4GB，所以虚页号的位数为32−12＝20位；物理地址为24位，所以物理页号的位数为24−12＝10位。虚拟地址00082840H对应的虚页号为82H＝8×16＋2＝130，从页表中得出对应的实页号为018H，物理页偏移＝虚拟页偏移＝840H，所以其对应的物理地址为018840H。

【答案】故此题答案为C。

16. 【考点】计算机组成原理；存储器层次结构；高速缓冲存储器。

【解析】本题考查的是组相联映射的相关知识。

组相联映射地址包括标记、组号和块内地址。Cache 容量 32KB，主存块大小为 64B，所以 Cache 共有 32KB/64B＝512 块/行，又因采用 8 路组相联映射，所以 Cache 为 64 组(512/8)，组号位数为 6($2^6=64$)，每组 8 行。主存块大小为 64B，所以块内地址为 6 位($2^6=64$)，地址线共 32 位，标记位＝32－6－6＝20。8 路组相联映射，所以需要 8 个比较器；标记位为 20，所以比较器位数为 20。

【答案】故此题答案为 A。

17. **【考点】**计算机组成原理；存储器层次结构；半导体随机存取存储器；主存储器。

【解析】本题考查 DRAM 芯片。

内存条的容量为 $8\times2^{13}\times2^{13}\times8\text{bit}=512\text{MB}$，采用多模块交叉编址方式。DRAM 的行列地址分时传送，容量为 64MB 需要 26 条地址线，因此芯片的地址引脚为 13。

【答案】故此题答案为 C。

18. **【考点】**计算机组成原理；指令系统；指令系统的基本概念。

【解析】本题考查的是指令系统的基本概念。

ISA 规定的内容包括数据类型及格式，指令格式(Ⅰ)，寻址方式和可访问地址空间的大小，程序可访问的寄存器个数(Ⅲ)、位数和编号，控制寄存器的定义，I/O 空间的编制方式，中断结构，机器工作状态的定义和切换，输入输出结构和数据传送方式，存储保护方式等。

【答案】故此题答案为 B。

19. **【考点】**计算机组成原理；指令系统；指令格式。

【解析】指令长度为 16，地址码为 6 位，零地址、一地址和二地址指令对应的操作码位数分别为 16，16－6＝10，16－6×2＝4，二地址指令编码剩余 $2^4-12=16-12=4$，一地址指令最多 $4\times2^{10-4}=256$ 条，剩余编码 256－254＝2，零地址指令最多为 $2\times2^{16-10}=128$。

【答案】故此题答案为 D。

20. **【考点】**计算机组成原理；指令系统；高级语言程序与机器级代码之间的对应。

【解析】预处理程序对高级语言源程序进行文件包含，宏替换等操作，编译程序将预处理后的源程序转换为汇编语言代码，汇编将汇编语言代码转换为目标代码，链接程序将目标代码连接生成可执行程序。考生复习时需要了解源程序从编写到运行计算机所做的具体工作。

【答案】故此题答案为 A。

21. **【考点】**计算机组成原理；中央处理器；异常和中断机制。

【解析】键盘、针式打印机等字符型设备是外设，与主机之间可以通过中断 I/O 方式进行数据交换，所以 A 是正确的。主机响应中断后转入中断处理程序，在中断处理程序中进行数据传送，所以 B 是正确的。外设准备数据的同时，主机在执行其他进程，并在每条指令执行完后查看中断引脚，因此，外设准备数据和主机执行进程是同时进行的，D 选项也是正确的。外设数据准备好后才会发出中断请求，主机发现有中断请求后才转入中断处理程序进行中断处理，因此外设准备数据的时间会影响整个系统效率，但是与主机处理中断的时间没有关联，故而选项 C 错误。

【答案】故此题答案为 C。

22. 【考点】计算机组成原理；中央处理器；多处理器的基本概念。

【解析】多核处理器是指在一个 CPU 芯片中有多个处理器核，它们可以并行计算。同一时刻在不同的核上可以运行不同的指令，并分别处理不同的数据。同时有多个指令分别处理多个不同数据的并行系统叫作 MIMD(Multipe Instructions Stream Multiple Data Stream，多指令流多数据流)结构。因此选项 A 正确。一个指令流同时处理多个数据的并行结构叫作 SIMD(Single Instruction Multiple Data，单指令多数据流)，由一个控制单元向多个处理单元提供单一指令流，每个处理单元拥有局部存储器，可以对不同的数据实行相同的操作，适合处理矢量。矢量处理器是面向矢量型数据的并行计算机，可以在矢量的各分量上按多种方式并行执行，因此选项 B 正确。硬件多线程技术是一种共享单个处理器核内部功能部件的技术，也适用于提高单核处理器中功能部件的利用率。因此选项 C 错误。SMP(Symmetrical Multi-Processing，对称多处理)是指具有两个以上功能相似的处理器，它们共享同一主存和外设，故而选项 D 正确。

【答案】故此题答案为 C。

23. 【考点】操作系统；操作系统基础；程序运行环境。

【解析】并发是多道程序系统的一个基本特征，进程的并发需要实现对资源的共享管理，故 A、C 均为正确的。它同样也支持虚拟存储管理，故 C 也正确。对多道程序系统而言，进程数(多道程序度)并不是越多 CPU 利用率越高，在初期提高进程数可以提高 CPU 的利用率，但是当 CPU 利用率达到最大值后，再提高并发进程数，反而会导致 CPU 利用率的降低，故 D 选项不正确。

【答案】故此题答案为 D。

24. 【考点】操作系统；操作系统基础；操作系统引导。

【解析】X86 系统是把所有的中断矢量集中起来，按中断类型号从小到大的顺序存放到存储器的某一区域内，这个存放中断矢量的存储区叫作中断矢量表，即中断服务程序入口地址表。它是由操作系统初始化(选项 A 正确)，不同的系统的中断矢量表可能是不同的。注意：低级的中断矢量是由 BIOS 初始化的(嵌入式和移动设备里使用 BootLoader 初始化)，高级的部分的中断矢量由操作系统初始化。

【答案】故此题答案为 A。

25. 【考点】操作系统；进程管理；CPU 调度与上下文切换。

【解析】由表中的数据可以知道，0ms 时，只有 P0 进程就绪，调度 P0 进程(第 1 次)；10ms 时，P1、P2 就绪，P2 优先级高于 P0，进行 CPU 抢占调度(第 2 次)；15ms 时，P3 进程就绪，P3 优先级高于 P2，进行 CPU 抢占调度(第 3 次)；25ms 时，P3 进程执行完成，再次发生进程调度(第 4 次)，P2 获得 CPU；40ms 时，P2 执行完成，发生进程，调度 P0 获得 CPU 继续执行(第 5 次)；130ms 时，P0 进程执行完成，发生进程调度(第 6 次)，P1 获得 CPU，直至进程结束。在这个过程中共发生 6 次调度。

【答案】故此题答案为 C。

26. **【考点】**操作系统；进程管理；同步与互斥。

【解析】可用资源数 ABC 初始状态分别为 1,3 和 2,只能满足 P0,其存在两个安全序列(P0,P1,P2)和(P0,P2,P1),故选项 B 正确。

【答案】故此题答案为 B。

27. **【考点】**操作系统；操作系统基础；程序运行环境。

【解析】本题较为简单。考生需要知道 CPU 处于内核态下可以执行一切指令,包括特权指令和非特权指令；用户态下只能执行非特权指令,故选项 C 正确。

【答案】故此题答案为 C。

28. **【考点】**操作系统；进程管理；进程与线程。

【解析】进程 P 读文件(Ⅰ),进程 P 申请外设(Ⅲ)和进程 P 执行信号量的 wait()操作(Ⅳ)都可能发生等待,使进程 P 由执行态转为阻塞态,而进程 P 的时间片用完(Ⅱ)后会进入就绪态。

【答案】故此题答案为 D。

29. **【考点】**操作系统；内存管理；内存管理基础；页式管理。

【解析】当应用程序访问已分配但未映射至物理内存的虚拟页时,就会发生缺页异常。此时操作系统会运行操作系统预先设置好的缺页异常处理函数,该函数会找到一个空闲的物理页,将之前写到磁盘上的数据内容重新加载到该物理页中(选项 C),并且在该程序的页表中填写虚拟地址到这一物理页的映射,该过程被称为换入。缺页处理时内存空间够用就不需要淘汰内存中的页(选项 A)。对新加载进内存的页 b 需要在页表建立它与页框号的对应关系(选项 B),修改页表中的存在位(选项 D)。因此选项 A 不一定发生。

【答案】故此题答案为 A。

30. **【考点】**操作系统；内存管理；虚拟内存管理。

【解析】本题考查的是影响缺页中断率的因素。通常进程的数量(选项 C)越多,缺页中断率就越高；分配给作业的主存块数多则缺页率低,反之缺页中断率就高；页面大,缺页中断率低；页面小缺页中断率高(选项 B 工作集的大小)；根据程序执行的局部性原理,程序编制的局部化程度越高相应执行时的缺页程度越低；页面置换算法(选项 A)的优劣决定了进程执行过程中缺页中断的次数,因此缺页率是衡量页面置换算法的重要指标；页缓冲队列长度(选项 D)是为提高文件读写效率而设置的,不会影响缺页率。

【答案】故此题答案为 D。

31. **【考点】**操作系统；操作系统基础；程序运行环境。

【解析】保存断点和程序状态字(Ⅰ)和将 CPU 模式改为内核态(Ⅳ)可以由相应的硬件支撑完成,保存通用寄存器的内容(Ⅱ)和执行系统调用服务例程(Ⅲ)需要由操作系统在系统调用时完成。

【答案】故此题答案为 B。

32. **【考点】**操作系统；输入/输出管理；I/O 管理基础。

【解析】驱动程序是 I/O 进程与设备控制器之间的通信程序,它与 I/O 设备所采用的

I/O 控制方式紧密相关，故选项 A 错误。初始化设备与读/写设备均由驱动程序控制完成（选项 B 和 D 正确）。进程在执行驱动程序时有可能设备处于“忙”状态，从而使进程阻塞（选项 C 正确）。

【答案】故此题答案为 A。

33. **【考点】**计算机网络；计算机网络概述；计算机网络体系结构。

【解析】本题考查 OSI 参考模型中数据链路层的功能，实现两相邻节点的流量控制是数据链路层的主要功能之一，故选项 B 正确。传输层（选项 D）提供应用进程之间的通信，即端到端的通信。网络层（选项 C）提供点到点的逻辑通信。

【答案】故此题答案为 B。

34. **【考点】**计算机网络；物理层；通信基础。

【解析】本题考查奈奎斯特定理。理想低通的信道下极限数据传输速率为 $2W\log_2 N$，其中带宽 W 为 200kHz，采用 4 个幅值的 ASK 调制，则码元状态 N 为 4，最大传输率 $2\times 200\times\log_2 4=800$kbit/s。

【答案】故此题答案为 C。

35. **【考点】**计算机网络；网络层，IPv4。

【解析】本题考查对 IP 地址，子网掩码概念的理解。用主机 IP 地址与子网掩码对应的二进制数进行逻辑与（And）运算可以得出主机所在网络的网络地址。在本题中，进行逻辑与运算时只需将 IP 地址中的第三个数 72 与子网掩码中的第三个数 192 分别转换成二进制进行与运算即可（考生复习时可以思考一下原因，因为本题中子网掩码的前两个数均为 255，最后一个数是 0），(0100 1000) And (1100 0000) = 0100 0000(64)。

【答案】故此题答案为 B。

36. **【考点】**计算机网络；网络层；IPv4

【解析】主机 H 的默认网关是其所在的网络与路由器相连端口的 IP 地址，从图 27-3 中可以看出为 192.168.1.62，排除选项 A 和 C。网络号为 27 位，因此子网掩码由 27 个连续的 1 和 5 个 0 组成，可知子网掩码为 255.255.255.224，排除选项 B。

【答案】故此题答案为 D。

37. **【考点】**计算机网络；网络层；网络层的功能。

【解析】SDN（Software Defined Network，软件定义网络）是一种新型的网络架构，它实现了转发平面和控制平面的分离。在这种网络体系架构中，从上到下依次被分为：应用平面、控制平面和转发平面。其中控制器（Controler）位于控制平面，SDN 交换机位于转发平面，各种应用程序处于应用平面。控制平面和转发平面之间的网络设备状态、数据流表项和控制指令的传达都需要经由通信协议传送，实现控制器对网络设备的管控。目前业界比较看好的是 ONF（Open Networking Foundation）主张的 OpenFlow 协议（南向接口）。在应用平面，通过控制器提供的编程接口（北向接口）对底层设备进行编程，把网络的控制器开放给用户，开发各种业务应用，实现多样化的业务创新。

【答案】故此题答案为 B。

38. 【考点】计算机网络；传输层；TCP。

【解析】本题考查 TCP 的拥塞控制机制。在拥塞窗口为 16KB 时计时器超时，此时判断网络出现拥塞，要把慢开始门限值 ssthresh 设置为出现拥塞时的发送方窗口值的一半，即 8KB，然后把拥塞窗口 cwnd 的值重新设置为 1，再执行慢开始算法，每经过一个 RTT（Round-Trip Time，往返时延）后，拥塞窗口的值分别为：2，4，8，9，10，11，12，13，14，15，16，因此共需要 11 个 RTT。

【答案】故此题答案为 C。

39. 【考点】计算机网络；传输层；TCP。

【解析】对客户 C 来说，从向 S 发出 FIN 段时刻，共经历了发送连接释放报文段（阶段 1）、接收服务器对连接释放报文段的确认（阶段 2）、服务器端的连接释放报文段（阶段 3），对服务器端连接释放报文段的确认（阶段 3）和时间等待计时器设置的时间 2MSL（最长报文段寿命）之后才进入 CLOSED 状态，由于要求出最少时间，因此阶段 2 和阶段 3 同时进行，即 B 也没有数据向 A 发送，无需等待，因此客户 C 总共经历的时间为 RTT＋2MSL＝1 650ms。在此过程中，服务器端 S 从客户 C 发出 FIN 时刻起到进入 CLOSED 状态经历了 1.5 个 RTT，即 75ms。

【答案】故此题答案为 D。

40. 【考点】计算机网络；应用层；WWW。

【解析】在 HTTP 中，当请求消息比较长，超过了 MSS 的长度，TCP 就需要把 HTTP 的数据拆解成一块块的数据发送，而不是一次性发送所有数据，拆分出来的每一块数据都要加上 TCP 头信息放进单独的网络包中，然后交给 IP 模块来发送数据，因此大小为 3MSS 的图像文在实际传时被分成 3 个对象，需要 3 次请求，每访问一次对象就用去一个 RTT，共需要 3 个 RTT，再加上第一次请求页面时的 1 个 RTT，因此需计 4 个 RTT（40ms）才能收到全部内容。

【答案】故此题答案为 B。

三、综合应用题考点、解析及小结

41. 【考点】数据结构；树与二叉树；树与二叉树的应用；时间复杂度；空间复杂度；C 或 C++语言。

【解析】本题要求设计一个尽可能高效的算法，隐含了对时间复杂度和空间复杂度的考查，考生审题时务必注意。关于二叉搜索树的概念，考生要熟练掌握。二叉搜索树即任一节点值大于其左子树中的全部节点值，小于其右子树中的全部节点值，中序遍历二叉搜索树得到一个升序序列。具体解析如下：

(1) 给出算法的基本设计思想。

本算法采用顺序存储方式保存的二叉树，根节点保存在 SqBiTNode[0]中；当某节点保存在 SqBiTNode[i]中时，若有左孩子，则其值保存在 SqBiTNode[2i＋1]中；若有右孩子，则其值保存在 SqBiTNode[2i＋2]中；若有双亲节点，则其值保存在 SqBiTNode[(i－1)/2]中。算法中使用整型变量 val 记录中序遍历过程中已遍历节点的最大值，初值为一个负整数。若当前遍历的节点值小于或等于 val，则算法返回 false，否则，将 val 的值更新为当前节点的值。

（2）根据设计思想，采用 C 或 C++语言描述算法。

```
#define false 0
#define true 1
Typedef int bool;
bool judgeInOrderBST(SqBiTree bt, int k,int * val)     //初始调用时 k 的值是 0
{
    if(k < bt.ElemNum && bt. SqBiTNode[k]!= - 1)
    {
        if(! judgeInOrderBST(bt,2 * k + 1, val))
            return false;
        if(bt. SqBiTNode[k]<= * val)
            return false;
        * val = bt.SqBiTNode [k];
        if(! judgeInOrderBST(bt,2 * k + 2, val))
            return false;
    }
    return true;
}
```

【小结】本题解法并不唯一，也可以逐一扫描节点，验证是否满足二叉搜索树的定义。

42.**【考点】**数据结构；排序；简单选择排序；堆排序；排序算法的分析与应用。

【解析】本题考查排序算法的应用。在 n 个数中找出若干个最大或最小的数，若 n 的个数较少，可用简单选择排序，否则可以考虑堆排序。具体解析如下：

（1）简述算法思想。

定义含 10 个元素的大根堆 H，元素值均为该堆元素类型能表示的最大数 MAX。逐一扫描 M 中的每一个元素 s，若 s 小于 H 的堆顶元素，则删除堆顶元素并将 s 插入 H 中。当扫描结束后，H 中保存的就是最小的 10 个数。

```
for M 中的每个元素 s
  if (s < H 的堆顶元素)
    删除堆顶元素并将 s 插入 H 中;
```

（2）说明算法平均情况下的时间复杂度和空间复杂度。

算法平均情况下的时间复杂度是 $O(n)$，空间复杂度是 $O(1)$。

【小结】本题解法并不唯一，参考答案是基于堆排序的方法，其实用简单选择排序也可以。

43.**【考点】**计算机组成原理；CPU 的功能和基本结构；数据通路的功能和基本结构；基本运算部件

【解析】本题主要考查 CPU 的功能和基本结构，具体解析如下：

（1）$SF=F_{15}$；加运算时，$OF=\overline{A_{15}}\cdot\overline{B_{15}}\cdot F_{15}+A_{15}\cdot B_{15}\cdot\overline{F_{15}}$；减运算时，$OF=\overline{A_{15}}\cdot B_{15}\cdot F_{15}+A_{15}\cdot\overline{B_{15}}\cdot\overline{F_{15}}$。

（2）因为单总线结构中每一时刻总线上只有一个数据有效，而 ALU 有两个输入端和一个输出端，因而需要设置 Y 和 Z 两个暂存器，以缓存 ALU 的一个输入端和输出端数据。

（3）GPRs 中最多有 $2^4=16$ 个通用寄存器；rs 和 rd 来自指令寄存器 IR；rd 应连

接地址译码器。

(4) 取指阶段的控制信号序列为①PCout,MARin②Read③MDRout,IRin。取指令阶段至少需要 7 个时钟周期。

(5) 图中控制信号由控制部件(CU)产生。指令寄存器 IR 和标志寄存器 FR 的输出信号会连到控制部件的输入端。

【小结】计算机组成原理的先导课程是数字逻辑,考生需要掌握逻辑表达式,还要了解 CPU 的功能和基本结构。

44. **【考点】**计算机组成原理;存储器层次结构;外部存储器;硬盘存储器;总线和输入/输出系统;I/O 方式;DMA 方式;操作系统;输入/输出管理;外存管理;磁盘。

【解析】本题考查硬盘存储器的相关知识,可认为是计算机组成原理和操作系统相关的内容,具体解析如下:

(1) 3 个字段的名称为柱面号(或磁道号)、磁头号(或盘面号)、扇区号;该磁盘的柱面号、磁头号、扇区号字段至少分别占$\lceil \log_2 20\,000 \rceil=15$ 位、$\lceil \log_2(4\times2) \rceil=3$ 位、$\lceil \log_2 500 \rceil=9$ 位。

(2) 该磁盘转一圈的时间为 $60\times10^3/7\,200\approx8.33$ms,一个扇区的平均访问时间为 $5+8.33/2+8.33/500\approx9.18$ms。

(3) 在一个扇区读写过程,DMA 控制器向 CPU 发送了 512B/64bit=64 次总线请求。DMA 控制器可以获得总线使用权。因为一旦磁盘开始读写就必须按时完成数据传送,否则会发生数据丢失。

【小结】按照考试大纲,磁盘的结构是“操作系统”课程中输入/输出(I/O)管理中的外存管理中的磁盘的内容,磁盘存储器和 DMA 方式是《计算机组成原理》课程中的内容,考生复习时应有意识地将上述两门课程结合起来学习。

45. **【考点】**操作系统;文件管理;目录;文件系统;输入/输出管理;外存管理;磁盘。

【解析】本题主要考查的是文件管理,具体解析如下:

(1) 目录文件 stu 中两个目录项的内容是:

文件名	索引节点号
course	2
doc	10

(2) 文件 doc 占用的磁盘块的块号 x 的值为 30。

(3) 需要读 2 个磁盘块。先读 course1 的索引节点所在的磁盘块,再读 course1 的内容所在的磁盘块。

(4) 存取 course2 需要使用索引节点的一级和二级间接地址项。6MB 大小的文件需占用 6MB/4KB=1 536 个磁盘块。直接地址项可记录 10 个磁盘块号,一级间接地址块可记录 4KB/4B=1 024 个磁盘块号,二级间接地址块可记录 1 024×1 024 个磁盘块号,而 $10+1\,024<1\,536<10+1\,024+1\,024\times1\,024$。

【小结】考生复习时一定要注意一级和二级间址的计算方法及读取顺序。

46.【考点】操作系统；进程管理；进程与线程；同步与互斥；信号量。

【解析】本题考查的内容是使用信号量来解决线程的互斥问题。具体解答如下。

Semaphore $S_{AC}=0$;　　//描述 A、C 之间的同步关系 Semaphore $S_{CE}=0$;　　//描述 C、E 之间的同步关系	

T1:
A;
signal(S_{AC});
wait(S_{CE});
E;
F;
	T2:
	B;
	signal(S_{AC});
	C;
	wait(S_{CE});
	D;

【小结】考生需要熟练掌握同步与互斥的实现方法，如锁、信号量和条件变量等。

47.【考点】计算机网络；数据链路层；CSMA/CD 协议；局域网；以太网与 IEEE 802.3；数据链路层设备；网络层；IPV4；ARP、DHCP 与 ICMP。

【解析】计算机网络的综合应用题历年来都会覆盖多个知识点，考生复习时必须引起足够的重视。本题具体解析如下：

(1) 设备 1 选择 100BaseT 以太网交换机，设备 2 选择 100BascT 集线器。

(2) 设 H2 和 H3 之间的最远距离是 D，根据 CSMA/CD 协议的工作原理有：

$$\frac{64\times 8}{100\times 10^{6}}=\frac{2\times D}{2\times 10^{8}}+2\times 1.51\times 10^{-6}$$

解得 $D=210$m。

(3) M 是 DHCP 发现报文(DISCOVERY 报文)；路由器 E0 接口能收到封装 M 的以太网帧；目的 MAC 地址是 FF-FF-FF-FF-FF-FF。

(4) H5 收到的帧中，地址 1、地址 2 和地址 3 分别是 00-11-11-11-11-E1、00-11-11-11-11-C1 和 00-11-11-11-11-D1。

【小结】本题考查的知识点均为“计算机网络”课程的重要知识，如 CSMA/CD 协议的工作原理，路由器和集线器的差别，默认的 MAC 地址等。